U0672969

住房和城乡建设部“十四五”规划教材
高等职业教育建设工程管理类专业课程思政系列教材

安装工程识图与施工

殷芳芳　时晓宁　主　编
周　昀　王文远　王邓红　副主编
厉　莎　主　审

中国建筑工业出版社

图书在版编目（CIP）数据

安装工程识图与施工 / 殷芳芳，时晓宁主编；周昀，王文远，王邓红副主编．—北京：中国建筑工业出版社，2022.9（2025.11重印）

住房和城乡建设部“十四五”规划教材．高等职业教育建设工程管理类专业课程思政系列教材

ISBN 978-7-112-27616-5

Ⅰ．①安…　Ⅱ．①殷…　②时…　③周…　④王…　⑤王…　Ⅲ．①建筑安装－建筑制图－识图－高等职业教育－教材②建筑安装－工程施工－高等职业教育－教材　Ⅳ．① TU204.21　② TU758

中国版本图书馆CIP数据核字（2022）第126283号

本教材按照建筑安装工程各专业方向的相对独立性，分为绪论和 6 个项目，包括建筑给水排水系统识图与施工、建筑消防给水系统识图与施工、建筑供暖系统识图与施工、建筑通风空调系统识图与施工、建筑电气系统识图与施工、民用建筑弱电系统识图与施工。

教材专业内容穿插相关思政提示与案例，并在课后练习中增加思政方向提问，把思政元素有机融入专业知识。同时，每个专业工程识图与施工都列举了实际案例，有助于读者更好地掌握相关知识点和技能点，便于教师教学和学生实习与上岗就业。

全书层次分明、结构合理、重点突出、思政元素丰富，可作为高等职业院校建设工程管理类专业和建筑设备类专业的课程教材，也可作为建筑工程技术、建设工程管理和工程造价专业人员的参考书。

为更好地支持相应课程的教学，我们向采用本书作为教材的教师提供教学课件，有需要者可与出版社联系，邮箱：jckj@cabp.com.cn，电话（010）58337285，建工书院 http://edu.cabplink.com。

责任编辑：吴越恺　张　晶
责任校对：李美娜

住房和城乡建设部“十四五”规划教材
高等职业教育建设工程管理类专业课程思政系列教材

安装工程识图与施工

殷芳芳　时晓宁　主　编
周　昀　王文远　王邓红　副主编
厉　莎　主　审

*

中国建筑工业出版社出版、发行（北京海淀三里河路 9 号）
各地新华书店、建筑书店经销
北京鸿文瀚海文化传媒有限公司制版
建工社（河北）印刷有限公司印刷

*

开本：787 毫米 × 1092 毫米　1/16　印张：18¼　字数：365 千字
2023 年 1 月第一版　2025 年 11 月第四次印刷
定价：48.00 元（赠教师课件）

ISBN 978-7-112-27616-5
（39811）

出版说明

党和国家高度重视教材建设。2016 年，中办国办印发了《关于加强和改进新形势下大中小学教材建设的意见》，提出要健全国家教材制度。2019 年 12 月，教育部牵头制定了《普通高等学校教材管理办法》和《职业院校教材管理办法》，旨在全面加强党的领导，切实提高教材建设的科学化水平，打造精品教材。住房和城乡建设部历来重视土建类学科专业教材建设，从“九五”开始组织部级规划教材立项工作，经过近 30 年的不断建设，规划教材提升了住房和城乡建设行业教材质量和认可度，出版了一系列精品教材，有效促进了行业部门引导专业教育，推动了行业高质量发展。

为进一步加强高等教育、职业教育住房和城乡建设领域学科专业教材建设工作，提高住房和城乡建设行业人才培养质量，2020 年 12 月，住房和城乡建设部办公厅印发《关于申报高等教育职业教育住房和城乡建设领域学科专业“十四五”规划教材的通知》(建办人函〔2020〕656 号)，开展了住房和城乡建设部“十四五”规划教材选题的申报工作。经过专家评审和部人事司审核，512 项选题列入住房和城乡建设领域学科专业“十四五”规划教材(简称规划教材)。2021 年 9 月，住房和城乡建设部印发了《高等教育职业教育住房和城乡建设领域学科专业“十四五”规划教材选题的通知》(建人函〔2021〕36 号)。为做好“十四五”规划教材的编写、审核、出版等工作,《通知》要求：(1) 规划教材的编著者应依据《住房和城乡建设领域学科专业“十四五”规划教材申请书》(简称《申请书》) 中的立项目标、申报依据、工作安排及进度，按时编写出高质量的教材；(2) 规划教材编著者所在单位应履行《申请书》中的学校保证计划实施的主要条件，支持编著者按计划完成书稿编写工作；(3) 高等学校土建类专业课程教材与教学资源专家委员会、全国住房和城乡建设职业教育教学指导委员会、住房和城乡建设部中等职业教育专业指导委员会应做好规划教材的指导、协调和审稿等工作，保证编写质量；(4) 规划教材出版单位应积极配合，做好编辑、出版、发行等工作；(5) 规划教材封面和书脊应标注“住房和城乡建设部‘十四五’规划教材”字样和统一标识；(6) 规划教材应在“十四五”期间完成出版，逾期不能完成的，不再作为《住房和城乡建设领域学科专业“十四五”规划教材》。

住房和城乡建设领域学科专业“十四五”规划教材的特点，一是重点以修订教育部、住房和城乡建设部“十二五”“十三五”规划教材为主；二是严格按照专业标准规范要求编写，体现新发展理念；三是系列教材具有明显特点，满足不同层次和类型的学校专业教学要求；四是配备了数字资源，适应现代化教学的要求。规划教材的出版凝聚了作者、主审及编辑的心血，得到了有关院校、出版单位的大力支持，教材建设管理过程有严格保障。希望广大院校及各专业师生在选用、使用过程中，对规划教材的编写、出版质量进行反馈，以促进规划教材建设质量不断提高。

住房和城乡建设部“十四五”规划教材办公室

2021 年 11 月

前 言

为贯彻落实国家教材委员会关于《习近平新时代中国特色社会主义思想进课程教材指南》通知要求，本教材编写结合建设工程管理类专业特点，在专业知识中穿插相关思政提示与案例，并在课后练习中增加思政方向提问，把思政元素有机融入专业教育。教材内容引导学生在学习专业知识的基础上，体悟习近平新时代中国特色社会主义思想的真理力量，培养德智体美劳全面发展的社会主义建设者和接班人。

教材根据教育部、住房和城乡建设部职业教育土建类专业教学指导委员会制定的建设工程管理与建筑设备类专业主干课程教学基本要求和国家最新的相关文件规定，并依据编写团队多年工学结合与校企合作的经验编写。本教材以建筑安装工程所包含专业方向为主线，重点介绍了给水排水系统、消防给水系统、供暖系统、通风空调系统、电气系统、弱电系统等的识图方法与施工工艺。教材内容涉及面广，系统性、实践性、综合性强。

本教材由浙江同济科技职业学院殷芳芳、北京市水务建设管理事务中心时晓宁担任主编，负责大纲拟定与全书统稿。浙江同济科技职业学院周昀、河南工业职业技术学院王文远、浙江同济科技职业学院王邓红担任副主编，浙江同济科技职业学院沈永嵘、曾瑜，浙江长征职业技术学院杨蕊参与编写。其中，项目 1、项目 2 由殷芳芳编写；项目 3 由时晓宁编写；项目 4 由杨蕊编写；项目 5 由王邓红编写；绪论和项目 6 由王文远编写。插图由周昀负责修改整理，附录由沈永嵘和曾瑜负责整理。本教材由浙江同济科技职业学院厉莎教授主审，厉莎教授认真审阅了书稿，并提出许多宝贵的意见和建议。

限于编者水平，书中难免有疏漏和不妥之处，恳请读者批评指正。在此，一并向参与本书编写的人员、中国建筑工业出版社以及对本书提供帮助的人员深表谢意！我们将继续努力，将教材内容不断提高、完善。

2022 年 5 月

思政资源清单

序号	资源名称	资源类型	页码
1	学科“交叉”，技能“复合”	阅读材料	002
2	自力更生、自主创新，国产离心泵技术处于国际领先水平	阅读材料	022
3	谨防水箱二次污染，牢固树立责任意识	阅读材料	023
4	禁用镀锌钢管作给水管，紧跟技术更新迭代步伐	阅读材料	025
5	学习劳动模范——钢板上绣花，行行出状元	阅读材料	029
6	“改装”水表自食恶果，法律红线不得逾越	阅读材料	034
7	从洁具的发展感受技术的不断进步	阅读材料	050
8	小小水封与疫情防控	阅读材料	052
9	水泵接合器勿虚设，消防验收忌作假	阅读材料	092
10	喷淋设施控制火灾作用大，消防安全规范需严守	阅读材料	096
11	末端试水装置安装纠错，标准规范学以致用	阅读材料	096
12	湿式报警阀组安装需规范，误报警碍安全需重视	阅读材料	098
13	采暖系统残留空气即排除，除掉小错误避免大隐患	阅读材料	124
14	中国特高压领先世界，自主创新勇攀高峰谋发展	阅读材料	196
15	严防插座隐患，使用国标产品	阅读材料	213
16	楼宇智能快速发展，因时而进促学习	阅读材料	241
17	学习 5G 先进技术，培养求精创新精神	阅读材料	243
18	严禁破坏警报设施，时刻注意防火安全	阅读材料	251

数字资源清单

序号	资源名称	资源类型	页码
1	给水系统的分类、组成与给水方式	微课	015
2	增压蓄水装置、给水管材与给水附件	微课	021
3	排水系统的分类、组成与排水方式	微课	043
4	建筑给排水管道系统布置	微课	044
5	自喷系统的分类与组成	微课	093
6	自动喷水灭火系统布置	微课	102
7	热水供暖系统认知	微课	117
8	低温热水地板辐射供暖认知	微课	126
9	建筑供暖系统布置	微课	130
10	风管材料与通风系统的主要设备及附件	微课	158
11	空调系统认知	微课	165
12	风机盘管加新风空调系统组成与主要设备	微课	176
13	建筑通风与空调系统安装	微课	177
14	电力系统与电气照明工程	微课	200
15	建筑电气管材、电线、电缆、灯具材料	微课	203
16	建筑防雷及接地系统认知	微课	213
17	建筑电气系统安装	微课	218
18	建筑智能化系统认知	微课	240
19	安全防范系统认知	微课	246
20	火灾自动报警与消防联动系统认知	微课	249
21	民用建筑弱电系统安装	微课	252

目　录

绪　论

【学习目标】

1. 知识目标

掌握图纸的相关规定和建筑安装工程施工图的一般规定；熟知常用图例；了解建筑安装工程发展现状。

2. 思政目标

学习国家有关制图标准；牢固树立标准意识与规范意识；做事细致全面、实事求是。

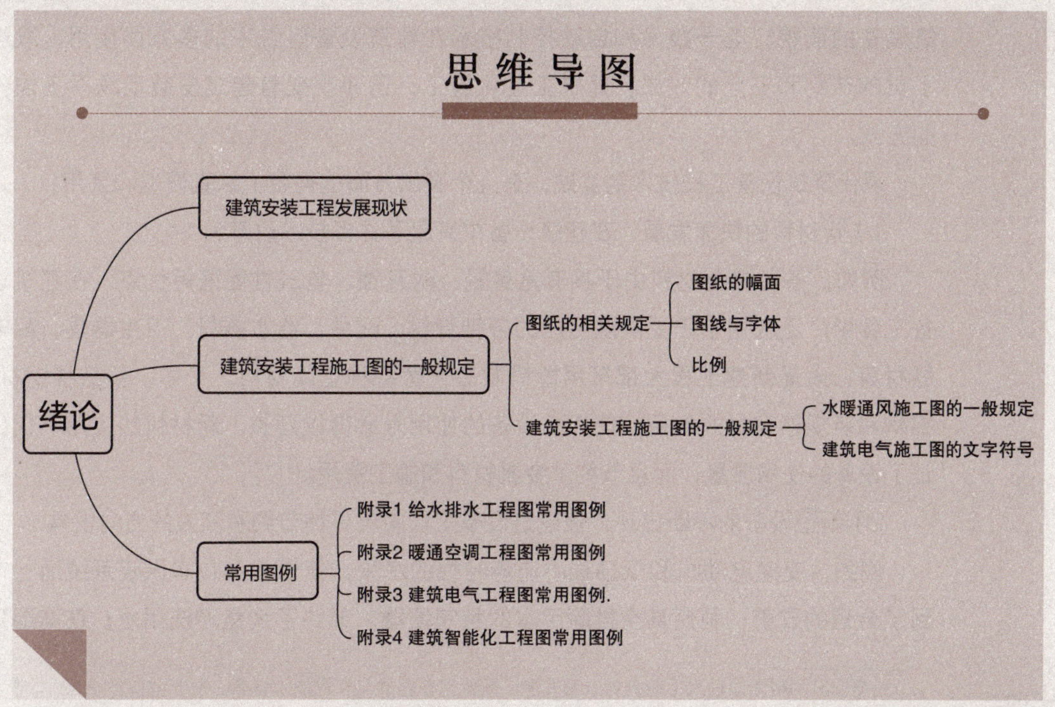

任务 0.1 建筑安装工程发展现状

近代建筑为了满足人们生产和生活上的需要，以及为人们提供卫生、安全而舒适的生活和工作环境，通常设置有完善的给水、排水、供热、通风、空气调节、燃气、供电等设备系统。设置在建筑物内的设备系统，必然要求与建筑、结构及生活需求、生产工艺设备等相互协调，发挥建筑物应有的功能，并提高建筑物的使用质量，避免环境污染，高效地发挥建筑物为生产和生活服务的作用。因此，建筑设备安装工程是房屋建筑不可缺少的组成部分。

合理地进行建筑设备安装工程的设计、施工，保证建筑物的使用质量，不仅与建筑设计、结构设计、施工方法等有着密切的关系，而且对生产、经济、人民生活具有重要的意义。因此，未来从事建筑业的大国工匠应该掌握建筑设备安装工程的基本知识。

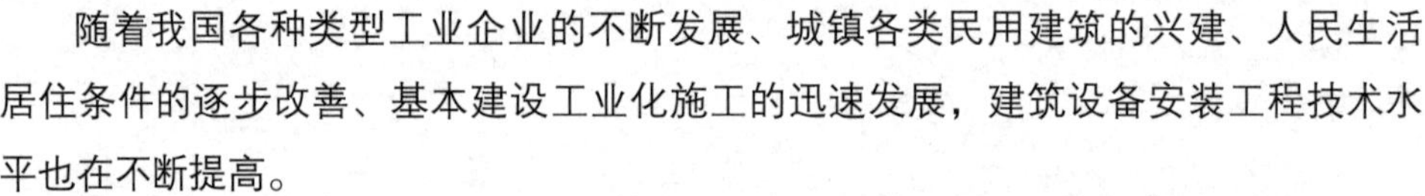

随着我国各种类型工业企业的不断发展、城镇各类民用建筑的兴建、人民生活居住条件的逐步改善、基本建设工业化施工的迅速发展，建筑设备安装工程技术水平也在不断提高。

学科“交叉”，技能“复合”

同时，由于近代科学技术的发展，各门学科互相渗透和互相影响，建筑设备技术也因受到交叉学科发展的影响而日新月异①。例如，太阳能利用技术的不断进步，促进了建筑物供暖、热水供应等新技术的发展；塑料工业的迅速发展，改变着建筑设备的面貌；电子技术和自动控制技术在建筑设备系统中的多方面使用，取得了更加节约和安全的效果；建筑工业化施工，迅速改变着建筑安装现场手工操作的方式。

现代建筑设备工程技术的发展，有几个突出方面值得我们认真研究和采用：

1）新材料的快速发展，在建筑设备中兴起了许多技术改革

例如，各种聚合材料由于具有重量轻、耐腐蚀、电气性能好等优点，在建筑设备工程中广泛应用于不受高温高压的各种管材、配件、给水器材、卫生器具、配电器材等，大量新建工程大都采用塑料制品代替各种金属材料。又如，新品种钢材、铝材和新规格轧材的应用，使许多设备的使用寿命得以延长。新材料的应用不仅保证了设备的使用质量，而且节约了金属材料和施工费用。

2）新型设备的不断出现，使建筑设备工程向着更加节约和高效的方向发展

例如，变速电动机和低扬程小流量特性的水泵，使供水和热水供暖系统运行得到了合理的改善；利用真空排除污水的特制便器，节约了大量冲洗用水；在高层建

① 结合交叉学科发展融入【德育：全面发展、职业素养养成与专业技术积累、复合型技术技能人才】。

筑中广泛采用水锤消除器，有效地降低了管道的噪声。各种设备正朝着体积小、重量轻、噪声低、效率高、整体式的方向发展。

3）新能源的利用和电子技术的应用，使建筑设备安装工程技术不断更新

各种系统由于集中、自动化控制而提高了效率，节约了费用，创造了更好的卫生环境，为建筑设备安装工程技术的发展开辟了广阔的领域。例如，被动式太阳能采暖及降温装置，为供暖、通风、空调技术提供了新型冷源和热源；使用计算机程序控制装置调节建筑物通风空调系统，使建筑物通风量随气象参数自动调节，保证了室内卫生舒适条件；使用自动温度调节器，可以保证室内供暖及空调的设计温度并节约了能源；利用电子控制设备或敏感器件，可以控制卫生设备的冲洗次数，达到节约用水的效果；电气照明光源（如氙灯、卤化物灯、节能灯等）的发展，使灯的亮度、光色及使用寿命不断改善和提高。

4）建筑工业化施工技术的发展，促进了预制设备系统的应用，大大加快了施工速度，获得了良好的经济效果

例如，预制设备系统的盒子卫生间和盒子厨房，将浴室、厕所以及厨房等建筑构件及其中的设备和管道在工厂预制好，然后运到建筑施工现场一次装配完工，提高了施工效率。

任务 0.2 建筑安装工程施工图的一般规定

建筑安装工程施工图可分为给水排水施工图、供暖施工图、通风与空调施工图和电气施工图。这些图纸与建筑设计图互相呼应，起到沟通设计意图与密切配合施工的作用。

0.2.1 图纸的相关规定

1. 图纸的幅面

图纸是用标明尺寸的图形和文字来说明工程建筑、机械、设备等的结构、形状、尺寸及其他要求的一种技术文件。图纸的幅面按国际标准分为五种，具体尺寸见表 0-1。

基本幅面尺寸（单位：mm）　　表 0-1

幅面代号	A0	A1	A2	A3	A4
宽 × 长 (*B*×*L*)	841×1189	594×841	420×591	297×420	210×297
留装订边时的边宽 (*c*)	10			5	
不留装订边时的边宽 (*e*)	20		10		
装订侧边宽 (*a*)	25				

2. 图线与字体

绘制施工图所用的各种线条统称为图线。为了在施工图上表示出图中的不同内容，并且能够分清主次，绘图时必须选用不同线型和不同线宽的图线。根据《房屋建筑制图统一标准》GB/T 50001—2017\《建筑给水排水制图标准》GB/T 50106—2010\《暖通空调制图标准》GB/T 50114—2010 和《建筑电气制图标准》GB/T 50786—2012① 中对图线和线型的规定，图线的宽度 *b* 宜为 0.7mm 或 1.0mm。常见图线的线型及含义见表 0–2。

建筑设备施工图中所用的汉字应采用长仿宋体，字母或数字可以采用正体或斜体。

建筑设备施工图线型及其含义　　表 0-2

名称		线型	线宽	用途		
				给水排水施工图	暖通空调施工图	电气施工图
实线	粗		*b*	新设计的各种排水和其他重力流管线	单线表示的管道	本专业设备之间电气通路连接线、本专业设备可见轮廓线、图形符号轮廓线
	中粗		0.75*b*	新设计的各种给水和其他压力流管线；原有的各种排水和其他重力流管线	—	—
	中		0.5*b*	给水排水设备、零（附）件的可见轮廓线；总图中新建的建筑物和构筑物的可见轮廓线；原有的各种给水和其他压力流管线	本专业设备轮廓、双线表示的管道轮廓	本专业设备可见轮廓线、图形符号轮廓线；尺寸、标高、角度等标注线及引出线
	细		0.25*b*	建筑可见轮廓线；总图中原有建筑物和构筑物的可见轮廓线；制图中的各种标注线	建筑轮廓；尺寸、标高、角度等标注线及引出线；非本专业设备轮廓	非本专业设备可见轮廓、建筑物可见轮廓；尺寸、标高、角度等标注线及引出线

① 结合各种制图标准学习融入【德育：标准意识、规范意识、做事有标准】。

续表

<table>
<tr><th colspan="2" rowspan="2">名称</th><th rowspan="2">线型</th><th rowspan="2">线宽</th><th colspan="3">用途</th></tr>
<tr><th>给水排水施工图</th><th>暖通空调施工图</th><th>电气施工图</th></tr>
<tr><td rowspan="4">虚线</td><td>粗</td><td>--------</td><td>b</td><td>新设计的各种排水和其他重力流管线的不可见轮廓线</td><td>回水管线</td><td>本专业设备之间电气通路不可见连接线；线路改造中原有线路</td></tr>
<tr><td>中粗</td><td>---------</td><td>$0.75b$</td><td>新设计各种给水和其他压力流管线及原有各种排水和其他重力流管线不可见轮廓线</td><td>—</td><td>—</td></tr>
<tr><td>中</td><td>--------------</td><td>$0.5b$</td><td>给水排水设备、零（附）件的不可见轮廓线；总图中新建的建筑物和构筑物的不可见轮廓线；原有各种给水和其他压力流管线的不可见轮廓线</td><td>本专业设备及管道被遮挡的轮廓</td><td>本专业设备不可见轮廓线、地下电缆沟、排管区、隧道、屏蔽线、连锁线</td></tr>
<tr><td>细</td><td>..........</td><td>$0.25b$</td><td>建筑的不可见轮廓线；总图中原有的建筑物和构筑物的不可见轮廓线</td><td>地下管沟，改造前风管的轮廓线；示意性连线</td><td>非本专业设备不可见轮廓线及地下管沟，建筑物不可见轮廓线</td></tr>
<tr><td rowspan="3">波浪线</td><td>粗</td><td>~~~~~~~</td><td>b</td><td>—</td><td>—</td><td>本专业软线、软护套保护的电气通路连接线，蛇形敷设线缆</td></tr>
<tr><td>中</td><td>~~~~~~~</td><td>$0.5b$</td><td>—</td><td>单线表示软管</td><td>—</td></tr>
<tr><td>细</td><td>~~~~~~~</td><td>$0.25b$</td><td>平面图中水面线、局部构造层次范围线；保温范围示意线等</td><td>断开界线</td><td>—</td></tr>
<tr><td colspan="2">单点长划线</td><td>——·——</td><td>$0.25b$</td><td colspan="2">中心线、定位轴线</td><td>定位轴线、中心线、对称线；结构、功能、单元相同围框线</td></tr>
<tr><td colspan="2">双点长画线</td><td>——··——</td><td>$0.25b$</td><td>—</td><td>假想或工艺设备轮廓线</td><td>辅助围框线，假想或工艺设备轮廓线</td></tr>
<tr><td colspan="2">折断线</td><td>——⌇——</td><td>$0.25b$</td><td colspan="3">断开界线</td></tr>
</table>

3. 比例

比例为图形大小与物体实际大小之比，施工图中的各个图形，都应分别注明其比例。当整张图纸的图形都采用同一比例绘制时，则可将比例统一注写在标题栏内。系统图的比例一般与平面图相同，特殊情况下可以不按比例绘制①。给水排水施工图的比例应符合表 0–3 的规定；暖通空调施工图的比例应符合表 0–4 的规定；建筑电气施工图的比例应符合表 0–5 的规定。

① 结合系统图可以不按比例绘制融入【德育：分辨矛盾主次、统筹兼顾、适当安排】。

给水排水施工图的比例 表 0-3

名称	常用比例	可用比例
室内给水排水平面图	1:200、1:100	1:300、1:50
给水排水系统图	1:200、1:100	1:50 或不按比例
设备加工图	1:20、1:10、1:2、1:1	1:100、1:50
部件零件详图	1:20、1:10、1:2、1:1	1:50、1:5、2:1

暖通空调施工图比例 表 0-4

名称	常用比例	可用比例
剖面图	1:200、1:100、1:50	1:300、1:50
局部放大图、管沟断面图	1:100、1:50、1:20	1:50、1:40、1:30
索引图、详图	1:20、1:10、1:5、1:2、1:1	1:5、1:4、1:3

建筑电气施工图比例 表 0-5

名称	常用比例	可用比例
电气总平面图、规划图	1:500、1:1000、1:2000	1:300、1:50
电气平面图	1:150、1:100、1:50	1:50、1:40、1:30
电气竖井、设备间、电信间、变配电室等平、剖面图	1:100、1:50、1:20	1:5、1:4、1:3
电气详图、电气大样图	1:20、1:10、1:5、1:2、1:1、2:1、5:1、10:1	25:1、4:1

0.2.2 建筑安装工程施工图的一般规定

1. 水暖通风施工图的一般规定

（1）标高

标高应以 m 为单位，一般注写到小数点后第三位。

管沟或管道应标注起讫点、转角点、连接点、变坡点和交叉点的标高[①]；沟道宜标注沟内底标高；压力管道宜标注管中心标高；室外重力管道宜标注管内底标高；必要时，室内架空重力管道宜标注管中心标高，但图中应加以说明。矩形风管一般标注管底标高，圆形风管及水、汽管道一般标注管中心标高。

管道标高在平面图、系统图中的标注如图 0-1 所示。

① 结合管道标高标注融入【德育：做事细到全面、条理分明、查漏补缺】。

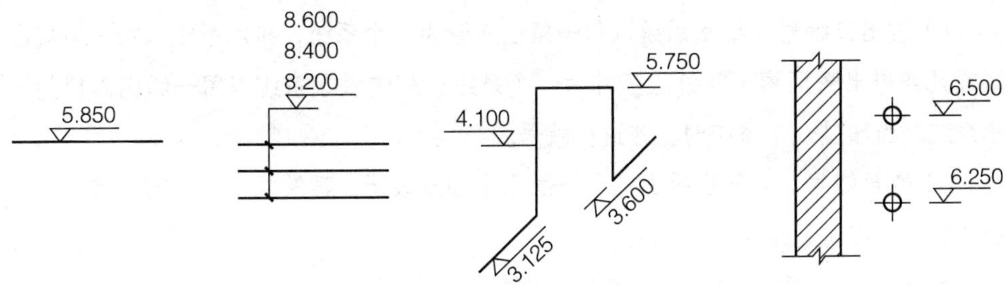

图 0-1 管道标高的标注方法

(2) 管径

管径尺寸应以 mm 为单位。

水煤气输送钢管（镀锌或非镀锌）、铸铁管管径以公称通径 DN 表示，如 DN15，DN50。混凝土管和陶土管等，管径以内径 d 表示，如 d380。无缝钢管、焊接钢管、不锈钢管等，管径以外径 $D\times$ 壁厚表示，如 $D108\times4$，$D159\times4.5$ 等。圆形风管的截面尺寸应以直径 ϕ 表示，如 $\phi100$，矩形风管的截面尺寸应以 $A\times B$ 表示，如 200×100。

管径的标注方法如图 0-2 所示。

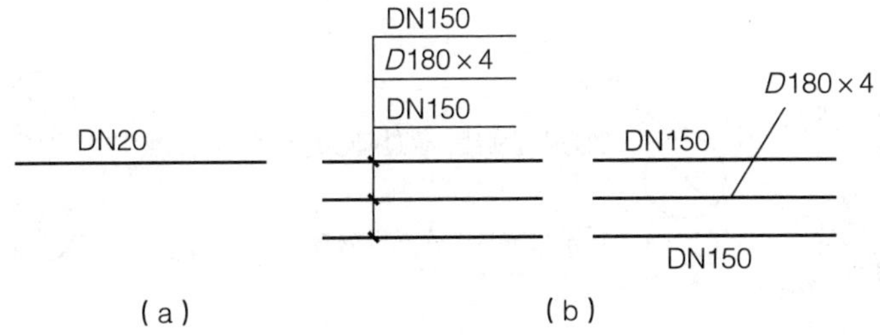

图 0-2 管径的标注方法

(a) 单管管径表示法；(b) 多管管径表示法

(3) 坡度及坡向

管道的敷设坡度用符号表示，坡向用箭头表示，如图 0-3 所示。

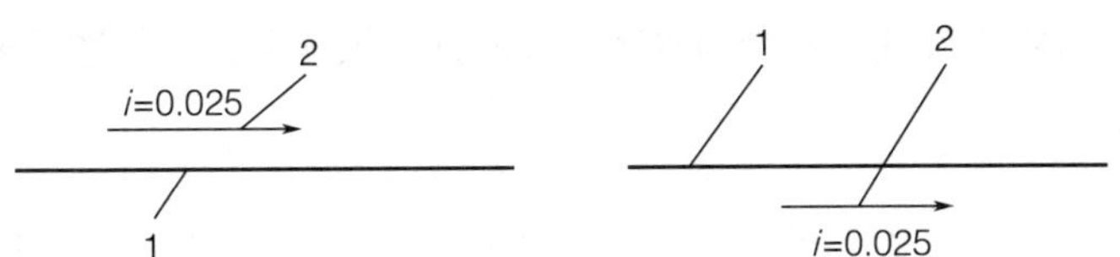

图 0-3 坡度及坡向的表示方法

1—管线；2—表示坡向的箭头

(4) 编号

为了便于平面图与轴测图相对应，管道应按系统加以编号。

1）进出口编号。给水系统以每一条引入管为一个系统，排水系统以每一条排出管或几条排出管汇集至室外检查井为一个系统；室内供暖系统以每一组出入口为一个系统。当超过一个系统时，应进行编号。

2）立管编号。立管在平面图上一般用小圆圈表示，建筑物内的立管，其数量超过 1 根时，应进行编号。

系统编号、立管编号的表示方法，如图 0-4 和图 0-5 所示。

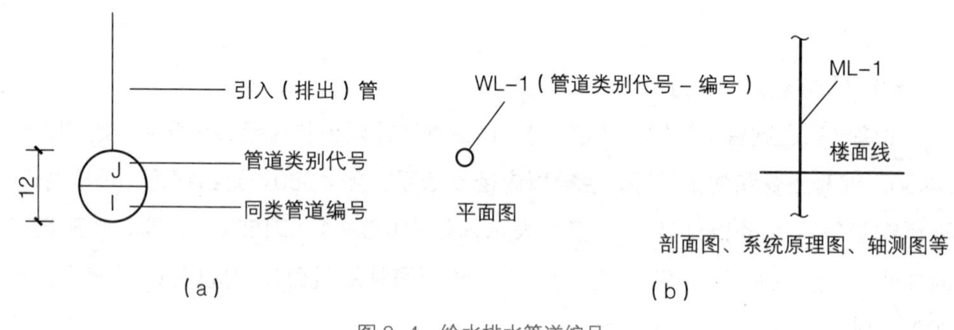

图 0-4　给水排水管道编号
（a）进出口编号；（b）立管编号

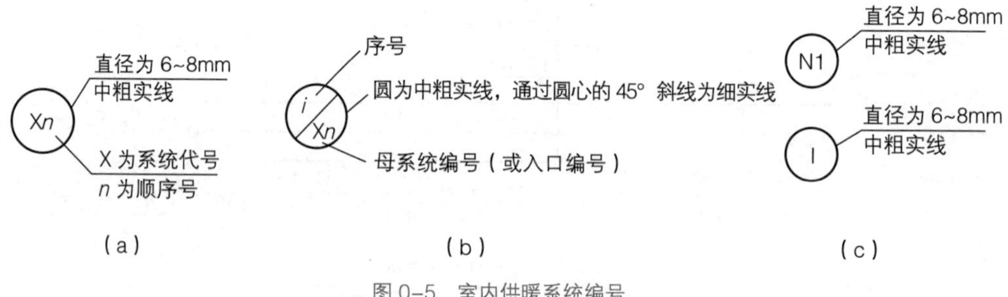

图 0-5　室内供暖系统编号
（a）系统编号；（b）分支系统编号；（c）立管编号

（5）管道转向、交叉的表示

管道的转向、连接、交叉、重叠应按图 0-6 和图 0-7 所示的方法表示。管道交叉时，前面的管线为实线，被遮挡的管线应断开，供暖系统中管道重叠、密集处可断开引出绘制。

2. 建筑电气施工图的文字符号

（1）电缆型号的表示

电缆的型号是由字母和数字组合而成，表示方法如图 0-8 所示，各符号的含义见表 0-6。

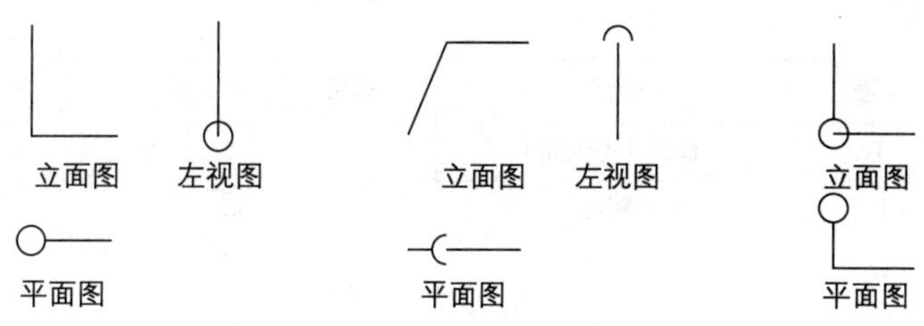

图 0-6　管道转向图示

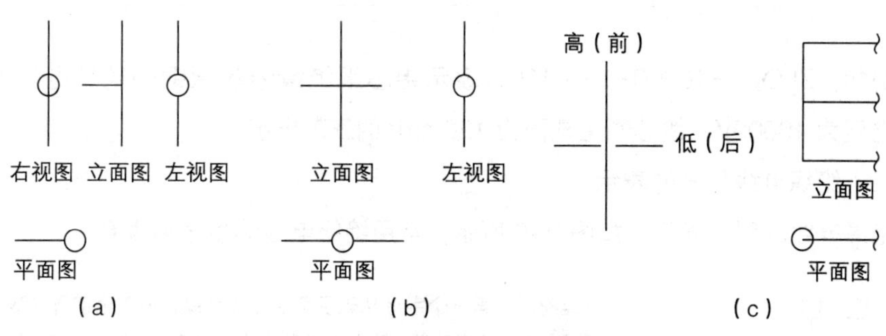

图 0-7　管道连接、交叉、重叠图示
(a)连接；(b)交叉；(c)重叠

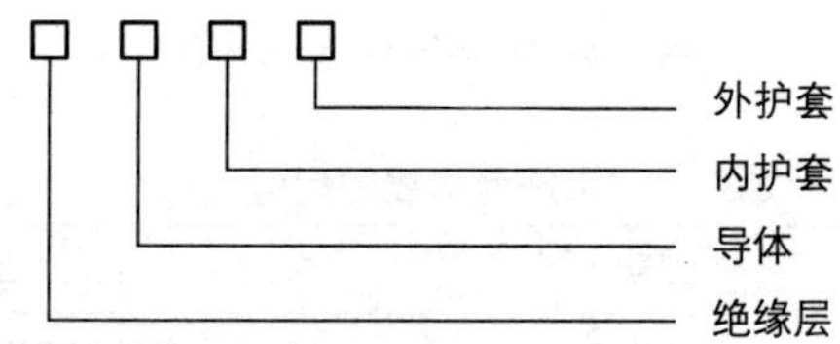

图 0-8　电缆的型号示意

电缆型号中各符号的含义　　表 0-6

<table>
<tr><th>项目</th><th>型号</th><th>含义</th><th>项目</th><th colspan="2">型号</th><th>含义</th></tr>
<tr><td rowspan="6">类别</td><td>—</td><td>电力电缆（不表示）</td><td rowspan="6">特征</td><td colspan="2">P</td><td>滴干式</td></tr>
<tr><td>K</td><td>控制电缆</td><td colspan="2">D</td><td>不滴流式</td></tr>
<tr><td>P</td><td>信号电缆</td><td colspan="2">F</td><td>分相铅包</td></tr>
<tr><td>YT</td><td>电梯电缆</td><td colspan="2">CY</td><td>充油</td></tr>
<tr><td>Y</td><td>移动式软缆</td><td colspan="2">G</td><td>高压</td></tr>
<tr><td>H</td><td>室内电话缆</td><td colspan="2">C</td><td>滤尘或重型</td></tr>
<tr><td rowspan="5">绝缘</td><td>Z</td><td>油浸纸绝缘</td><td rowspan="5">外护套</td><td rowspan="5">第1个数字</td><td>0</td><td>无</td></tr>
<tr><td>V</td><td>聚氯乙烯绝缘</td><td>1</td><td>钢带铠装</td></tr>
<tr><td>Y</td><td>聚乙烯绝缘</td><td>2</td><td>双钢带铠装</td></tr>
<tr><td>YJ</td><td>交联聚乙烯绝缘</td><td>3</td><td>细圆钢丝钢带铠装</td></tr>
<tr><td>X</td><td>橡胶绝缘</td><td>4</td><td>粗圆钢丝铠装</td></tr>
</table>

续表

项目	型号	含义	项目	型号		含义
导体	T	铜芯（可省略）	外护套	第2个数字	0	无
	L	铝芯			1	纤维绕包
内护套	Q	铅包			2	聚氯乙烯护套
	L	铝包			3	聚乙烯护套
	V	聚氯乙烯护套			4	—
	VF	复合物				

例如：ZLQ_{20}—10000—3×120，表示铝芯纸绝缘铅包裸钢带铠装电力电缆，额定电压为10000V，线芯额定截面为120mm^{2}的三芯电缆。

（2）绝缘电线型号的表示

绝缘电线的型号表示，如图0-9所示，常用绝缘电线的型号见表0-7。

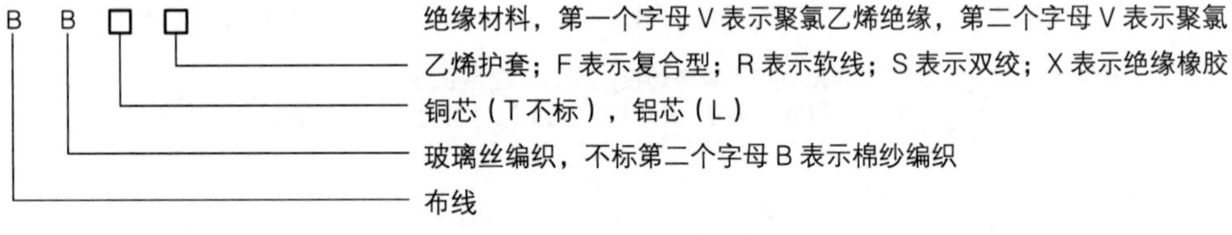

图0-9 绝缘电线的型号示意

常用绝缘线的型号　　表0-7

分类	型号	型号说明
X-橡皮绝缘电线	BX(BLX)	铜（铝）芯橡皮绝缘线
	BXF(BLXF)	铜（铝）芯氯丁橡皮绝缘线
	BXR	铜芯橡皮绝缘软线
绝缘	BV(BLV)	铜（铝）芯聚氯乙烯绝缘线
	BVV(BLVV)	铜（铝）芯聚氯乙烯绝缘氯乙烯护套圆形电线
	BVVB(BLVVB)	铜（铝）芯聚氯乙烯绝缘氯乙烯护套平型电线
	BVR	铜（铝）芯聚氯乙烯绝缘软线
	BVR-105	铜芯耐热105℃聚氯乙烯绝缘软线
导体	RV	铜芯聚氯乙烯绝缘软线
	RVB	铜芯聚氯乙烯绝缘平型软线
内护套	RVS	铜芯聚氯乙烯绝缘绞型软线
	RV-105	铜芯耐热105℃聚氯乙烯绝缘连接软电线
	RXS	铜芯橡皮绝缘棉纱编织绞型软电线
	RX	铜芯橡皮绝缘棉纱编织圆形软电线

（3）配电线路的标注

配电线路的标注用以表示线路的敷设方式及敷设部位，采用英文字母表示，配电线路的标注格式为：

$$ab-c(d\times e+f\times g)i-jh$$

式中 a——线缆编号；

b——线缆型号；

c——线缆根数；

d——相线芯数；

e——相线线芯截面积（mm^2）；

f—— PE、N 线芯数；

g—— PE、N 线芯截面积（mm^2）；

i——线路敷设方式，见表 0-8；

j——线路敷设部位，见表 0-9；

h——线路敷设安装高度（m）。

导线敷设方式 表 0-8

敷设方式	代号	敷设方式	代号
暗敷	C	钢索敷设	M
明敷	E	金属线槽	MR
铝皮线卡	AL	电线管	TC
电缆桥架	CT	塑料管	PC
金属软管	F	塑料线卡	PL
水、燃气管	RC	塑料线槽	PR
瓷绝缘子	K	钢管	SC

导线敷设部位 表 0-9

敷设部位	代号	敷设部位	代号
梁	B	构架	R
顶棚	C	吊顶	SC
柱	CL	墙	W
地面（板）	F		

上述字母无内容时可省略该部分①。例如：12-BLV（3×7+1×5）SC40-FC 表示系统中编号为 12 的线路，有三根 7mm^2 和一根 5mm^2 的聚氯乙烯绝缘铝芯导线，

① 结合配电线路的标注融入【德育：认识规律、尊重规律、实事求是、钝学累功】。

穿直径为 40mm 的焊接钢管沿地板暗敷设在地面内。

（4）照明灯具的标注

照明灯具的标注是指在灯具旁按规定标注灯具的数量、型号、灯具的光源数量、容量、悬挂高度及安装方式。照明灯具的文字标注格式为：

$$a\text{-}b\frac{c\times d\times L}{e}f$$

式中　a——同一个平面内，同种型号灯具的数量；

b——灯具的型号，见表 0-10；

c——每盏照明灯具中光源的数量；

d——每个光源的容量（W）；

e——安装高度，当吸顶或嵌入安装时用“—”表示；

f——灯具的安装方式，见表 0-11；

L——光源种类（常省略不标）。

灯具的型号　　表 0-10

灯具类型	代号	灯具类型	代号
壁灯	B	卤钨探照灯	L
吸顶灯	D	普通吊灯	P
防水防尘灯	F	搪瓷伞罩灯	S
工厂一般灯具	G	投光灯	T
防爆灯	G 或专用符号	无磨砂玻璃罩万能型灯	W
花灯	H	荧光灯灯具	Y
水晶底罩灯	J	柱灯	Z

灯具的安装方式　　表 0-11

安装方式	代号	安装方式	代号
自在器线吊式	CP	嵌入式（嵌入不可进人的顶棚）	R
固定线吊式	CP1	顶棚内安装（嵌入可进人的顶棚）	CR
防水线吊式	CP2	墙壁内安装式	WR
吊线器式	CP3	台上安装式	T
链吊式	Ch	支架安装式	SP
管吊式	P	柱上安装式	CL
壁装式	W	座装式	HM
吸顶式或直附式	S		

例如：$10\text{-}YG_{2\text{-}2}\dfrac{2\times40}{2.5}Ch$，表示有 10 盏型号为 $YG_{2\text{-}2}$ 型的荧光灯，每盏荧光灯有 2 个 40W 的灯管组成，安装高度 2.5m，采用链吊式安装。

任务 0.3 常用图例

建筑设备施工图中的设备和附件常用图例表示，而不按比例绘制。常用图例符号见本教材：

附录 1 给水排水工程图常用图例；

附录 2 暖通空调工程图常用图例；

附录 3 建筑电气工程图常用图例；

附录 4 建筑智能化工程图常用图例。

【思政提升】

本项目主要介绍了建筑安装工程发展现状、建筑安装工程施工图的一般规定与常用图例。

通过本项目的学习，希望同学们了解国家有关制图标准，牢固树立标准意识与规范意识，做事条理分明、实事求是，主动学习、紧跟时代技术更迭。

【课后习题】

1. 请简述建筑安装工程施工图的组成。
2. 请简述比例的概念。
3. 请简述管沟标高标注包括哪些方面?
4. 压力管道和室外重力管道分别宜标注什么标高?
5. 哪几种管道的管径以外径 $D\times$ 壁厚表示?
6. 立管在平面图上一般怎么表示，什么情况下应进行编号?
7. 管道交叉时，前面的管线与被遮挡的管线分别怎么处理? 供暖系统中管道重叠、密集处怎么绘制?
8. 请解释线缆型号，VY20、VLV、BVV、RVS。
9. W-VV（3×40+1×25）SC70-CC，请解释其含义。
10. $5\text{-}TLD\dfrac{2\times36\times FL}{2.5}P$，表示什么?

项目 1　建筑给水排水系统识图与施工

【学习目标】

1. 知识目标

掌握建筑给水排水系统的分类与组成；熟知给水增压蓄水装置与卫生器具、常用给排水管材与给排水附件；了解建筑给排水管道系统布置原则与要求。掌握建筑给排水施工图识读方法，准确识读建筑给水排水施工图。

2. 思政目标

树立法治意识、责任意识、职业规范意识，积极探索、精益求精、培养工匠精神，提倡节能环保、生态文明。

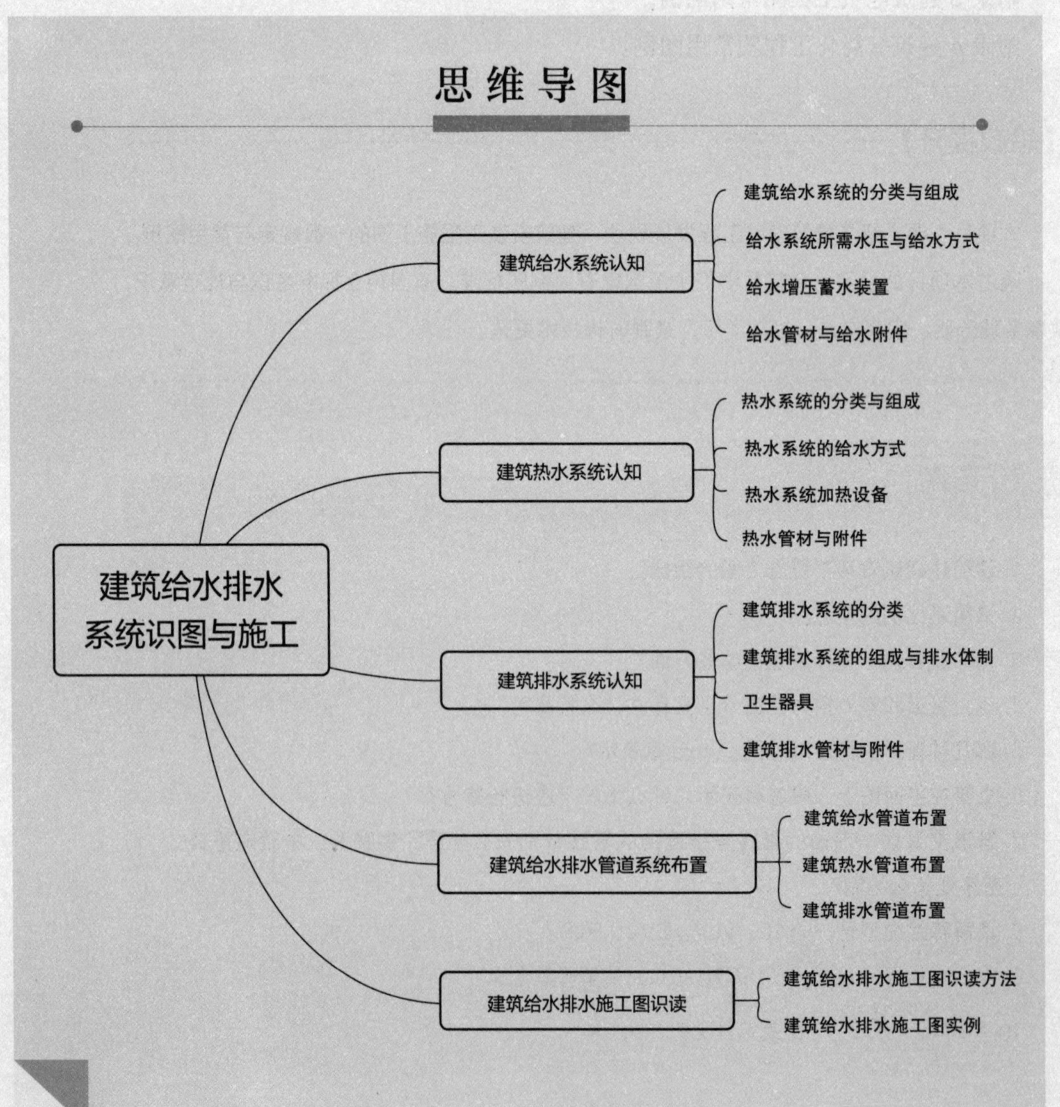

任务 1.1　建筑给水系统认知

1.1.1 建筑给水系统的分类与组成

1. 建筑给水系统的分类

建筑给水系统按照其用途可分为三类：

（1）生活给水系统

生活给水系统指供人们在工业与民用建筑内的饮用、烹饪、盥洗、洗涤、沐浴等日常生活用水的给水系统（包括冷水、热水系统等）。其水量应满足用水点的要求；水质应符合国家规定的《生活饮用水卫生标准》GB 5749—2022 要求。

（2）生产给水系统

生产给水系统指供各类产品生产过程中所需的设备冷却，原料、产品洗涤及锅炉用水等生产用水的给水系统。其供水水质、水量、水压及安全方面的要求由产品及生产工艺要求确定。

（3）消防给水系统

消防给水系统指供工业与民用建筑内消防用水给水系统，包括消火栓、自喷系统。消防用水水量、水压必须满足《建筑设计防火规范（2018 年版）》GB 50016—2014 等防火规范的要求，但对水质要求不高。

上述三类基本给水系统可以根据用户对水质、水量、水压等要求，结合室外给水系统的实际情况，经技术经济比较，组合成不同的共用系统，如生活、生产共用给水系统；生活、消防共用给水系统；生活、生产、消防共用给水系统等[①]。

给水系统的分类、组成与给水方式

2. 建筑给水系统的组成

一般情况下，建筑给水系统由下列各部分组成，如图 1-1 所示。

（1）水源

水源指市政给水管网或自备水源。民用建筑的水源一般以城镇市政管网提供的

① 结合给水系统不同组合的技术经济比较融入【德育：程序公正、社会公正】。

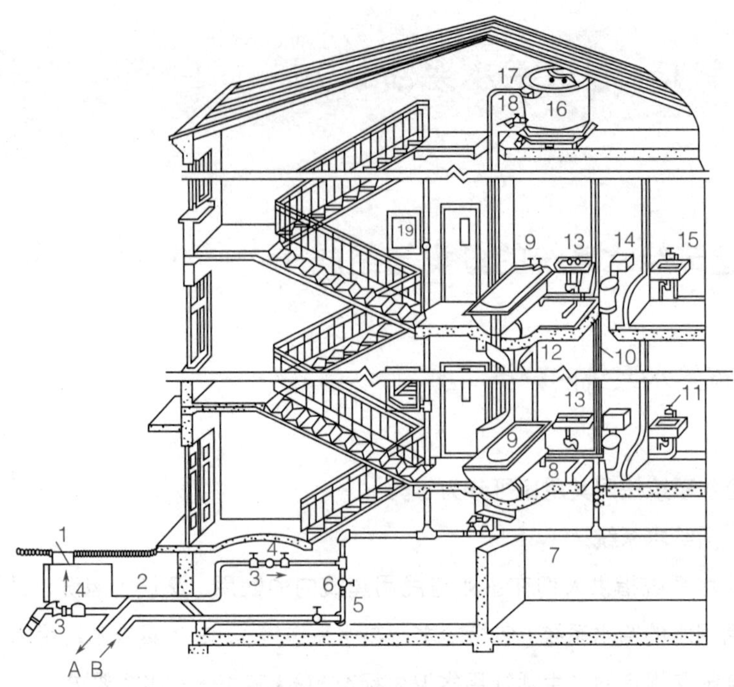

图 1-1　建筑给水系统

1—阀门井；2—引入管；3—闸阀；4—水表；5—水泵；6—止回阀；7—干管；8—支管；9—浴盆；10—立管；11—水龙头；12—淋浴器；13—洗脸盆；14—大便器；15—洗涤盆；16—水箱；17—进水管；18—出水管；19—消火栓；A—入贮水池；B—接自贮水池

自来水为首选，当采用自备水源时，生活用水水质须符合《生活饮用水卫生标准》GB 5749—2022 的要求。

（2）引入管

引入管指室外给水管网与室内给水管网之间的联络管段，也称进户管。

（3）水表节点

水表节点指为计量建筑用水量或住宅单元、单户用水量安装的水表及水表前后阀门和泄水装置等。

（4）给水管网

给水管网指建筑内部给水水平干管、立管和支管等。

（5）给水附件

给水附件指给水管路上控制附件（各类阀门）、配水附件（各式龙头）、各种仪表等。

（6）增压蓄水设施

增压蓄水设施指为解决室外给水管网水量、水压不足或为保证建筑内部供水安全性、水压稳定性而设置的各种附属增压和蓄水设备，如水泵、无负压给水装置、气压给水装置、变频调速给水装置、蓄水池、水箱等。

（7）给水局部处理设施

给水局部处理设施指二次给水深度处理设施。当建筑内部给水水质要求超出《生活饮用水卫生标准》GB 5749—2022 时，为防止水质恶化设置的水处理设备，如存水使用时间长的生活水池、游泳池、冷却塔循环水处理设备等①。

1.1.2 给水系统所需水压与给水方式

1. 建筑给水系统所需的压力

建筑给水系统所需的压力（也称工作压力），是保证建筑内部给水系统正常工作的最小给水压力值，单位 kPa、mH_2O。

建筑给水所需工作压力的确定方法有两种：

（1）估算法

估算法适用于层高≤ 3.5m 的民用建筑的生活给水系统（见表 1–1）。表 1–1 中三层及三层以上的建筑物，每增加一层增加 40kPa。管道较长或层高超过 3.5m 时，数值可适当增加。

按建筑物层数确定所需的最小压力值　　表 1-1

建筑物层数	1	2	3	4	5	6	7	8	9	10
最小压力值（kPa）	100	120	160	200	240	280	320	360	400	440

（2）计算法

当建筑内部给水系统需准确计算工作压力时，可参考图 1–2，按下式计算：

$$H = H_1 + H_2 + H_3 + H_4 \tag{1–1}$$

式中　H——建筑给水系统所需的工作压力，kPa；

H_1——引入管与最不利用水点（一般是最高最远点）之间的静压差，kPa；

H_2——计算管路的水头损失之和，kPa；

H_3——水流通过水表的压力损失，kPa；

H_4——计算管路最不利配水点本身为保证配水流量，所需的最小压力，kPa。

① 结合存水时间长的生活水池、游泳池事故融入【德育：责任意识、法治意识、国民素质、社会公德】。

2. 给水方式

给水方式是指建筑内部给水系统的组成以及管道、设备布置方案。给水方式选择取决于建筑物的功能性质、高度；室外管网提供的水量、水压；室内管网所需的水量、水压和用水点分布等因素。建筑物内部最基本的给水方式有以下几种：

（1）直接给水方式

直接给水方式是指直接把室外市政给水管网的水引到建筑内部各用水点的给水方式，见图 1–3。该方式适用于室外市政给水管网（或小区管网）提供的水量、水压，在任何时候都能满足建筑内部用水要求的单层、多层建筑和高层建筑中的下部楼层给水系统。

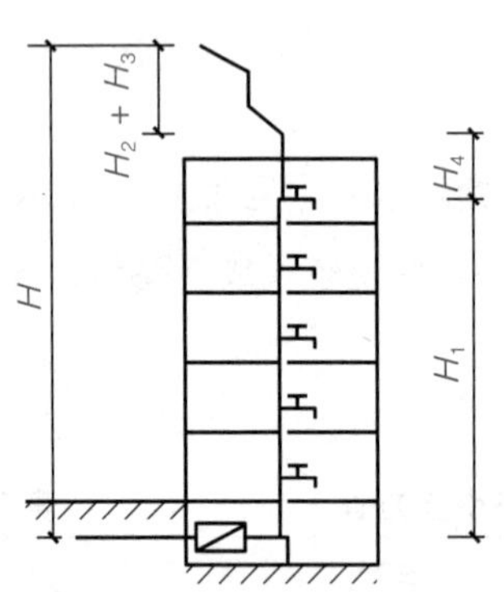

图 1–2　建筑给水系统所需水压

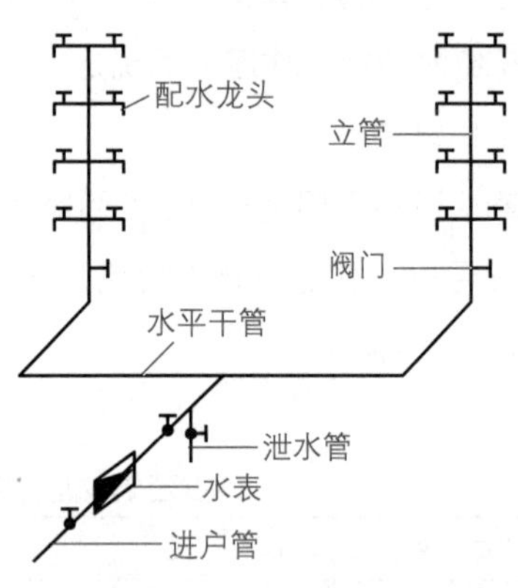

图 1–3　直接给水方式

（2）单设水箱的给水方式

单设水箱的给水方式是指给水系统内仅设置高位水箱的给水方式，如图 1–4 所示。用水低谷时，室外给水管网直接向室内给水系统和水箱供水；用水高峰时，由水箱向室内给水系统供水[①]。该方式适用于室外给水管网的供水压力易出现周期性不足，或者建筑内部要求贮存水量、稳定水压的多层建筑。

（3）设水池、水泵及水箱的给水方式

设水池、水泵及水箱的给水方式是指贮水池、水泵和水箱联合向室内给水系统供水的方式，如图 1–5 所示。室外管网向水池供水，水泵抽取水池中水向水箱和室内供水管网供水，在水箱到达高水位后，水泵停止运转，由水箱向室内用水管网供水；水箱降至低水位时，水泵重新启动供水。该方式适用于室外给水管网供水压力低于室内给水所需工作压力、室内用水不均匀且允许设置高位水箱的建筑。

① 结合水箱用水低谷时进水、高峰时供水的工作模式融入【德育：合理安排学习时间、劳逸结合】。

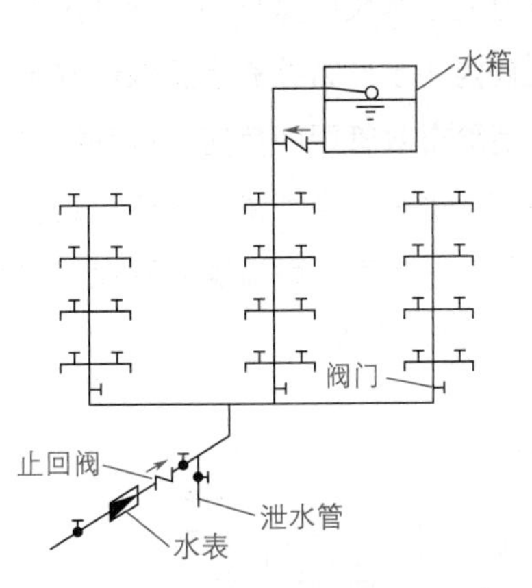

图 1–4　单设水箱给水方式

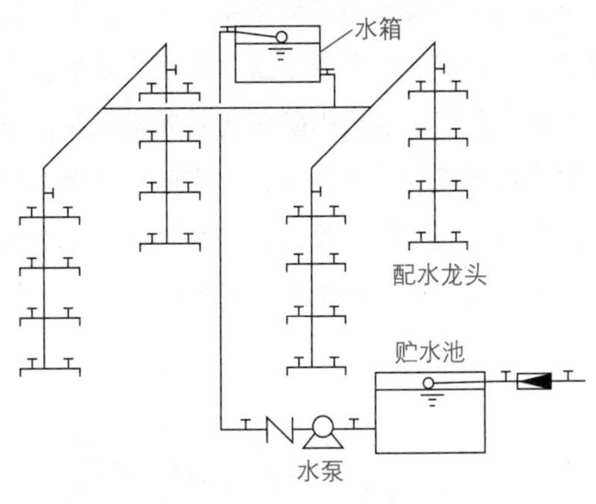

图 1–5　设贮水池、水泵和水箱的给水方式

（4）设置气压给水装置的给水方式

设置气压给水装置的给水方式是指在给水系统中设置气压给水设备，利用该设备气压水罐内气体的可压缩性，协同水泵增压向室内给水系统供水的方式，如图 1–6 所示。运行时，水泵自动启动，将水送往气压水罐和配水点，直至罐内压力达到设定的上限值，水在罐内压缩空气的作用下，送往配水点。随着水量的减少，空气压力降低，当压力降到供水系统所需的工作压力时（气压水罐压力下限值），水泵再次启动，如此往复循环。该给水方式适用于室外给水管网压力低于室内给水系统所需工作压力、不宜设置高位水箱的建筑。在生活给水系统中一般采用气压水罐协同变频水泵工作。

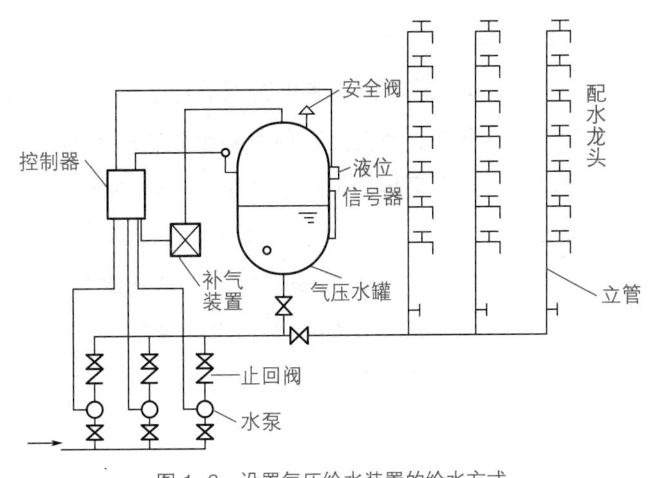

图 1–6　设置气压给水装置的给水方式

（5）设置管网叠压供水装置的给水方式

这是近几年使用的一种无需建水池、水箱，采用管网叠压供水装置与市政管网直接串联加压供水的方式，该方式是可充分利用市政管网给水压力的节能新技术，如图 1–7 所示[①]。当室外管网供水量大于室内系统用水量，但水压不能满足要求时，

① 结合管网叠压供水新技术融入【德育：节能意识、创新意识】。

系统通过压力传感器启动水泵。此时，系统的压力处于水泵压力与外部管网压力串联状态。当室外管网供水量小于水泵流量，稳流罐内的水作为补充水源保证水泵正常供水，此时，空气由防负压装置进入稳流罐，消除市政管网的负压。这种给水装置中稳流罐贮存的水量少，对市政供水依赖性较高，须征求当地供水部门意见，不适用于用水安全要求高的生产和消防给水系统。因此，也有与稳流罐并联设置水箱的做法，在短时间市政管网水量（或水压）不足时，保证供水。

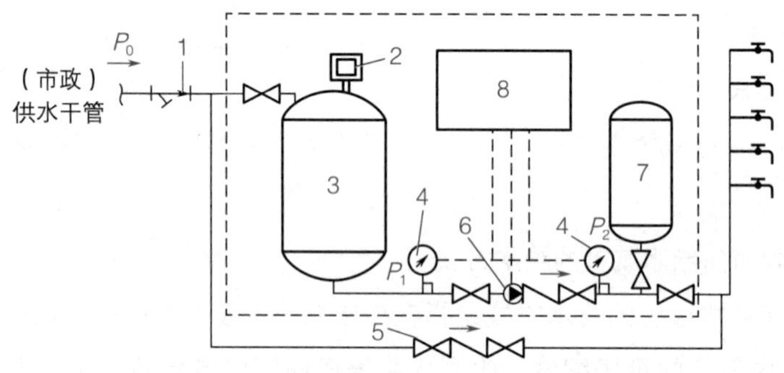

图 1-7　管网叠压供水方式

1—防回流污染装置；2—防负压装置；3—稳流罐；4—压力传感装置；5—旁通管；6—水泵机组；7—隔膜式气压水罐；8—自动控制柜

（6）分区给水方式

当建筑物高度较高时，室外管网的给水压力只能满足下部楼层供水要求，不能满足上部楼层需要。为充分利用室外市政管网的压力，对于多、高层建筑的给水管网按竖向划分几个区域，下部楼层采用直接供水，上部楼层采用加压供水的方式，如图 1-8 所示①。这种方式可以有效利用市政管网压力，节省水泵能耗，并使管道系统下部的管道和附件承受的工作压力、水击、噪声与振动减小，防止用水点水流喷溅。

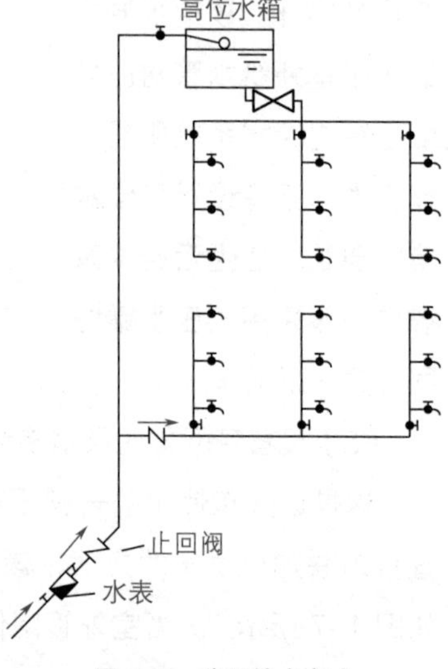

图 1-8　分区给水方式

高层建筑给水系统竖向分区有多种方式。图 1-9（a）所示是各分区设置独立的高位水箱、水泵的方式。运行时，各分区水泵供水至分区水箱，通过水箱向用水点供水。图 1-9（b）、图 1-9（c）所示为各区单独设置水泵或气压给水装置，通过调节水池抽水，升压供水至用水点。在分区给水系统

① 结合高层建筑分区给水方式融入【德育：比较意识、科学精神】。

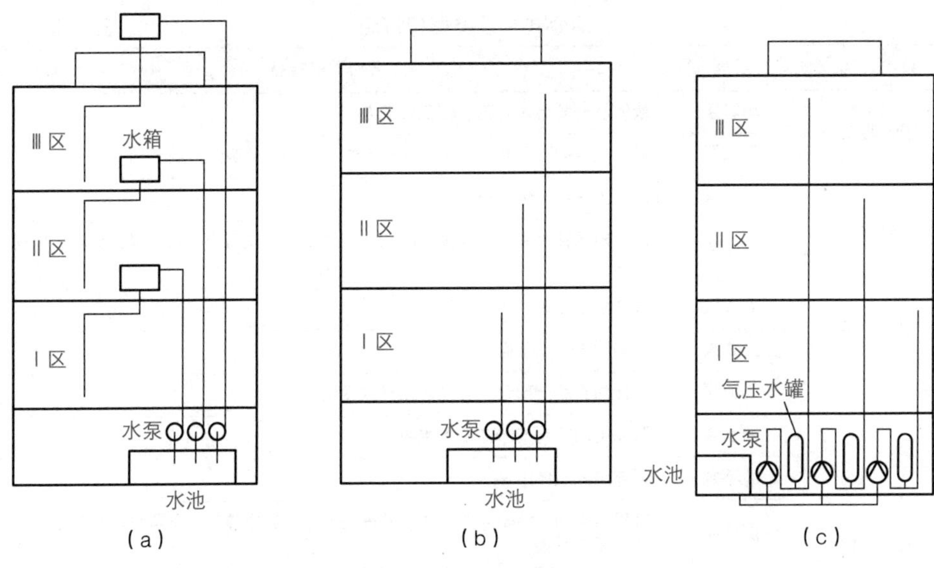

图 1-9　竖向分区给水方式
(a)并联水泵、水箱给水方式；(b)无水箱并联给水方式；(c)并联气压装置给水方式

中，高、中区的水泵扬程高，对给水管材、附件的承压和接口的严密性要求也相应提高。

1.1.3 给水增压蓄水装置

1. 水泵

水泵是建筑给水系统中主要的增压设备。在建筑给水系统中，常用离心式水泵来提高水的压力，稳定给水管道的水压，输送建筑给水水量。

增压蓄水装置、给水管材与给水附件

(1)水泵的性能参数

表达水泵性能的参数称为水泵的性能参数或工作性能参数，常用的水泵参数有：

1)流量 Q：指单位时间内通过水泵的水的体积或质量，m^3/h、L/s、kg/s。

2)扬程 H：指单位重量的水通过水泵后获得的能量的增量，mH_2O、kPa。

3)功率 P：分为轴功率和有效功率，轴功率是指单位时间内动力设备传递给设备的功率，有效功率是指单位时间内通过水泵的水所获得的总能量，kW。

4)效率 η：有效功率和轴功率的比值。

5)转速 n：水泵叶轮每分钟的转数，r/min。

(2)水泵的类型

常见的离心式水泵类型和特点见表 1-2、图 1-10。

离心式水泵类型和特点　表 1-2

分类方式	类型	离心泵的特点
吸入方式	单吸泵	液体从一侧流入叶轮，存在轴向力
	双吸泵	液体从两侧流入叶轮，不存在轴向力，流量比单吸泵大约一倍
级数	单级泵	泵轴上只有一个叶轮
	多级泵	同一根泵轴上装两个或多个叶轮，液体依次流过每级叶轮，级数越多，扬程越高
泵轴方位	卧式泵	泵轴水平放置
	立式泵	泵轴垂直于水平面
特殊结构	管道泵	泵作为管路一部分，安装时无需改变管路
	潜水泵	泵和电动机制成一体浸入水中
	液下泵	泵体浸入液体中
	屏蔽泵	叶轮与电动机转子连为一体，并在同一个密封壳体内，不需采用密封结构，属于无泄漏泵
	磁力泵	除进、出口外，泵体全封闭，泵与电动机的连接采用磁钢互吸驱动
	自吸式泵	泵启动时无需灌液
	高速泵	由增速箱使泵轴转速增加，一般转速可达 10000r/min 以上，也可称部分流泵或切线增压泵

（3）水泵机组基础

水泵基础应牢固地浇筑在坚实的地基上，水泵块状基础尺寸可按下列方法确定。

带底座的水泵机组基础平面尺寸：

基础长度 = 底座长度 +（0.15~0.20）m；

基础宽度 = 底座宽度方向最大螺栓孔间距 +（0.15~0.20）m。

无底座的水泵机组基础平面尺寸：

基础长度和宽度，根据水泵和地脚螺栓孔长度和宽度最大间距加 0.40~0.50m

自力更生、自主创新，国产离心泵技术处于国际领先水平

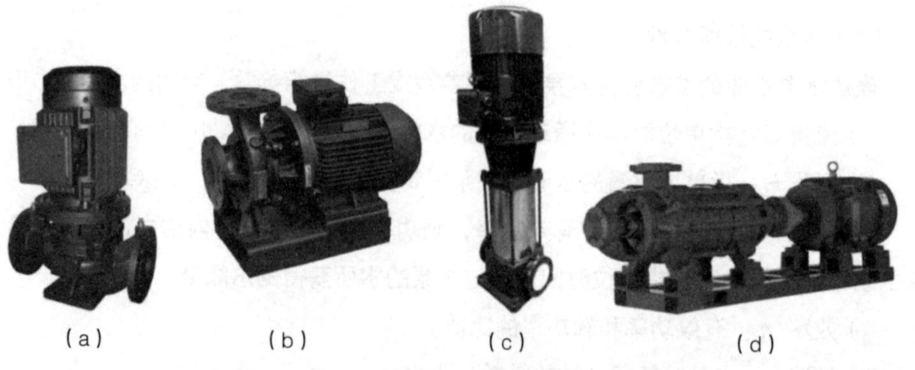

图 1-10　常见的离心式水泵①
（a）立式泵；（b）卧式泵；（c）立式多级泵；（d）卧式多级泵

① 结合离心泵从仿苏制造到国际一流水平的发展历程融入【德育：勇于创新、对技术精益求精】。

取用；

基础的高度 = 地脚螺栓长度 +（0.10~0.20）m；

地脚螺栓长度一般可按照螺栓直径的 20~30 倍取用；

水泵基础的高度还可以用基础的质量等于 2.5~4 倍的机组质量来估算，但高度不得小于 0.5m，基础高出地面不得小于 0.1m，埋深不得小于临近地沟的深度。

2. 水池与水箱

在建筑给水系统中水池与水箱的基本构造是一样的。一般来说安装在系统的低位，体积较大的称为水池。安装在建筑物的高位、体积较小的称为水箱。它们的作用是存贮用水、调节用水量，水箱由于安装在系统的高位，所以还有稳定给水压力的作用。

水箱、水池一般为方形或圆形，常用的制作材料一般为混凝土、钢板、不锈钢等。

水箱（或水池）上应设置以下配管，以满足使用功能要求，如图 1–11 所示。

1）进水管：水箱（或水池）的进水管上应设置两个浮球阀（液位控制阀），并在阀前设检修用的闸阀。

2）出水管：水箱的出水管可以单独设置，也可以与进水管合用（水池应单独设置）。出水管上应设闸阀，当进出水管合用时，出水管上应设止回阀，防止水由出水管进入水箱。

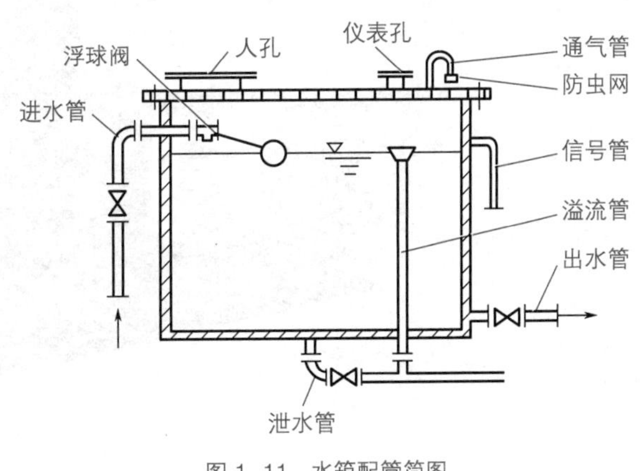

图 1–11　水箱配管简图

3）放空管：放空管也称为泄水管，用于检修或清洗水箱时放空水箱（或水池）内的存水，放空管上应设闸阀。

谨防水箱二次污染，牢固树立责任意识

4) 溢流管：用于进水管上的浮球阀失效时，有组织地排除水箱（或水池）过高水位的水量。溢流管上不允许设置阀门。

5) 信号管：安装在水箱上，当水箱与水泵连锁时，安装液位继电器的穿线管，用于提供水位信号。

6) 通气管：安装在水箱顶部，用于维持水箱内的空气流通，保证水箱水质，管口应有防止蚊蝇进入的措施。

另外，在水箱水池的壁面一般还可以安装液位计，用于就地指示水位[①]。

① 结合水箱二次污染事故案例融入【德育：责任意识、法治意识、社会公德】。

3. 气压给水装置

气压给水装置主要由隔膜式气压水罐、水泵和控制系统组成，如图 1-12 所示。气压水罐是由钢质外壳、橡胶隔膜内胆构成的储能器件，橡胶隔膜把水室和气室完全隔开，隔膜内是水室，隔膜与罐体之间是气室。水泵工作时，向给水管网和气压水罐同时供水，罐体内水室扩大并将气室内气体压缩，气室缩小，罐内气压、水压也随之升高。压力升至设定的最高工作压力时，水泵停转，并利用罐内被压缩气体的压力将罐内贮存的水不断送入给水管网，随之水室缩小，气室扩大，罐内压力也随之下降。压力降至工作压力时，水泵重新启动，如此周而复始，使给水系统不断运行。该设备可以替代高位水箱，有效杜绝水质二次污染，占地少，投资省，建设周期短，自动启停，高效节能。

图 1-12　气压给水装置

1.1.4 给水管材与给水附件

1. 给水管材

建筑内部给水工程常用的管材按照材料材质可分为金属管、塑料管和复合管三大类。

（1）金属管

1) 钢管。钢管按其制造方法分为无缝钢管和焊接钢管两种。焊接钢管又分为镀锌钢管和非镀锌钢管。无缝钢管用优质碳素钢或合金钢制成，有热轧、冷轧（拔）之分。焊接钢管是由卷成管形的钢板以直缝焊或螺旋缝焊接而成。

钢管具有强度高、承受流体的工作压力大、抗震性好、容易加工和安装等优点，但耐腐蚀性能略差。镀锌钢管（图 1-13）由于在管道内外镀锌，使其耐腐蚀性能增强，但对水质有影响。因此，现在冷浸镀锌管已被淘汰，热浸镀锌管也在生活给水系统中被限制使用。

钢管的连接方法有：螺纹连接、法兰连接、焊接连接、卡箍连接。其中镀锌钢管一般采用螺纹（丝扣）连接和卡箍连接。

2) 薄壁不锈钢管。在我国薄壁不锈钢管是 20 世纪 90 年代末问世的新型管材。薄壁不锈钢管（图 1–14）具有安全卫生、强度高、耐腐蚀、坚固耐用、寿命长、免维护、美观等特点，适合用作建筑内部的饮用净水、生活饮用水、医用气体、热水等管道。薄壁不锈钢管一般采用焊接或卡套式连接。

禁用镀锌钢管作给水管，紧跟技术更新迭代步伐

图 1–13　镀锌钢管

图 1–14　薄壁不锈钢管

（2）塑料管

塑料是现代经济发展应用实现“减量化、再利用、资源化”的重要材料之一，其加工成型的过程无污染、排放消耗低、效率高。绝大部分塑料使用后能够被回收再利用，是典型的资源节约型、环境友好型材料①。

塑料管具有质量轻、耐腐蚀、外形美观、加工容易、施工方便等特点，获得广泛应用的常见塑料给水管如图 1–15 所示，其物理性能、连接方式见表 1–3。塑料管也有抗局部集中强度较低，热膨胀系数较大，相对管壁厚度较大等缺点。塑料管宜采用热熔连接。

（3）复合管

复合管是金属与塑料混合型管材，常用的有钢塑复合管和铝塑复合管两种。

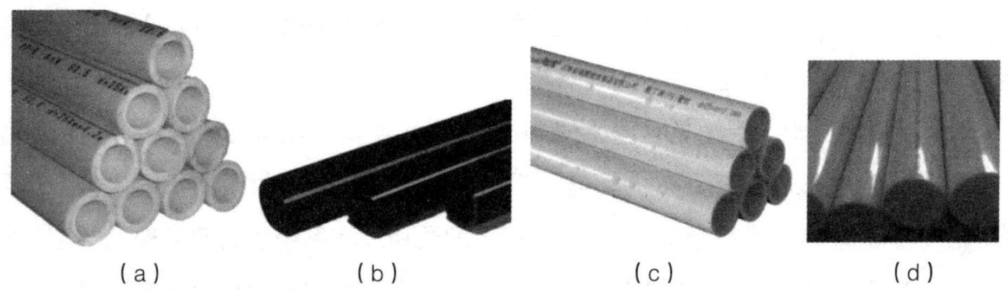

（a）　（b）　（c）　（d）

图 1–15　常用塑料给水管

（a）PP–R 管；（b）PE 管；（c）PB 管；（d）ABS 管

① 结合以前使用的镀锌钢管逐渐被塑料管代替融入【德育：紧跟技术更新迭代步伐、水质提标、节能环保】。

常用塑料给水管的物理性能和连接方式　　表 1-3

管材	PP-R	PE-X	PB	ABS
材基名称	无规共聚聚丙烯	交联聚乙烯	聚丁烯	丙烯酯 - 丁二烯 - 苯乙烯
密度（kg/m^3）	0.9×10^3	0.95×10^3	0.93×10^3	1.02×10^3
长期使用温度（℃）	≤ 70	≤ 90	≤ 90	≤ 60
工作压力（MPa）	2.0（冷水） 1.0（热水）	1.6（冷水） 1.0（热水）	1.6~2.5（冷水） 1.0（热水）	1.6
热膨胀系数 [mm/（m・℃）]	0.11	0.15	0.13	0.11
导热率 [W/（m・℃）]	0.24	0.41	0.22	0.26
管道规格外径（mm）	20~110	14~63	20~63	15~300
寿命（年）	50	50	50	50
连接方式	热熔式连接	夹紧式连接 卡套式连接	热熔式连接 夹紧式连接	承插粘接 胶圈连接

1）钢塑复合管。钢塑复合管（图 1–16）以钢管或钢骨架为基体，与各种类型的塑料（如聚丙烯、聚乙烯、聚氯乙烯、聚四氟乙烯等）复合而成。钢塑复合管按基本材料和制造工艺分类主要有三种：孔网钢带钢塑复合管、钢丝缠绕钢塑复合管和全钢带焊接钢塑复合管；按塑料与基体结合的工艺又可分为衬塑复合钢管和涂塑复合钢管两种。

衬塑复合钢管是由镀锌管内壁内置一定厚度的塑料（PE、UPVC、PE–X 等）而成。

涂塑复合钢管是以普通碳素钢管为基材，内涂或内外均涂塑料粉末，经加温熔融粘合形成。依据用途不同，可分为内壁涂敷 PE、外镀锌镍合金的涂塑复合钢管和内、外壁均涂敷 PE 的涂塑复合钢管。

钢塑复合管兼有金属管和塑料管的优点，既有较高的机械强度，又有良好的耐腐蚀性，且钢管外壁能有效抵挡紫外线的照射，增强了塑料内层的抗老化性能①。目前广泛应用于建筑给水系统中的冷水、热水、消防给水管道。钢塑复合管的连接采用螺纹、法兰、卡箍式连接。

2）铝塑复合管。铝塑复合管（图 1–17）是由中间一层焊接铝合金，内外各覆一层聚乙烯材料胶合粘接而成的管道。铝塑复合管按聚乙烯材料的不同，分为适用热水系统的交联聚乙烯铝塑复合管（XPAP）和适用冷水系统的高密度聚乙烯铝塑复合管（PAP）。铝塑复合管主要用于建筑内配水支管。铝塑复合管兼备塑料管耐腐蚀和金属管耐高压的特点。铝塑复合管采用夹紧式铜配件连接。

① 结合复合管兼有金属管和塑料管的优点融入【德育：取长补短、借才引技、互利共赢】。

图 1–16　钢塑复合管

图 1–17　铝塑复合管

2. 常用管件

管件是管道系统中起连接、控制、变向、分流、密封、支撑等作用的零部件的统称，大多采用与管子相同的材料制成。

管件按用途分为：用于连接的管件（法兰、活接、管箍、卡套等）、改变管子方向的管件（弯头、弯管等）、改变管子管径的管件（变径管、异径弯头等）、增加管路分支的管件（三通、四通等）、用于管路密封的管件（堵头、盲板等）、用于管路固定的管件（拖钩、支架、管卡等）。

按连接方法可分为：承插式管件、螺纹管件、法兰管件和焊接管件等。

按材料分为：金属管件、非金属管件、复合管管件等。

常用管件如图 1–18 所示。

图 1–18　常用管件

3. 管道的连接方式

管道连接是指按照图纸和有关规范的要求，将管子与管子或管子与管件、阀门等连接起来，使之形成一个严密的整体，以达到使用目的。管道连接方式有很多种，常用的连接方式有螺纹连接、焊接连接、法兰连接、承插连接、热熔连接、电熔连接和沟槽连接等。

（1）螺纹连接

螺纹连接是通过管子上的内外螺纹将管子与带外内螺纹的管件、阀件和设备连接起来的方法，简称“丝接”。为了增加连接的严密性，在连接前应在带有外螺纹的管头或配件上按螺纹方向缠以适量的麻丝或胶带等①。

（2）焊接连接

焊接连接是管道安装工程中最重要和应用最广泛的连接方式之一②。管道焊接连接的优点是：焊接牢固、强度大；安全可靠、经久耐用；接口严密性好，不易跑、冒、滴、漏；不需要接头配件，造价相对较低；维修费用低。缺点是：接口固定，检修、更换管子等不方便。

（3）法兰连接

法兰连接是指将垫片放入一对固定在两个管口上的法兰或一个管口法兰、一个带法兰设备的中间，用螺栓拉紧使其紧密结合起来的一种可以拆卸的接头，如图 1-19 所示。这种方式主要用于管子与管子、管子与带法兰的附件（如阀门）或设备的连接，以及管子需经常拆卸部件的连接。法兰连接是管道安装中常用的连接方式之一，其优点是结合强度大、结合面严密性好、易于加工、便于拆卸。法兰连接适用于明设和易于拆装的管沟、管井里，不宜用于埋地管道，以免腐蚀螺栓、拆卸困难。

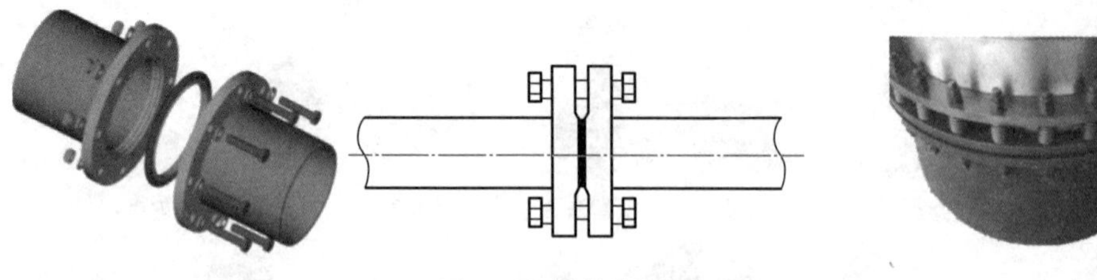

图 1-19　法兰连接示意图

（4）承插连接

承插连接（图 1-20）常用于带有承插口的管道安装，分为刚性承插连接和柔性承插连接两种。刚性承插连接是用管道的插口插入管道的承口内，对位后先用嵌缝

① 结合麻丝或胶带对提高丝接严密性的作用融入【德育：善假于物、小人物大能量】。

② 结合焊接技术融入【德育：大国工匠、工匠精神、行行出状元、干一行爱一行、职业认同】。

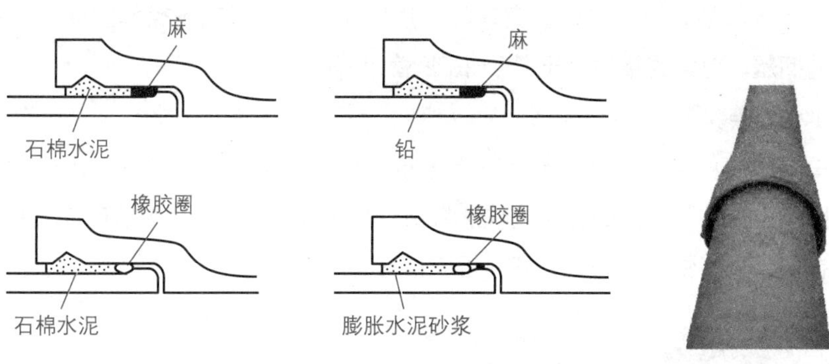

图 1-20　承插连接示意图

材料嵌缝，然后用密封材料密封；柔性承插连接接头在管道承插口的止封口上放入富有弹性的橡胶圈，然后施力将管子插端插入，形成一个能适应一定范围内位移和振动的封闭管。

承插接口所用接口材料有石棉水泥、青铅、自应力水泥、橡胶圈、水泥砂浆和氯化钙石膏水泥等。石棉水泥接口操作方便，质量可靠，是使用最多的接口材料；青铅接口操作复杂，费用较高，在融铅和灌铅时对人体有害。

学习劳动模范——钢板上绣花，行行出状元

（5）热熔连接

热熔连接是利用热塑性管材的性质进行管道连接，如图 1-21 所示。热熔时采用专门的加热设备（一般采用电热式），使同种材料的管材与管件的连接面达到熔融状态，用手工或机械将其压合在一起。热熔方式结合紧密，安全耐用，避免了金属管件接头处水的跑、冒、滴、漏等现象[①]。

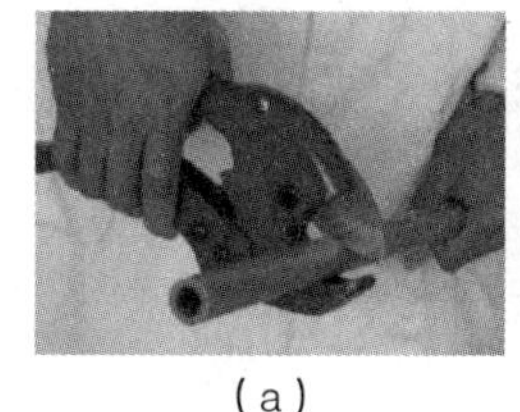
（a）
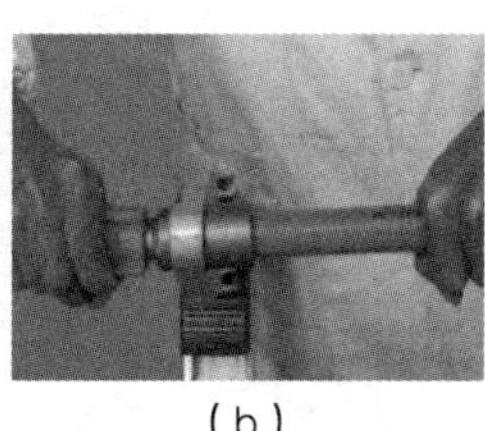
（b）
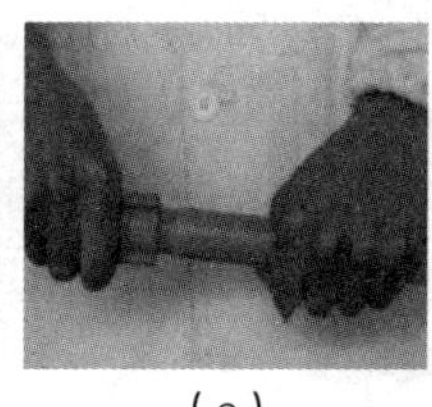
（c）
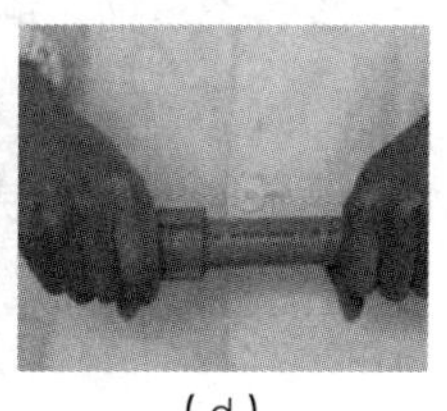
（d）

图 1-21　热熔连接
（a）剪管；（b）热熔加热；（c）热熔承插；（d）冷却把持

（6）电熔连接

管件出厂时将电阻丝埋在管件中，做成电热熔管件。在现场施工时，只需将专用焊接仪的插头和管件的插口连接，利用管件内部发热体将管件外层塑料与管件内层塑料熔融，形成可靠连接，称为电熔连接（图 1-22）。电熔连接效果可靠，人为

① 结合热熔连接的操作要求融入【德育：术业有专攻、精益求精】。

因素低，施工质量稳定。另外，安装时仅用电缆插头，可克服操作空间狭小导致安装困难的问题。电熔连接适用于 PE、PPE 管道等。

（7）沟槽连接

沟槽式管接口是在管材、管件等管道接头部位加工成环形沟槽，用卡箍件、橡胶密封圈和紧固件等组成的套筒式快速接头，如图 1–23 所示。沟槽连接具有不破坏钢管镀锌层、施工快捷、密封性好、便于拆卸等优点。

图 1–22　电熔连接

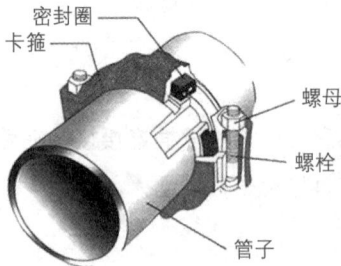

图 1–23　沟槽连接示意图

4. 给水附件

给水附件包括配水附件和控制附件。

（1）配水附件

给水配水附件用于调节和分配水流，通常指安装在各类卫生器具上分配或调节水流的各类水龙头①。常用配水附件如下：

1）球形阀式配水龙头（图 1–24），一般装设在洗脸盆、污水盆、盥洗槽上，材料一般有不锈钢、铜和铸铁等。

2）旋塞式配水龙头（图 1–25），一般安装在污水盆、盥洗槽、洗涤盆上，该类水龙头旋转 90° 时完全开启，在短时间内可获得较大流量。

图 1–24　球形阀式配水龙头

图 1–25　旋塞式配水龙头

3）盥洗龙头（图 1–26），一般装在洗脸盆、洗涤盆上供冷水（或热水）用。有莲蓬头式、角式、喇叭式、长脖式等多种样式。

① 结合市场上配水附件内芯使用铅代替铜的违规操作融入【德育：法治意识、生产标准、勿贪便宜】。

4）混合配水龙头（图 1-27），一般装在浴盆、淋浴器、洗脸盆上，供生活冷水、热水混合使用。该类龙头可以调节冷热水的温度，样式繁多，质地优良。

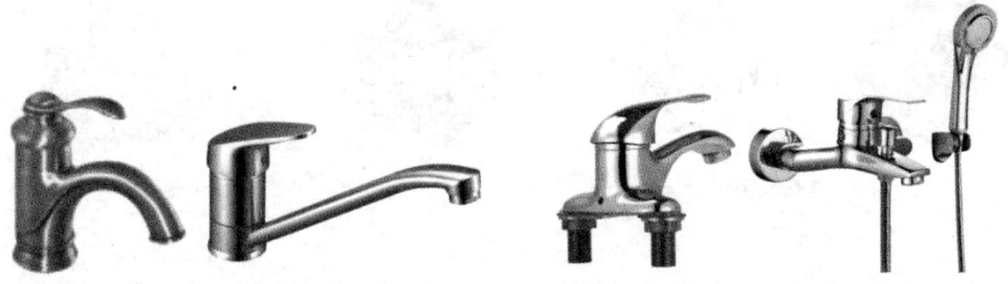

图 1-26 盥洗龙头　　图 1-27 混合配水龙头

除上述配水龙头外，还有化验盆鹅颈水龙头、小便器水龙头、皮带水龙头、电子自控水龙头等。

（2）控制附件

给水控制附件是用来调节水量、水压，关断水流，控制水流方向和水位的阀门。常用的控制附件按照阀体结构形式和功能分为截止阀、闸阀、止回阀、减压阀、压力平衡阀、安全阀、排气阀、温控阀、电磁阀、浮球阀等。

1）截止阀，如图 1-28 所示。截止阀在管径 DN ≤ 50mm，需要经常启闭的管道上使用。截止阀密封性较好，可用于调节管道内水流的流量大小，安装时须注意水流方向。阀体材料有铸铁、铜、塑料、不锈钢等；接口形式有内外螺纹、法兰。

2）闸阀，如图 1-29 所示。闸阀在直径 DN > 50mm，启闭较少的管段上使用。闸阀全开时水流呈直线通过，阻力小，但若水中杂质沉积在阀座时，阀板将不易关严，易产生漏水。闸阀启闭方式有手动、齿轮转动、电动和液压传动等；阀体材料有不锈钢、铸铁或铜等，接口形式有螺纹和法兰两种。

3）蝶阀，如图 1-30 所示。蝶阀具有开启方便，结构紧凑、占用面积小的特点，可在设备安装空间较小时采用。蝶阀启闭方式有手动、电动两类；常见接口形式为法兰。

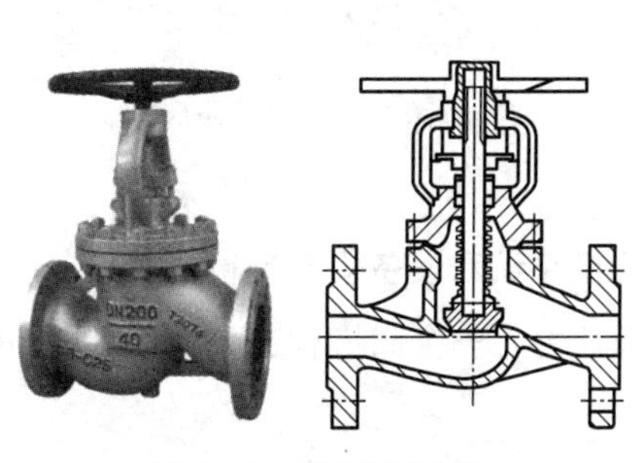

图 1-28 截止阀示意图

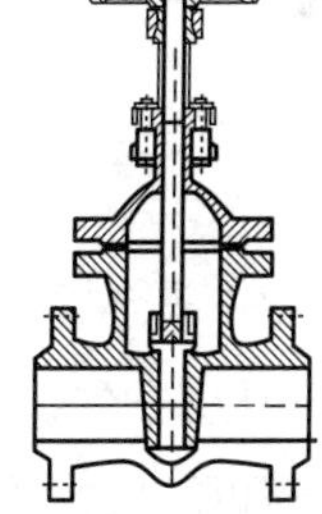

图 1-29 闸阀示意图

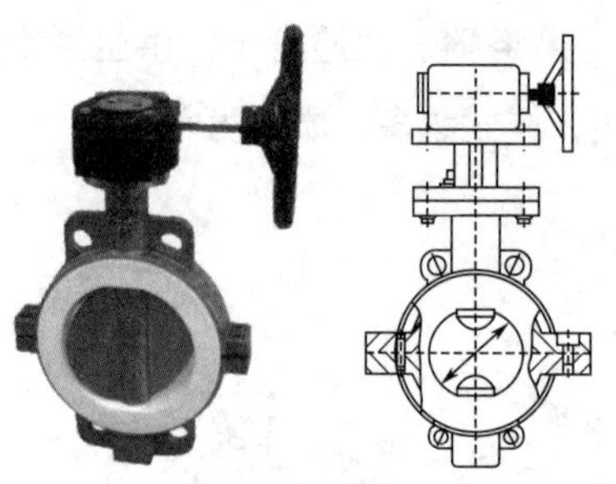

图 1-30　蝶阀示意图

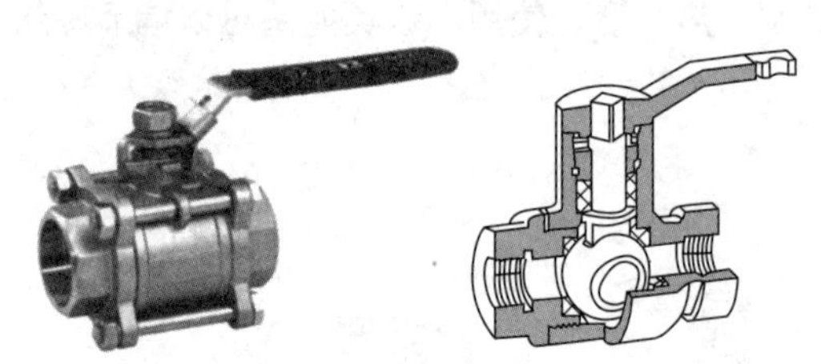

图 1-31　球阀示意图

4）球阀，如图 1-31 所示。球阀具有启闭灵活、开启方便、密封性好等特点，可用于要求启闭迅速的场合。阀体材料有铸铁、碳钢、铜、塑料等；接口形式有螺纹、法兰。

5）止回阀，如图 1-32 所示。止回阀用于控制给水管道的水流流动方向，装设在需要防止水倒流的管段上。止回阀按构造不同分为旋启式、升降式、蝶式、梭式和球式等；按振动和消声等级不同可以分为消声式、普通式；阀体材料有铸铁、不锈钢、铜、塑料等；接口形式有螺纹、法兰、沟槽等。

6）减压阀，如图 1-33 所示。减压阀可以降低下游管道的供水压力，是广泛应用于高层建筑生活给水系统和消防给水系统上的减压装置。采用减压阀能节省系统的分区水泵或减压水箱，均衡一个区域内各分支管段上的供水压力。目前国内生产的减压阀主要有两种类型——弹簧式减压阀和比例式减压阀；常见接口形式为法兰。

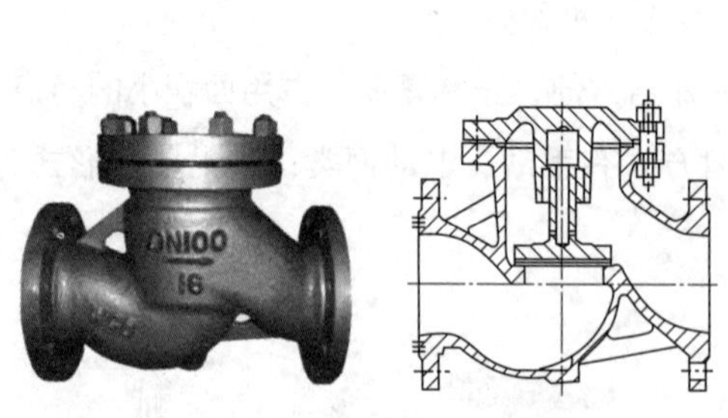

图 1-32　止回阀示意图

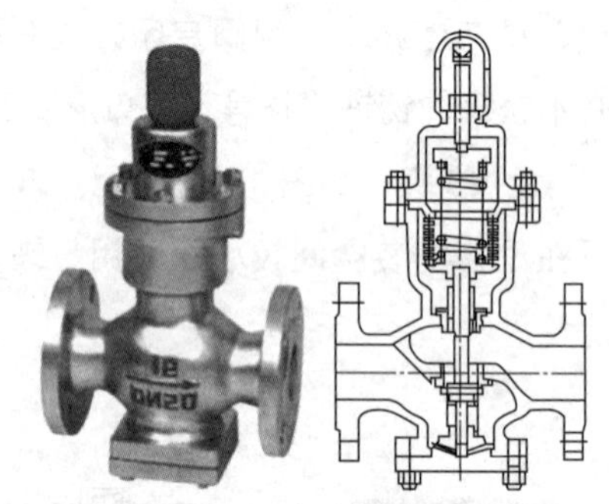

图 1-33　减压阀示意图

7）安全阀，如图 1-34 所示。安全阀是保证系统和设备安全运行的阀门，用于需超压保护的设备容器及管路上，能自动放泄压力。安全阀按构造分为杠杆式、弹簧式和脉冲式；常见接口形式为法兰。

8）液位控制阀，如图 1-35 所示。液位控制阀用以控制水箱、水池液面的高度，以免发生溢流。过去液位控制阀大都是浮球阀（图 1-35a），水位上升后浮球随之浮起，利用杠杆原理关闭进水口；水位下降浮球随之下降，开启进水口。浮球阀接口有螺纹、法兰等。由于浮球体积大且阀芯易卡住，目前在大中型水箱、水池中已较少采用。现阶段一般采用遥控液位控制阀（图 1-35b）。液位控制阀常见接口形式为法兰。

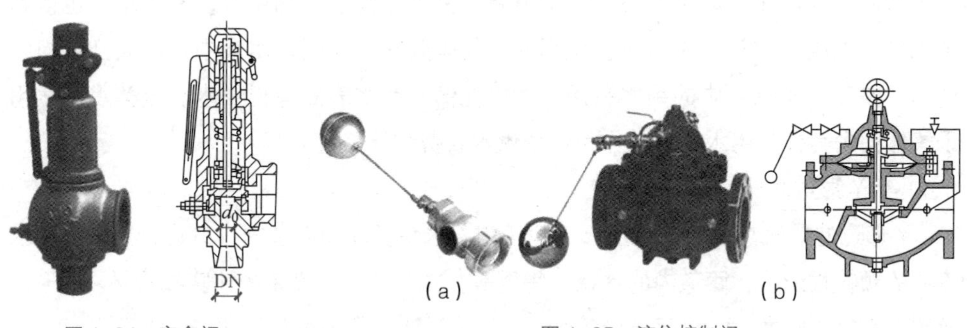

图 1-34　安全阀

图 1-35　液位控制阀
（a）浮球阀；（b）遥控液位控制阀

9）持压 / 泄压阀，如图 1-36 所示。一阀两用，在给水系统中防止系统超压或维持供水系统的压力。作泄压阀时，持压 / 泄压阀调整为泄压状态，当进口压力超过泄压阀设定的安全值时，泄压阀会自动开启，放出部分水，使管路泄压；当压力恢复到安全值时，泄压阀自动关闭。作持压阀时，泄压 / 持压阀调整为持压状态，当持压阀上游给水压力低于设定值，持压阀自动关闭；待持压阀上游给水压力超过设定压力后，持压阀才能打开供水，用以保持给水系统上游水压。持压 / 泄压阀常见接口形式为法兰。

（3）水表

水表是计量用水量的仪表，在建筑给水系统中广泛使用的是旋翼式水表和螺翼式水表，如图 1-37 所示①。旋翼式水表的叶轮转轴与水流方向相垂直，其水流阻力较大，始动流量和计量范围较小，适用于管道直径 DN ≤ 50mm，用水量较小且用

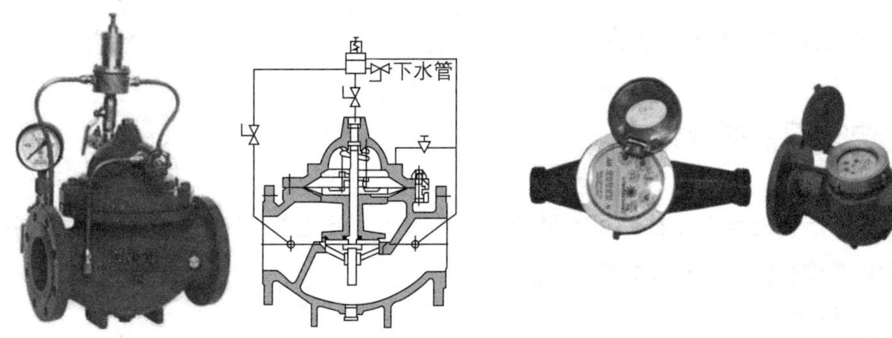

图 1-36　泄压阀

图 1-37　旋翼式水表和螺翼式水表

① 结合水表倒装可以减小累计流量融入【德育：节约用水、社会公德、勿以恶小而为之】。

水较为均匀的用户。螺翼式水表的叶轮转轴与水流方向相平行，其水流阻力较小，始动流量和计量范围较大，适用于管道直径 DN > 50mm，用水量大的用户。

水表按其计数机件所处状态又分为干式和湿式两种，干式水表中计数机件和表盘与水隔开，湿式水表的计数机件和表盘浸没在水中。

“改装”水表自食恶果，法律红线不得逾越

近几年随着楼宇智能化技术的发展，物业管理的集中抄表要求使得无线远传式水表得以广泛应用，如图 1-38（a）所示。另外，为了节约用水，卡式水表也得到了推广，如图 1-38（b）所示。使用时，将有效充值卡插入水表中，水表开启阀门供水，并实时扣除卡中的用水费用。拔出充值卡后水表即停止供水。该类水表适用于集体宿舍等公共用水场所，作为现场供水收费结算工具。

（4）Y 形过滤器

Y 形过滤器通常安装在减压阀、泄压阀、水泵及其他设备的进口端，用来清除水流中的颗粒性杂质，管道内的铁锈、焊屑等，减少阀门、设备的堵塞和损坏。Y 形过滤器具有水流阻力小、排污方便等特点。Y 形过滤器的外形如图 1-39 所示。

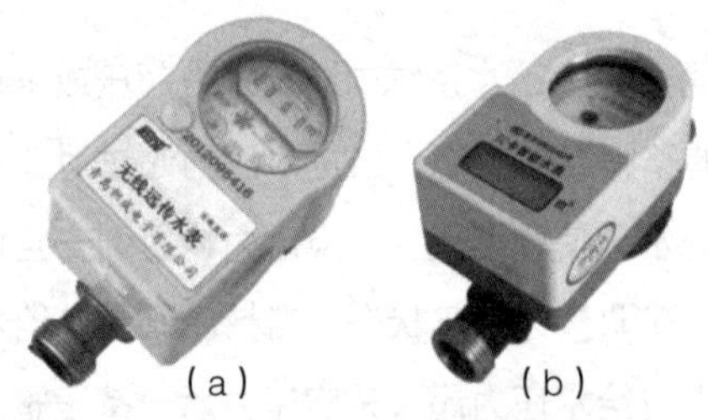

（a）　（b）

图 1-38　远传式水表和卡式水表
（a）远传式水表；（b）卡式水表

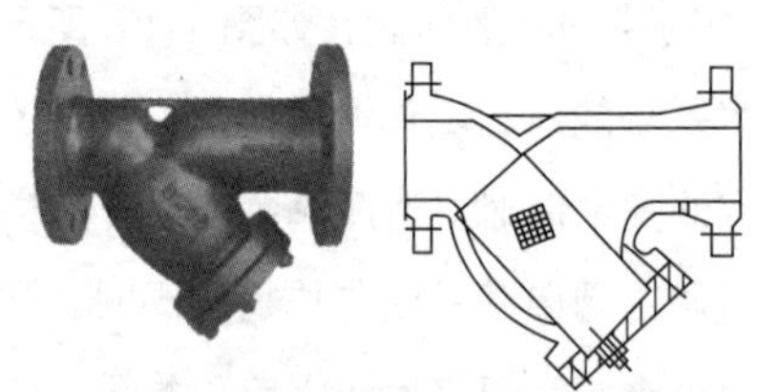

图 1-39　Y 形过滤器

任务 1.2　建筑热水系统认知

1.2.1 热水系统的分类与组成

1. 热水系统的分类

建筑热水供应系统，按照热水供应范围的大小可分为局部热水供应系统、集中热水供应系统和区域热水供应系统三类。

（1）局部热水供应系统

局部热水供应系统是指采用各种小型水加热设备，供应局部范围内的一个或几个用水点使用的热水系统。系统中常用的加热设备有煤气热水器、电热水器、太阳能热水器及小型家用锅炉等。该供应系统适用于普通的多层和高层住宅、办公楼、集体宿舍等，目前我国推行的节能型太阳能局部热水供应系统如图 1-40 所示[①]。

（2）集中热水供应系统

集中热水供应系统是指在热水锅炉（热水机房）、太阳能集热器阵列或热交换站中将冷水集中加热，通过热水管网输送至一幢或多幢建筑用水点的热水系统。该供应系统适用于热水用量较大、用水点集中的建筑，如宾馆、医院、商务楼、高级住宅等。图 1-41 所示是太阳能集热器阵列集中热水供应系统，图 1-42 所示是蒸汽锅炉加热交换器的集中热水供应系统。

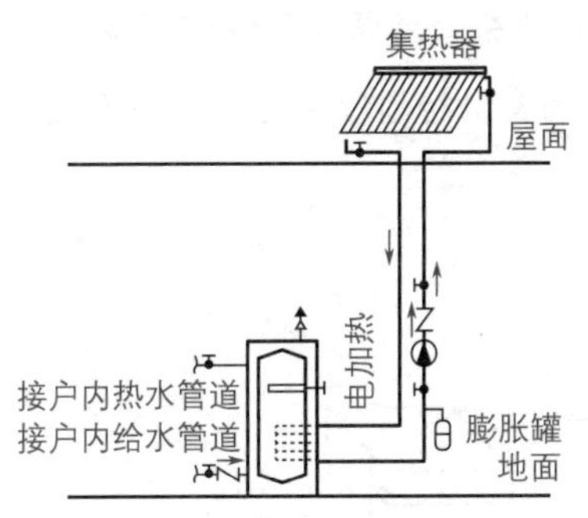

图 1-40 太阳能局部热水供应系统

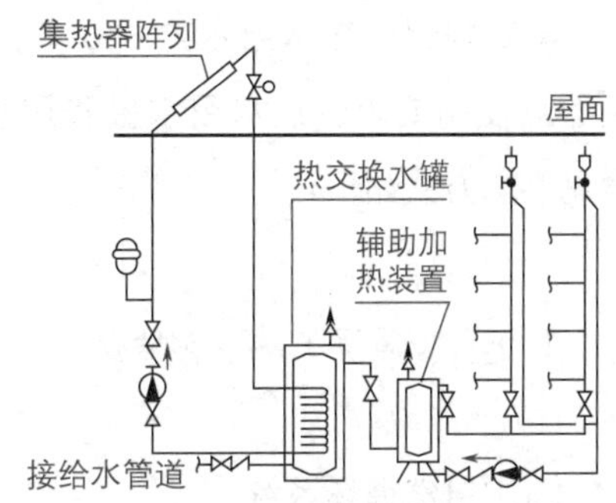

图 1-41 太阳能集热器阵列集中热水供应系统

（3）区域热水供应系统

区域热水供应系统是指在热电站、区域性的锅炉房或大型热交换站集中加热热水，通过城市热力管网送至建筑群或建筑单体，然后经过建筑热水管网送至各用水点的热水系统。该供应系统适用于严寒地区、寒冷地区或高档住宅区。

2. 热水系统的组成

在建筑热水供应系统中，集中热水供应系统应用较普遍，其主要由下列各部分组成：

（1）热水制备系统

热水制备系统由热源、水加热器、热媒管网、循环水泵等组成。图 1-41 中热水制备系统由太阳能集热器阵列、热交换水罐、辅助电加热装置以及它们之间的连接管道组成。图 1-42 中热水制备系统由锅炉、热交换器、凝水箱、凝水泵以及它们之间的连接管道等组成。

（2）热水供应系统

热水供应系统由水加热器、热水循环水泵、热水箱（罐）、热水配水管网、回水管网和冷水补给管网等组成。

① 结合太阳能局部热水供应系统融入【德育：节能环保、生态文明】。

(3) 仪表附件

仪表附件包括蒸汽、热水系统的控制附件、配水附件（龙头）以及仪表。如各类控制阀门、温度自动调节器、疏水器、膨胀罐、管道补偿器、自动排气阀、Y 形过滤器、温度计等。

1.2.2 热水系统的给水方式

建筑内部的热水给水方式众多，选择给水方式需要充分考虑建筑物的用途、卫生器具使用要求、热水用水量和用水点分布情况等因素，经过技术经济比较确定。常见供水方式如下：

1. 自然循环与机械循环

(1) 自然循环系统

自然循环系统是指在热水供应系统不设循环水泵，系统的运行仅靠冷、热水密度差产生的热动力进行循环。该种方式能节省水泵运行能耗，但一般只适用于管道系统阻力较小的小型热水供应系统。

(2) 机械循环系统

机械循环系统是指在热水供应系统设置循环水泵，系统的运行靠水泵动力进行循环，水泵的扬程主要用于克服系统运行中管路和设备的阻力。该种方式一般适用于大、中型热水供应系统，如图 1-42 所示。

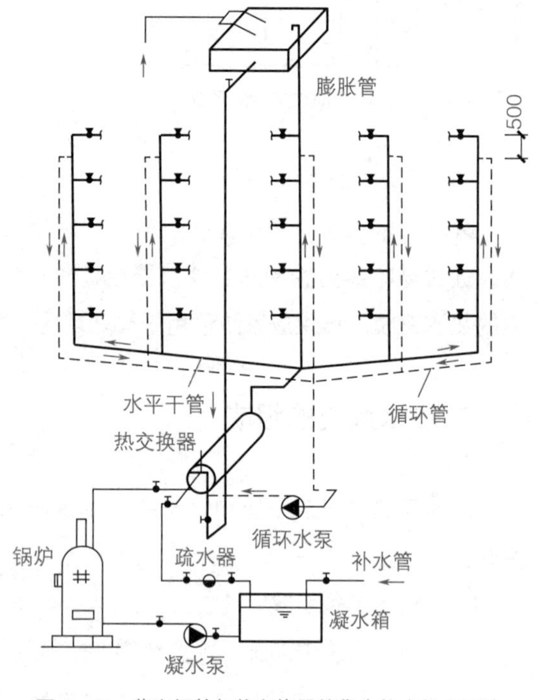

图 1-42　蒸汽锅炉加热交换器的集中热水供应系统

2. 全循环、半循环与无循环

为维持冷水供应管网中热水的温度，热水管网除配水管道外，根据具体情况设置不同形式的回水管道，当配水管道停止配水时，使热水管网中仍维持一定的循环流量以补偿管网热损失，控制供应系统的热水配水温度。其方式有全循环、半循环和无循环之分[①]。

（1）全循环系统

全循环系统是指在热水干管、立管均设置回水管的系统，以保证各用水点随时可获得设计温度的热水。该系统适用于建筑标准较高的宾馆、医院、疗养院等，如图 1-43 所示。

（2）半循环系统

半循环系统是指在热水干管处设置回水管的系统，用于保证干管中热水的设计温度。该系统适用于水温要求不甚严格，热水系统中管路较短、用水较集中或一次用水量较大的工业企业的生产和生活用水，集体宿舍生活用水等，如图 1-44 所示。

（3）无循环系统

无循环系统是指在热水管网中不设回水管道的系统。该系统适用于连续供水或定时供水的公共浴室生活用水、工业企业生产用水等，如图 1-45 所示。

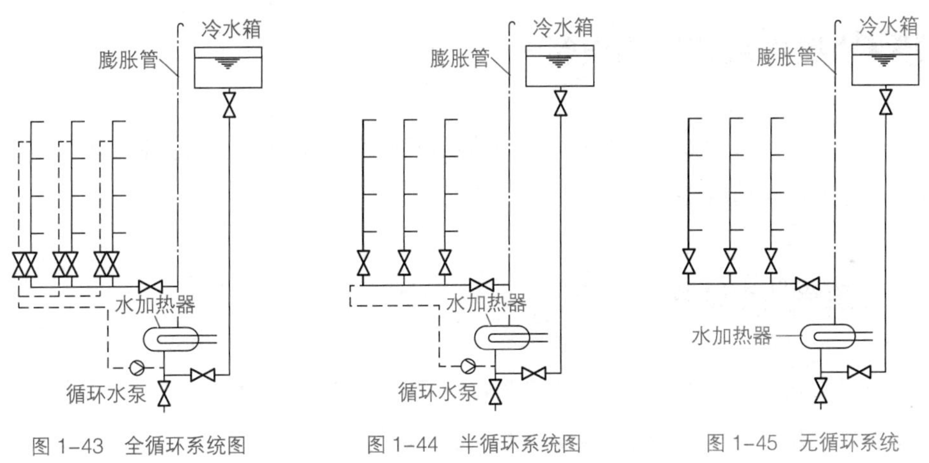

图 1-43 全循环系统图　　图 1-44 半循环系统图　　图 1-45 无循环系统

3. 闭式系统与开式系统

（1）闭式系统

热水系统不与大气相通，在所有配水点关闭后，系统与大气隔绝，形成密闭系统，如图 1-46 所示。闭式热水供应方式的水质不易受外界污染，但为避免水加热膨胀而引起水压超高，须设置隔膜式压力膨胀罐或安全阀。

（2）开式系统

热水系统设有高位水箱、开式膨胀水箱或膨胀管，在所有配水点关闭后，系统内的水仍与大气相连通，如图 1-47 所示。开式热水供应系统的优点是：在高位水箱

① 结合三种循环系统出热水情况融入【德育：物质现代化、勤劳致富、节约用水】。

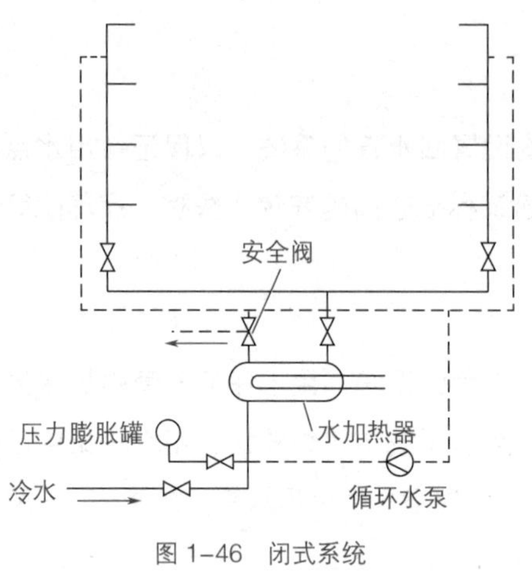

图 1-46　闭式系统

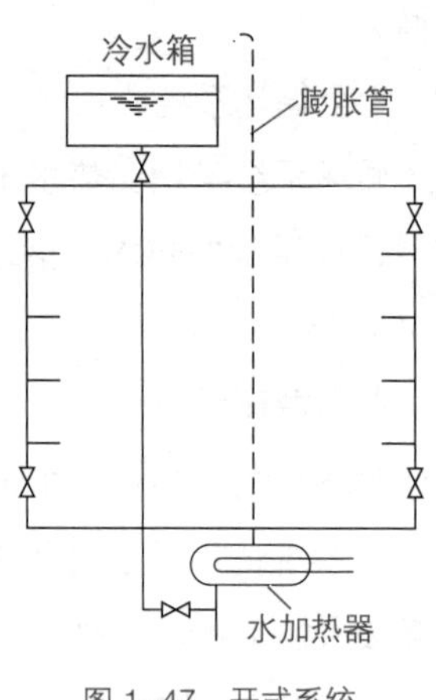

图 1-47　开式系统

的作用下，热水供应系统的水压稳定。

1.2.3 热水系统加热设备

热水的加热方式分为直接加热和间接加热两种，热水系统的加热设备也有直接加热设备和间接加热设备之分。

1. 直接加热设备

直接加热是指热媒与被加热水直接接触混合成热水的加热方式，或者是使用燃料直接加热热水的方式。这两种直接加热方式及常见加热设备如下：

（1）汽水混合器直接加热

锅炉生产的热媒（蒸汽或高温热水）通过汽水混合器直接与冷水混合，制备热水，如图 1-48 所示。另外还有水 - 水喷射器、水汽引射器等。该类设备利用高速流动的蒸汽（或高温水）引射冷水直接混合制备热水。其系统设备简单，加热速度快、效率高，但是运行噪声较大，热水制备量较小①。该系统适用于无严格噪声要求的公共浴室、洗衣房、工矿企业等。

（2）热水锅炉（或热水机组）直接加热

热水锅炉把冷水直接加热成热水。在热水供应系统中，当用水量不均匀时，采用热水机组直接加热供水方式，较难调节系统的冷热水量和压力平衡，一般需加热水箱调节水量、平衡压力，如图 1-49 所示。

① 结合汽水混合直接加热噪声较大问题融入【德育：国家标准、正确选型、集思广益】。

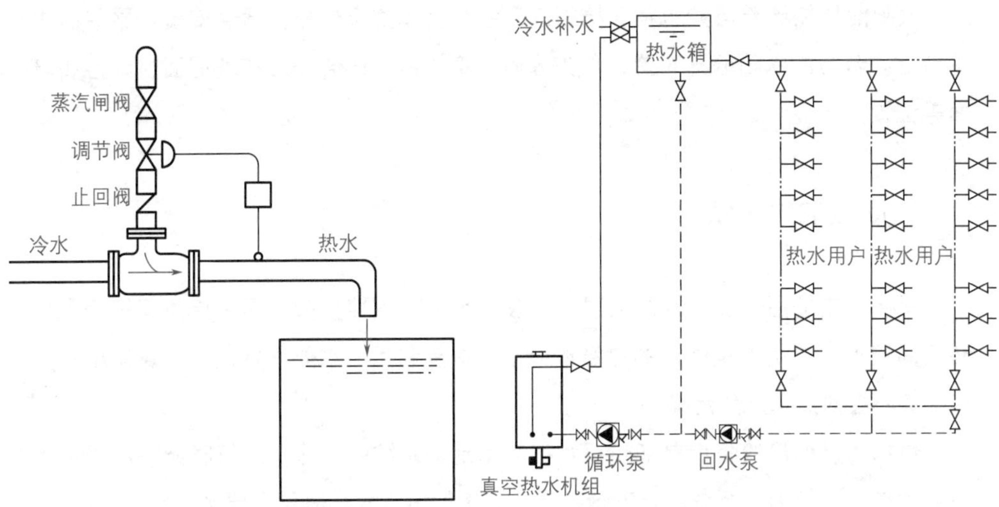

图 1-48　汽水混合器直接加热

图 1-49　热水机组直接加热

燃气、燃油热水机组类型较多，图 1-50 所示为某品牌热水机组外形。该类机组可直接以城市低压管网输送的燃气、天然气、煤气为燃料，也可以柴油为燃料，直接生产热水。该类设备具有构造简单、体积小、热效率较高、正常工作温度低、使用安全可靠、排污总量少等优点。此类设备符合国家节能环保的政策要求，在中、大型民用建筑热水系统中应用较广①。

图 1-50　燃气、燃油热水机组

（3）太阳能集热器直接加热

太阳能集热器又称太阳能热水器，是利用太阳辐射热加热冷水，提供生活热水的一种绿色节能产品。太阳能集热器可以安装在平屋面，也可以结合坡屋面、阳台、外墙、雨篷一体化安装，如图 1-51 所示。

图 1-51　太阳能集热器的一体化安装

① 结合燃气、燃油热水机组的应用融入【德育：绿色能源、节能环保、生态文明】。

太阳能集热器若与贮水箱直接相连，称为整体式集热器，适合安装在平屋面或平台上。若与贮水箱分开布置，称为分体式集热器，适合安装在坡屋面、阳台和墙面等位置。

2. 间接加热设备

间接加热是指热媒在水加热器中与被加热水不直接接触，通过传热面把冷水加热。间接加热的优点是回收的热媒冷凝水可重复利用、水处理费用低、噪声小、蒸汽热媒不会对热水产生污染等。

热水间接加热的特点是加热锅炉在热水制备系统中工作，运行时无需承受热水供应系统工作压力，系统运行安全可靠。间接加热方式一般用于要求供水安全稳定，噪声要求低的宾馆、住宅、医院、写字楼等建筑[①]。常用的间接加热设备如下：

（1）容积式水加热器

容积式水加热器主要由壳体和并联在一起的 U 形弯管管束组成，蒸汽或高温热水热媒自 U 形弯管内流过，被加热水在管外吸收热量，温度升高。容积式水加热器壳体的大小根据储水容量确定。该类设备外形有立式和卧式之分，图 1–52 为卧式容积式水加热器工作原理图。图 1–53 为立式和卧式容积式水加热器外形图。容积式水加热器具有较大的蓄水容积，蓄水和调节水量能力较好，被加热水通过时压力损失较小，出水水温较为稳定。但体积庞大，设备用房所需面积较大。该类设备适用于热水系统用水量大，要求供水安全、可靠的建筑。

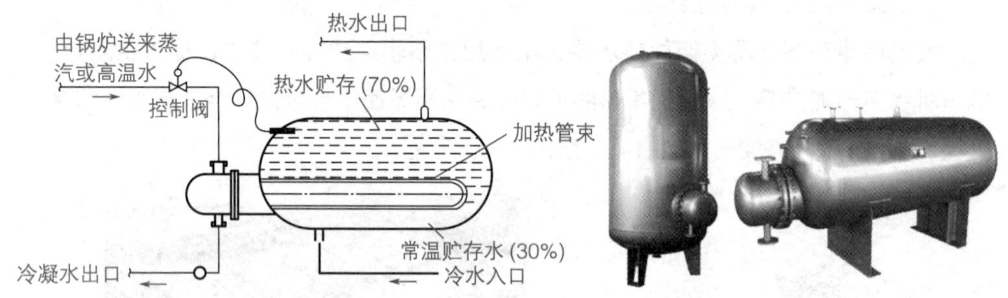

图 1–52　卧式容积式水加热器工作原理图

图 1–53　立式和卧式容积式水加热器外形图

（2）快速水加热器

快速水加热器通过增强热媒和被加热水流动中的湍流脉动运动，减薄传热边界层，强化传热的效果。快速水加热器体积小，加热速度快，但水量的调节能力差。该类设备适用于设备用房面积较小、用水量均匀、冷水硬度低的热水系统。图 1–54

① 结合住宅间接加热设备的比选融入【德育：实践、辩证、勤俭节约】。

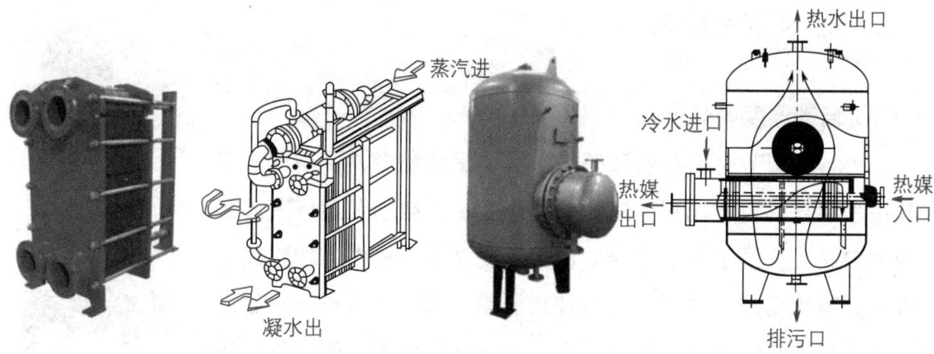

图 1-54　板式快速水加热器

图 1-55　半容积式水加热器

所示为板式快速水加热器。

（3）半容积式水加热器

半容积式水加热器是热水贮罐和快速换热器的组合，如图 1-55 所示。被加热水首先进入快速换热器被迅速加热，然后由下降管强制送至贮热水罐的底部，再向上流动，以保持整个贮罐内的热水同温。该设备比容积式水加热器罐型小、重量轻、方便安装检修，一般用于供水水温、水压、水量较平稳的热水系统。

1.2.4 热水管材与附件

热水系统使用的管材和附件与冷水系统基本相同，在本节仅介绍热水系统专用管材及附件。

1. 热水系统专用管材及连接方式

热水管材按照材料材质，同样可分为金属管、塑料管和复合管三大类，只是对管材的使用温度要求更高。其中专用于热水系统的管材是铜管，铜管主要由纯铜、磷脱氧铜制造，称为铜管或紫铜管。黄铜管由普通黄铜、铅黄铜等黄铜制造。

铜管具有高强度、高可塑性等优点，同时经久耐用、水质卫生、水力条件好、热胀冷缩系数小、抗高温环境，适合输送热水。铜管管材及其配件齐全，主要规格有 ϕ15~ϕ160。连接方式有焊接、螺纹和沟槽卡压连接等，铜管和连接配件如图 1-56 所示。

图 1-56　铜管及连接配件

2. 热水系统专用附件

（1）自动温度调节阀

自动温度调节阀主要安装在热水和供暖系统中，用于调节热水和供暖系统的供水温度，常见类型有直接式自动温度调节阀和电动式自动温度调节阀。直接式自动温度调节阀是由温控包感温元件和调节阀组成，温控包插在加热器热水管道出口或热水管道中，调节阀安装在热媒管道上。直接式自动温度调节阀的外形如图 1–57 所示。

图 1–57　直接式自动温度调节阀

（2）排气阀

排气阀主要安装在给水、热水和供暖系统中，用于排除热水、供暖和高层建筑给水系统内的气体。其作用是防止水释放的气体（如氢气、氧气等）氧化管道、设备，导致腐蚀；防止气体在管道系统内产生气塞，导致热水循环不畅通、不平衡，水加热器传热效率降低；防止气塞引发管道带气运行的噪声和循环水泵涡空现象等。常见排气阀外形如图 1–58 所示。排气阀一般安装在热水系统的高点或立管的顶端。

（3）疏水器

疏水器主要安装在热水和供暖系统中，用于排放热水制备系统中蒸汽管道中的凝结水，属于自动阻汽通水的阀门。按工作原理及构造有浮桶式、吊桶式、热动力式、脉冲式、温调式等多种类型。图 1–59（a）所示为倒吊桶式疏水器；图 1–59（b）所示为热动力式疏水器。

（4）补偿器

补偿器也称伸缩节、膨胀节、伸缩器，主要安装在热水和供暖系统中，用于补偿吸收管道轴向、横向、角向热变形量；吸收设备振动，减少设备运行振动对管道的影响；吸收建筑物沉降、伸缩对管道产生的变形量；保障管道系统安全运行[①]。常见的补偿器有波纹管补偿器、套筒式补偿器、旋转补偿器、方形自然补偿器等类型，图 1–60（a）所示为波纹管补偿器；图 1–60（b）所示为套筒式补偿器。

图 1–58　自动排气阀

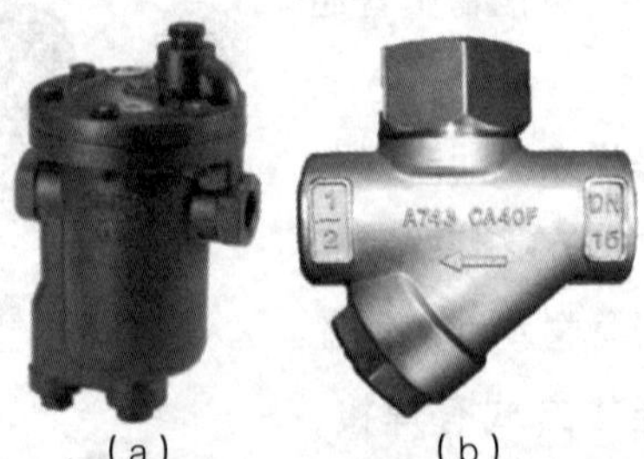

（a）　（b）

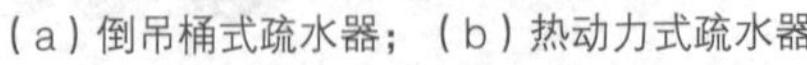

图 1–59　疏水器

（a）倒吊桶式疏水器；（b）热动力式疏水器

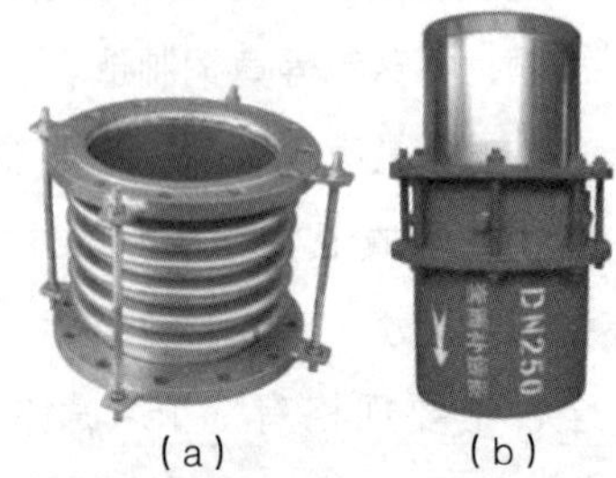

（a）　（b）

图 1–60　补偿器

（a）波纹管补偿器；（b）套筒式补偿器

① 结合补偿器的作用融入【德育：科学应变、甘于奉献、团队协作】。

（5）电子除垢仪

电子除垢仪如图 1-61 所示，主要安装在热水和供暖系统中，用于加热设备的防垢除垢、防腐阻锈、杀菌灭藻、活化水质。

（6）膨胀水罐

膨胀水罐如图 1-62 所示。罐内由隔膜分隔成气室和水室，内部结构类似于气压水罐。膨胀水罐主要安装在闭式热水和供暖系统中，用于吸收水加热时膨胀的水量，平衡系统水量及压力。

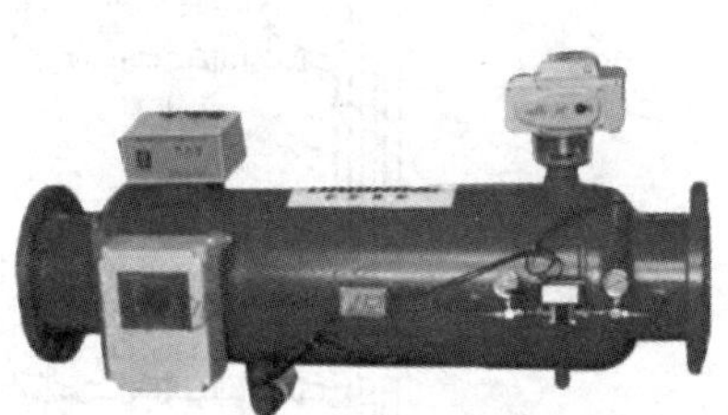

图 1-61　电子除垢仪

图 1-62　膨胀水罐

任务 1.3　建筑排水系统认知

1.3.1 建筑排水系统的分类

建筑内部的排水系统根据接纳的污、废水的性质，可以分为以下三类：

（1）生活排水系统

用以排放人们日常生活中所产生的生活污水（粪便污水）和生活废水（盥洗、沐浴、洗涤以及空调凝结水等）。

排水系统的分类、组成与排水方式

（2）生产排水系统

用以排放工业生产过程中产生的污水和废水。其中生产废水是指未受污染或受轻微污染以及水温稍有升高的水（如循环冷却水）①。生产污水是指被生产过程污染的水。

（3）雨、雪水排水系统

用以排放建筑物屋面上的雨水和雪水的排水系统。

① 结合引入中水回用的概念融入【德育：节能环保、回收利用】。

1.3.2 建筑排水系统的组成与排水体制

1. 建筑排水系统的组成

一般建筑物内部排水系统由下列各部分组成，如图 1–63 所示。

（1）污（废）水受水器

污（废）水受水器指各种卫生器具、收集工业生产污（废）水的设备及雨水斗等。

（2）排水管道

排水管道包括卫生器具排水管、排水横支管、排水立管、排水横干管与排出管等。

卫生器具排水管指连接 1 个卫生器具的排水管段，除自带水封的坐式大便器和部分地漏、蹲式大便器外，器具排水管上均应设水封装置（存水弯），以防止排水管道中的有害气体及蚊蝇昆虫进入室内。

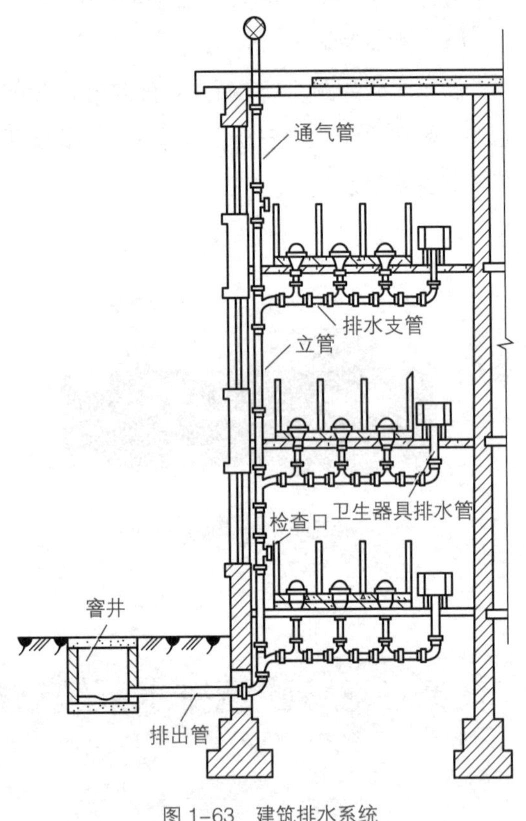

图 1–63　建筑排水系统

建筑给排水管道系统布置

排水横支管指连接卫生器具排水管至排水立管的水平排水管段。

排水立管指接受各层横支管的污水并排至横干管或排出管的垂直排水管段。

排水横干管指连接若干根排水立管至排出管的水平排水管段。

排出管指建筑物内至室外检查井（又称窨井）的排水横管管段。

（3）通气管

通气管又称透气管，有伸顶通气管、专用通气立管、环形通气管等几种类型。通气管是与大气相通的管道，其作用是使排水系统内空气流通，排出管道中的有害气体，平衡管内压力，防止水封破坏，保证水流畅通[①]。

（4）清通设备

清通设备指排水管道系统中，疏通管道的配件或构筑物。常见的有检查口、清扫口、室内排水检查井、室外排水检查井等，室内管道常用检查口和清扫口，较长的室内埋地敷设管道可用室内检查口井，室外排水检查井用于室外埋地排水管道。

① 结合排水管与通气管关系融入【德育：辅车相依、同力协契、协作精神】。

（5）污水提升设备

污水提升设备指污、废水集水池（井、坑）以及设置在内的污水抽升设备。该设备用于民用建筑的地下室、人防建筑、设备层等污、废水不能自流排至室外的场所。

2. 排水体制

建筑内部的排水体制是指建筑内部排水管道系统的布置方案，排水体制的选择取决于污（废）水性质、污染程度、室外排水的排水体制、污废水的处理和再利用要求等因素。建筑物内部最基本的排水体制有以下两种：

（1）分流制

分流制是指将污水、废水和雨水分别设置管道系统排出建筑物外的排水方式①。

（2）合流制

合流制是指将污水和废水合用一个管道系统排出的排水方式。

分流制的优点是有利于污水和废水的分别处理和再利用。合流制的优点是系统简单，工程总造价比分流制少。

3. 卫生间卫生器具的排水方式

卫生间卫生器具的排水方式，根据器具排水管和排水横支管安装位置的不同，有隔层排水和同层排水之分。

（1）隔层排水系统

隔层排水是指卫生间或盥洗室内的卫生器具排水管穿越楼板进入下层，排水横支管安装在楼板下部，在下一楼层内接入排水立管的排水系统。隔层排水管道安装与维护方便，常在公共建筑卫生间中使用。

（2）同层排水系统②

同层排水是指卫生间或盥洗室内的卫生器具排水管、排水横支管均不穿越本层楼板到下层空间。管道与卫生器具同层敷设并接入排水立管的排水系统。同层排水具有产权明晰，卫生间排水管路不干扰下层住户，卫生器具的布置不受预留洞位置限制，系统排水噪声小等优点，适用于住宅和高级公寓。同层排水又可分为以下两种方式：

1）地面敷设方式。排水横支管和器具排水管敷设在本层的结构楼板和最终装饰地面之间，与排水立管相连。这种方式的卫生间结构楼板局部下沉 300mm 以上，在结构楼板上敷设器具排水管和排水横支管，并在同一层内与立管连接，如图 1-64 所示。

① 结合分流制的运用融入【德育：截污纳管、生态振兴、共同富裕】。
② 结合同层排水方式的流行融入【德育：绿色建筑、节能环保、生态振兴、邻里和睦】。

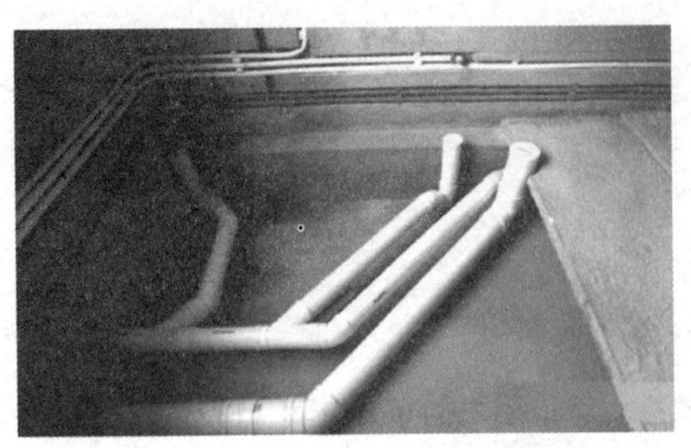

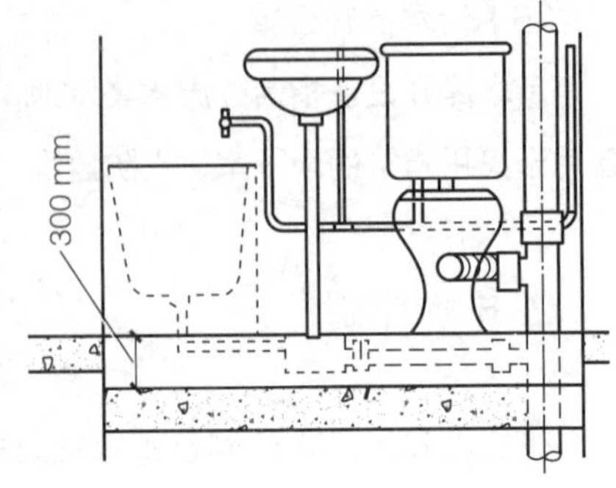

图 1-64　降板式同层排水

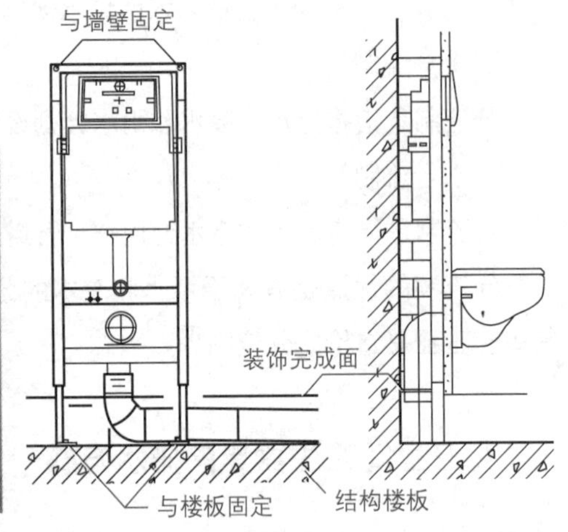

图 1-65　墙排式同层排水

2）沿墙敷设方式。排水横支管和器具排水管在本层楼板上方暗敷在非承重墙（或装饰墙）内或明装在墙体外，与排水立管相连，如图 1-65 所示。当管道暗敷时，需要在卫生间洁具的后方砌一堵假墙或布置管道井，形成一定的管道布置专用空间。排水支管不穿越楼板，在假墙或管道井内敷设，并在同一层内与立管连接。

1.3.3 卫生器具

卫生器具是建筑内污、废水的主要收集器，常用卫生器具按其用途可分为以下四类：

（1）便溺用卫生器具：如大便器、小便器、大便槽、小便槽等；

（2）盥洗、沐浴用卫生器具：如洗脸盆、盥洗槽、浴盆和沐浴器等；

（3）洗涤用卫生器具：如洗涤盆、化验盆、污水盆等；

（4）专用卫生器具：如医疗的倒便器、婴儿浴盆、妇女净身盆、水疗设备及饮水器等。

1. 便溺用卫生器具及安装

（1）大便器及大便槽

1）蹲式大便器。一般用于集体宿舍、学校、办公楼、医院等需要防止接触传染的公共卫生间内。大便器成组安装的中心距为900mm。

蹲式大便器构造本身有不带存水弯和带存水弯两种，因器具尺寸不规则，无法预埋，故一般安装在地板上的平台内。蹲式大便器可以采用水箱、感应式冲洗阀、带真空破坏器的延时自闭式冲洗阀进行冲洗。图1-66所示为带存水弯的低水箱蹲式大便器。

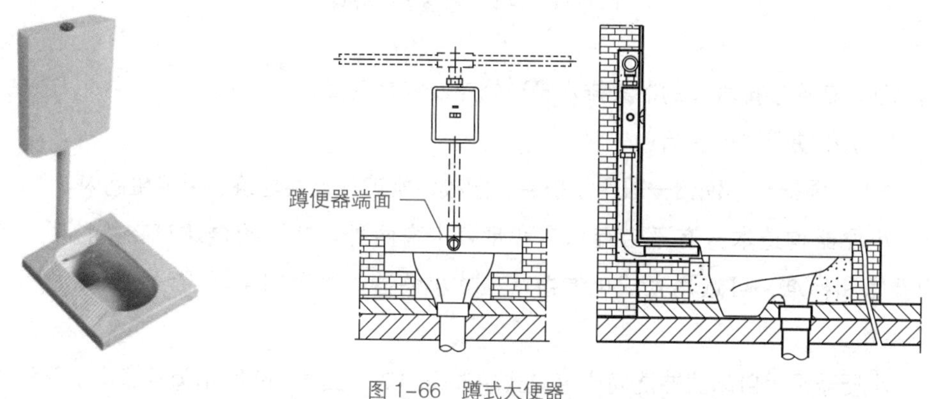

图1-66 蹲式大便器

2）坐式大便器。一般用于住宅、宾馆等卫生间内，采用低位水箱冲洗。坐式大便器构造本身带有存水弯。按冲洗原理及构造可分为冲洗式和虹吸式两类。坐便器外形种类繁多，图1-67为部分坐式大便器外形图。坐式大便器可用分体式、连体式、壁挂式低位水箱冲洗，也可采用专用延时自闭式冲洗阀冲洗。图1-68为部分坐式大便器安装图。图1-68（c）为后出水坐便器采用延时自闭冲洗阀冲洗的安装图，后出水坐便器便于排水管道的同层布置。

3）大便槽。大便槽一般用于建筑标准不高的公共建筑或公共厕所内。大便槽可采用集中冲洗水箱或红外数控冲洗装置冲洗。大便槽槽宽一般为200~250mm，起端槽深为350~400mm，槽底坡度不小于0.015，大便槽末端应设高出槽底15mm的

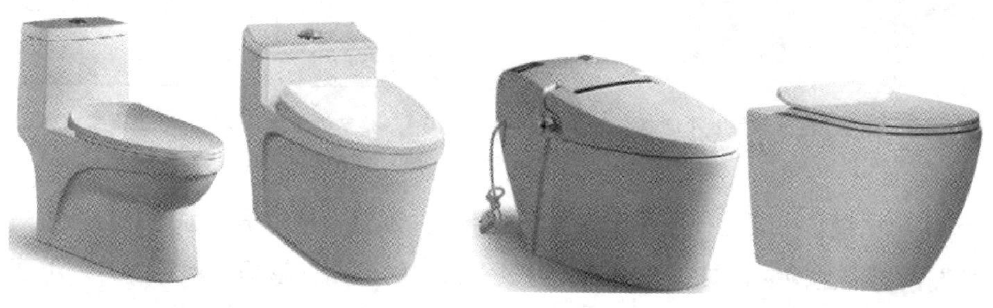

图1-67 坐式大便器

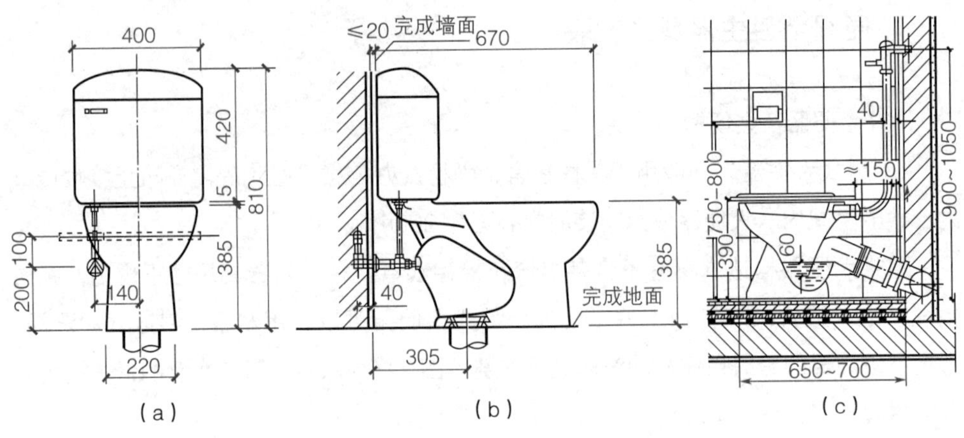

图 1-68　坐式大便器安装示意图

挡水坝，在连接排水口的器具排水管道处应设水封装置。

（2）小便器及小便槽

1）小便器。小便器一般用于机关、学校、旅馆等公共建筑的男卫生间内。

小便器构造本身有不带存水弯和带存水弯两种。外形根据建筑物的性质、使用要求和标准，可选用立式小便器或挂式小便器，小便器常成组设置，中心距为700mm。

小便器采用自闭式冲洗阀或感应式冲洗阀冲洗，图 1-69 所示为挂式小便器和立式小便器，图 1-70 为感应式冲洗阀冲洗的小便器安装示意图。

图 1-69　挂式小便器和立式小便器

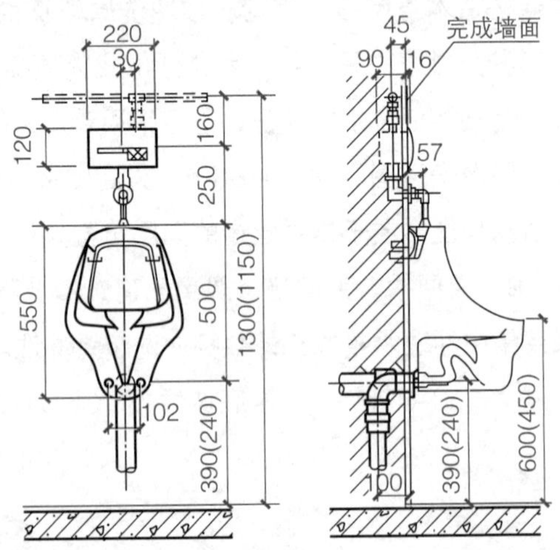

图 1-70　感应式冲洗阀冲洗的小便器安装示意图

2）小便槽。小便槽一般用于工业企业、公共建筑、集体宿舍等建筑标准不高的公共厕所男卫生间内，具有造价低、可供多人同时使用、管理方便等特点。小便槽采用手动截止阀控制的多孔冲洗管或自动冲洗水箱连接的多孔冲洗管冲洗。

2. 盥洗、沐浴用卫生器具及安装

（1）洗脸盆

洗脸盆设置在盥洗间、浴室、卫生间，材料一般为陶瓷、玻璃等。

洗脸盆按其安装方式分为背挂式、立柱式、台式（包括台上式、台下式）三种[①]。其外形有长方形、半圆形、椭圆形和三角形等，如图1–71所示。图1–72为台式洗脸盆安装图。

图1–71 洗脸盆

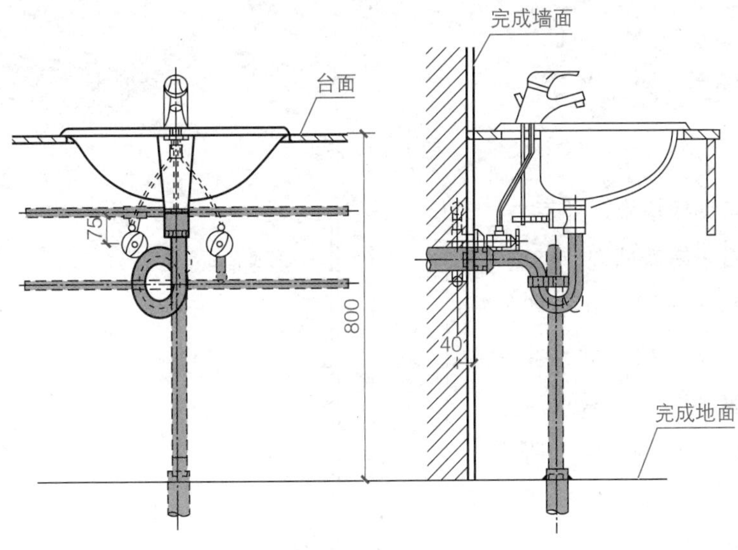

图1–72 台式洗脸盆安装图

（2）盥洗槽

盥洗槽一般设置在工厂生活间、集体宿舍等建筑标准不高的公共盥洗室内。盥洗槽为现场砌筑的卫生器具，常用的材料为瓷砖、水磨石。形状有长条形和圆形，如图1–73所示。长方形盥洗槽的槽宽一般为500~600mm，槽上配水龙头的间距为700mm，槽内靠墙的一侧设有泄水沟，槽长在3m以内时可在槽的中部设一个排水

① 结合家装台上盆与台下盆的选取融入【德育：辩证思维、实践、求真务实、家庭和美】。

图 1-73　盥洗槽

栓，超过 3m 设两个排水栓。

（3）浴盆

浴盆设在住宅、宾馆等建筑的卫生间及公共浴室内。浴盆外形一般以长方形为

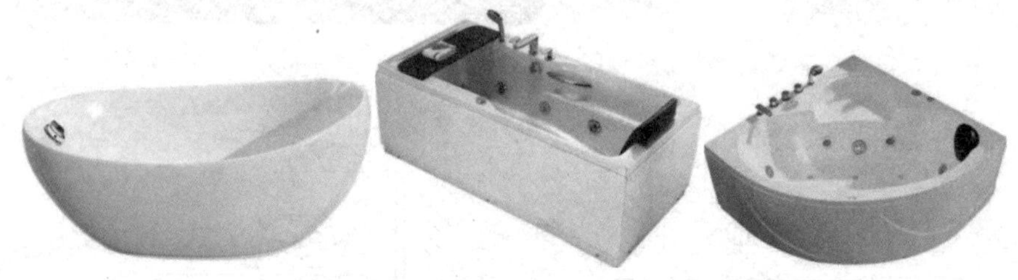

图 1-74　浴盆

主，材质有钢板搪瓷、亚克力、人造大理石、铸铁搪瓷、玻璃、木制等。根据不同的功能和外形分为裙板式、扶手式、冲浪按摩式、普通式等。常见浴盆如图 1-74 所示；图 1-75 所示为浴盆安装图[①]。

从洁具的发展感受技术的不断进步

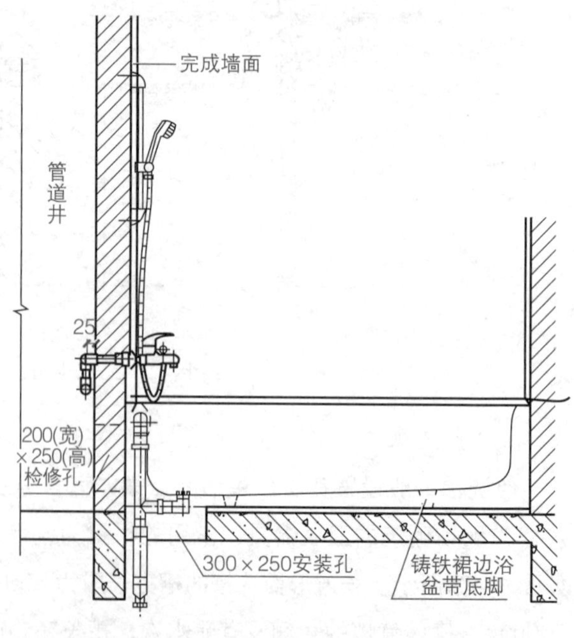

图 1-75　浴盆安装示意图

（4）淋浴器

淋浴器一般设置在工业企业生活间、集体宿舍的卫生间、体育场和公共浴室内。淋浴器具有占地面积小、设备费用低、耗水量小、清洁卫生等优点。淋浴器成组安装的距离为

① 结合浴盆的发展历程融入【德育：传统文化、积极探索、科学精神】。

900~1000mm，莲蓬头距地面高度为 2000~2200mm，设置淋浴器的浴室地面应有 0.005~0.01 的坡度坡向排水口。淋浴器按配水阀门的不同，分为普通式淋浴器、脚踏式淋浴器、光电式淋浴器等。

当淋浴器安装在淋浴房内时，按照配套的功能和装置不同分为整体淋浴房（图 1–76）和简易淋浴房（图 1–77），简易淋浴房没有“房顶”，其基本构造是底盘加围栏。整体淋浴房有房顶，除淋浴外还安装有取暖器、带按摩功能和桑拿功能的设备等，功能较多、款式丰富、价格较高。

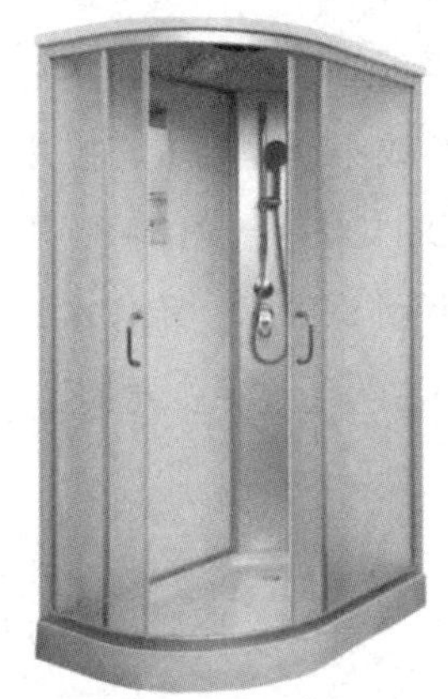

图 1–76　整体淋浴房

图 1–77　简易淋浴房

3. 洗涤用卫生器具及安装

（1）洗涤盆

洗涤盆安装在住宅厨房和公共食堂的厨房内，供洗涤蔬菜、食品、餐具使用。材质有不锈钢、钢板搪瓷、亚克力、陶瓷等。洗涤盆按其安装方式分为墙挂式、柱脚式、台式三种；按其配水方式可分为设冷水龙头、混合水龙头、脚踏龙头等；按其盆体构造又可分为单格、双格等。图 1–78 所示为墙挂式单格洗涤盆和台式双格洗涤盆。

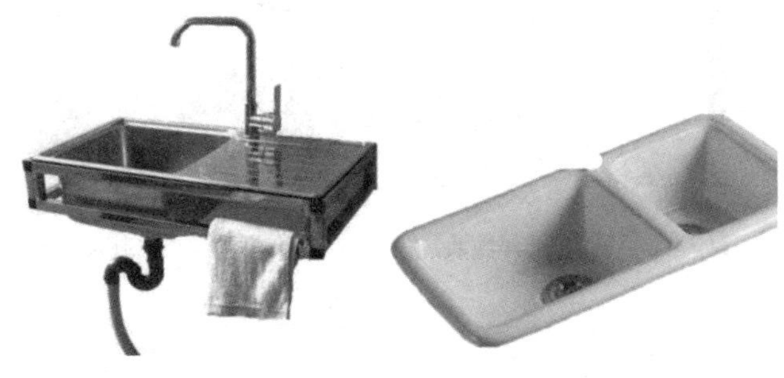

图 1–78　洗涤盆

图 1–79　污水盆

（2）污水盆

污水盆安装在公共卫生间内，供打扫卫生、洗涤拖把、倾倒污水使用。材质有水磨石、瓷砖贴面的钢筋混凝土制品、陶瓷等。污水盆的安装可采取落地安装和壁挂安装等，如图 1–79 所示。

小小水封与疫情防控

4. 水封装置与地漏

（1）存水弯

存水弯是设置在卫生器具、生产污（废）水受水器泄水口下方的排水附件（自带存水弯的卫生器具除外）。存水弯一般由铸铁、塑料或不锈钢制成，按外形可分为 P 形、S 形和瓶形，其常用规格有 DN50、DN75、DN100 等。图 1–80 所示为几种存水弯类型。在存水弯弯曲的管段内存有不小于 50mm 深的水，称作水封，其作用是隔绝和防止排水管道内产生的臭气、有害气体和小虫等通过卫生器具进入室内，污染环境①。

（2）地漏

地漏主要设置在公共厕所、浴室、盥洗室、卫生间、厨房及其他需要从地面排水的房间内，用以排除地面积水。地漏一般用铸铁、塑料或不锈钢制成，如图 1–81 所示。按其构造可分为：

直通式地漏：排除地面积水，且出水口垂直向下的无水封地漏。

实用型地漏：用于地面排水，并兼有其他功能或安装形式特殊的地漏。

密闭型地漏：带有密封盖板的地漏，其盖板具有需排水时可人工打开，不需排水时可密闭的功能，其内部结构分有水封和无水封两种形式。

带网框地漏：内部带有活动网框，可用来拦截杂物并可取出倾倒的地漏，其内

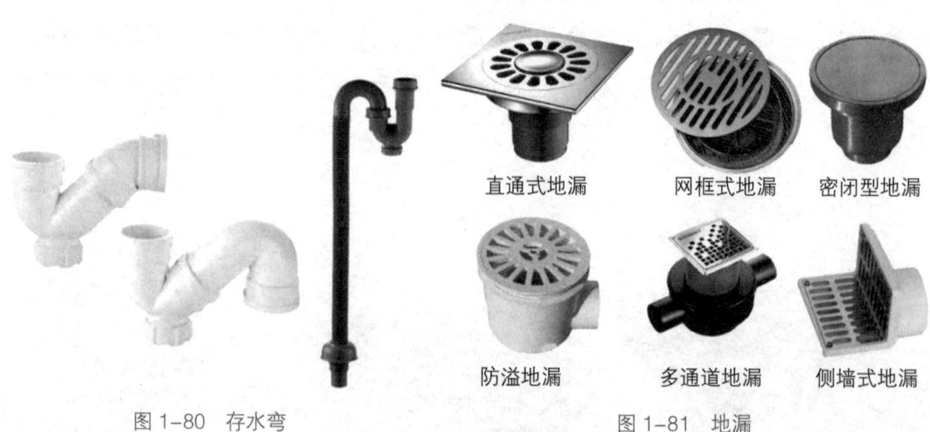

图 1–80　存水弯

图 1–81　地漏

① 结合水封破坏导致卫生间臭气外逸原因的探寻融入【德育：积极探索、实践、学以致用、主人翁精神】。

部结构分有水封和无水封两种形式。

防溢地漏：具有防止废水在排放时冒溢出地面功能的有水封地漏。

多通道地漏：可同时接纳地面排水和 1~2 个器具排水的有水封地漏。

侧墙式地漏：箅子为垂直方向安装，且具有侧向排出地面积水功能的无水封地漏。

直埋式地漏：可直接安装在垫层，且排出管不穿越楼层的有水封地漏。

1.3.4 建筑排水管材与附件

1. 排水管材及连接

建筑内部的排水管道一般采用硬聚氯乙烯（PVC-U）、聚乙烯（PE）塑料排水管，高层建筑常采用 PVC 螺旋管、PVC 中空螺旋消声管或柔性接口的机制排水铸铁管，室外的小区埋地敷设排水管常采用 PVC-U 波纹管（图 1-82），或柔性接口的机制排水铸铁管。

（1）硬质聚氯乙烯（PVC-U）塑料排水管

PVC-U 管具有耐腐蚀、重量轻、施工安装方便、水流阻力小、造价低廉、外表美观等优点，近年来在国内建筑排水工程中得到普遍应用。PVC-U 排水管规格用公称直径表示，常用规格有 DN50~DN160，采用承插粘接连接。图 1-83 所示为 PVC-U 排水塑料管与管件。

图 1-84 所示为 PVC 中空螺旋消声管，常用规格有 DN15~DN160，采用承插粘接连接。PVC 螺旋管比普通的 PVC-U 排水管具有更好的通气性能，PVC 中空螺旋消声管除具备更好的通气性能外还具有一定的消除排水立管中流动噪声的能力[①]。

图 1-82　PVC-U 波纹管

图 1-83　PVC-U 排水管与管件

图 1-84　PVC 中空螺旋消声管

（2）聚乙烯（PE）塑料排水管

聚乙烯（PE）管除耐腐蚀、重量轻、施工安装方便、水流阻力小、外表美观等优点外还具有较好的抗紫外线、抗冲击、耐磨损性能和一定的柔韧性。常用规格有

① 结合 PVC 中空螺旋消声管的工作原理融入【德育：科学技术现代化、技术创新、追求进步、节能】。

DN50~DN200。图 1-85 所示为大口径 PE 排水管与管件。

（3）柔性接口的机制排水铸铁管

柔性接口的机制排水铸铁管具有寿命长、强度高、柔性抗震、噪声低、阻燃防火、无二次污染、可再生循环利用等优点，适用于高层建筑以及地震区的建筑排水。柔性接口的机制排水铸铁管规格用公称直径表示，常用规格有 DN50~DN300，接口采用法兰承插式连接、卡箍式连接和法兰全承式连接。图 1-86 所示为柔性接口机制排水铸铁管与管件。

图 1-85　大口径 PE 排水管与管件

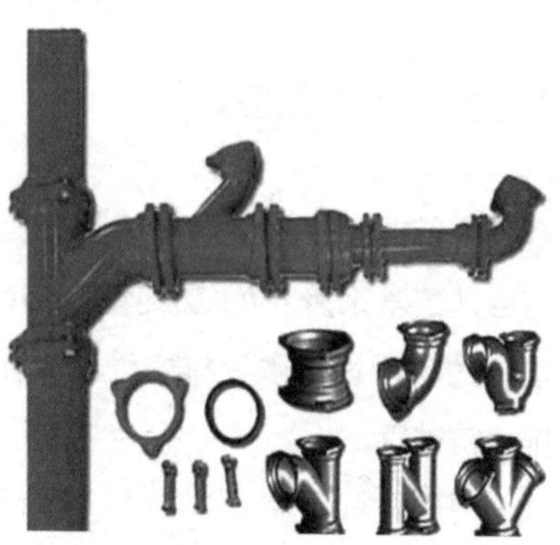

图 1-86　柔性接口机制排水铸铁管与管件

2. 排水管道附件

（1）检查口与清扫口

1）检查口是一个带有盖板的开口配件，拆开盖板即可进行管道疏通，如图 1-87 所示。检查口通常设置在立管上，检查口在立管上的设置数量由设计确定，检查口安装的中心高度距操作地面一般为 1.0m，检查口的朝向要便于检修。暗装立管，在检查口处应安装检修门。

2）清扫口是设置在排水横管上的一种清通装置，如图 1-88 所示。端部清扫口与管道相垂直的墙面距离不得小于 150mm，若在横管的始端设置堵头代替清扫口时，其与墙面距离不得小于 400mm。

图 1-87　检查口

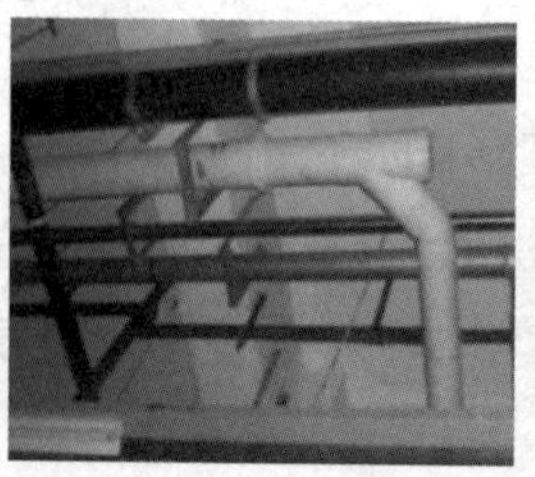

图 1-88　清扫口

（2）阻火装置

在高层建筑中，为防止塑料排水管材受高温融化后引起的火灾贯穿蔓延，DN ≥ 100mm 的塑料排水管在穿越楼面、防火墙、管井、管窿壁时，要求设置耐火极限不宜小于管道贯穿部位建造构件的耐火极限的阻火装置[①]。阻火装置有阻火圈和防火套管两种类型。

阻火圈的外形和安装如图 1–89 所示。

（3）伸缩节

塑料排水管材的线膨胀系数较大，管材热胀冷缩时产生的热应力容易造成排水管网的漏水和损坏。因此，需要在塑料排水立管和较长的排水横管上设置伸缩节，用于补偿、消除管道热胀冷缩应力，防止管道漏水与损坏。硬聚氯乙烯（PVC–U）管伸缩节的外形和安装如图 1–90 所示。

图 1–89　阻火圈

图 1–90　伸缩节

（4）消能装置

高层建筑中的排水立管高度大，水流落差大，水的流动速度大。由此造成的水流噪声也相应增大（塑料管由于自重小，噪声弊端尤其明显）。为减少这部分能量，在排水立管中每隔 6 层左右应设置消能装置，如图 1–91 所示。

（5）通气帽

通气帽安装在排水通气管的顶部，用以维持排水立管内部与室外大气的贯通，并防止异物进入排水管道。通气帽有伸顶通气帽和侧墙式通气帽之分。

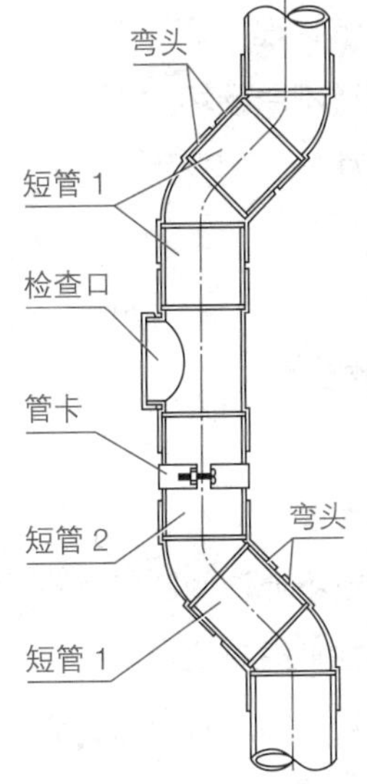

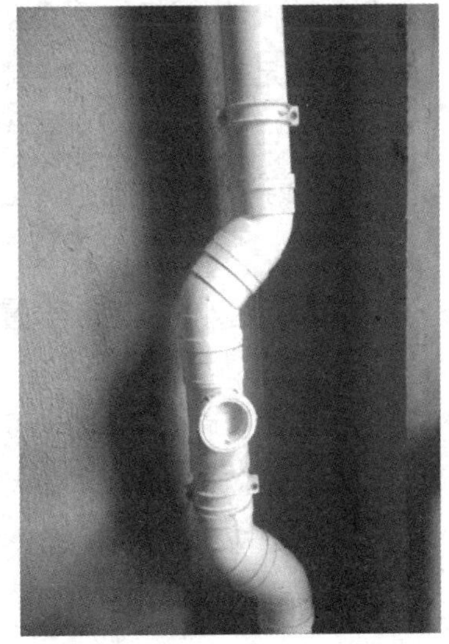

图 1–91　消能装置

① 结合阻火装置设置的必要性融入【德育：国家规范、谨小慎微、慎微者著】。

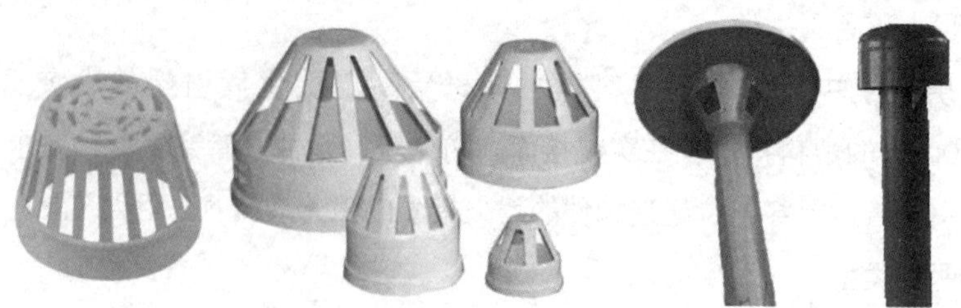

图 1-92　伸顶通气帽

伸顶通气帽用于排水管道允许伸出屋面的情况，设置在排水立管或通气立管的顶部。侧墙式通气帽用于排水管道不允许伸出屋面的情况，设置在建筑物侧墙与大气连通的场所。图 1-92 所示为几种伸顶通气帽。

任务 1.4　建筑给水排水管道系统布置

1.4.1 建筑给水管道布置

1. 建筑给水管道的布置原则

建筑给水管道应根据用户的要求，以有关规范、规程为准则，结合工程的实际情况，科学合理地进行布置，应遵循以下原则：

（1）确保供水安全，力求经济合理[①]。

（2）满足美观要求，保护管道不受损坏。

（3）保证生产安全，不影响建筑物的使用。

（4）便于安装与维修。

2. 建筑给水管道的布置要求

（1）给水管道布置应力求短而直。

（2）干管应布置在用水量大或不允许间断供水的配水点附近。

（3）管道应尽量沿墙、梁、柱直线布置。

（4）对美观要求较高的建筑物，给水管道可在管槽、管井、管沟及吊顶内暗设。

① 结合供水安全、经济合理原则融入【德育：安全第一、绿色经济】。

（5）埋地敷设的给水管道应避免布置在可能受重物压坏的地方。管道不得穿越生产设备基础，在特殊情况下必须穿越时，应采取有效的保护措施。

（6）室内给水管道不得布置在遇水会引起燃烧、爆炸的原料、产品和设备上面。

（7）给水管道不得敷设在烟道、风道、电梯井、排水沟内。管道不宜穿过橱窗、壁柜。给水管道不得穿过大便槽和小便槽，且给水立管距大、小便槽端部不得小于0.5m。

（8）敷设在有可能结冻的房间、地下室及管井、管沟等地方的给水管道应有防冻措施。

（9）给水管不宜穿越伸缩缝、沉降缝和抗震缝，如必须穿越时，应设置补偿管道伸缩和剪切变形的装置。常用措施有：

1）螺纹弯头法，又称丝扣弯头法。建筑物的沉降可由螺纹弯头的旋转补偿，适用于小管径的管道，如图 1–93 所示。

2）软性接头法。用橡胶软管或金属波纹管连接沉降缝、伸缩缝两边的管道，如图 1–94 所示。

3）活动支架法。将沉降缝两侧的支架做成使管道能垂直位移而不能水平横向位移的形式，以适应沉降伸缩应力，如图 1–95 所示。

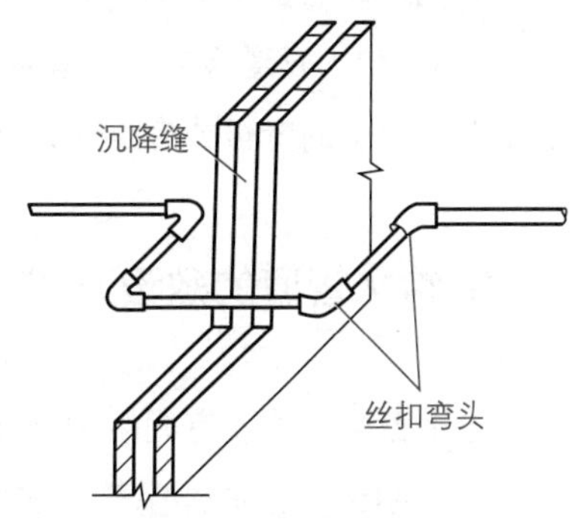

图 1–93　螺纹弯头法

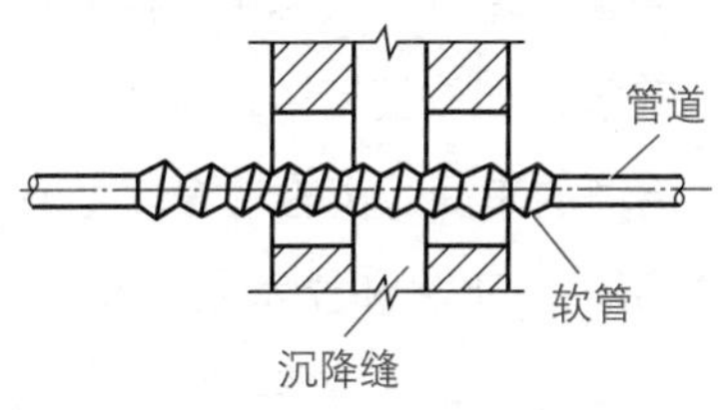

图 1–94　软性接头法

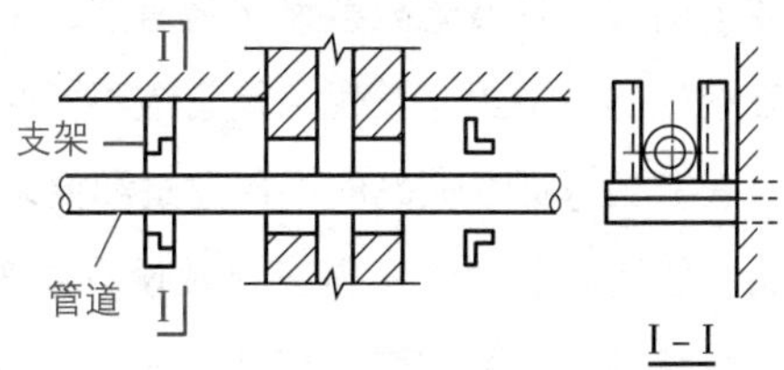

图 1–95　活动支架法

（10）室内给水管道不应穿越变配电房、电梯机房、通信机房、大中型计算机房、计算机网络中心、音像库房等遇水会损坏设备和引发事故的房间，并应避免在生产设备上方通过；其位置不得妨碍生产操作、交通运输和建筑物的使用。

（11）为便于检修，管道井应每层设检修设施，每两层应有横向隔断，检修门宜开向走廊；暗设在顶棚或管槽内的管道，在阀门处应留有检修门。

（12）室内管道安装位置应有足够的空间以利拆换附件。

（13）给水引入管应有不小于 0.003 的坡度坡向室外给水管网或坡向阀门井、水表井，以便检修时排放存水。

（14）给水引入管与室内排出管管外壁的水平距离不宜小于 1.0m；建筑物内埋地敷设的生活给水管与排水管之间的最小净距，平行埋设时应为 0.5m，交叉埋设时应为 0.15m，且给水管宜在排水管的上面。

（15）给水管道横管应有 0.002~0.005 的坡度，并设坡向泄水装置，以利放空和排气。

（16）塑料给水管道不得布置在灶台上边缘；明设的塑料给水立管距灶台边缘不得小于 0.4m，距燃气热水器边缘不宜小于 0.2m，达不到此要求时，应有保护措施；塑料给水管道不得与水加热器或热水炉直接连接，应有不小于 0.4m 的金属管段过渡。

（17）给水管道穿楼板时宜预留孔洞，避免在施工安装时凿打楼板面，孔洞尺寸一般宜比通过的管径大 50~100mm；管道通过楼板段应设套管。

（18）给水管道穿越地下室或地下构筑物的外墙处，穿越屋面处，穿越钢筋混凝土水池（箱）的壁板或底板连接管道时，应设置防水套管。

3. 给水管道的敷设方式

给水管道的敷设有明装和暗装两种形式。

（1）明装。管道外露于建筑内，其优点是安装维修方便，造价低，但外露的管道表面易结露、积灰，影响美观。一般用于对卫生、美观没有特殊要求的民用建筑和大部分生产车间。

（2）暗装。管道隐蔽敷设于管道井、设备层、管沟、墙槽、顶棚中，或直接埋地或埋在楼板的垫层里，其优点是管道不影响室内的美观，但施工复杂，维修困难，造价高。在宾馆等标准较高的民用建筑和要求无尘、洁净的车间、实验室等均可采用。

给水管道暗装时，不得直接敷设在建筑物结构层内，干管和立管应敷设在吊顶、管井、管窿内，支管宜敷设在楼（地）面的找平层内或沿墙敷设在管槽内；敷设在找平层或管槽内的给水管管材宜采用塑料、金属与塑料复合管材或耐腐蚀的金属管材。

1.4.2 建筑热水管道布置

热水管网布置的总原则是在满足使用、便于维修管理的情况下，管线最短。热水管道布置和敷设的要求与室内给水管道基本相同，但应注意它们的不同之处和特殊要求[①]。热水系统常用管材与室内给水管道有所区别，宜采用铜管、铝塑复合管及不锈钢管。

① 结合热水管道与室内给水管道的异同融入【德育：求同存异，做事精耕细作、细针密缕】。

1）横干管可以敷设在室内地沟、地下室顶部、建筑物顶层的天棚下，或设备技术层内。明装管道尽量布置在卫生间或非居住房间内；暗装时，热水管道放置在预留沟槽管道井内。

2）管道穿楼板和墙壁应装套管，楼板套管应该高出地面 5~10cm，以防楼板积水时由楼板孔流到下层。

3）为使局部管段检修时不致中断大部分管路配水，在热水管网配水立管的始端、回水立管的末端和有 6~9 个水嘴的横支管上，应该装设阀门。

4）为防止热水管道发生倒流和窜流，在水加热器和贮水罐的给水管上、机械循环的第二循环管道上及加热冷水所用的混合器冷、热水进水管道上，应该装设止回阀。

5）为了便于排气，上行式配水横干管应以不小于 0.003 的坡度“抬头走”，并在管道的最高点安装排气阀；为了排水，回水干管应“低头走”，并在最低点安装泄水阀或丝堵。

6）对下行上给全循环式管网，为了防止配水管中分离出的气体被带回循环管，应将每根立管的循环管始端都接在相应配水立管最高点以下 0.5m 处。

7）为了避免管道受热伸长所产生的应力破坏，横管与立管连接应设乙字弯，如图 1-96 所示，以消除伸缩应力的影响。为补偿管道受热伸长，横干管的直线段应设置伸缩器。

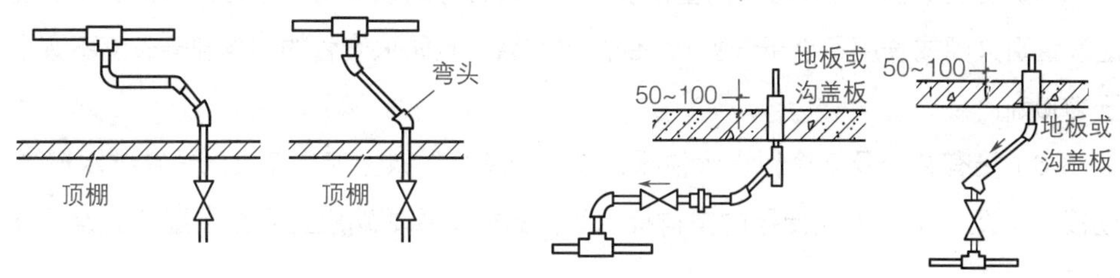

图 1-96　热水立管与横管的连接方式

8）热水贮水罐或容积式水加热器上接出的热水配水管一般从设备顶接出，机械循环的回水管从设备下部接入。

9）为满足运行调节和检修的要求，在水加热设备锅炉、自动温度调节器和疏水器等设备的进出水口的管道上，还应装设必需的阀门。为减少散热，热水系统的配水干管、水加热器贮水罐等，一般要包扎保温。

10）做好防腐蚀，保温、防结垢措施。

1.4.3 建筑排水管道布置

为创造一个良好的生活和生产环境，建筑内部排水管道布置时应遵循以下原则：

排水畅通，水力条件好；保证生产及使用安全可靠，不影响室内环境卫生；保护管道不易受损坏；施工安装、使用及维护管理方便；总管线短、工程造价低；美观。在布置和敷设时应首先保证排水畅通和室内良好的生活环境，然后再根据建筑类型、标准、投资、管材等因素进行管道的布置和敷设。

1. 排水横支管的布置

室内排水横管可敷设在下层的顶板下（或底层地坪下）、本层的垫层中、卫生间内侧的地面上或建筑外墙上等。室内排水横支管布置时应注意：

（1）排水横支管不宜太长，尽量少转弯，一根支管连接的卫生器具不宜太多。

（2）横支管不得穿过沉降缝、伸缩缝、变形缝、烟道、风道；当排水管道必须穿过沉降缝、伸缩缝和变形缝时，应采取相应的技术措施。

（3）排水管道不得敷设在对生产工艺或卫生有特殊要求的生产厂房、食品及贵重商品仓库、电气机房和电梯机房内；横支管不得布置在遇水易引起燃烧、爆炸或损坏的原料、产品和设备上面，也不得布置在食堂、饮食业的主副食操作烹调区的上方。

（4）横支管距楼板和墙应有一定的距离，便于安装和维修。

（5）管径不小于 110mm 的塑料横支管明装且与暗设立管相连时，墙体贯穿部位应设置阻火圈或长度不小于 300mm 的防火套管，且防火套管的明露部分长度不宜小于 200mm。

（6）接有 2 个及 2 个以上大便器，或 3 个及 3 个以上卫生器具的铸铁排水横管；连接 4 个及 4 个以上大便器的塑料排水管，其横支管顶端应上升至上层地面设置清扫口。

（7）排水管道不得穿越卧室，不得穿越生活饮用水池部位的上方。

2. 排水立管的布置

立管可明装在厨卫间的墙边或外墙外，也可在管道井内暗装。室内排水立管布置时应注意以下几点：

（1）立管应设置在杂质最多、最脏及排水量最大的排水点处，以便尽快接纳横支管来的污水而减少管道堵塞机会。排水立管的布置应减少不必要的转折和弯曲，尽量做直线连接。

（2）厨房和卫生间的排水立管应分别设置。立管不得穿过卧室、病房等对卫生、安静要求较高的房间，也不宜靠近与卧室相邻的内墙。

（3）立管宜靠近外墙，以减少埋地管长度，便于清通和维修。

（4）立管应设检查口，其间距不大于 10m，且底层和最高层必须设置；检查口中心至地面距离为 1m，并应高于该层溢流水位最低的卫生器具上边缘 0.15m。

（5）塑料立管明设且其管径大于或等于 110mm 时，在立管穿越楼层处应采取防止火灾贯穿的措施，如设置防火套管或阻火圈。

（6）当层高不大于 4m 时，塑料的污水立管和通气立管应每层设一伸缩节；当层高大于 4m 时，其数量应根据管道设计伸缩量和伸缩节允许伸缩量计算确定。

3. 横干管及排出管的布置

室内排水横干管可敷设在设备层中、吊顶中、底层地坪下或地下室的顶棚下等地方。排出管一般敷设在底层地坪下或地下室的顶棚下。

它们布置时应注意以下几点：

（1）排出管应以最短距离排出室外，尽量避免在室内转弯。

（2）排水立管仅设置伸顶通气管时，最低排水横支管与立管连接处距排水立管管底垂直距离不得小于表 1-4 的规定，排水支管连接在排出管或排水横干管上时，连接点距立管底部水平距离不宜小于 3.0m；不能满足前两个要求时，则排水支管应单独排出室外。

仅设通气管时，最低横支管与立管连接处距立管管底的垂直距离　　表 1-4

立管连接卫生器具的层数（层）	≤ 4	5~6	7~12	13~19	≥ 20
垂直距离 (m)	0.45	0.75	1.2	3.0	6.0

（3）排水立管与排出管端部的连接，宜采用两个 45° 弯头或者弯曲半径不小于 4 倍管径的 90° 弯头或变径弯头。

（4）埋地管不得布置在可能受重物压坏处或穿越生产设备基础处。

（5）排水管穿越承重墙或者基础处，应预留洞口，且管顶上部净空不得小于建筑物的沉降量，一般不宜小于 0.15m。

（6）排水管穿过地下室墙或地下构筑物的墙壁处，应采取防水措施。

（7）明装的塑料横干管穿越防火分区隔墙时，管道穿越墙体的两侧应设置阻火圈或长度不小于 500mm 的防火套管。

（8）排出管与室外排水管连接处应设置检查井，检查井中心到建筑物外墙的距离不宜小于 3m。

任务 1.5　建筑给水排水施工图识读

1.5.1 建筑给水排水施工图识读方法

1. 建筑给水排水施工图组成

给水排水专业施工图由专业目录、专业设计说明、图例、设备材料清单、平面图、立（剖）面图、系统图、大样图、节点详图和标准图等组成。

（1）专业目录

目录是为了便于查阅和保管，将一个项目的施工图纸按专业分类，每个专业按相应的名称和顺序进行归纳整理编排而成。通过图纸目录，可以知道该项目每个专业图纸的图别、图名及其数量。

（2）专业设计说明

专业设计说明是设计人员在图样上无法表明而又必须要建设单位和施工单位知道的一些技术和质量要求，一般以文字的形式加以说明。其内容包括工程设计的主要技术数据、施工验收要求以及特殊注意事项。给水排水专业设计说明主要包括给水、热水、排水等相关设计的说明。

（3）图例

图例是图纸中的管件、阀门等采用规定的符号加以表示，其并不完全反映事物的形象，只是示意性地表示具体的设备和管件。因此，要熟悉常用的图例，以便于流畅地识读图纸[①]。

（4）设备材料清单

工程选用的主要材料及设备表，应列明材料类别、规格、数量，设备品种、规格和主要设计参数及尺寸。

（5）平面图

给水排水专业平面图主要表示设备、管道等在建筑物内的平面布置，管线的排列和走向，坡度和坡向，管径、标高，以及各管段的长度尺寸和相对位置等具体数据。

给水排水专业平面图上管道都用单线绘出，沿墙敷设时不标注管道距墙面的距离。一张平面图上可以绘制几种类型的管道。若图纸管线复杂，也可以分别绘制，以图纸数量少且能清楚地表达设计意图为原则。建筑内部给水排水，以选用的给水

① 结合熟悉图例提高识图能力融入【德育：秣马厉兵、钝学累功、追求进步】。

方式来确定平面布置图的张数，底层及地下室必须单独绘出；顶层若有高位水箱等设备，必须单独绘出；建筑中间各层，若卫生设备或用水设备的种类、数量和位置都相同，绘制一张标准层平面布置图即可。

（6）立（剖）面图

给水排水专业立（剖）面图主要反映管道在建筑物内垂直方向上管线的布置（排列及走向）以及各管线的编号、管径、标高等具体数据。

（7）系统图

系统图也称"轴测图"，是给水排水工程图中的重要图样之一。它反映设备管道的空间布置、管线的空间走向。建筑给水排水工程图，通常结合平面图和系统图进行识图。

系统图上应标明管道的管径、坡度，标出支管与立管的连接处，以及管道各种附件的安装标高，标高应与建筑图一致。系统图上各种立管的编号应与平面布置图相一致。系统图均应按给水、排水、消防等各系统单独绘制，以便于施工安装和概预算应用。

系统图中，对用水设备及卫生器具的种类、数量和位置完全相同的支管、立管，可不重复完全绘出，但应用文字标明。当系统图立管、支管在轴测方向重复交叉影响识图时，可断开移到图面空白处绘制。

（8）节点详图、大样图、标准图

节点详图、大样图、标准图都属于详图。节点详图是对以上几种图样无法表示清楚的节点部位的放大图，能清楚地反映某一局部管道和组合件的详细结构和尺寸。大样图是表示一组设备的配管或一组管配件组合安装的详图，能反映组合体各部位的详细构造和尺寸。标准图是一种具有通用性的图样，是为使设计和施工标准化、统一化，一般由国家或有关部委颁发的标准图样①。

给水排水专业通用施工详图系列，如卫生器具安装、排水检查井、雨水检查井、阀门井、水表井、局部污水处理构筑物等，反映了成组管件、部件或设备的具体构造尺寸和安装技术要求，是整套施工图纸的一个组成部分。施工详图宜首先采用标准图。绘制施工详图的比例以能清楚绘出构造为根据选用。施工详图应尽量详细注明尺寸，不应以比例代替尺寸。

2. 建筑给水排水施工图的特点

（1）给水排水工程图中的各管道无论管径大小均是以单线表示，管道上的各种

① 结合标准图样融入【德育：国家标准、行业标准、细致严谨】。

附件均采用国家统一的图例符号加以表示。

（2）给水排水工程图与房屋建筑施工图密不可分，为突出管道与用水设备的关系及管道的布置方式，建筑物的轮廓线在图中用细实线绘制。

（3）给水排水中的管道有始有末，总有一定的来龙去脉。识图时，可沿管道内介质流动方向，按先干管后支管的顺序进行识图。

（4）在给水排水工程图中，应将平面图和系统图对照阅读。

（5）掌握给水排水工程图中的习惯画法和规定画法：

1）给水排水工程图中，常将安装于下层空间而为本层使用的管道绘制于本层平面图上。

2）某些不可见的管道，如穿墙和埋地管道等，不用虚线而用实线表示。

3）给水排水工程图按比例绘制，但局部管道往往未按比例而是示意性的表示（局部位置的管道尺寸和安装方式由规范和标准图来确定）。

4）室内给水排水系统图中，给水管道只绘制到水龙头，排水管道则只绘制到卫生器具出口处的存水弯，而不绘制卫生器具。

3. 建筑给水排水施工图识读方法

阅读图纸时，首先要结合图纸目录看设计说明和设备材料表，然后看不同系统的平面图、系统图、详图等。基本的看图方法：先粗后细，平面、系统多对照，以便建立全面、系统的空间形象[①]。

看给水工程图时，可按水流方向从引入管、干管、立管、支管、到用水设备的顺序来识读；看排水工程图时，可按水流方向从卫生器具、排水支管、排水横管、排水立管、干管、到排出管的顺序识读。

（1）设计施工说明

识读设计施工说明，要了解本工程给水排水设计内容，施工使用的规范和标准图集。了解本设计使用的图例符号含义。掌握本工程使用的给水管材、附件、卫生器具、设备的类型和技术参数，作为施工管理、材料采购、工程预决算的依据和工程质量检查的依据。

（2）平面图的识读

平面图主要表明建筑物给水排水管道、卫生器具和用水设备在平面上的布置。平面图上的管线都是示意性的，管材配件如活接头、补心、管箍等也不绘制出来。因此，在识读图纸时还必须熟悉给水排水管道的施工工艺。

① 结合基本的看图方法融入【德育：有的放矢、科学精神、认真仔细】。

识读给水排水平面图时，一般自底层开始逐层阅读各层给水排水平面图，需掌握以下主要内容：

1）卫生器具、用水设备和升压设备的类型、数量、安装位置、定位尺寸。

2）给水引入管和污水排出管的平面位置、走向、系统编号、定位尺寸、与室外给水排水管网的连接形式、管径及坡度等。

3）给水排水干管、立管、支管的平面位置与走向、管径尺寸及立管编号；管道是明装还是暗装，以确定施工方法。

4）给水管道上是否设置水表。如果有，查明水表的型号、安装位置以及水表前后阀门的设置情况。

5）室内排水管道清通设备的布置情况及其型号、位置。

（3）系统图的识读

识读给水排水系统图时，先看给水排水管道进出口编号，并对照平面图逐个管道系统图进行识读。给水排水工程系统图主要表明管道系统的立体走向。在给水系统图上，卫生器具不画出来，只需画出水龙头、淋浴器莲蓬头、冲洗水箱等符号；用水设备，如锅炉、热交换器、水箱等，则画出示意图。在排水工程系统图上，也只画出相应的卫生器具的存水弯或器具排水管。

识读系统图时，应掌握以下主要内容：

1）给水管道系统的具体走向、干管的布置方式、管径尺寸及其变化情况、阀门的设置、引入管等管道的标高。

2）排水管道的具体走向、管路分支情况、管径尺寸与横管坡度、管道各部分标高、存水弯的形式、清通设备的设置情况、伸缩节和防火圈的设置情况、弯头及三通的选用等，各楼层或各区域管道、用水设施等。

（4）详图的识读

室内给水排水工程的详图包括节点详图、大样图、标准图等，主要是管道节点、水表、水加热器、开水炉、卫生器具、套管、排水设备、管道支架等局部节点的安装要求及卫生间大样图等。

1.5.2 建筑给水排水施工图实例

如图 1-97~ 图 1-112 所示，为某五层住宅给水排水施工图，以此为例，学习识读建筑给水排水施工图。

1. 阅读设计施工说明

（1）给水管道由市政管网接入。

（2）系统给水管采用 PP-R 管，热熔连接，热水管也采用 PP-R 管，热熔连接。排污排废管采用 UPVC 管，胶粘连接。

（3）管道穿越楼板、基础时应设镀锌刚性防水套管。

（4）生活污水须经化粪池处理后与生活废水、雨水一同排入城市排水管网。

（5）给水及热水系统的管道安装完毕后应做水压试验，试验压力为 0.6MPa。给水系统应做消毒冲洗，水质应符合《生活饮用水卫生标准》GB 5749—2022；排水系统做通球和灌水试验。

（6）其余未说明事项按《建筑给水排水及采暖工程施工质量验收规范》GB 50242—2002 执行[①]。

2. 识读建筑给水排水平面图与详图

由图 1-97~ 图 1-107 中可以看出，在架空层Ⓕ、Ⓖ轴线和③、⑤轴线所围区域内有一卫生间，设有坐式大便器 1 套、立式小便器 1 套、台式洗脸盆 1 组、污水盆 1 组、地漏 1 个。

在一层Ⓔ、Ⓖ轴线和①、③轴线所围区域内有一个卫生间和厨房，卫生间设有坐式大便器 1 套、立式小便器 1 套、双联台式洗脸盆 1 组、污水盆 1 组、地漏 3 个。厨房设有双格洗涤盆 1 个、三格洗涤盆 1 个、地漏 2 个。一层Ⓕ、Ⓖ轴线和⑦、⑨轴线之间有两个卫生间，分别设有坐式大便器 1 套、立式小便器 1 套、台式洗脸盆 1 组、地漏 1 个和坐式大便器 1 套、台式洗脸盆 1 组、转角浴盆 1 组、地漏 1 个。

二层Ⓓ、Ⓖ轴线和①、②轴线之间有两个卫生间，其中一卫生间设有坐式大便器 1 套、台式洗脸盆 1 组、浴盆 1 组、地漏 2 个，另一卫生间设有坐式大便器 1 套、立式小便器 1 套、台式洗脸盆 2 组，浴盆 1 组。二层Ⓕ、Ⓖ轴线和⑦、⑨轴线之间也有一卫生间，设有坐式大便器 1 套、双联台式洗脸盆 1 组、浴盆 1 组、地漏 2 个。

三层Ⓕ、Ⓖ轴线和①、③轴线所围区域内有一个卫生间和洗衣房，卫生间设有坐式大便器 1 套、立式小便器 1 套、双联台式洗脸盆 1 组、浴盆 1 组、地漏 1 个。洗衣房设有洗涤盆 1 组、接洗衣机用独立水龙头 1 个、地漏 2 个。三层Ⓓ、Ⓕ轴线与

① 结合理解施工设计说明的重要作用融入【德育：职业规范意识、严谨细致作风】。

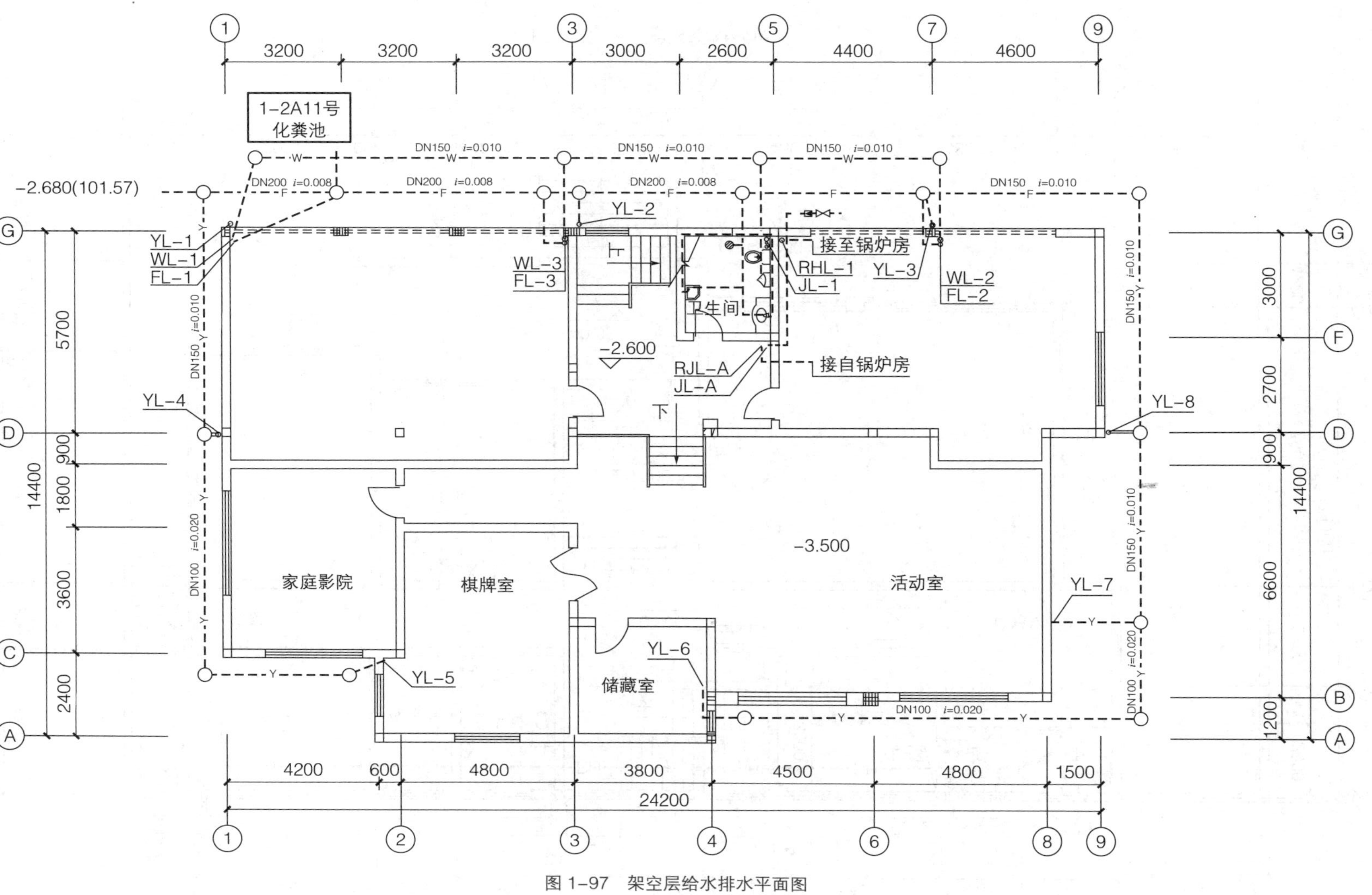

图 1-97　架空层给水排水平面图

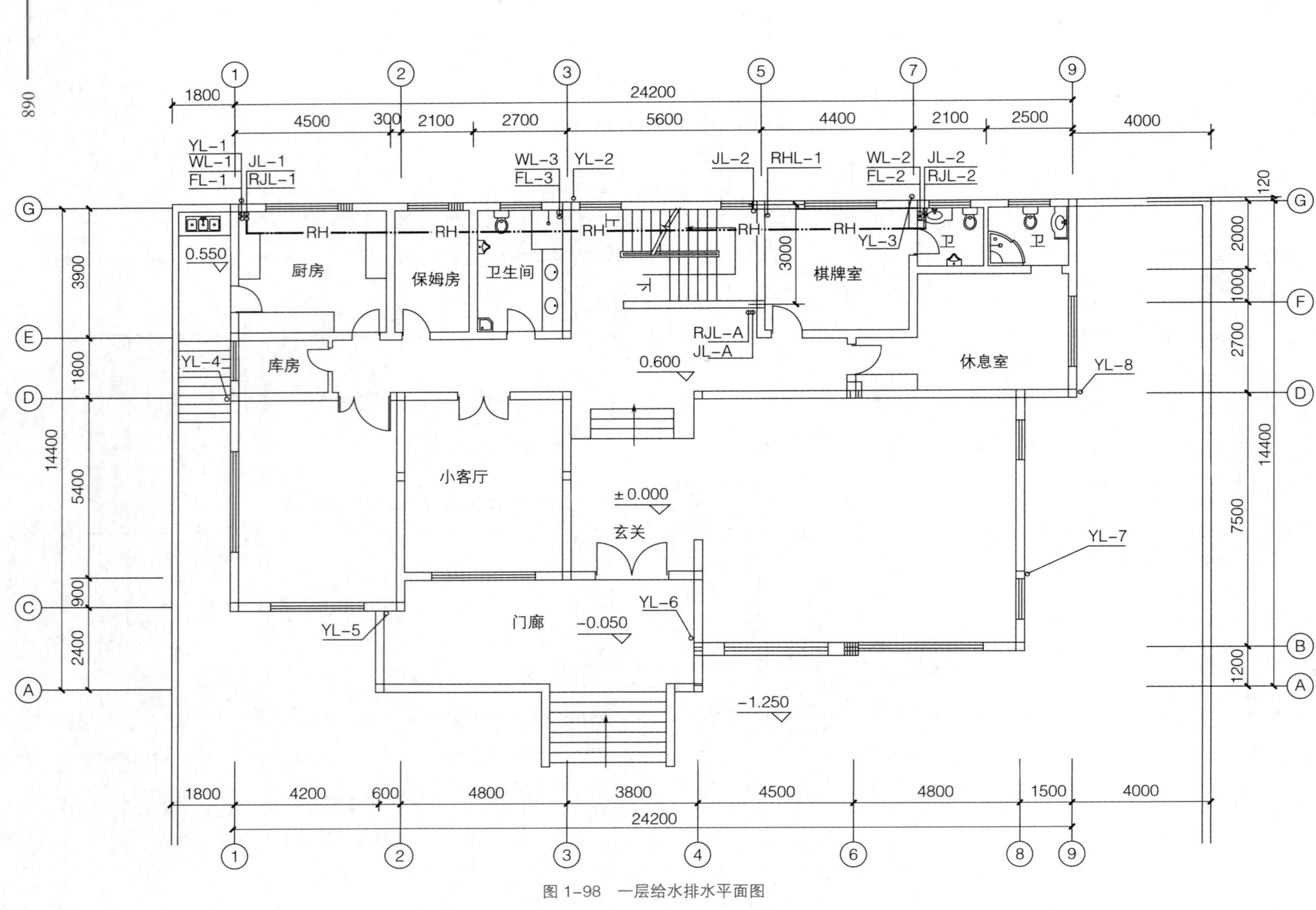

图 1-98 一层给水排水平面图

⑤、⑦轴线之间也有一个卫生间，设有坐式大便器 1 套、台式洗脸盆 1 组、浴盆 1 组、地漏 1 个。

架空层室外设有废水检查井 14 个，污水检查井 4 个。雨水立管和废水立管的排水汇集到废水检查井，污水立管的排水汇集到污水检查井，均经化粪池处理后，再排入城市排水管网。污水排出管管径为 DN150，坡度 i = 0.010。废水排出管管径 DN100，对应坡度 i = 0.020；管径 DN150，对应坡度 i = 0.010；管径 DN200，对应坡度 i = 0.008。水箱位于阁楼层Ⓓ、Ⓕ轴线与③、⑤轴线之间。

3. 识读建筑给水排水系统图

（1）识读给水系统图

从图 1-108 中看出，干管位于建筑物标高 10.200m 处，为上行下给式管道系统。结合平面图 1-97，引入管自Ⓖ轴线与⑤轴线交界处右侧引入，管径为 DN25。引入管进入室内后，通过立管 JL-A（管径 DN25），直接供水到阁楼水箱。

给水立管 JL-A 设在Ⓕ轴线与⑤轴线的墙角处，自标高 -2.800m 至 10.200m。水平干管管径 DN25，接水自水箱，再供水到给水立管 JL-1 和 JL-2。给水立管 JL-1 自 0.950m 至 10.200m 的管径为 DN25，自 -2.250m 至 0.950m 的管径为 DN20。结合给水排水平面图，标高 7.350m 处，给水立管 JL-1 接水平管供水到三层洗衣房和卫生间。标高 4.250m 处，接水平管供水到二层Ⓓ、Ⓖ与①、②轴线间的卫生间。标高 0.950m 处，接水平管供水到一层Ⓔ、Ⓖ与①、③轴线间的厨房和卫生间。标高 -2.250m 处，接水平管供水到架空层卫生间。一到三层水平管管径均由 DN25 变为 DN20 与 DN15，以三层洗衣房与旁边卫生间的水平管为例，水平管管径自洗衣机水龙头支管处由 DN25 变为 DN20，坐便器与立式小便器之间、两个洗脸盆水龙头支管之间的水平管管径变为 DN15。架空层水平管管径由 DN20 变为 DN15。

给水立管 JL-2，标高自 0.950m 至 10.200m，管径均为 DN25。结合给水排水平面图，标高 7.350m 处，给水立管 JL-2 接水平管供水到三层Ⓓ、Ⓕ与⑤、⑦轴线间的卫生间。标高 4.250m 与 0.950m 处，分别接水平管供水到二层与一层Ⓕ、Ⓖ和⑦、⑨轴线间的卫生间。水平管管径均由 DN20 变为 DN15。

（2）识读热水系统图

由图 1-109 可以看出，热水系统采用锅炉直接加热方式。结合给水排水平面图，热水立管 RJL-A 自热水锅炉供水到阁楼层水平干管，立管标高自 -2.650m 至 10.300m，管径为 DN25。热水干管标高 10.300m，管径为 DN25，分两路供水到热水立管 RJL-1 与 RJL-2。

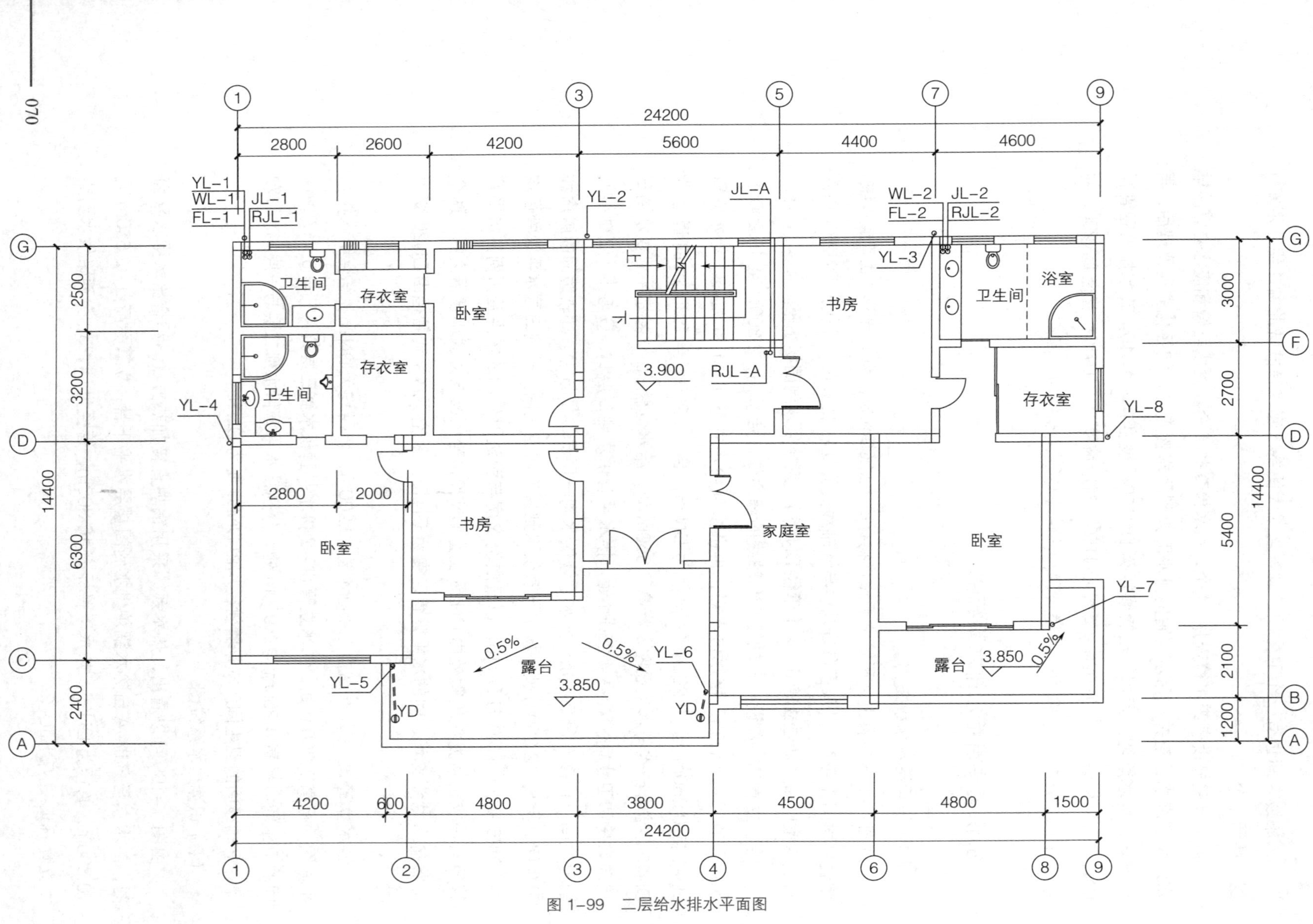

图 1-99 二层给水排水平面图

热水立管 RJL-1 自 1.100m 至 10.300m，管径均为 DN25。结合给水排水平面图，标高 7.500m 处，热水立管 RJL-1 接水平管供热水到三层洗衣房和卫生间。标高 4.400m 处，接水平管供热水到二层Ⓓ、Ⓖ与①、②轴线间的卫生间。标高 1.100m 处，接水平管供热水到一层Ⓔ、Ⓖ与①、③轴线间的厨房和卫生间。一、二层水平管管径均由 DN25 变为 DN20 与 DN15，三层水平管管径由 DN20 变为 DN15。

热水立管 RJL-2，标高自 4.400m 至 10.300m，管径为 DN25；自 1.100m 至 4.400m，管径为 DN20。结合给水排水平面图，标高 7.500m 处，热水立管 RJL-2 接水平管供热水到三层Ⓓ、Ⓕ与⑤、⑦轴线间的卫生间。标高 4.400m 与 1.100m 处，分别接水平管供热水到二层与一层Ⓕ、Ⓖ和⑦、⑨轴线间的卫生间。水平管管径均由 DN20 变为 DN15。

立管底部设置回水干管，回水干管后接回水立管至热水锅炉，即采取干管循环的半循环方式。回水干管管径为 DN15，回水立管的管径为 DN20。

（3）识读污水系统图

结合给水排水平面图和图 1-110 污水系统图，生活污水系统用于排放小便器和大便器产生的污水。污水立管 WL-1 和 WL-2，管径均为 DN100，标高自 -3.100m 至 10.480m。在架空层、二层和三层，污水立管上均设有检查口，立管上部的伸顶通气管高出屋面 700mm，出口采用通气帽。污水立管 WL-3，管径 DN100，标高自 -3.100m 至 0.000m，作为一层Ⓔ、Ⓖ轴线与②、③轴线之间卫生间单排立管，可不设置通气管。

采用隔层排水方式，排水横管自地面以下标高 6.400m、3.300m、0.000m 接入排水立管。三层洗衣房旁边的卫生间和二层Ⓓ、Ⓖ与①、②轴线间的卫生间污水排入污水立管 WL-1，三层Ⓓ、Ⓕ与⑤、⑦轴线间的卫生间、二层Ⓕ、Ⓖ与⑦、⑨轴线间卫生间、一层Ⓕ、Ⓖ与⑦、⑨轴线间卫生间的污水排入污水立管 WL-2。

排水横管管径均为 DN100，底层排出管管径 DN150，坡度为 i = 0.010，标高 -3.100m。架空层卫生间大便器和小便器产生的污水，另单独设置排出管直排入排水检查井，该排出管管径为 DN100，坡度 i = 0.020，标高 -3.000m。

（4）识读废水系统图

结合给水排水平面图和图 1-111 废水系统图，生活废水系统用于排放卫生间洗脸盆、洗涤盆、地漏、浴盆和厨房、洗衣房产生的废水。废水立管 FL-1 和 FL-2，管径均为 DN75，标高自 -3.100m 至 10.480m。在架空层、二层和三层，废水立管上均设有检查口，立管上部的伸顶通气管高出屋面 700mm，出口采用通气帽。废水立管 FL-3，管径 DN75，标高自 -3.100m 至 0.200m，作为一层Ⓔ、Ⓖ轴线与②、③轴线之间卫生间单排立管，可不设置通气管。

采用隔层排水方式，废水横管自地面以上标高 6.600m、3.500m、0.200m 接入

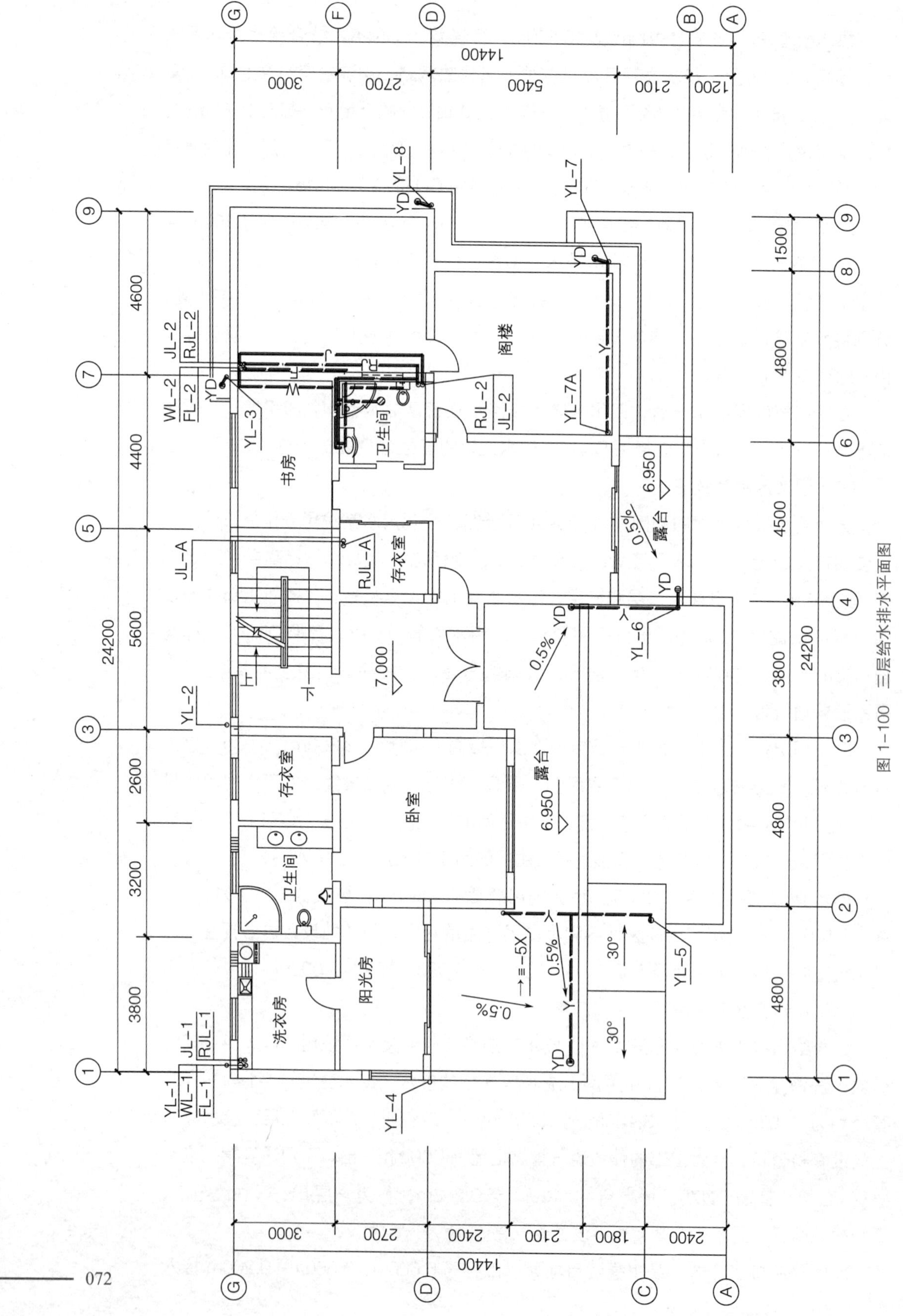

图 1-100　三层给水排水平面图

废水立管。三层洗衣房旁边的卫生间、二层Ⓓ、Ⓖ与①、②轴线间的卫生间和一层厨房废水排入废水立管 FL-1，三层Ⓓ、Ⓕ与⑤、⑦轴线间的卫生间、二层Ⓕ、Ⓖ与⑦、⑨轴线间卫生间、一层Ⓕ、Ⓖ与⑦、⑨轴线间卫生间的废水排入废水立管 FL-2。

废水横管管径为 DN50 或 DN75，以二层Ⓕ、Ⓖ轴线与⑦、⑨轴线间的卫生间为例，接洗脸盆的废水横支管与接地漏、浴盆的废水横支管相交处到废水立管之间的这段横管管径为 DN75，其余废水横管管径均为 DN50。底层排出管管径 DN100，坡度为 i = 0.020，标高 -3.100m。架空层卫生间洗脸盆、洗涤盆和地漏产生的废水，另单独设置排出管直排入废水检查井，该排出管管径为 DN75，坡度 i = 0.025，标高 -3.000m。

(5) 识读雨水排水系统图

由图 1-112 雨水排水系统图，可以看出，雨水立管 YL-1、2、4 管径 DN100，标高自 -3.300m 至 9.780m，顶部设置雨水斗。雨水立管 YL-3 管径 DN100，标高自 -3.300m 至 9.780m，标高 6.780m 处和顶部分别设置雨水斗。雨水立管 YL-5 管径 DN100，标高自 -2.300m 至 6.600m，雨水立管 YL-5A 管径 DN100，标高自 6.600m 至 9.780m，雨水立管 YL-5 与 YL-5A 在标高 6.600m 处通过一段横管相连，该横管管径 DN100，坡度 i = 0.020。标高 3.850m、6.950m 和顶部 9.780m 处，均设有雨水斗。

雨水立管 YL-7 管径 DN100，标高自 -2.300m 至 6.780m，雨水立管 YL-7A 管径 DN100，标高自 6.780m 至 9.780m，雨水立管 YL-7 与 YL-7A 在标高 6.780m 处通过一段横管相连，该横管管径 DN100，坡度 i = 0.020。标高 6.780m 和顶部 9.780m 处，均设有雨水斗。雨水立管 YL-6 管径 DN100，标高自 -2.300m 至 9.780m，有 3 个雨水斗接入该立管，标高分别是 3.850m、6.950m 和 9.780m。雨水立管 YL-8 管径 DN100，标高自 -3.300m 至 6.780m，顶部设有雨水斗。雨水立管底部设排出管与废水检查井相连，排出管管径均为 DN100，坡度 i = 0.020。

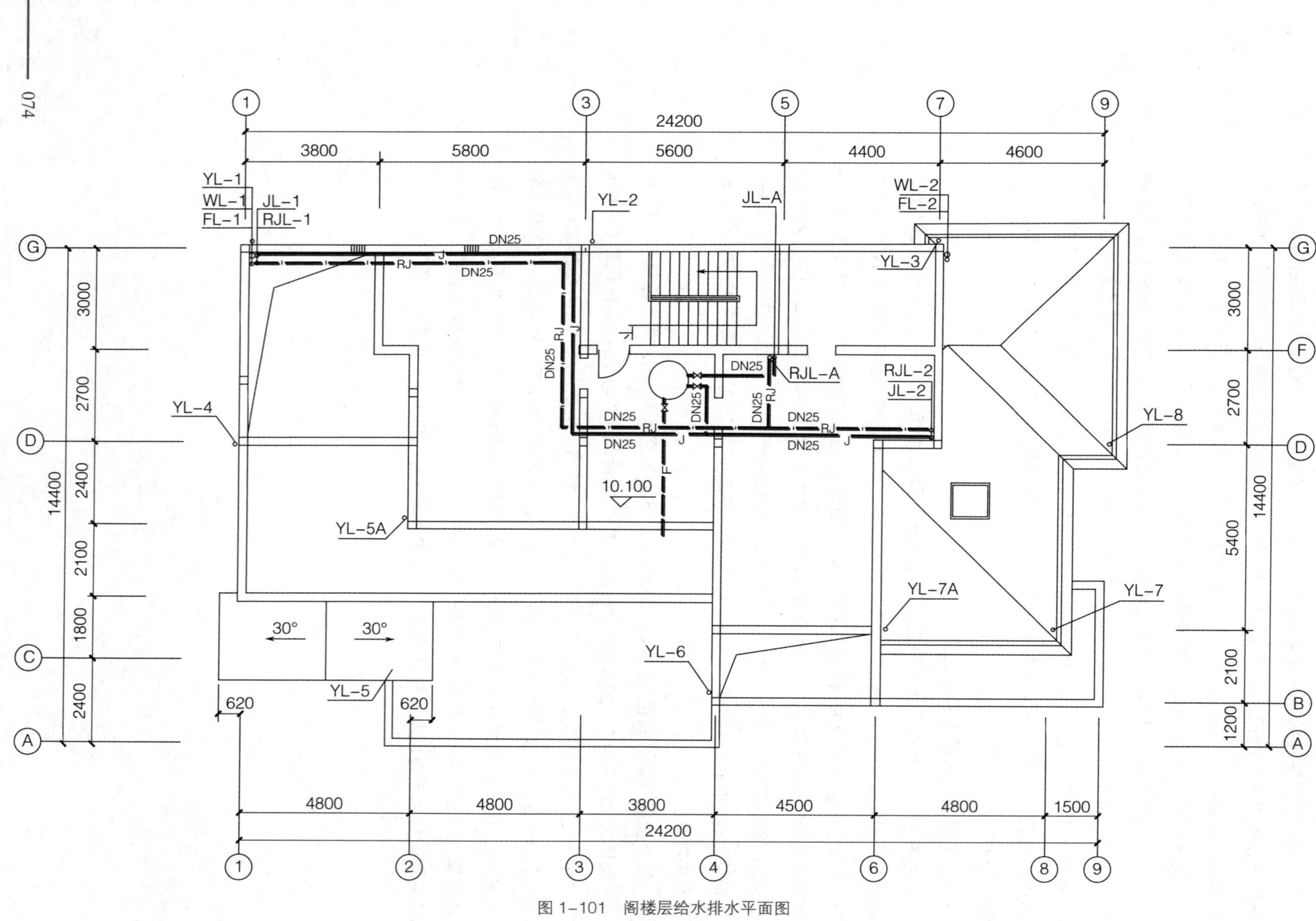

图 1-101 阁楼层给水排水平面图

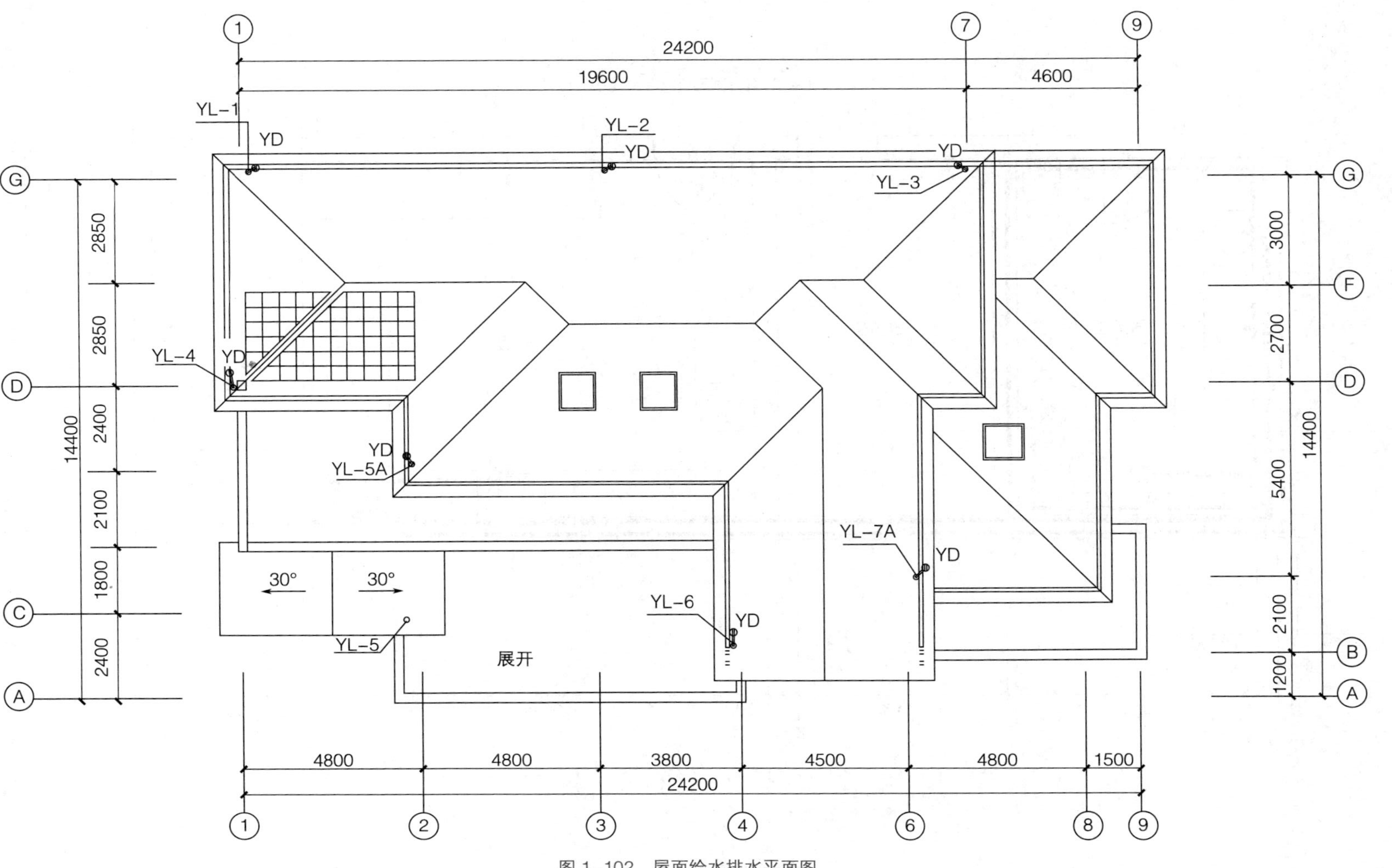

图 1-102　屋面给水排水平面图

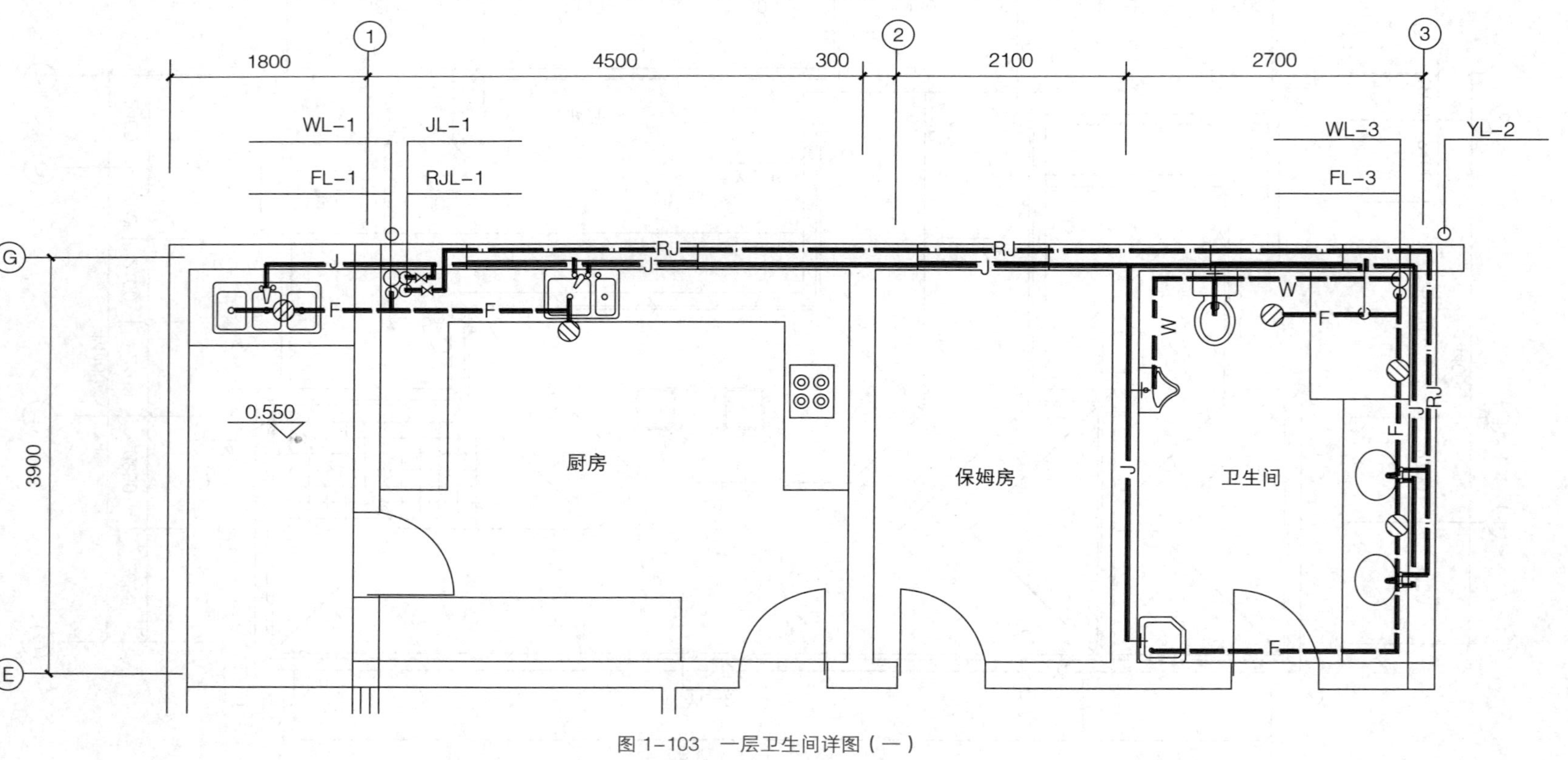

图 1-103 一层卫生间详图（一）

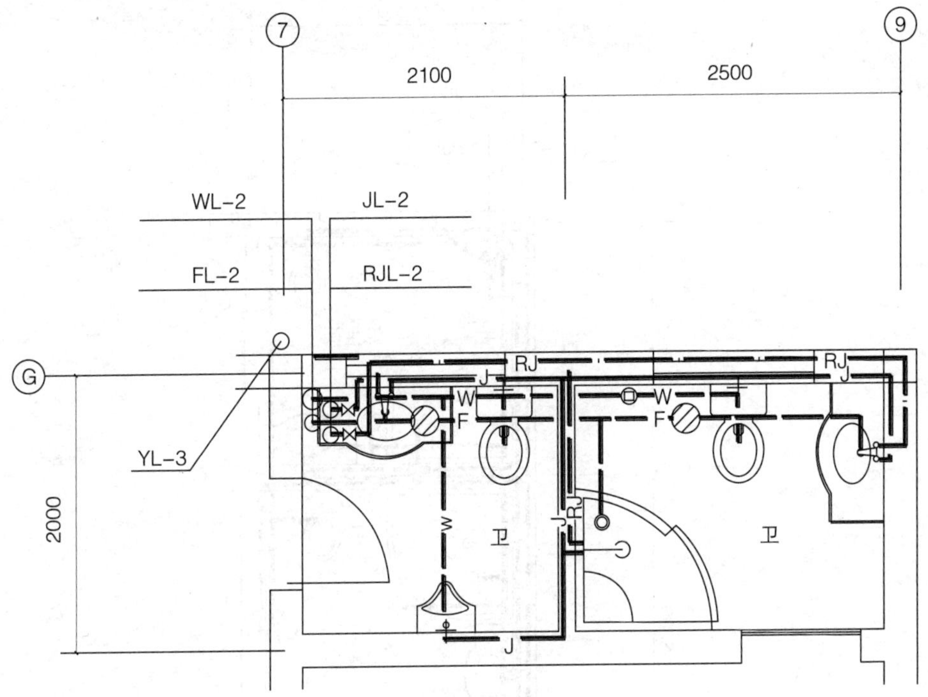

图 1-104　一层卫生间详图（二）

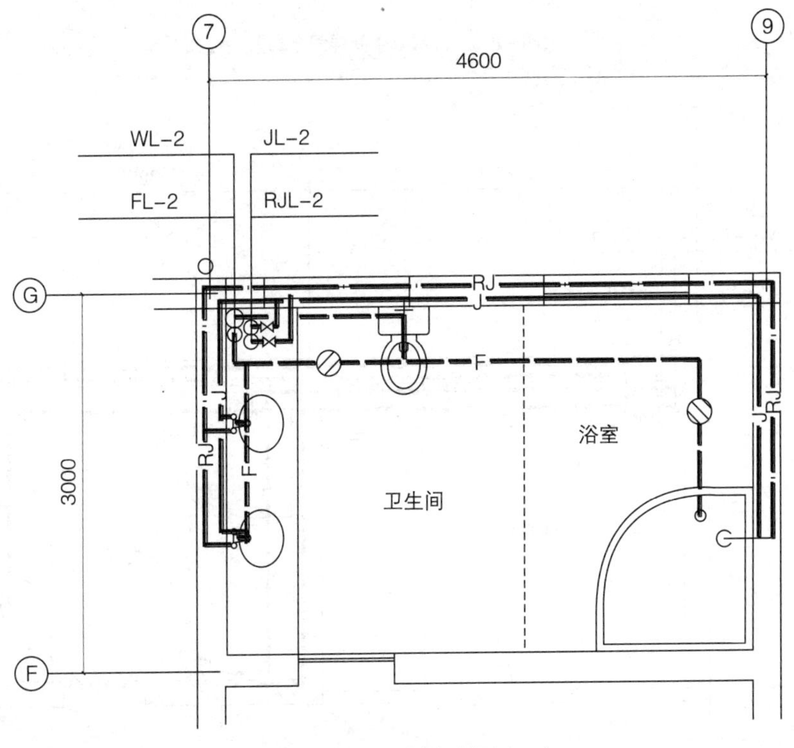

图 1-105　二层卫生间详图（一）

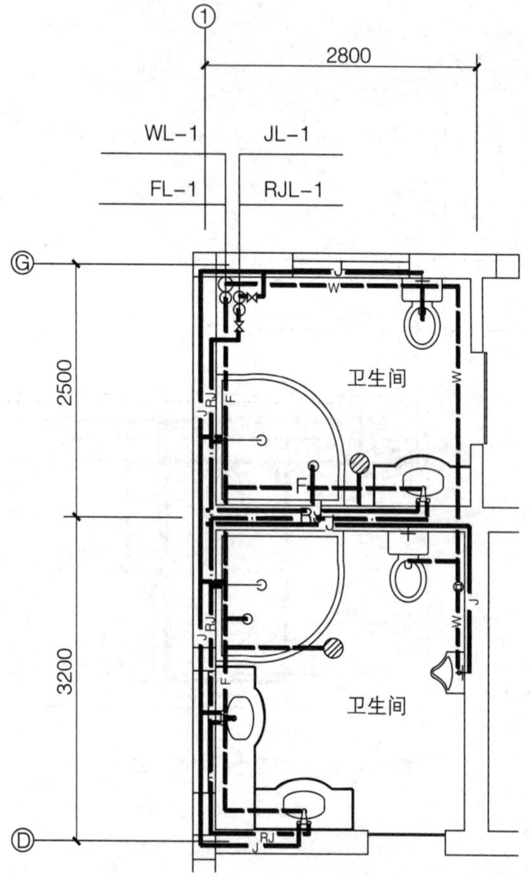

图 1-106　二层卫生间详图（二）

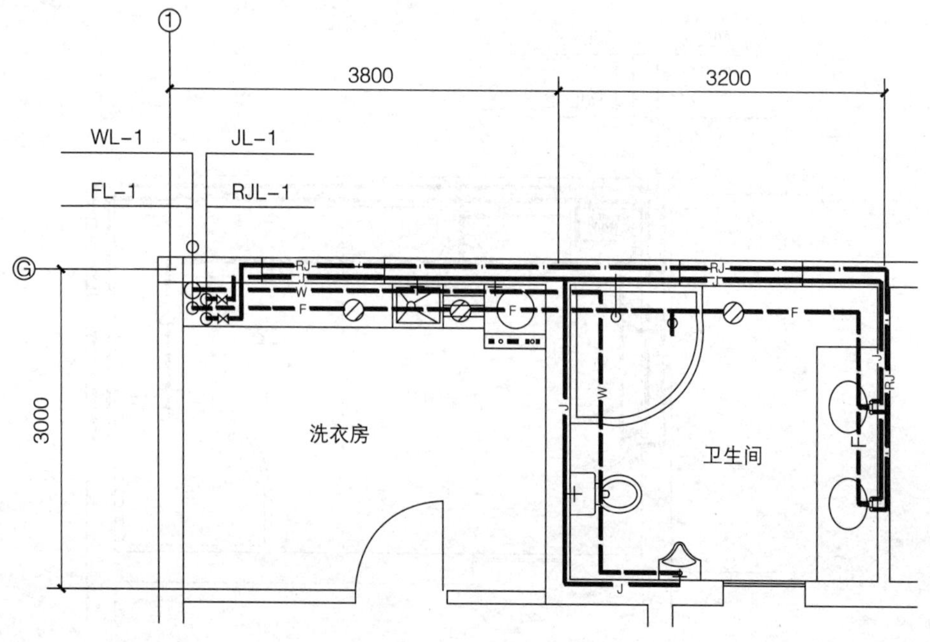

图 1-107　三层卫生间详图

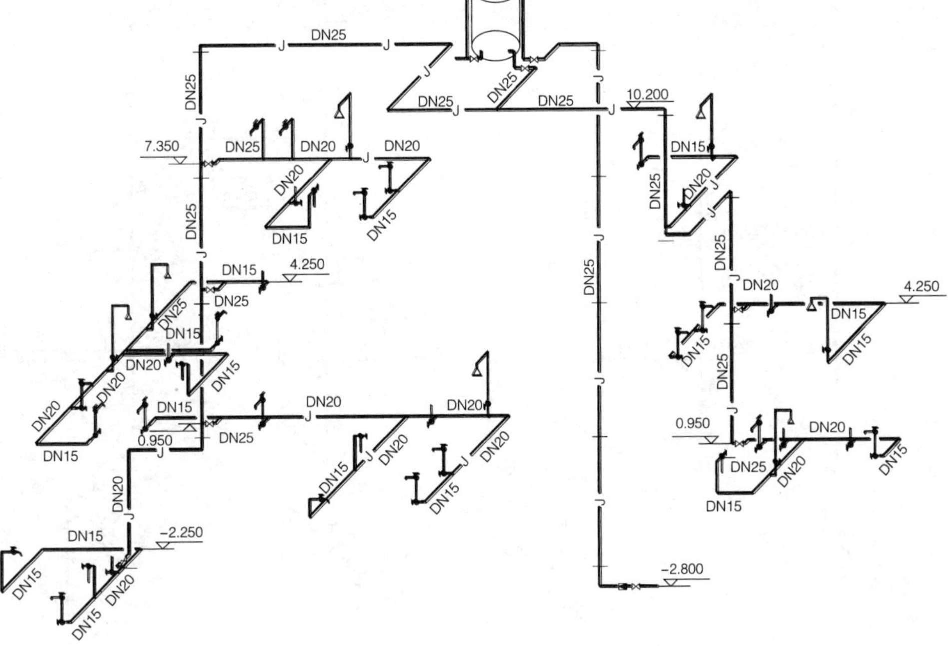

图 1-108　生活给水系统图

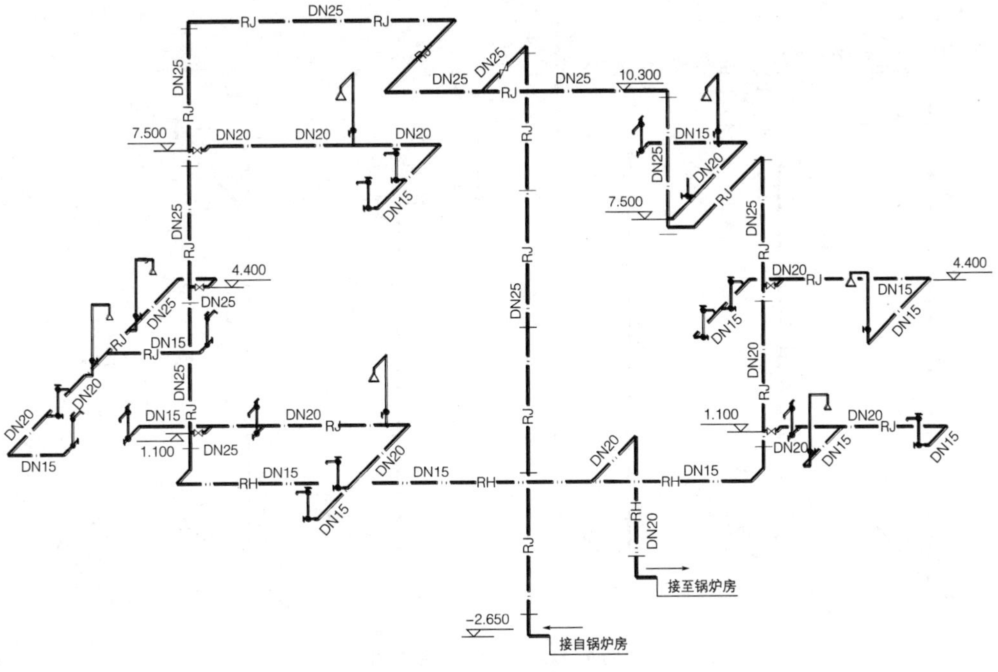

图 1-109　生活热水系统图

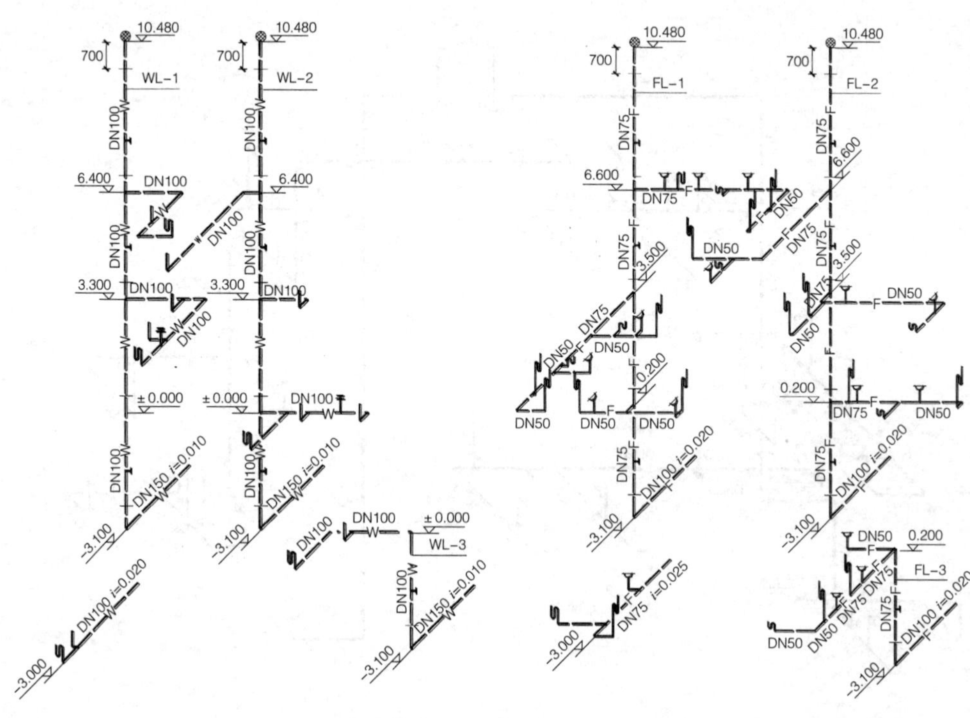

图 1-110　生活污水系统图　　　　图 1-111　生活废水系统图

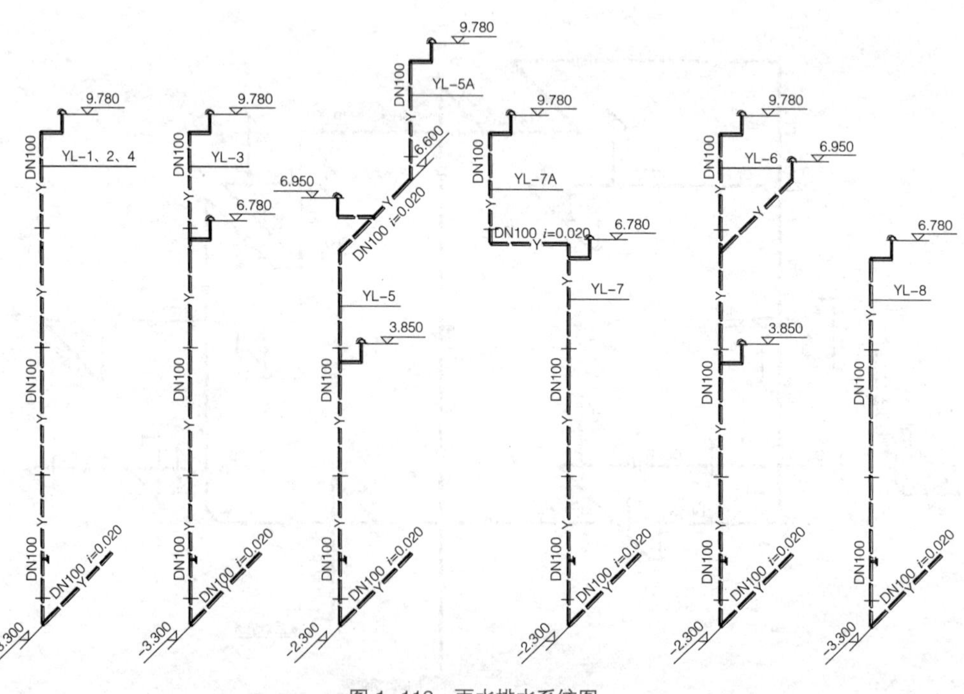

图 1-112　雨水排水系统图

【思政提升】

本项目主要介绍了建筑给水、热水、排水系统的分类与组成，给水增压蓄水装置、加热设备、卫生器具，常用给水排水管材，以及建筑给水排水管道布置要求。结合案例，重点介绍了建筑给水排水施工图的识读方法。

通过本项目的学习，希望同学们：①树立法治意识与责任意识；②勇于创新，对技术精益求精；③注重节能环保，追求生态振兴；④做事精耕细作，严守国家标准与行业规范，牢固树立职业规范意识。

【课后习题】

1. 阐述建筑给水系统的组成。
2. 在高层建筑中常用的给水方式有几种？为什么?
3. 叙述气压给水装置的工作原理。
4. 阐述常用的给水管材特点及管道连接方法。
5. 叙述集中热水系统的组成。
6. 建筑内部排水系统由哪几部分组成?
7. 叙述通气管的作用、排水清通设施的类型与安装位置。
8. 叙述给水工程图与排水工程图的识读方法。识读建筑给水排水平面图需掌握哪些要点?
9. 对图 1-113~ 图 1-115 进行识读。简述卫生器具的类型与数量、立管编号，女厕给水横支管与排水横支管的管径变化与对应长度。
10. 2003 年 3 月 26 日，我国香港地区淘大花园小区 E 座突然有 5 户家庭共 14 人相继出现肺炎症状。病人分布在 12~28 之间的不同楼层，其中 7 人确诊感染了 SARS。调查发现地漏 U 形管经常处于干燥状态，没有水封，能和污水管的气体直接相通！带病毒的污水在排污管中撞击成可悬浮在空气中的微粒，再从和排污管相连的通风管透过空气倒流进同朝向的其他住户，传染其他居民。结合我国香港地区淘大花园非典事件，请说明：①水封的概念与作用；②对于我们日常学习和生活的启示。

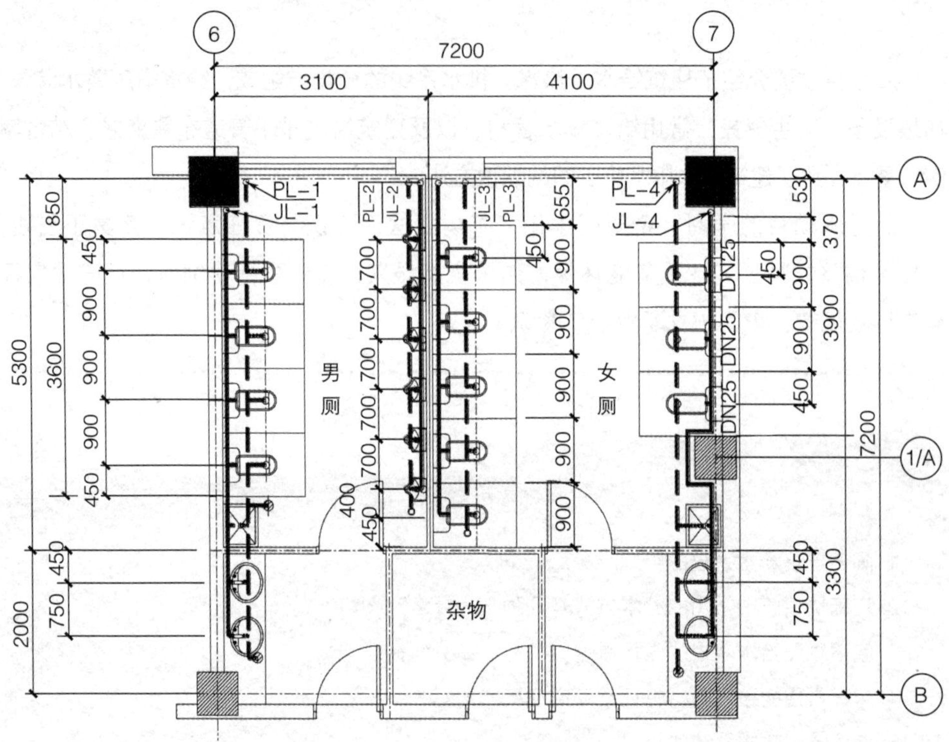

图 1-113　厕所标准层详图

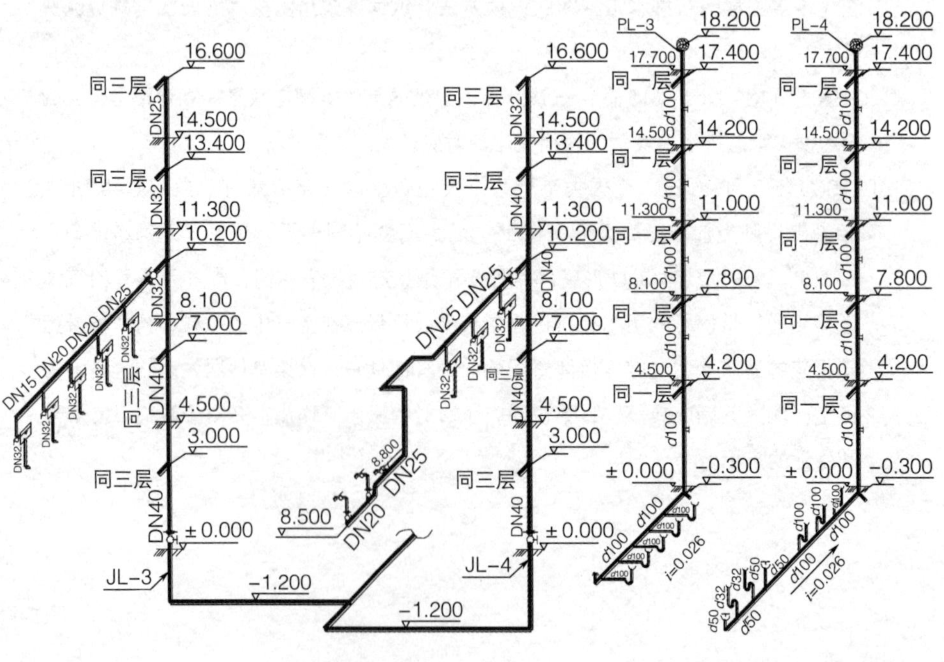

图 1-114　给水管道系统图

图 1-115　排水管道系统图

项目 2　建筑消防给水系统识图与施工

【学习目标】

1. 知识目标

掌握消火栓给水系统的分类、组成与给水方式，自动喷水灭火系统的分类和组成；熟知消防给水管材与给水附件，自动喷水灭火系统的主要组件；了解室内消火栓的设计流量，以及消火栓系统与自动喷水灭火系统的布置要求。掌握建筑消防给水施工图的识读方法，准确识读建筑消防给水施工图。

2. 思政目标

增强消防意识，防患未然，学会简单自救方法。牢固树立消防安全意识，严格按标准配备消防器材，杜绝弄虚作假。

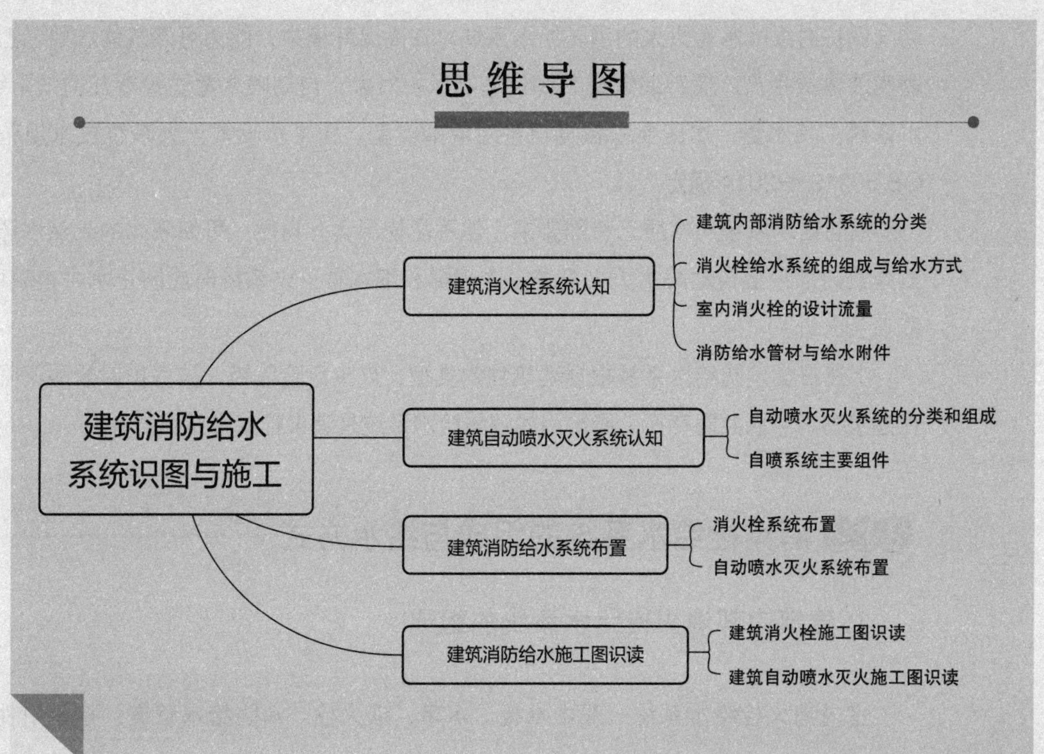

任务 2.1 建筑消火栓系统认知

2.1.1 建筑内部消防给水系统的分类

建筑内部消防给水系统一般可按照使用功能的不同分为三类：

(1)室内消火栓给水系统

室内消火栓给水系统是指在工业和民用建筑内火灾发生时，供室内消火栓灭火用的消防给水系统。其水量、水压要求根据设置场所建筑物的类型，由《建筑设计防火规范(2018 年版)》GB 50016—2014 确定。

(2)自动喷水灭火系统

自动喷水灭火系统是指在工业和民用建筑内火灾发生时，能自动喷水灭火或自动喷水挡烟阻火、冷却分隔物的消防给水系统。其水量、水压要求根据设置场所火灾的危险等级，由《自动喷水灭火系统设计规范》GB 50084—2017 确定。

(3)水喷雾和细水雾灭火系统

水喷雾和细水雾灭火系统是指在电气和闪点高于 60℃的液体发生火灾时，能自动向保护对象喷水雾灭火的消防给水系统；在高温环境中，能为可燃气体和甲、乙、丙类液体的生产、储存装置或装卸设施等保护对象，自动喷水雾防护冷却的消防给水系统。其水量、水压要求根据保护对象的类型，由《水喷雾灭火系统技术规范》GB 50219—2014 确定。

消防给水系统对水质无特殊要求，但不能使用含有易燃、可燃液体的天然水源。当建筑内部设置自动喷水灭火系统、水喷雾和细水雾灭火系统时应防止水中杂质堵塞喷头出口。

上述三类消防给水系统根据建筑物的类型、火灾危险等级、被保护对象的不同，在建筑物内可以共同存在。最常用的消防给水系统是消火栓给水系统。

2.1.2 消火栓给水系统的组成与给水方式

1. 建筑内部消火栓给水系统的组成

室内消火栓给水系统一般由水枪、水带、消火栓、消防给水管道、控制附件、消防水泵、消防水箱、消防水池、稳压设施、消防水泵接合器等组成。

水枪、水带、消火栓一般安装在消火栓箱内，设置消防水泵的室内消火栓给水系统，消火栓箱内还应设置直接启动消防水泵的按钮。

为了减少消防队员到达火场后登高扑救、铺设水带的时间，及时向建筑内部加压供水，及时扑救火灾，减少火灾损失，《建筑设计防火规范（2018 年版）》GB 50016—2014 规定，超过 5 层的公共建筑，超过 4 层的厂房或仓库，其他高层建筑，超过 2 层或建筑面积大于 10000m^2 的地下建筑（室）的室内消火栓给水系统和自动喷水灭火系统，均将室内管网从底层引至室外，配备消防水泵接合器①，以供消防车向室内管网输水灭火。

2. 建筑内部消火栓系统的给水方式

（1）按管道和设备的布置方案分类

对于单栋建筑室内消火栓系统，其给水方式按照消火栓系统的组成以及管道设备的布置方案，可以分为设常高压的消火栓系统（直接给水方式）和设临时高压的消火栓系统（设水泵、水箱给水方式，设水池、水泵、水箱给水方式，设水池、水泵、气压给水装置等几种形式）。图 2-1、图 2-2 所示为两种常见的消火栓给水方式。

（2）按管网的服务范围分类

对于生活小区或公共建筑的多、高层建筑群而言，可分为独立的室内消防给水系统方式和区域集中的消防给水系统方式。

1）独立的室内消防给水系统方式是指每栋多、高层建筑均独立设置消防给水系统。其特点是防火安全性好，但泵房设备分散，初期投资和运行维护工作量大。适用于抗震和人防要求较高的建筑。

2）区域集中的室内消防给水系统方式是指两栋或两栋以上建筑共用一个消防泵房的消防给水系统。其特点是设备集中、便于管理，建设初期投资较小，但在地震高发地区安全性较差。其室外消防用水量根据《建筑设计防火规范（2018 年版）》GB 50016-2014 规定，应按同一时间内的火灾次数和一次灭火用水量确定。

（3）按建筑高度分类

对于高层建筑可按照建筑物的高度，采用分区消火栓给水系统或不分区消火栓给水系统。

① 结合室内管网从底层引至室外，连接水泵接合器融入【德育：消防安全无小事，严格按标准配备，杜绝弄虚作假】。

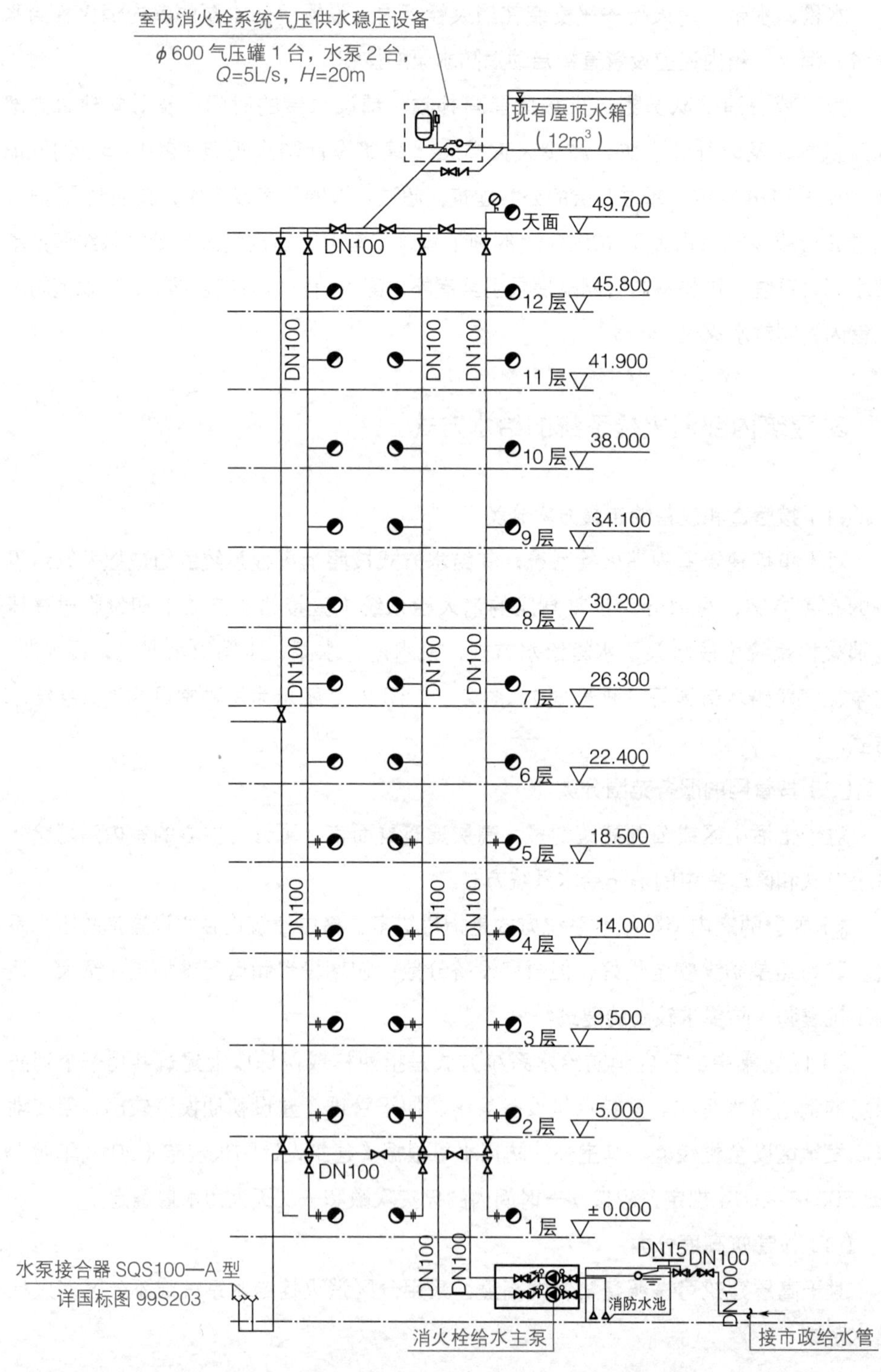

图 2-1　消火栓给水系统（设水池、水泵、水箱的给水方式）

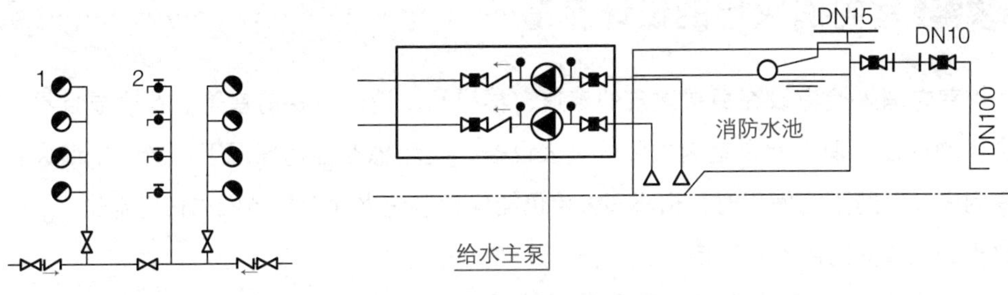

图 2-2　直接给水的消火栓系统
1—消火栓；2—生活给水用水点

1）不分区消火栓给水系统方式是指整栋建筑（或一个建筑群）采用一个消火栓系统，如图 2-2 所示。该系统适用于多、高层建筑中最低消火栓栓口处静水压力不超过 1.0MPa 的高层建筑。

2）分区消火栓给水系统方式是指整栋建筑（或一个建筑群）按照建筑物的高度，在垂直方向采用 2 个或 2 个以上消火栓给水系统。该系统适用于高层建筑中最低消火栓栓口处静水压力超过 1.0MPa 的高层建筑，如图 2-3 所示。

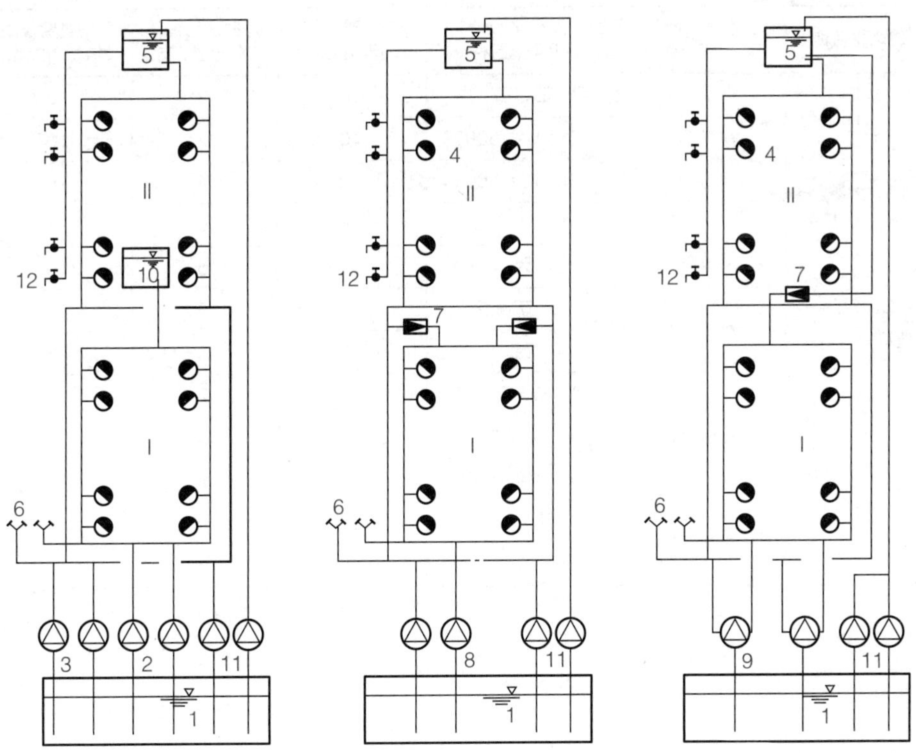

图 2-3　分区消火栓给水系统方式
1—水池；2—低区水泵；3—高区水泵；4—室内消火栓；5—屋顶水箱；6—水泵接合器；7—减压阀；8—消防水泵；9—多级多出口水泵；10—中间水箱；11—生活水泵；12—生活给水

2.1.3 室内消火栓的设计流量

室内消火栓应设在每层建筑的走道、楼梯间、消防电梯前室等位置明显且易于操作的地点。消火栓是室内主要的灭火设备，应考虑在任何情况下，当一个消火栓受到火灾威胁不能使用时，相邻消火栓仍能保护该消火栓保护范围内任何部位[①]。消火栓的设置间距由设计确定。

室内消火栓设计流量与建筑物的高度、体积、建筑物内可燃物的数量、建筑物的耐火等级和建筑物的用途有关。根据《建筑设计防火规范（2018 年版）》GB 50016—2014 规定，建筑高度不大于 27m 的住宅建筑（包括设置商业服务网点的住宅建筑），建筑高度大于 24m 的单层公共建筑、建筑高度不大于 24m 的其他公共建筑，为多层或单层建筑。建筑高度大于 27m 的住宅建筑和建筑高度大于 24m 的非单层厂房、仓库和其他民用建筑，为高层建筑。根据《消防给水及消火栓系统技术规范》GB 50974—2014，多层或单层建筑、高层建筑等各类建筑物的室内消火栓设计流量不应小于表 2-1 的规定[②]。

建筑物室内消火栓设计流量　　表 2-1

建筑物名称		高度 h（m）、层数、体积 V（m^3）或座位数 n（个）、火灾危险性			消火栓设计流量 /(L/s)	同时使用消防水枪数 / 支	每根竖管最小流量 /(L/s)
工业建筑	厂房	$h \leqslant 24$	甲、乙、丁、戊		10	2	10
			丙	$V \leqslant 5000$	10	2	10
				$V > 5000$	20	4	15
		$24 < h \leqslant 50$	乙、丁、戊		25	5	15
			丙		30	6	15
		$h > 50$	乙、丁、戊		30	6	15
			丙		40	8	15
	仓库	$h \leqslant 24$	甲、乙、丁、戊		10	2	10
			丙	$V \leqslant 5000$	15	3	15
				$V > 5000$	25	5	15
		$h > 24$	丁、戊		30	6	15
			丙		40	8	15

① 结合相邻消火栓能保护另一消火栓保护范围内任何部位融入【德育：消防安全防患未然最重要，弓调马服，常备不懈】。

② 结合建筑物室内消火栓设计流量要求融入【德育：大火无情，一旦火灾发生，关系千万生命，消防设施必须严格按照标准配备，对“形同虚设”零容忍】。

续表

建筑物名称			高度 h（m）、层数、体积 V（m^3）或座位数 n（个）、火灾危险性		消火栓设计流量 /(L/s)	同时使用消防水枪数 / 支	每根竖管最小流量 /(L/s)
民用建筑	单层及多层	科研楼、试验楼	$h \leqslant 24$	$V \leqslant 10000$	10	2	10
				$V > 10000$	15	3	10
		车站、码头、机场的候车（船、机）楼和展览建筑（包括博物馆）等	$5000 < V \leqslant 25000$		10	2	10
			$25000 < V \leqslant 50000$		15	3	10
			$V > 50000$		20	4	15
		剧院、电影院、会堂、礼堂、体育馆等	$800 < n \leqslant 1200$		10	2	10
			$1200 < n \leqslant 5000$		15	3	10
			$5000 < n \leqslant 10000$		20	4	15
			$n > 10000$		30	6	15
		旅馆	$5000 < V \leqslant 10000$		10	2	10
			$10000 < V \leqslant 25000$		15	3	10
			$V > 25000$		20	4	15
		商店、图书馆、档案馆等	$5000 < V \leqslant 10000$		15	3	10
			$10000 < V \leqslant 25000$		25	5	15
			$V > 25000$		40	8	15
		病房楼、门诊楼等	$5000 < V \leqslant 25000$		10	2	10
			$V > 25000$		15	3	10
		办公楼、教学楼、公寓、宿舍等其他建筑	高度超过 15m 或 $V > 10000$		15	3	10
		住宅	$21 < h \leqslant 27$		5	2	5
	高层	住宅	$27 < h \leqslant 54$		10	2	10
			$h > 54$		20	4	10
		二类公共建筑	$h \leqslant 50$		20	4	10
		一类公共建筑	$h \leqslant 50$		30	6	15
			$h > 50$		40	8	15
国家级文物保护单位的重点砖木或木结构的古建筑			$V \leqslant 10000$		20	4	10
			$V > 10000$		25	5	15
地下建筑			$V \leqslant 5000$		10	2	10
			$5000 < V \leqslant 10000$		20	4	15
			$10000 < V \leqslant 25000$		30	6	15
			$V > 25000$		40	8	20
人防工程	展览厅、影院、剧场、礼堂、健身体育场所等		$V \leqslant 1000$		5	1	5
			$1000 < V \leqslant 2500$		10	2	10
			$V > 2500$		15	3	10

续表

建筑物名称		高度 h（m）、层数、体积 V（m^3）或座位数 n（个）、火灾危险性	消火栓设计流量 /(L/s)	同时使用消防水枪数 / 支	每根竖管最小流量 /(L/s)
人防工程	商场、餐厅、旅馆、医院等	$V \leqslant 5000$	5	1	5
		$5000 < V \leqslant 10000$	10	2	10
		$10000 < V \leqslant 25000$	15	3	10
		$V > 25000$	20	4	10
	丙、丁、戊类生产车间、自行车库	$V \leqslant 2500$	5	1	5
		$V > 2500$	10	2	10
	丙、丁、戊类物品库房、图书资料档案库	$V \leqslant 3000$	5	1	5
		$V > 3000$	10	2	10

注：1. 丁、戊类高层厂房（仓库）室内消火栓的设计流量可按本表减少 10L/s，同时使用消防水枪数量可按本表减少 2 支。

2. 消防软管卷盘、轻便消防水龙及多层住宅楼梯间中的干式消防竖管，其消火栓设计流量可不计入室内消防给水设计流量。

3. 当一座多层建筑有多种作用功能时，室内消火栓设计流量应分别按本表中不同功能计算，且应取最大值。

2.1.4 消防给水管材与给水附件

1. 消防给水常用管材及连接方式

消防给水系统的工作压力一般较生活给水系统大，对给水水质的要求不高。因此工程上常使用金属管材，如图 2–4 所示。各类管材的适用条件及连接方式见表 2–2。

常用消防给水管的适用条件和连接方式　　表 2–2

管材	镀锌钢管	无缝钢管	球墨铸铁管
适用条件	DN ≤ 100 的室内消防管道	DN > 100 的室内消防管道	埋地敷设的消防管道
连接方式	DN ≤ 80 时，螺纹连接 DN > 80 时，沟槽连接	焊接、沟槽连接、法兰连接	胶圈柔性接口

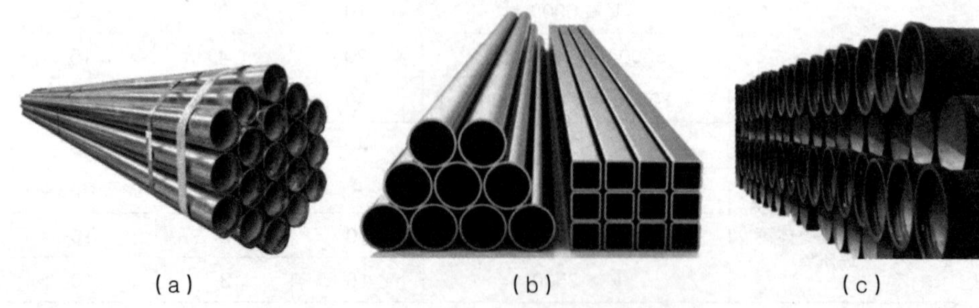

（a）　（b）　（c）

图 2–4　常用消防给水管材
（a）镀锌钢管；（b）无缝钢管；（c）球墨铸铁管

2. 消火栓系统给水设施与附件

消火栓给水系统与生活给水系统不同的设施和附件主要包括消火栓箱、消防水泵接合器等。

（1）消火栓箱

消火栓箱内常安装的给水附件有消防水枪、消防水带、消火栓、消防卷盘、消防按钮、手提式灭火器等，如图 2–5~ 图 2–10 所示。

1）消防水枪。工程中常见的水枪喷口直径有 13mm、16mm、19mm 三种，接口直径有 DN50、DN65 两种。常用的口径为 19mm，接口直径为 DN65，如图 2–5 所示。

图 2–5　消防水枪

2）消防水带。消防水带用于连接水枪和消火栓阀，工程中常用的水带材料有帆布和帆布衬胶两种；规格直径有 50mm、65mm 两种；长度有 15m、20m、25m 三种。消防水带外形如图 2–6 所示。

3）消火栓。消火栓是设置在室内消防给水管网上的消防供水装置，由阀、出水口和壳体等组成。出水口直径有 DN50、DN65，类型有单阀单出口、双阀双出口两种。其外形如图 2–7 所示，工程中常用的规格是 DN65 的单阀单出口消火栓。

4）消防卷盘。为了便于非消防人员的自救，在某些场所的消火栓箱内配备自救式消防卷盘①。消防卷盘栓口直径为 25mm；胶带内径有 19mm、25mm；长度为 30 m；配喷口直径 6mm 的水枪。其外形如图 2–8 所示。

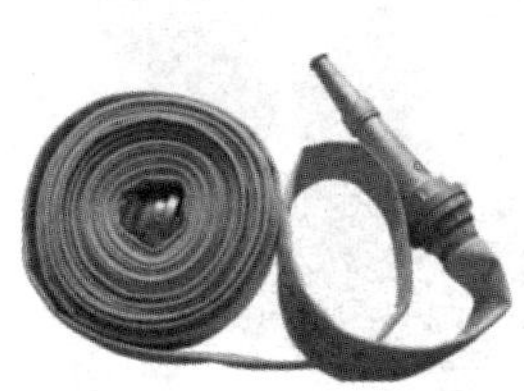

图 2–6　消防水带

图 2–7　消火栓

图 2–8　消防卷盘

图 2–9　消防按钮

① 消火栓箱内配备自救式消防卷盘可用于非消防人员的自救融入【德育：简单自救在火灾初期，普通人就可使用。消防连万家，从自身做起，积极参与消防培训，增强消防意识】。

5）消防按钮。消防按钮是设置在消火栓箱内的手动启动型水泵的按钮。火灾时，可以击碎保护玻璃直接启动消防泵。其外形如图 2-9 所示。

6）手提式灭火器。手提式灭火器用于扑灭初期火灾，一般按照建筑物的类型、可燃物的类型、消火栓和自喷系统的设防程度布置，也可考虑安放在消火栓箱的下部。

7）消火栓箱箱体。消火栓箱箱体一般由铝合金加玻璃面板制成，箱体的规格由内置的消防设施数量和布置形式确定。图 2-10 所示为几种消火栓箱外形。

图 2-10　各种消火栓箱

水泵接合器勿虚设，消防验收忌作假

（2）消防水泵接合器

消防水泵接合器属于消防系统辅助水源装置，是室内消防管网和室外消防管网的连接设施。类型有地上式、地下式、墙壁式三种，如图 2-11 所示。用于火灾发生后，消防车通过消防水泵接合器向室内消防系统供水，便于消防队员及时扑救火灾，减少火灾损失。

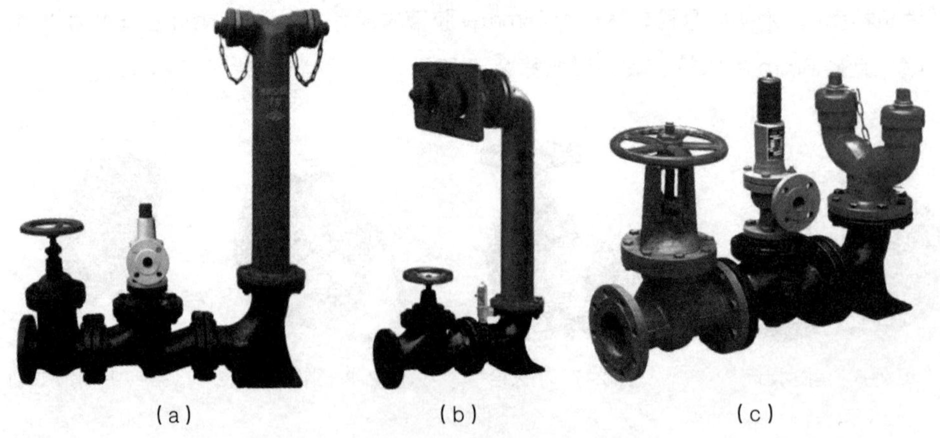

（a）　（b）　（c）

图 2-11　消防水泵接合器

（a）地上式；（b）墙壁式；（c）地下式

任务 2.2　建筑自动喷水灭火系统认知

2.2.1 自动喷水灭火系统的分类和组成

1. 自动喷水灭火系统的分类

自喷系统的分类与组成

自动喷水灭火系统是指在发生火灾时，能够发出火警信号并自动喷水灭火或隔绝火源的给水系统①。自动喷水灭火系统可以按以下方法分类：

1）按喷头的开启形式，可分为闭式自动喷水系统和开式自动喷水系统。

2）按报警阀的形式，可分为湿式系统、干式系统、预作用系统、雨淋系统、水喷雾系统等。

3）按对保护对象的功能可分为暴露防护型和控火灭火型。

2. 自动喷水灭火系统的组成

下面根据喷头及报警阀的类型介绍自动喷水灭火系统的组成。

（1）湿式自动喷水灭火系统

湿式自动喷水灭火系统采用闭式喷头，湿式报警阀组。其组成如图 2-12 所示。平时，系统水管内充满有一定压力的消防用水。火灾发生时，建筑物室内温度上升，当室温升高到足以打开闭式喷头上的闭锁装置时，喷头自动打开喷水灭火，同时水流指示器报告起火区域，报警阀组输出启动消防水泵的信号，完成系统启动。系统启动后，由消防水泵在火灾持续时间内向已开启的喷头连续供水实施灭火。

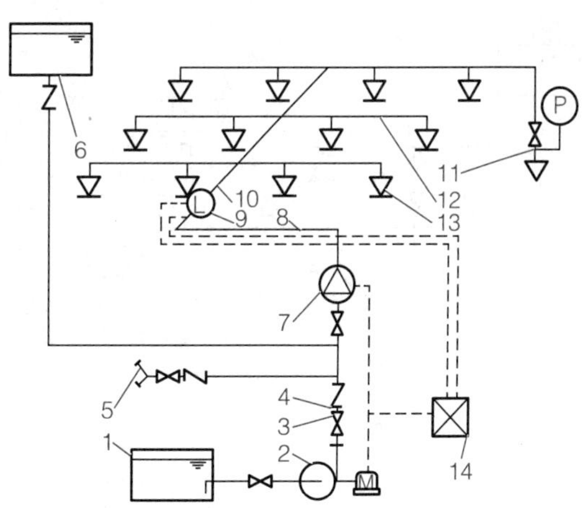

图 2-12　湿式自动喷水灭火系统

1—水池；2—水泵；3—闸阀；4—止回阀；5—水泵结合器；6—消防水箱；7—湿式报警阀组；8—配水干管；9—水流指示器；10—配水管；11—末端试水装置；12—配水支管；13—闭式洒水喷头；14—报警控制器；P—压力表；M—驱动电机；L—水流指示器

湿式自动喷水灭火系统适于在

① 结合自动喷水灭火系统融入【德育：自动喷水灭火系统作用大，不可小觑】。

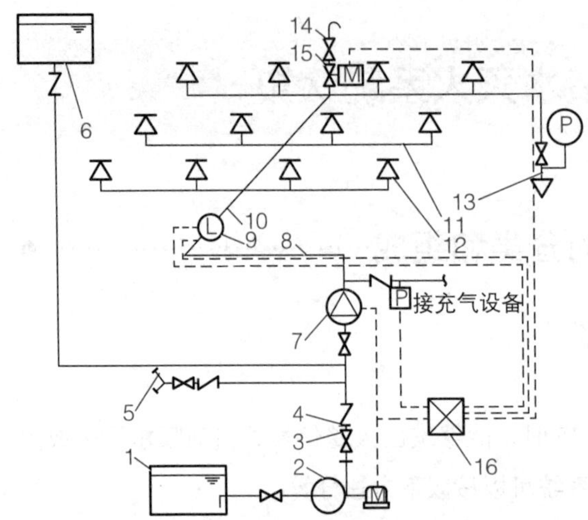

图 2-13　干式自动喷水灭火系统

1—水池；2—水泵；3—闸阀；4—止回阀；5—水泵结合器；6—消防水箱；7—干式报警阀组；8—配水干管；9—水流指示器；10—配水管；11—配水支管；12—闭式喷头；13—末端试水装置；14—快速排气阀；15—电动阀；16—感温报警控制器；P—压力表；M—驱动电机；L—水流指示器

常年室内温度不低于 4℃并不高于 70℃的建筑环境内使用。

（2）干式自动喷水灭火系统

干式自动喷水灭火系统采用闭式喷头，干式报警阀组。其组成如图 2-13 所示。平时，报警阀上部的配水管道内充满有压气体，报警阀的下部充满压力水。火灾发生时，闭式喷头的闭锁装置熔化脱落，配水管网排气充水，水流指示器报告起火区域，报警阀组启动消防水泵，完成系统启动，实施灭火。

干式自动喷水灭火系统适于在室内温度低于 4℃或高于 70℃的建筑环境内使用。

（3）预作用自动喷水灭火系统

预作用自动喷水灭火系统采用闭式喷头，预作用报警阀组其组成如图 2-14 所示。平时，配水管道内不充水，而充以有压或无压的气体。火灾发生时，由感烟（或感温、感光）火灾探测器报警并同时发出信息开启报警信号，报警信号延迟 30s，证实无误后，自动启动预作用阀门向喷水管网中自动充水，转为湿式系统。当火灾温度继续升高，闭式喷头的闭锁装置脱落，喷头即自动喷水灭火。

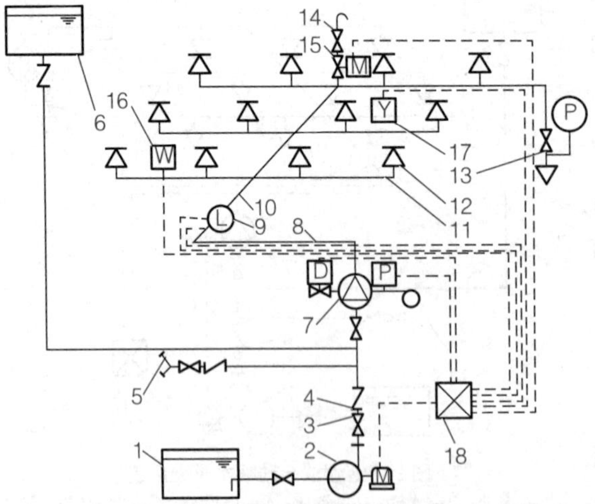

图 2-14　预作用自动喷水灭火系统

1—水池；2—水泵；3—闸阀；4—止回阀；5—水泵结合器；6—消防水箱；7—预作用报警阀组；8—配水干管；9—水流指示器；10—配水管；11—配水支管；12—闭式洒水喷头；13—末端试水装置；14—快速排气阀；15—电动阀；16—感温探测器；17—感烟探测器；18—报警控制器；P—压力表；M—驱动电机；D—电磁阀

预作用自动喷水灭火系统由于依靠配套使用的火灾自动报警系统启动，能够适当改善干式系统因为充水排气过程而造成的系统启动灭火滞后现象。

预作用自喷水灭火系统适用于室温低于 4℃或高于 70℃或不

允许有水渍损失的建筑环境。

（4）重复启闭预作用系统

重复启闭预作用系统能在扑灭火灾后自动关闭报警阀，发生复燃时又能再次开启报警阀恢复喷水。

重复启闭预作用系统采用闭式喷头，预作用报警阀组。与预作用自动喷水灭火系统的不同之处是采用了一种既可输出火警信号，又可在环境恢复常温时输出关停系统信号的感温探测器。

重复启闭预作用系统适用于灭火后必须及时停止喷水，要求减少不必要水渍损失的场所。

（5）雨淋系统

雨淋系统采用开式洒水喷头，雨淋报警阀组，其组成如图 2-15 所示。平时，配水管道内无水。火灾发生时，由自动报警系统自动开启雨淋阀、启动供水泵，控制全部开式洒水喷头喷水灭火。雨淋系统启动后立即大面积喷水，遏制和扑灭火灾的效果较闭式系统好，但水渍损失大于闭式系统。

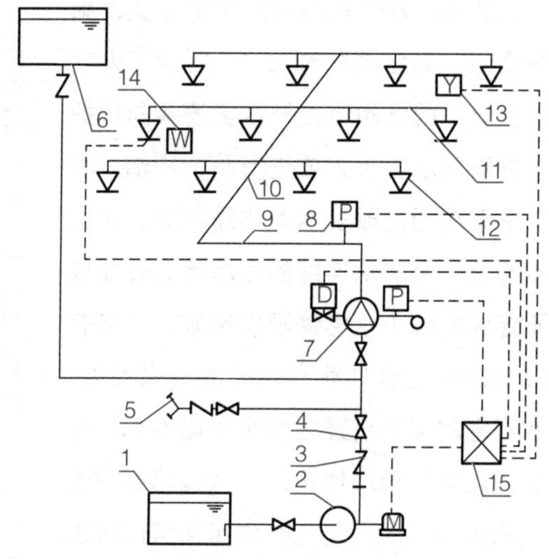

图 2-15 雨淋系统

1—水池；2—水泵；3—止回阀；4—闸阀；5—水泵结合器；6—消防水箱；7—雨淋报警阀组；8—压力开关；9—配水干管；10—配水管；11—配水支管；12—开式洒水喷头；13—感烟探测器；14—感温探测器；15—报警控制器；P—压力表；M—驱动电机；D—电磁阀

雨淋系统适用于火灾发生时燃烧猛烈、蔓延迅速、闭式喷头开放不能立即使喷水有效覆盖着火区域的某些严重危险建筑物或场所，如舞台、葡萄架和摄影棚等。

（6）水幕系统

水幕系统用开式洒水喷头或水幕喷头，雨淋报警阀组或感温雨淋报警阀组。其组成如图 2-16 所示。火灾时，雨淋报警阀组或感温雨淋报警阀组控制开式洒水喷头或水幕喷头喷水。水幕系统不具备直接灭火的能力，而是利用密集喷洒所形成的水帘或水墙（或配合防火卷帘），阻断烟气和火势的蔓延，属于暴露防护系统。在工程中用于挡烟

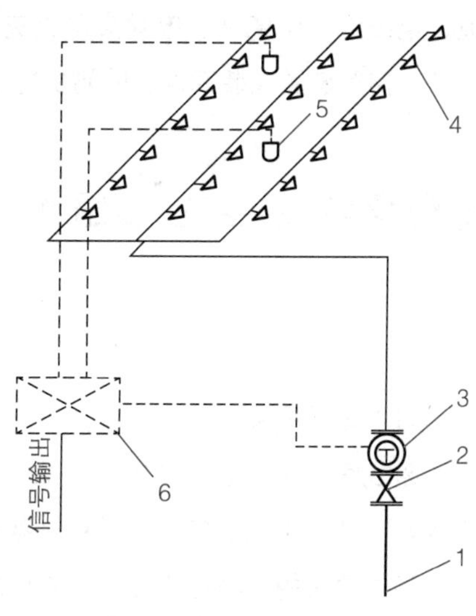

图 2-16 水幕系统

1—供水管；2—闸阀；3—控制阀；4—水幕喷头；5—火灾探测器；6—火灾报警控制箱

阻火的称为防火分隔水幕，用于冷却分隔物的称为防护冷却水幕，水幕一般安装在舞台口、防火卷帘以及需要设水幕保护的门、窗、孔、洞等处，直接将水喷向被保护对象。

喷淋设施控制火灾作用大，消防安全规范需严守

（7）水喷雾系统

水喷雾系统采用开式水雾喷头，雨淋阀组，其组成如图 2-17 所示。火灾发生时，雨淋阀组控制水雾喷头向保护对象喷射水雾灭火或进行防护冷却。水喷雾系统通过改变水的物理状态，通过水雾喷头使水从连续的洒水状态转变成不连续的细小水雾滴喷射出来，它具有较高的电绝缘性能和良好的灭火性能。水喷雾的灭火机理主要是表面冷却、窒息、乳化和稀释作用，在水雾喷射到燃烧物体表面时，这几种作用通常同时发生实现灭火。

末端试水装置安装纠错，标准规范学以致用

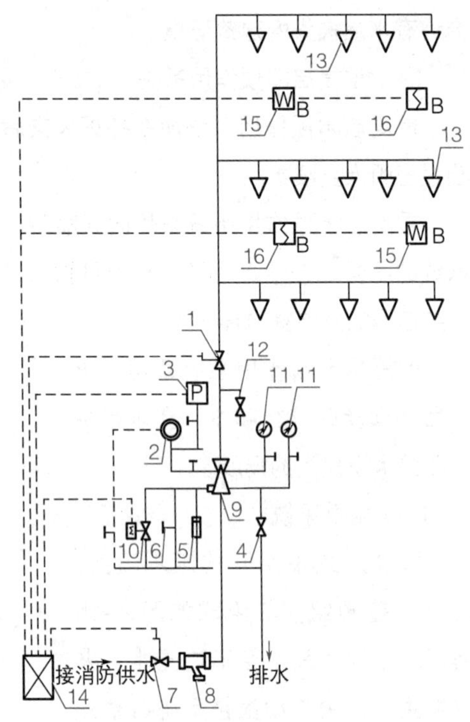

图 2-17　水喷雾系统

1—试验信号阀；2—水力警铃；3—压力开关；4—放水阀；5—非电控远程手动装置；6—现场手动装置；7—进水信号阀；8—过滤器；9—雨淋报警阀；10—电磁阀；11—压力表；12—试水阀；13—水雾喷头；14—报警控制器；15—感温探测器；16—感烟探测器

水喷雾系统适用于扑救：①固体火灾；闪点高于 60℃的液体火灾，如燃油锅炉、发电机油箱、输油管道火灾等；②电气火灾，如油浸式电力变压器、电缆隧道、电缆沟、电缆井、电缆夹层火灾等；③可用于可燃气体和甲、乙、丙类液体的生产、储存装置或装卸设施的防护冷却。

2.2.2 自喷系统主要组件

1. 喷头

（1）闭式喷头

闭式喷头是闭式自动喷水灭火系统的关键组件，它能通过热敏释放机构的动作而喷水。喷头由喷水口、温感释放器和溅水盘组成。

闭式喷头的分类见表 2-3。常见的玻璃球闭式喷头如图 2-18 所示，安装方式及适用场所见表 2-4。

闭式喷头的分类　　表 2-3

分类依据	类别名称
按感温元件	易熔合金锁片喷头、玻璃球喷头
按溅水盘形式	直立型、下垂型、边墙型、吊顶型等
按感温级别	57℃、68℃、79℃、93℃、141℃
按热敏性能	标准反应喷头、快速反应喷头

注：1. 感温级别按喷头公称动作温度划分，喷头公称动作温度应比环境最高温度高 30℃左右。
2. 标准反应喷头对火反应有热滞后现象，快速反应喷头对火反应敏感，开启速度快。

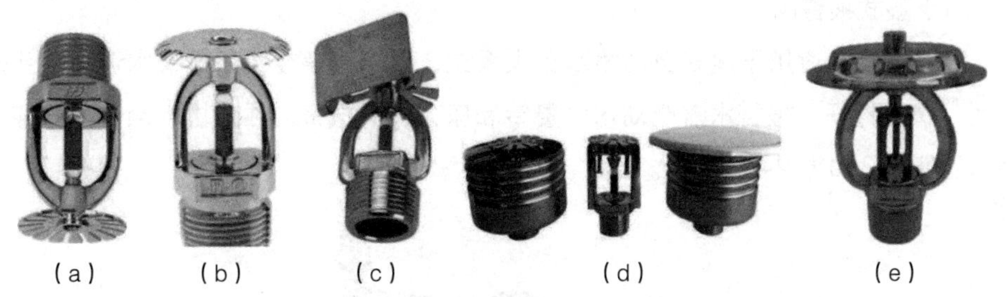

图 2-18　玻璃球闭式喷头的类型
（a）下垂型；（b）直立型；（c）边墙型；（d）隐蔽型；（e）通用型

常用玻璃球闭式喷头的安装方式及适用场所　　表 2-4

喷头类别	喷头安装方式	适用场所
直立型	安装在配水管上方	设置场所无吊顶、水管沿梁下布置，上、下方均需保护的场所
下垂型	安装在配水管下方	设置场所有吊顶、水管在吊顶内布置，吊顶下方需保护的场所
隐蔽型	朝下隐蔽安装在吊顶内	设置场所有吊顶，水管在吊顶内布置，吊顶下方需保护、美观要求较高的建筑
上、下通用型	安装在配水管上、下方	设置场所无吊顶，上、下方均需保护的场所

（2）开式喷头

开式喷头是不含热敏元件的常开喷头，包括开式洒水喷头、水幕喷头、水雾喷头等。开式洒水喷头的类型有下垂型、直立型、边墙型等，如图 2-19 所示。

水幕喷头能形成密集喷洒的水墙或水帘，常见的水幕喷头，如图 2-20 所示。

水雾喷头能在一定的工作压力下，利用离心力或撞击原理将水分解成细小水滴。水雾喷头根据需要可以水平安装，也可以下垂、斜向方向安装。水雾喷头如图 2-21 所示。

2. 报警阀

报警阀包括湿式报警阀、干式报警阀、雨淋报警阀和预作用阀。

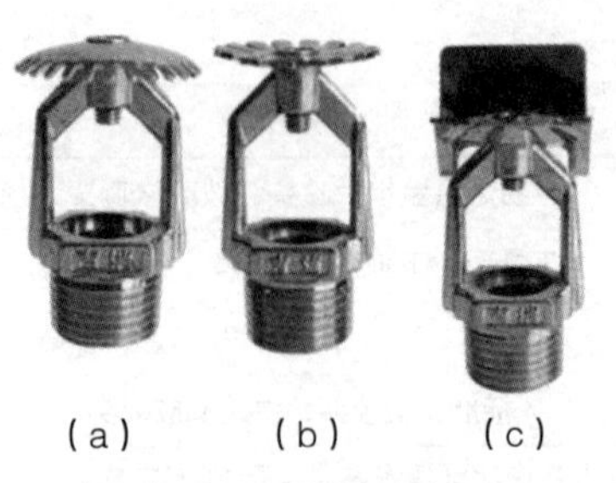

图 2-19　开式洒水喷头
(a) 下垂型；(b) 直立型；(c) 边墙型

图 2-20　水幕喷头

湿式报警阀组安装需规范，误报警碍安全需重视

(1) 湿式报警阀

湿式报警阀适用于湿式自动喷水灭火系统，用于接通或关断报警水流。喷头动作后，阀门打开，报警水流驱动水力警铃和压力开关报警，并防止水倒流。湿式报警阀的外形，如图 2-22 所示。

图 2-21　水雾喷头

图 2-22　湿式报警阀

(2) 干式报警阀

干式报警阀适用于干式自动喷水灭火系统，用于接通或关断报警水流。喷头动作后，阀门打开，报警水流驱动水力警铃和压力开关报警，并防止水倒流。干式报警阀的外形如图 2-23 所示。

(3) 雨淋报警阀

雨淋报警阀也称雨淋阀，适用于雨淋、水喷雾、水幕等开式系统。雨淋报警阀用于接通或关断系统配水管道的供水，常见的雨淋阀外形如图 2-24 所示。

图 2-23　干式报警阀

图 2-24　雨淋报警阀

（4）预作用阀

预作用阀适用于预作用系统，一般主要由雨淋阀和湿式报警阀上下串接而成，其工作原理与雨淋阀相似。常见的预作用阀外形如图 2–25 所示。

3. 水流指示器

水流指示器一般安装在闭式自动喷水系统中，是将水流信号转换成电信号，能够准确指示火灾发生部位的装置。在《自动喷水灭火系统设计规范》GB 50084—2017 中规定，除报警阀组控制的洒水喷头只保护不超过防火分区面积的同层场所外，每个防火分区、每个楼层均应设水流指示器。水流指示器外形如图 2–26 所示。

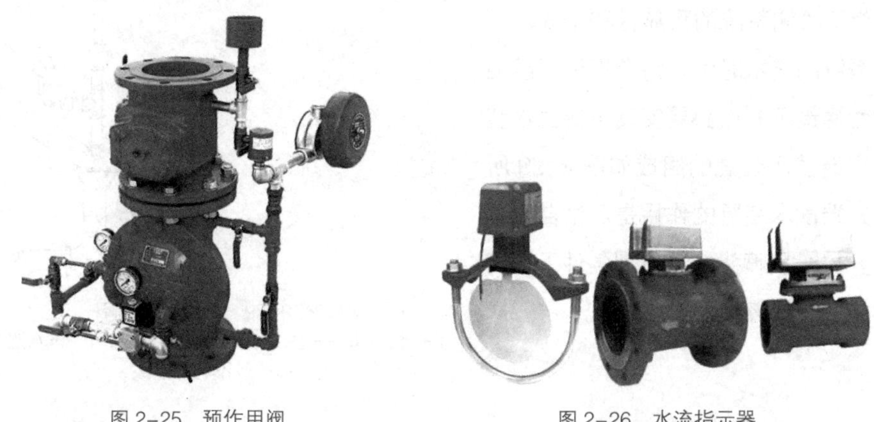

图 2–25　预作用阀　　　　图 2–26　水流指示器

4. 压力开关

压力开关一般安装在雨淋系统和水幕系统中。这类系统采用开式喷头，平时报警阀后管路中没有水，系统启动后的管道充水阶段，管内的水流速度较快，容易损坏水流指示器，故常用压力开关。因此，压力开关在开式自动喷水系统中的作用与水流指示器相同。压力开关外形如图 2–27 所示。另外，压力开关还能根据最不利喷头的工作压力调节消防系统中稳压泵的启停压力。

5. 信号阀

信号阀一般安装在闭式自动喷水系统的水流指示器前面。作为供水控制阀，平时常开，关闭时输出电信号，用于系统检修。信号阀外形如图 2–28 所示。

图 2-27　压力开关　　　　图 2-28　信号阀

6. 末端试水装置

为了检测系统的可靠性和干式、预作用系统的充水时间，每个报警阀组控制的管网最不利点都要安装末端试水装置。末端试水装置的组成如图 2-29 所示。末端试水装置的作用是测试自喷系统在开放一只喷头的最不利条件下，能否实施可靠报警和正常启动①。

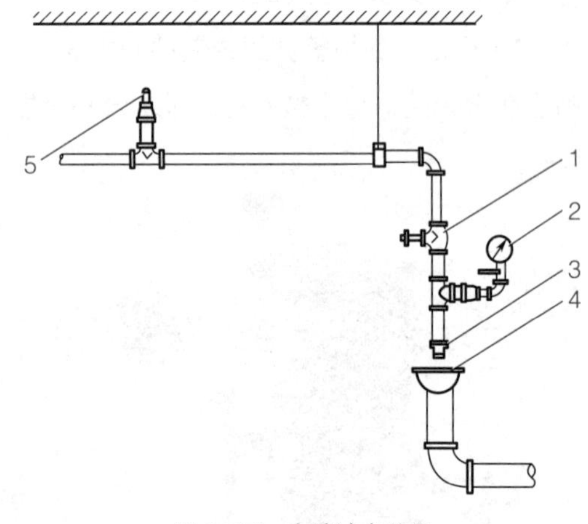

图 2-29　末端试水装置
1—截止阀；2—压力表；3—试水接头；4—排水漏斗；
5—最不利处喷头

任务 2.3　建筑消防给水系统布置

2.3.1 消火栓系统布置

1. 室外消火栓布置

1）室外消火栓应沿道路设置，道路宽度超过 60m 时，宜在道路两边设置消火栓，并宜靠近十字路口；寒冷地区采用地下式，非寒冷地区宜采用地上式，地上式有条件可采用防撞型，当采用地下式消火栓时应有明显标志。

2）室外地上式消火栓应有一个直径为 150mm 或 100mm 和两个直径为 65mm 的栓口；室外地下式消火栓应有直径为 100mm 和 65mm 的栓口各一个，并有明显的标志。

① 结合末端试水装置安装位置融入【德育：末端试水装置案例纠错解析，遵守标准和规范，注重细节】。

3）室外消火栓的保护半径不应超过 150m，间距不应超过 120m。

4）室外消火栓距路边不应超过 2m，距房屋外墙不宜小于 5m。

5）当建筑物在市政消火栓保护半径 150m 以内，且消防用水量不超过 15L/s 时，可不设室外消火栓。

6）室外消火栓应沿高层建筑周围均匀布置，并不宜集中在建筑物一侧。

7）人防工程室外消火栓距人防工程入口不宜小于 5m。

8）停车场的室外消火栓宜沿停车场周边设置，且距离最近一排汽车不宜小于 7m，距加油站或车库不宜小于 15m。

9）室外消火栓应设置在便于消防车使用的地点。

2. 室内消火栓布置

1）设有消防给水的建筑物，其各层（无可燃物的设备层除外）均应设置消火栓。

2）室内消火栓的布置，应保证有两支水枪的充实水柱同时到达室内任何部位。

3）消防电梯前室应设室内消火栓。

4）室内消火栓应设在明显易于取用的地点，栓口离地面高度为 1.1m，其出水方向宜向下或与设置消火栓的墙面呈 90°。

5）冷库的室内消火栓应设在常温穿堂内或楼梯间内。

6）设有室内消火栓的建筑，如为平屋顶时宜在平屋顶上设置试验和检查用的消火栓。

7）同一建筑物内应采用统一规格的消火栓、水枪和消防水带，以方便使用。每条水带的长度不应大于 25m。

8）高位消防水箱静压不能满足最不利点消火栓水压要求的其他建筑，应在每个室内消火栓处设置直接启动消防水泵的按钮或报警信号装置并应有保护设施。

9）室内消火栓栓口的静水压应不超过 80m 水柱，如超过 80m 水柱时，应采用分区给水系统；消火栓栓口处的出水压力超过 50m 水柱时，应有减压设施。

3. 消防管道布置

1）室外消防给水管网应布置成环状，以增加供水的可靠性，在建设初期或室外消防水量不超过 15L/s 时，可布置成枝状，但高层建筑室外消防给水管道应布置成环状。

2）向环状管网输水的进水管（即市政管网向小区环网的进水管）不小于两条，当其中一条故障时，其余输水管仍应保证供应生产生活、消防用水量。

3）环状管网上应设消防分隔阀门，阀门应设在管道的三通、四通处，三通处设两个，四通处设 3 个，皆设在下游侧。当两阀门之间消火栓的数量超过 5 个时，在管网上应增设阀门。

4）室外消防给水管道的最小直径不应小于 100mm。

5）当室外消防用水量大于 15L/s，室内消火栓个数多于 10 个时，室内消防给水管道应布置成环状，进水管应布置两条。

6）室内消防给水管道应该用阀门分成若干独立段，如某段损坏时，对于单层厂房（仓库）和公共建筑，检修时停止使用的消火栓不应超过 5 个；对于多层民用建筑和其他厂房（仓库），室内消防给水管道上阀门的设置应保证检修管道时关闭竖管不超过 1 根，但设置的竖管超过 3 条时，可关闭不相邻的两条。

2.3.2 自动喷水灭火系统布置

自动喷水灭火系统布置

（1）干管安装

对于自动喷水灭火系统的管道，DN100 以下采用丝扣连接，DN100 及以上采用沟槽连接。无论何种连接方式，均不得减少管道的流通面积。

（2）报警阀安装

系统的主要管网已安装完毕，首先检查报警阀的品牌、规格、型号是否符合设计图纸要求，报警阀组是否完好齐全、阀瓣启用是否灵活、阀体内有无异物堵塞等。然后根据施工图将报警阀安装在明显且便于操作的地点，距地面高度为 1m 左右，两侧距墙不小于 0.5m，下部距墙不小于 1.2m，安装报警阀的室内地面应采取排水措施，湿式报警阀组的安装见图 2-30[①]。

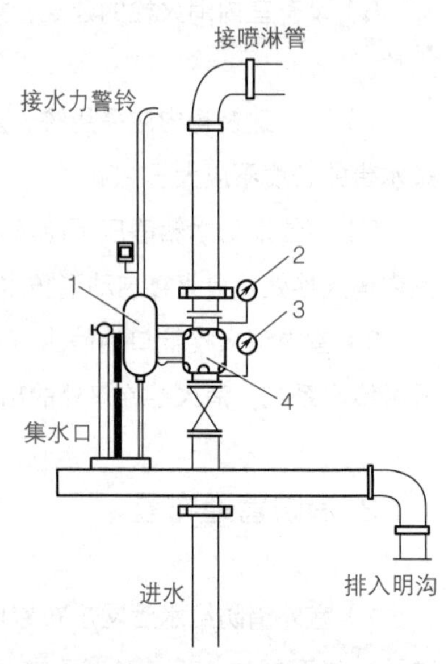

图 2-30　湿式报警阀组安装
1—延迟器；2、3—压力表；
4—报警阀检查口

（3）立管安装

立管暗装在竖井内时，在管井内预埋铁件上安装卡件固定，立管底部的支、吊架要牢固，防止立管下坠；立管明装时，每层楼板要预留孔洞，立管可随结构穿入，减少立管接口。

（4）分层干管及支管安装

1）管道的分支预留口在吊装前应先预制好，所有预留口均加好临时堵板。

① 结合湿式报警阀组安装标准融入【德育：湿式报警阀组安装须规范，防止出现误报警事故】。

2）需要镀锌加工的管道在其他管道未安装前，应试装、试压、拆除、镀锌后再安装。

3）管道安装与其他管道要协调好标高。

4）管道变径时，不得采用补芯。

5）向上喷的喷头有条件的可与分支干管按顺序安装好。其他管道安装完成后，不易操作的位置也应先安装向上喷的喷头。

6）喷头分支水流指示器后不得连接其他用水设施，每路分支均应设置测压装置。

7）自动喷淋灭火系统中的管道，为了测试、维护和检修方便，须及时排空管道中的水。因此，在安装中，管道应有坡度，配水支管坡度不小于 4‰，配水管和水平管不小于 2‰。

（5）喷头支管的安装

根据喷头的安装位置，将喷头支管做到喷头的安装位置，用丝堵代替喷头拧在支管末端上。根据喷头溅水盘安装的要求，对管道甩口高度进行复核。在安装完成后，溅水盘高度应符合下列规定：

1）喷水安装时，应按设计规范要求确保溅水盘与吊顶、门、窗、洞口和墙面的距离。

2）当梁的高度使喷头高于梁底的最大距离不能满足上述规定的距离时，应以此梁作为边墙对待；如果梁与梁之间的中心间距小于 8m 时，可用交错布置喷头的方法解决。

3）当通风管道宽度大于 2m 时，喷头应安装在其腹面以下。

4）斜面下的喷头安装，其溅水盘必须平行于斜面，在斜面下的喷头间距要以水平投影的间距计算且不得大于 4m。

5）一般情况下，喷头间距不应小于 2m，以避免一个喷头喷出的水流淋湿另一个喷头，影响其动作灵敏度，除非二者之间有挡水作用的构件。

（6）管道的试压和冲洗

系统安装完成后，应按设计要求对管网进行强度、严密性试验，以验证其工程质量。管网的强度、严密性试验一般采用水进行试验。水压试验的测试点应设在系统管网的最低点，注水时应注意将管内的空气排净，并缓慢升压。水压达到试验压力后，稳压 10min，管网不渗不漏，压力降不大于 0.02MPa 为合格。严密性试验在水压强度试验和管网冲洗合格后进行，试验压力为工作压力，稳压 24h，不渗不漏为合格。在主管道上起切断作用的主控阀门，必须逐个做强度和严密性试验，其试验压力为阀门出厂规定的压力值。

自动喷水系统在管道安装后应进行冲洗。冲洗的顺序应按先室外后室内，先地下、后地上；地上部分应按立管、配水干管、配水支管的顺序进行。水冲洗流速应不小于3m/s，不得用海水或含有腐蚀性化学物质的溶液对系统进行冲洗。冲洗时，应对系统内的仪表采取保护措施，并将报警设备暂时拆下，待冲洗工作结束后随即复位。冲洗直到进、出水色泽一致为合格。管道冲洗合格后，除规定的检查及恢复工作外，不得再进行影响管内清洁的其他作业。

（7）报警阀配件及其他组件安装

1）报警阀配件安装。报警阀组的配件安装应在交工前进行，其安装应符合以下规定：

①压力表应安装在报警阀上便于观测的位置；

②排水管和试验阀应安装在便于操作的地方；

③水源控制阀应有可靠的开启锁定设施；

④湿式报警阀的安装除应符合上述要求外，还应能使报警阀前后的管道顺利充满水，压力波动时，水力警铃不应发生误报警；

⑤每一个防火区都设有一个水流指示器。

2）水流指示器的安装。水流指示器的安装应在管道试压和冲洗合格后进行，水流指示器的规格、型号应符合设计要求；水流指示器应竖直安装在水平管道的上侧，其动作方向应和水流方向应一致；安装后的水流指示器叶片、膜片应动作灵活，不应与管壁发生碰擦。

3）水力警铃的安装。水力警铃应安装在公共通道或值班室附近的外墙上。水力警铃和报警阀的连接应采用镀锌钢管，当镀锌钢管的公称直径为DN15时，其长度不应大于6m；镀锌钢管的公称直径为DN20时，其长度不应大于20m。安装后的水力警铃启动压力不应小于0.05MPa。

4）信号阀的安装。信号阀应安装在水流指示器前的管道上，与水流指示器之间的距离不应小于300mm。

5）排气阀的安装。排气阀的安装应在系统管网试压和冲洗合格后进行，排气阀应安装在配水管顶部、配水管的末端，且应确保无渗漏。

6）控制阀的安装。控制阀的规格、型号和安装位置均应符合设计要求，安装方向应正确，控制阀内应清洁、无堵塞、无渗漏；主要控制阀应加设启闭标志；隐蔽处的控制阀应在明显处设有指示其位置的标志。

7）压力开关的安装。压力开关应竖直安装在通往水力警铃的管道上，且不应在安装中拆装改动。

8）末端试水装置的安装。末端试水装置宜安装在系统管网末端或分区管网末端。

（8）喷头的安装

喷头安装如图2-31所示，在安装喷头前，管道系统应经过试压、冲洗。喷头在安装时，应使用专用扳手，严禁利用喷头的框架施拧。若喷头的框架溅水盘变形或

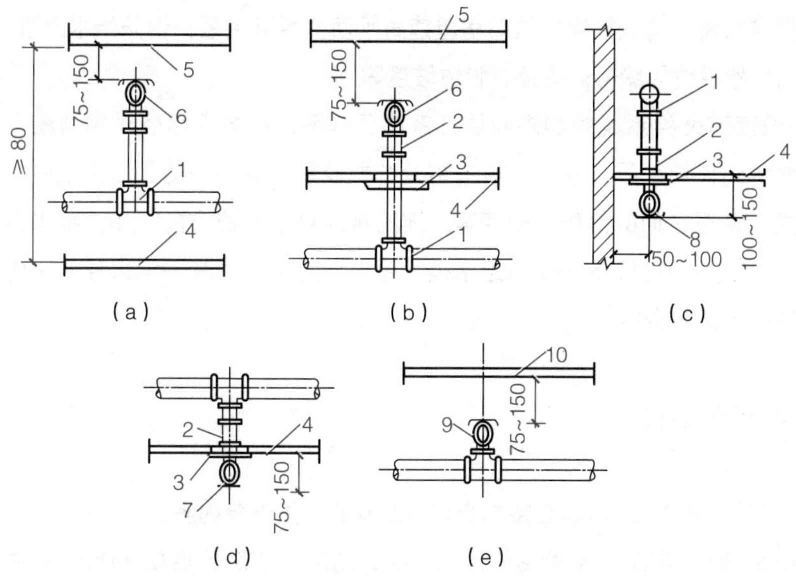

图 2-31　喷头的安装

(a) 直立型暗装；(b) 直立型明装；(c) 边墙型；(d) 下垂型；(e) 通用型

1—三通；2—异径管接头；3—装饰板；4—吊顶；5—楼面或屋面板；6—直立型喷头；7—下垂型喷头；8—边墙型喷头；9—通用型喷头；10—集热罩

释放原件损伤时，应换上规格、型号相同的喷头。喷头的两翼方向应成排统一安装。护口盘要紧贴吊顶，走廊单排的喷头两翼应横向安装。

任务 2.4　建筑消防给水施工图识读

2.4.1 建筑消火栓系统施工图识读

1. 识图方法

建筑消防给水施工图属于给水排水施工图的范畴，图纸的构成与绘图特点与给水排水施工图相同。

1）识读消火栓给水施工图时，首先要对照图纸目录，确认消防给水图纸是否完整，图名与图纸目录是否吻合。

2）识读设计施工说明，要了解消火栓给水设计内容，设计、施工使用的防火设计规范、标准图集和图例符号。掌握使用的管材、附件、消防设施、设备的类型和技术参数以及施工技术要求。

3）识读消火栓给水平面图，应了解建筑使用功能对消火栓给水的设计要求；注意消防管道系统、消火栓箱布置与房屋建筑平面的相互关系；消防给水立管的位置、编号；消火栓系统的编号；管径、管道坡度等①。

4）识读消火栓系统轴测图和展开系统原理图，应与平面图对照读图，建立全面、完整的消火栓系统形象。了解消防设备的设置标高，管道的空间走向、管径和给水方式；掌握它们的类型、规格等。读图顺序可按水流方向，如：给水引入管→消防蓄水设施→加压设备→消防给水横干管→消防给水立管→消火栓→室内消防引出管→消防水泵接合器。

2. 平面图识读

图 2-32~ 图 2-34 所示为某综合楼的给水施工图部分内容。

如图 2-32 一层给水平面图所示，一层为商店，地面标高 0.000m。在图中，消防给水管线图例—X—。消防给水系统编号Ⓧ/3，引入管在距Ⓑ轴 2960mm 处穿过⑨轴外墙，标高 -0.800m，管径 DN100。室内消防给水干管标高 5.000m，干管在Ⓑ～Ⓓ轴之间处连接 XL-1~XL-3 的 3 根立管，管径 DN100。图中蝶阀的位置是消防引入管、消防立管和横管连接处。

如图 2-33 所示，二～四层为集体宿舍，二层地面标高 5.800m。在图中，每 2 个卫生间共用一个管道井，其中Ⓓ～Ⓒ轴的卫生间管井设有 3 根消防立管，立管的编号、位置与一层给水平面图对应。

在图中，在Ⓓ～Ⓒ轴的走廊墙面上布置有 3 个带手提式灭火器的消火栓箱，箱内每个消火栓均与消防立管就近连接。

3. 系统图识读

如图 2-34 所示，消防系统采用设高位水箱的给水方式，水箱内存 10min 的消防用水量，满足火灾初期灭火用水量要求。消防系统为一～四层的 16 个室内消火栓和 1 个屋顶试验用消火栓提供用水，管网布置采用环状，一层和四层的消防横干管与 XL-1、XL-2、XL-3 立管构成环状，用以保证消防用水的安全。

图中一～四层和屋面的标高分别为 0.000m、5.800m、9.100m、12.400m、15.700m。

屋面 16.300 标高处设有 1.4m 高的玻璃钢消防水箱，供消火栓系统和自喷系统使用，水箱进水由二期生活给水系统提供。水箱消火栓系统、预留的自喷系统出水管管径均为 DN100，消火栓出水立管编号 XL-1。溢流管和泄水管直接接至屋面，管径 DN50。

① 结合消火栓给水平面图与设计要求、系统图、建筑平面图对照阅读融入【德育：联系的观点，静止、孤立的事物是不存在的】。

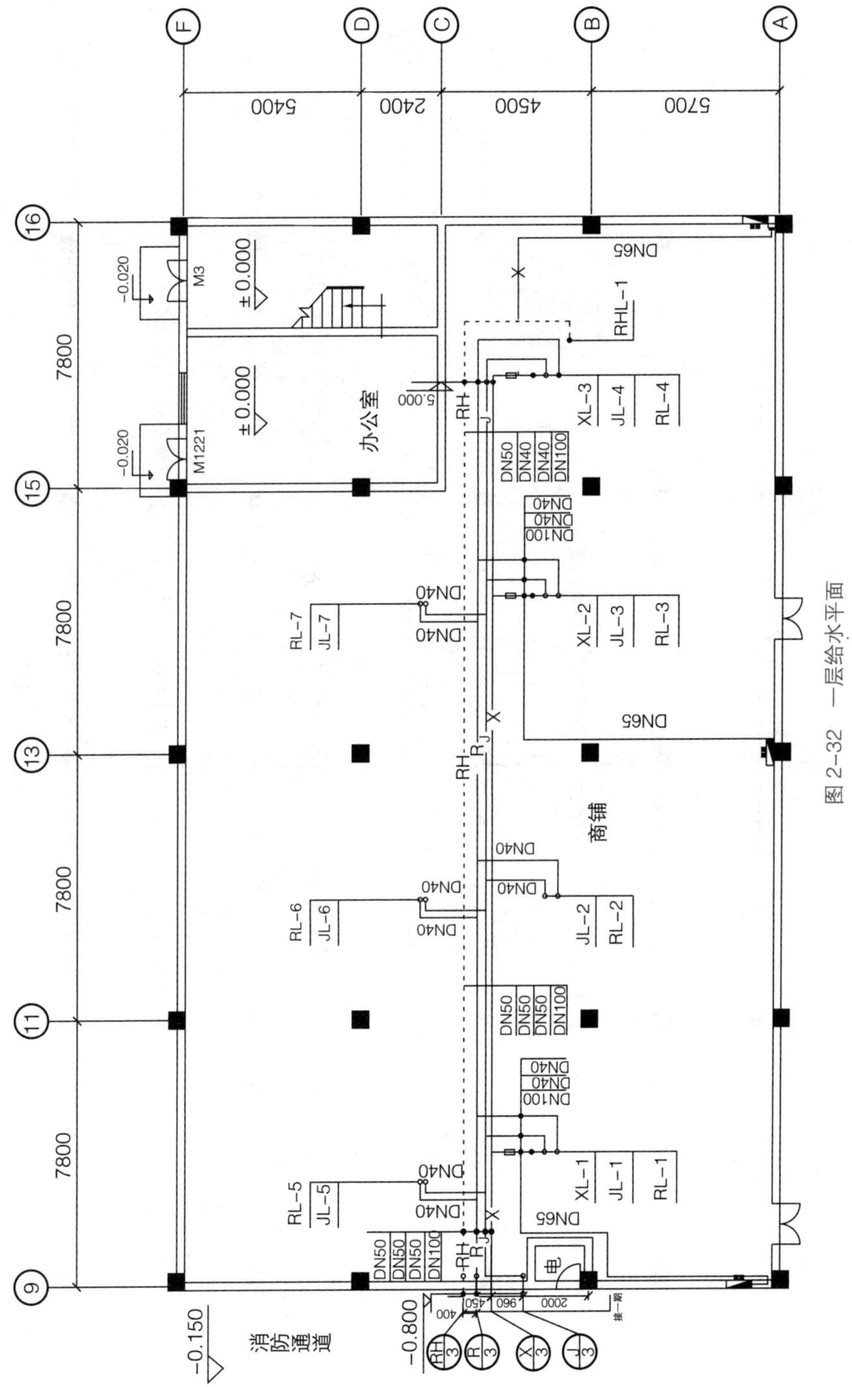

F
D
C
B
A
5400
2400
4500
5700
16
15
13
11
9
7800
7800
7800
7800
办公室
商铺
±0.000
-0.020
M3
M1221
RHL-1
XL-1
JL-1
RL-1
XL-2
JL-3
RL-3
XL-3
JL-4
RL-4
JL-2
RL-2
RL-5
JL-5
RL-6
JL-6
RL-7
JL-7
DN65
DN40
DN50
DN100
-0.150
-0.800
消防通道

图 2-32　一层给水平面

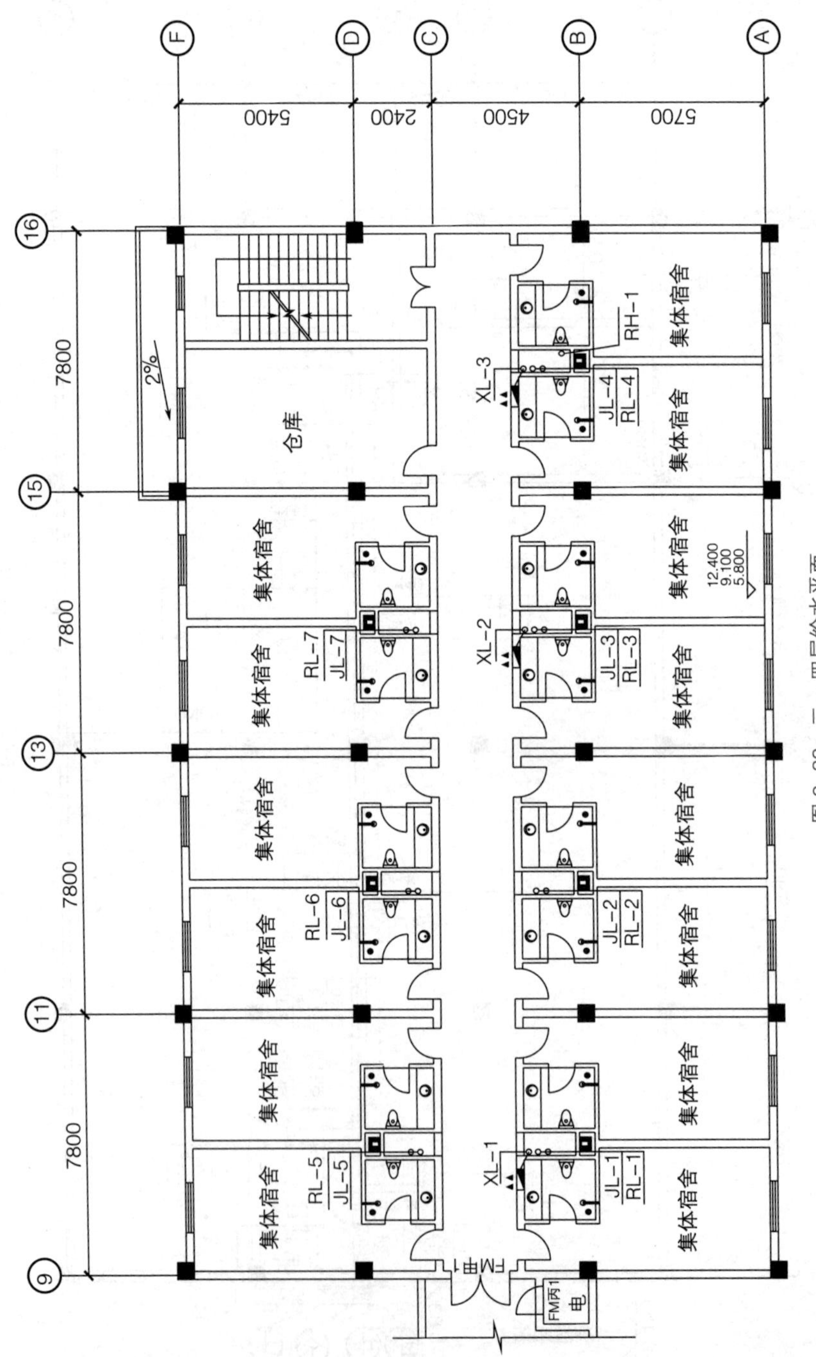

图 2-33　二～四层给水平面

图 2-32 中消火栓系统编号Ⓧ/3，引入管由⑨轴进入一层，在一层顶板下转成 DN100 的横干管。干管连接了 3 根 DN100 消防给水立管，编号 XL-1~XL-3，供二~四层消火栓用水，一层消火栓给水由横干管直接供应，在 XL-2 立管顶部设有屋面检查用消火栓。四层设计了接二期消火栓用水的横干管，与立管构成环状，管径 DN100。

蝶阀设置在消防立管的上、下部，消防引入管处，水箱泄水管和出水管处以及二期消防给水备用管处。止回阀设置在水箱出水管处。软接头设置在引入管和二期消防给水备用管处。

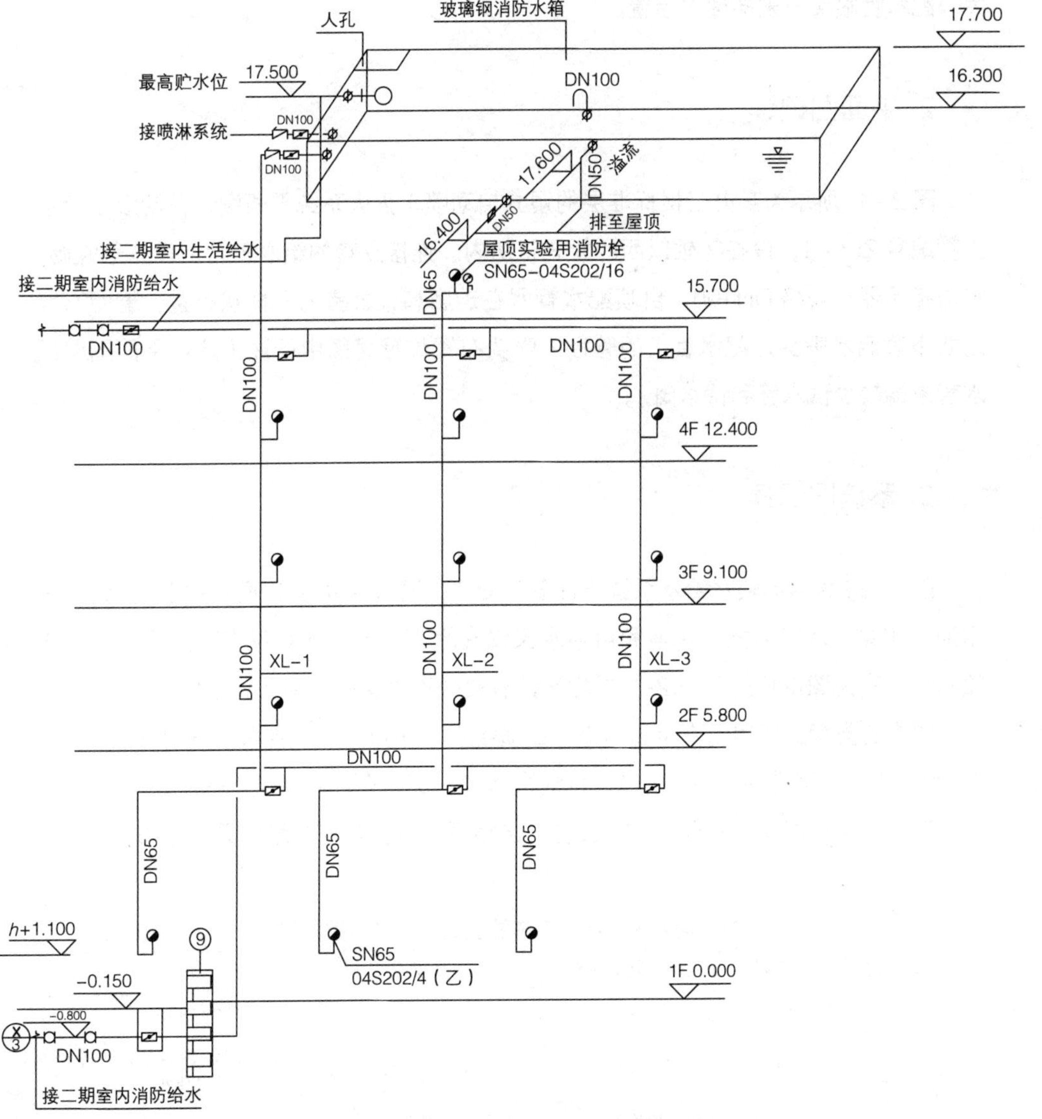

图 2-34　消火栓系统展开原理图

2.4.2 建筑自动喷水灭火系统施工图识读

1. 识图方法

自动喷水系统施工图的识读方法与消火栓系统基本相同，应先读平面图，后将系统轴测图或展开系统原理图对照识读。从平面图中获得管道、系统组件、加压贮水设备的平面位置，从系统轴测图或展开系统原理图中掌握管道系统的来龙去脉，主要组件和给水附件的安装位置。

识读一般按流程为：消防水池→水泵→报警阀→供水管→水流指示器或压力开关→配水管喷头→末端试水装置。

2. 平面图识读

图 2-35 所示为某办公楼标准层的湿式自动喷水灭火系统平面图，自动喷水给水立管编号 ZPL-1，设在⑦轴以西的新风机房内。连接立管的给水干管上设信号蝶阀、水流指示器，规格 DN100。自喷配水管网在走廊和办公室内呈枝状布置，管网布置闭式下喷洒水喷头，配水管上的管径、喷头布置位置见图中标注（注：平面图中配水管末端缺少试水管和试水阀）。

3. 系统图识读

图 2-36 为自动喷水给水系统原理图。图中为湿式自动喷水灭火系统，系统为设水池、水泵、水箱方式。水池和自喷水泵设在地下二层，水箱设在顶层（水池、水箱水位标高见图中标注）。B2~5 层均设计有自喷给水管线、喷头和组件。

图中各类管线所用的表示图例为：自喷给水“—ZP—”，给水“—J1—”，泄水“—XS—”，水箱进水“—J3—”，水池进水“—J1—”，消火栓“—XH—”。

图中，各楼层安装的自喷系统设施、自喷系统组件与控制附件见表 2-5。

各楼层安装的自喷系统的设施、组件与控制附件　　表 2-5

楼层、标高	设施、组件、控制附件名称	数量	参数
地下二层 −9.500m	消防水池（内设有吸水井）	1 个	V = 300m³
	自喷消防水泵（一备一用）	2 台	Q = 30L/s、H = 70m、N = 37kW
	水泵吸水底阀和吸水喇叭口	各 2 个	DN200
	水泵吸水管上闸阀、软管、大小头	各 2 组	DN200

续表

楼层、标高	设施、组件、控制附件名称	数量	参数
地下二层 -9.500m	水泵供水管上大小头、软管、蝶阀、闸阀、压力表	各 2 组	DN150(压力表无规格)
	水泵试水管上闸阀	2 个	DN65
	水池进水管上闸阀、液位控制阀	各 2 个	DN100
	自喷给水管上信号蝶阀、水流指示器	各 1 个	DN150
	上喷喷头(仅示意喷头类型)	需要查平面图	DN20
	自喷配水管末端试水阀	1 个	DN25
地下一层 -4.500m	自喷给水管上信号蝶阀、水流指示器	各 1 个	DN100
	上喷喷头(仅示意喷头类型)	需要查平面图	DN20
	自喷配水管末端试水阀(截止阀)	1 套	DN25
一层 0.000m	湿式报警阀组	1 组	DN150
	地上式消防水泵接合器	2 组	DN100
	自喷给水管上信号蝶阀、水流指示器	各 1 个	DN100
	上喷喷头、下喷喷头(仅示意喷头类型)	需要查平面图	DN20
	自喷配水管末端试水阀(截止阀)	1 个	DN25
	ZPL-1 供水立管顶部排气阀、截止阀	各 1 个	未标
二、三层 5.000m 9.800m	自喷给水管上信号蝶阀、水流指示器	每层各 1 个	DN100
	上喷喷头、下喷喷头(仅示意喷头类型)	需要查平面图	DN20
	自喷配水管末端试水阀(截止阀)	每层 1 个	DN25
四层 13.500m	自喷给水管上信号蝶阀、水流指示器	各 1 个	DN100
	上喷喷头、下喷喷头(仅示意喷头类型)	需要查平面图	DN20
	末端试水装置(截止阀、压力表、受水器)	各 1 个	DN25(压力表未标、受水器需查平面图)
	ZPL-3 供水立管顶部排气阀、截止阀	各 1 个	未标
	排水管上吸气阀	1 个	DN80
顶层 64.300m	消防水箱	1 个	$V=18m^3$
	水箱进水管上闸阀、液位控制阀	各 1 个	DN80
	水箱自喷出水管 ZPL-3 上闸阀、止回阀	各 1 个	DN80
	水箱消火栓出水管 2XHL-03 上闸阀、止回阀	各 1 个	DN100

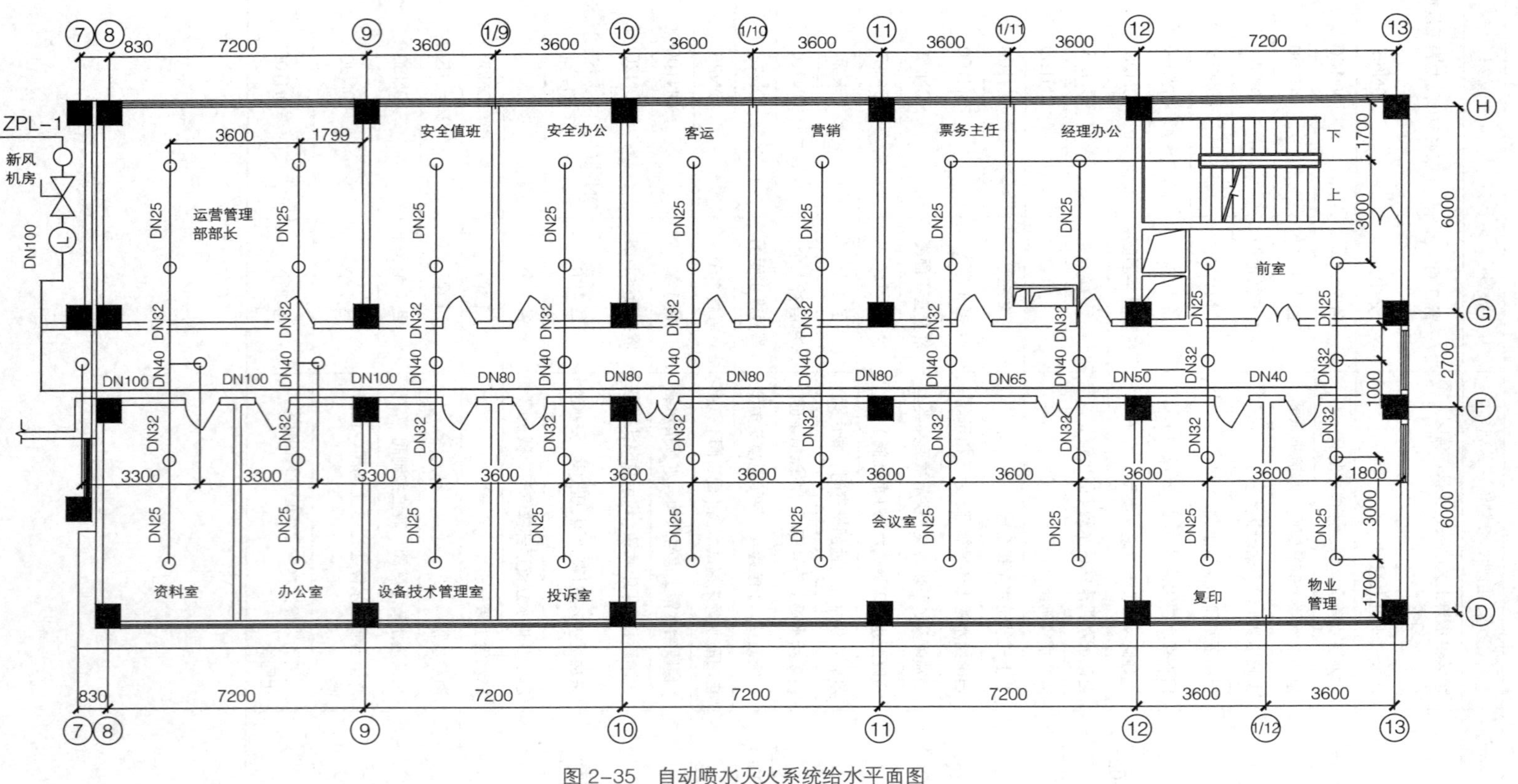

图 2-35　自动喷水灭火系统给水平面图

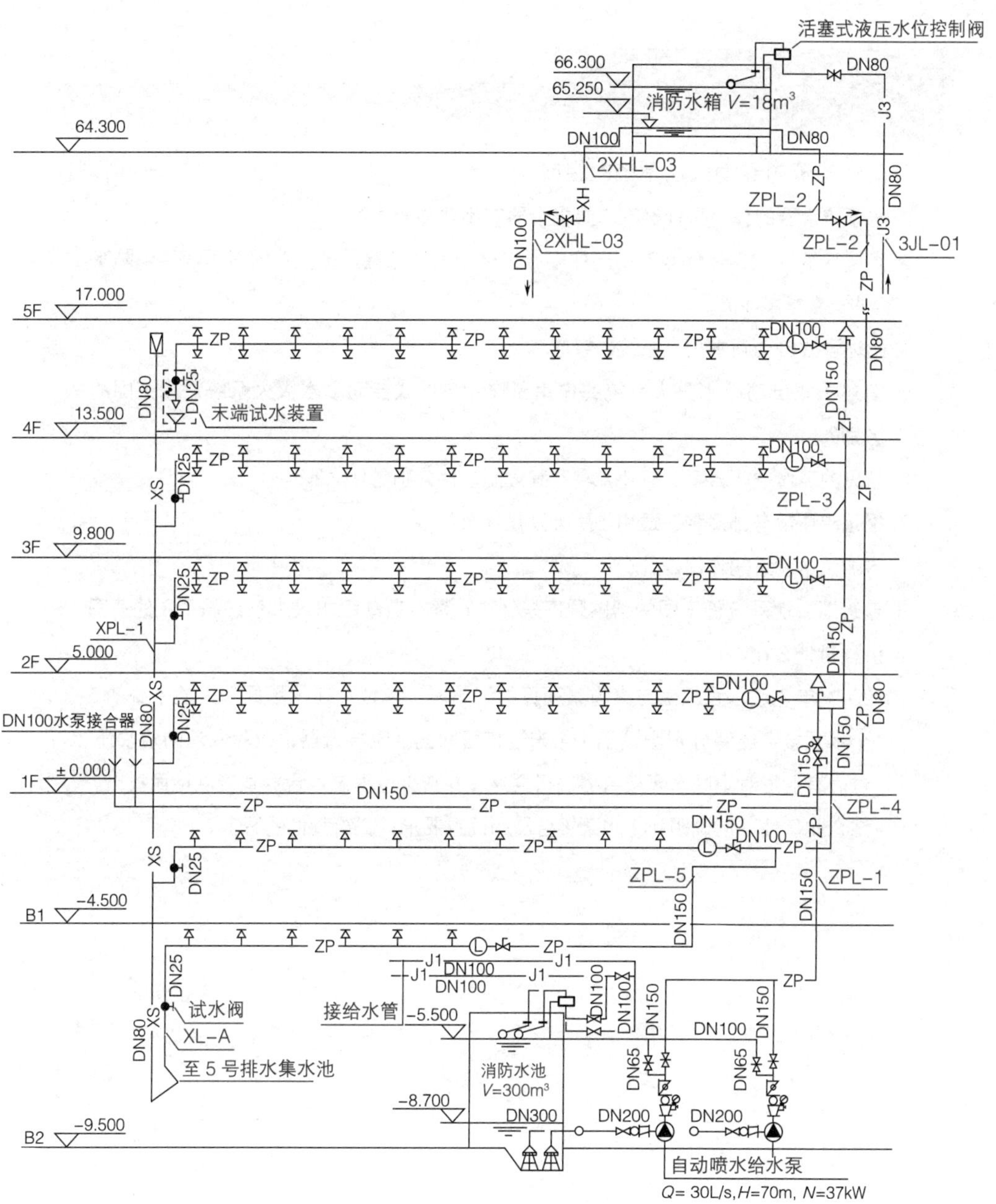

图 2-36 自动喷水给水系统原理图

【思政提升】

本项目主要介绍了消火栓给水系统与自动喷水灭火系统的分类、组成，消火栓给水系统的给水方式、给水管材与给水附件，自动喷水灭火系统的主要组件，以及消火栓系统与自动喷水灭火系统的布置要求。结合案例，重点介绍了建筑消防给水施工图的识读方法。

通过本项目的学习，希望同学们牢固树立消防安全意识，严格按标准配备消防器材，杜绝弄虚作假。消防连万家，从自身做起，防患未然，学会简单火灾自救方法。

【课后习题】

1. 阐述建筑内部消火栓系统的组成。
2. 水泵接合器的作用是什么？水泵接合器有哪几种形式？
3. 高层建筑的定义是什么？高层住宅的消火栓设计流量是多少？同时可使用消防水枪的支数是多少？
4. 阐述湿式自动喷水灭火系统的组成。
5. 简述干式自动喷水灭火系统的作用原理，与湿式自动喷水灭火系统适用范围的区别？
6. 常见的玻璃球闭式喷头有哪几种？其适用条件分别是什么？
7. 报警阀通常有哪几种？适用场所分别是什么？
8. 末端试水装置的作用是什么？
9. 建筑消火栓系统施工图的读图顺序是什么？建筑自动喷水灭火系统施工图的读图流程是什么？
10. 2021 年 7 月，我国南方某省某项目的消防施工单位，在现场原消火栓系统的 5 个水泵接合器旁分别增设了 1 个未连接管网的水泵接合器，以骗取消防验收通过。有业主对小区水泵接合器进行摇晃，并将少量水泵接合器直接从地面拔出。结合此事件，请说明：①水泵接合器的设置要求；②给我们的警示。

项目 3　建筑供暖系统识图与施工

【学习目标】

1. 知识目标

掌握热水供暖系统的分类、原理及形式与低温地板辐射供暖系统的组成；熟知供暖系统设备及附件；了解低温热水地板辐射供暖的加热管、辐射地板的结构；了解热水采暖管路的布置要求与低温热水地面辐射供暖系统的安装要求。掌握建筑供暖施工图的识读方法，准确识读建筑供暖施工图。

2. 思政目标

牢固树立环保意识，从小事做起，从生活方方面面做起。培养科学严谨的态度，杜绝以次充好，实事求是，秉公办事。

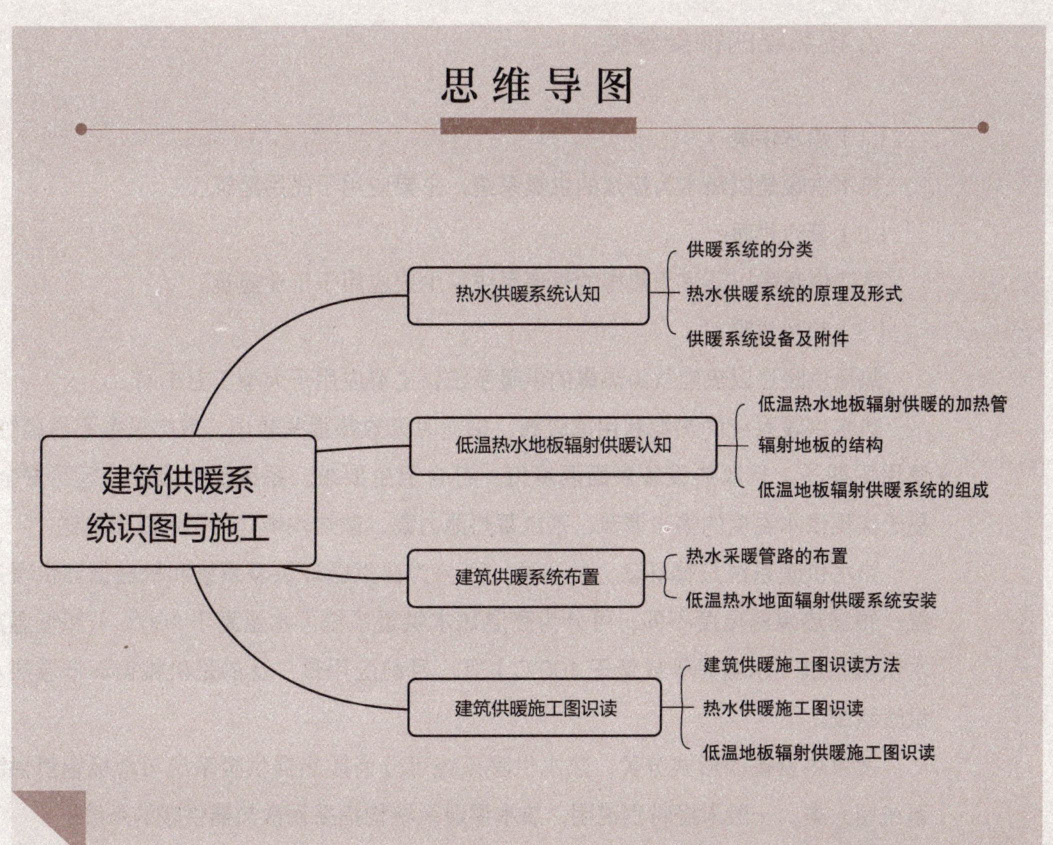

任务 3.1 热水供暖系统认知

3.1.1 供暖系统的分类

1. 按设备相对位置分类

(1) 局部供暖系统

通常将热源和散热设备都设置在一个房间内的供暖系统称为局部供暖系统，如烟气供暖（火炉、火墙和火炕等），电热供暖和燃气供暖等。

(2) 集中供暖系统

热源独立设置在供暖房间外，由热源通过供暖管道向各个房间或各个建筑物供给热量的供暖系统，称为集中供暖系统。

2. 按热媒的种类分类

(1) 热水供暖

热水供暖是以热水为热媒的供暖系统，主要应用于民用建筑。

(2) 蒸汽供暖

蒸汽供暖是以蒸汽为热媒的供暖系统，主要应用于工业建筑。

(3) 热风供暖

热风供暖是以热空气为热媒的供暖系统，主要应用于大型工业车间。

热水供暖系统的热能利用率较高，输送时无效热损失较小，散热设备不易腐蚀，使用周期长，且散热设备表面温度低，符合卫生要求。系统操作方便，运行安全，易于实现供水温度的集中调节，系统蓄热能力高，散热均衡，适于远距离输送。

热水供暖系统按循环动力的不同，可分为自然循环供暖系统和机械循环供暖系统；根据热媒的温度不同，可分为高温热水供暖系统（水温高于 100℃）和低温热水供暖系统（水温等于或低于 100℃）等。目前应用最广泛的是机械循环低温热水供暖系统。

按散热设备的形式分类，热水供暖系统可分为散热器供暖系统与地板辐射供暖系统两大类。一般未经特别说明，热水供暖系统均指采用散热器供暖的系统。

3.1.2 热水供暖系统的原理及形式

1. 机械循环热水供暖系统的原理

图 3-1 是一个机械循环热水供暖系统原理图。水在热水锅炉 1 中被加热后，经过供水干管 4 进入散热器 2 散热，然后经回水干管 5 通过水泵 7 加压送入热水锅炉 1，完成一个供暖循环。

机械循环热水供暖系统有如下特点：

1）热水始终在管道和设备中循环流动，是一个闭式系统。

2）设置膨胀水箱用于容纳水膨胀的体积和进行系统定压。由于水在锅炉中被加热后温度升高，体积增大，会使系统中的压力升高而导致管道或设备超压，因此闭式系统需要设置膨胀水箱来容纳水受热膨胀后多余的体积。膨胀水箱一般设置于系统最高点，膨胀管连接在回水干管水泵吸水口一侧，这种连接方式可以保证系统无论在运行或停止时，系统内任一点的压力都超过大气压力，从而保证系统内的热水不会被汽化，因此膨胀水箱起着定压作用。

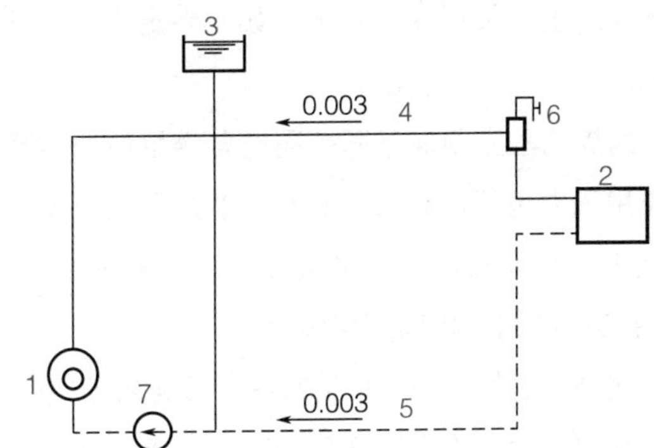

图 3-1 机械循环热水供暖系统的工作原理图

1—热水锅炉；2—散热器；3—膨胀水箱；4—供水干管；5—回水干管；6—集气罐；7—水泵

3）循环水泵一般设在锅炉进口前的回水总管上。这样可使水泵处于系统水温较低的条件下更可靠地工作，同时能够使顶层水系统压力提高，系统不出现负压。

4）设置专门排气装置排除空气。要保证热水供暖系统的正常工作，系统里各部位不允许有空气存在。一旦管路里存留了空气，就会把这段管道的流通断面堵塞，严重时可能形成气塞使水停止流动。空气存在散热器中会导致散热器不热。因此，热水供暖系统中，排除空气对保证系统正常运行是十分重要的[①]。机械循环热水供暖

① 结合设置专门的排气装置排除热水供暖系统内的空气融入【德育：毋以小损而不防，发现问题及时解决，谨防蝴蝶效应】。

系统需要通过专用的排气装置（如集气罐）排气。排气装置一般设在系统最高点。

5）水平干管设置坡度。为利于排气，供水水平干管一般沿水流方向有上升的坡度（抬头走），使气泡随水流方向流动汇集到系统的最高点。供水及回水干管的坡度，宜采用 0.003，不得小于 0.002。回水干管的坡向应使系统水能顺利排出。

按供、回水干管布置位置的不同，机械循环热水供暖系统可分为垂直式和水平式。垂直式供暖系统是指不同楼层的各散热器用垂直立管连接的系统；水平式供暖系统是指同一楼层的散热器用水平管线连接的系统。

散热器按供、回水方式的不同，可分为单管系统和双管系统。

2. 机械循环热水供暖系统的主要形式

（1）机械循环上供下回式热水供暖系统

供水干管位于顶层散热器之上，通常敷设于建筑物顶层的顶棚下或顶棚内，回水干管位于底层散热器之下，通常敷设于地下室或地沟内。布置管道方便，排气顺畅，是最常用的一种系统形式。

图 3-2 所示为机械循环上供下回式双管系统示意图，与每组散热器连接的有两根立管，各层散热器通过支管并联在立管上。如不考虑水管的冷却作用，则进入各层散热器的水温相同。

因各层散热器与锅炉的垂直距离不同，通过各楼层散热器环路的由冷热水密度差引起的附加循环作用压力也不同。楼层越高，散热器与锅炉的垂直距离越大，则附加循环作用压力越大，因而常常出现上层过热、下层过冷的“垂直失调”现象。因此，双管系统不宜在四层以上的建筑物中采用。

图 3-3 所示为机械循环上供下回式单管系统，其各层散热器串联在一根立管上，故没有双管系统中存在的“垂直失调”现象。图中立管 A 为顺流式系统，其特点是立管中全部的水顺次流过各层散热器。顺流式系统形式简单、施工方便、造价低，在我国北方住宅建筑中广泛应用。其最大的缺点是不能进行局部调节。

图 3-3 中立管 B 是单管跨越式系统。立管的一部分水量流进散热器，另一部分水量通过跨越管与散热器流出的回水混合再流入下层散热器。与顺流式相比，散热器面积比顺流式系统大一些，同时在散热器支管上安装了阀门，使系统造价增高，因此跨越式系统只用于房间温度要求较严格，需要进行局部调节的建筑中。

在高层建筑中，近年来已开始采用跨越式与顺流式相结合的系统形式，上部几层采用跨越式，下部采用顺流式，如图 3-3 中立管 C 所示。通过调节设置在上层跨越管段上阀门的开启度，在系统试运转和运行时，调节进入上层散热器的流量，可适当减轻供暖系统中经常会出现的上热下冷现象。

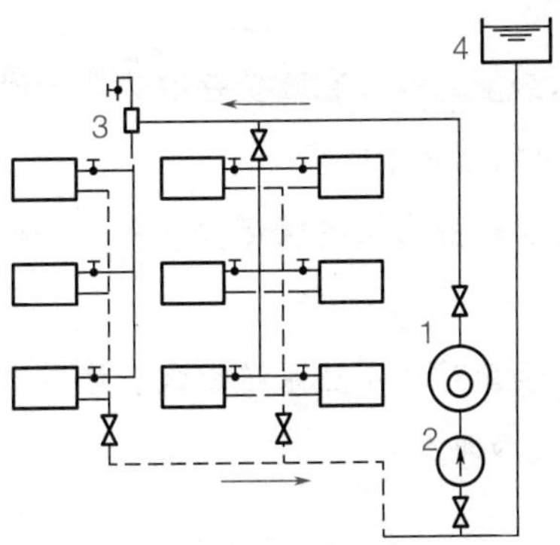

图 3-2　机械循环上供下回式双管系统
1—热水锅炉；2—循环水泵；3—集气装置；
4—膨胀水箱

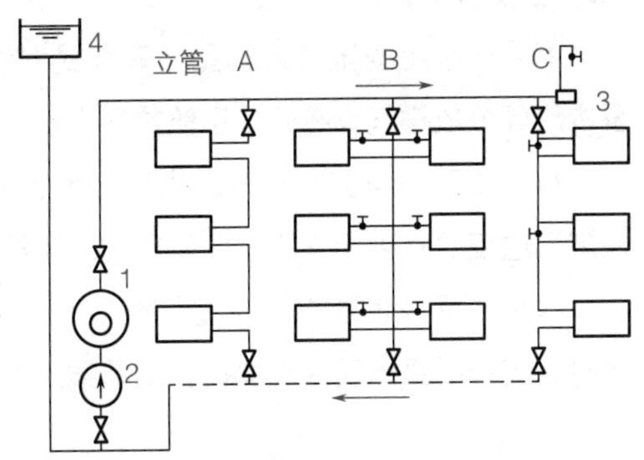

图 3-3　机械循环上供下回式单管系统
1—热水锅炉；2—循环水泵；
3—集气装置；4—膨胀水箱

（2）机械循环下供下回式双管系统

系统的供水和回水干管均敷设在底层散热器下面。在设有地下室的建筑物，或在平屋顶建筑顶棚下难以布置供水干管的场合，常采用下供下回式系统，如图 3-4 所示。与上供下回式系统相比，它的供水干管短，管道热损失小，但排除系统中的空气较困难[①]。下供下回式系统排除空气主要有两种方法：通过顶层散热器上的冷风阀手动分散排气，或通过专设的空气管手动或自动集中排气。集气装置的连接位置，应比水平空气管低 0.3m 以上。

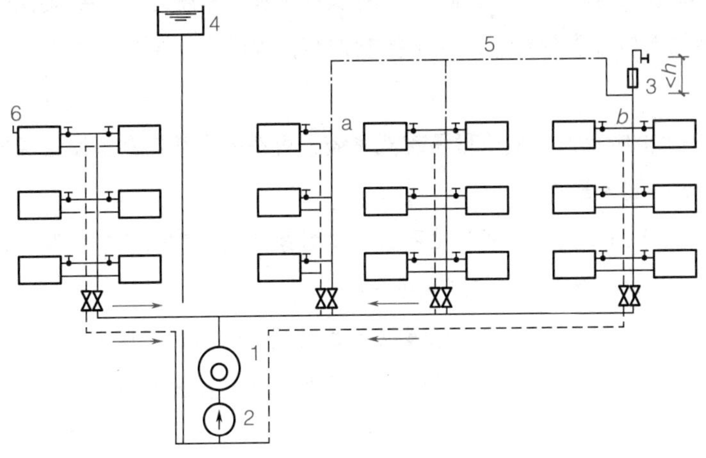

图 3-4　机械循环下供下回式系统
1—热水锅炉；2—循环水泵；3—集气罐；4—膨胀水箱；5—空气管；6—冷风阀

（3）水平式单管系统

水平式系统多为单管；按供水管与散热器的连接方式可分为顺流式（图 3-5）

① 结合机械循环下供下回式双管系统的优缺点融入【德育：以辩证的眼光看待任何事物，把事情处理得当，使自己更加成熟】。

和跨越式（图 3-6）两类。

水平式系统的排气方式要比垂直式上供下回系统复杂些。它需要在散热器上设置冷风阀分散排气或在同一层散热器上部串联一根空气管集中排气。

水平式系统与垂直式系统相比，大直径的干管少，穿楼板的管道少，有利于加快施工进度。室内无立管，比较美观。系统的总造价一般要低一些。

水平式系统也是在国内应用较多的一种形式。但单管水平式系统串联散热器很多时，运行时易出现水平失调，即前端过热而末端过冷现象。

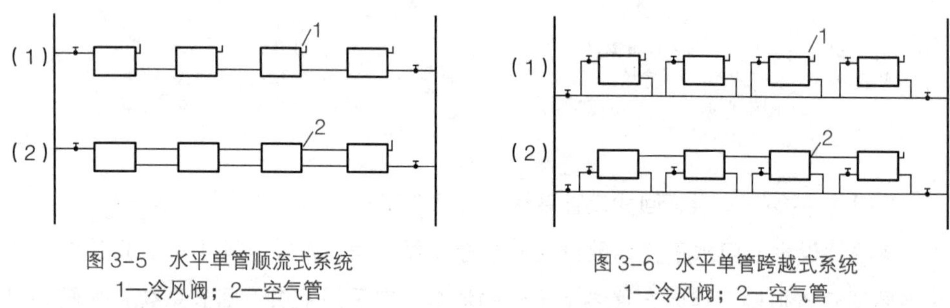

图 3-5　水平单管顺流式系统
1—冷风阀；2—空气管

图 3-6　水平单管跨越式系统
1—冷风阀；2—空气管

（4）分户供暖水平式系统

分户热计量是指以住宅建筑的户为单位，计量集中供暖用户实际消耗热量的供暖方式。《民用建筑节能管理规定》和《中华人民共和国节约能源法》规定，新建居住建筑的集中供暖系统应进行分户热计量，实行供暖计量收费。

分户供暖系统有多种形式，除可采用水平单管式系统外，水平双管式系统由于每组散热器的入口温度都相同，便于控制调节，因而在新建建筑中也得到了越来越多的应用。

图 3-7（a）所示为水平单管跨越式系统，可在每个散热器上设置温控阀进行分房间调节，故得到大量应用。

图 3-7（b）所示为水平双管式系统。这种系统每个散热器的水温都相同，因而供热效果好，但系统复杂，布置更困难一些。

分户供暖系统在每户的入口需设置热计量装置，如图 3-7 所示，用于热计量的热量表设置在每户供回水管进出口，热量表的回水温度传感器需设置在回水管上。为防

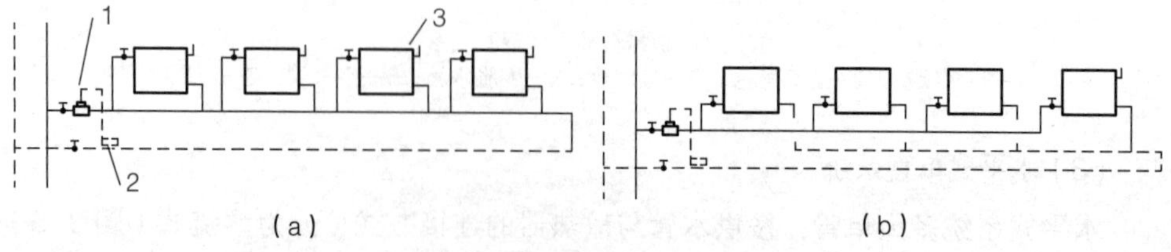

图 3-7　分户供暖水平单、双管系统
（a）水平单管跨越式；（b）水平双管式
1—热量表；2—热量表回水温度传感器；3—放气阀

止室内过热导致能量浪费，每组散热器的入口支管上应设置温控阀以控制室内温度[①]。

水平放射式双管系统也是较常见的分户供暖系统，如图 3-8 所示。这种系统在每户入口设置分、集水器，从分、集水器引出的散热器支管呈放射状埋地敷设至各房间散热器。由于散热器支管管径较小，故可以在地面找平层内敷设，设备及管道布置十分方便。这种系统散热器的调节集中在分、集水器上，整体造价比其他系统高一些。

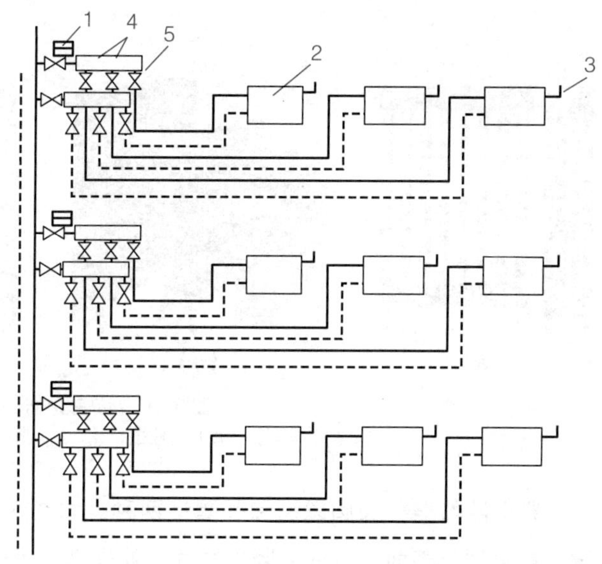

图 3-8　分户水平放射式双管系统

1—热量表；2—散热器；3—放气阀；4—分集水器；5—调节阀

3.1.3 供暖系统设备及附件

1. 散热器

散热器按其制造材质可分为铸铁、钢制和其他材质（铝合金、铜及复合材料等）散热器。按其结构形状可分为管型、翼型、柱型、平板型等。

常见的散热器类型有：

（1）铸铁散热器

铸铁散热器长期以来得到广泛应用。它具有结构简单、防腐性好、使用寿命长以及热稳定性好等优点；但其金属用量大，金属热强度低于钢制散热器。我国目前应用较多的铸铁散热器有柱型和翼型散热器。

柱型散热器是呈柱状的单片散热器。根据散热面积的需要，可把各个单片组对在一起形成一组。我国目前常用的柱型散热器有四柱和二柱等，如图 3-9（a）、图 3-9（b）所示。柱型散热器外形较美观，传热系数较大，单片散热量小，容易组对满足所需散热面积，积灰较易清除而被广泛应用于住宅和公共建筑中。其主要缺点是制造工艺复杂。

① 结合设置温控阀控制室内温度防止能量浪费融入【德育：环保意识、小事做起、生活方方面面做起】。

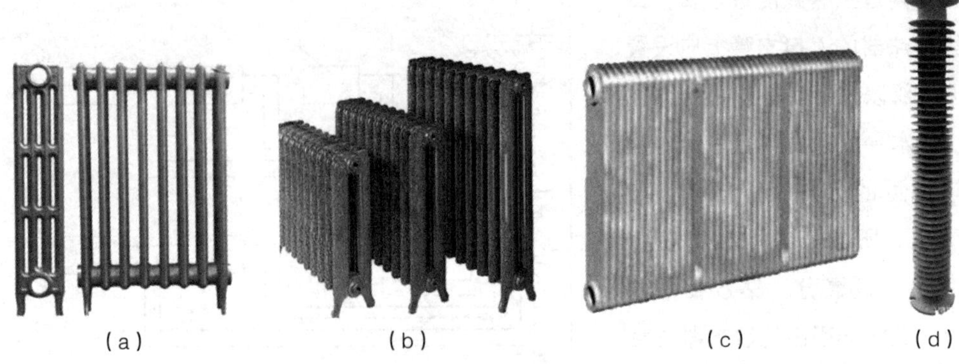

图 3-9　铸铁散热器
(a)四柱型；(b)二柱型；(c)长翼型；(d)圆翼型

翼型散热器分为圆翼型和长翼型两种，如图 3-9(c)、图 3-9(d)所示。长翼型散热器外表面具有许多竖向肋片，外壳内部为一扁盒状空间。翼型散热器铸造工艺简单，价格较低，但易积灰，单片散热面积较大，不易组对满足所需散热面积，承压能力低。圆翼型多用于不产尘车间，有时也用在要求散热器高度小的地方。

(2)钢制散热器

近年来钢制散热器发展迅速，出现了多种新型结构，同时更加注重外形的美观。钢制散热器主要有以下几种形式：

1)闭式钢串片对流散热器。这种散热器是由钢串片上冲孔后直接套在钢管上。由于钢串片表面积大而厚度薄，因而散热面积非常大。每个串片两端折边 90° 形成封闭形，这样就形成了许多封闭的垂直空气通道，造成烟囱效应，增强了对流放热能力。闭式钢串片对流散热器的外形如图 3-10 所示。

2)板式散热器。其特点是其正面为光滑平面或带凹凸槽的平面，如图 3-11 所示。由于外观美观，得到了越来越多的应用。它由面板、背板、进出水口接头、放水门、固定套及上下支架等组成，为增大散热面积，在背板后面可焊上 0.5mm 厚的冷轧钢板对流片。

3)钢制柱式散热器。其构造和铸铁柱型散热器相似，每片也有几个中空立柱。柱式散热器的传热系数高，但制造工艺较复杂，其美观程度不如板式散热器。

4)光面管(排管)散热器。这种散热器用钢管焊接制成，是一种最简易的散热器，由于钢管外表面没有翼片或翅片增加散热面积，因此散热能力较差，过去只在工厂里使用。但随着人民生活水平的提高，对于散热器美观程度的要求也不断提高。近年有一种做成毛巾架、楼梯扶手等形状、外涂彩色油漆的光面管散热器由于能和室内装潢理想配合，也得到了一定的应用，如图 3-12 所示。

5)铝制散热器。铝具有优良的热传导性能，由挤压成型的柱翼式造型使得同体积散热面积大大增加，散热量大大提高，因此铝制散热器在满足同等散热量的情况

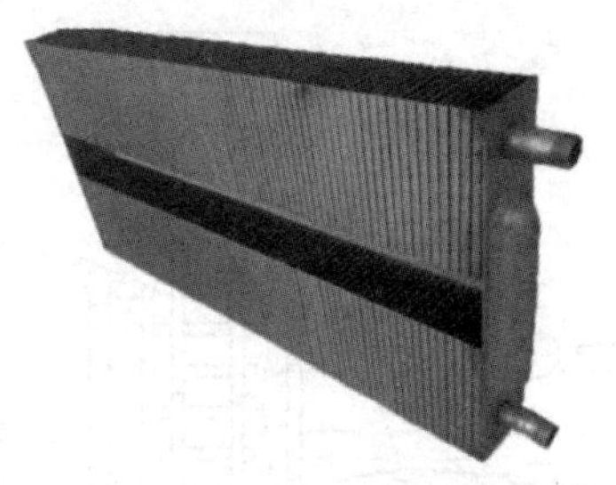

图 3-10　闭式钢串片对流散热器

图 3-11　板式散热器

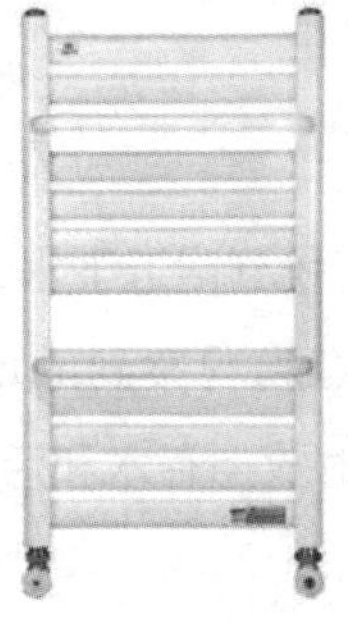

图 3-12　毛巾架散热器

图 3-13　柱翼型铝制散热器

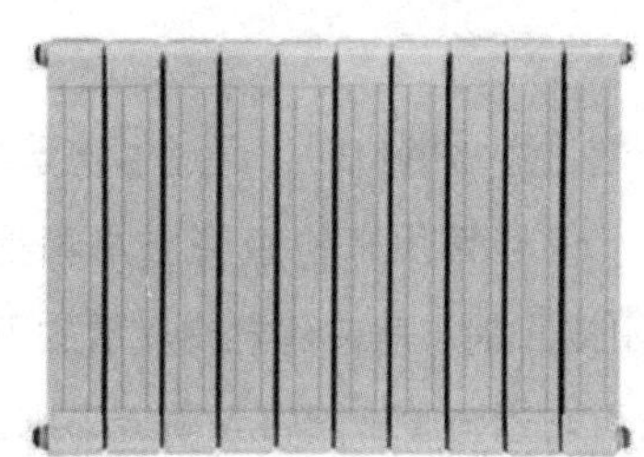

图 3-14　柱翼型铜铝复合散热器

下体积比传统散热器要小得多。而且铝的密度仅为钢的 1/3，所以在同等散热量情况下，铝制散热器的重量比钢制散热器的重量要轻很多。但价格比钢制散热器高，且不宜在强碱条件下长期使用，因此铝制散热器对供暖系统用水要求较高。图 3-13 为柱翼型铝制散热器外形图。

6）铜铝复合散热器。该型散热器是以铜管为过水部件，而以铝板为散热部件，两者相结合的散热器耐腐蚀性好，对水质的适应能力强，故比铝制散热器得到了更多的应用[①]。常见的铜铝复合散热器多为柱翼型（图 3-14），其内部为铜管，铜管外加设了铝制翼板以增加散热面积，也使散热器更美观。

2. 膨胀水箱

膨胀水箱的作用是用来贮存热水供暖系统加热的膨胀水量，恒定供暖系统的压力，保证系统不出现负压。

膨胀水箱一般用钢板制成，通常做成圆形或矩形。箱上连有膨胀管、溢流管、信号管、排污管及循环管等管路。图 3-15 为膨胀水箱及接管示意图。

膨胀管设置在机械循环系统中，一般接至循环水泵吸入口前。当系统充水的水

① 结合铜铝复合散热器综合铜铝性能得到更多应用融入【德育：善于取长补短、取其精华弃其糟粕、不断进步】。

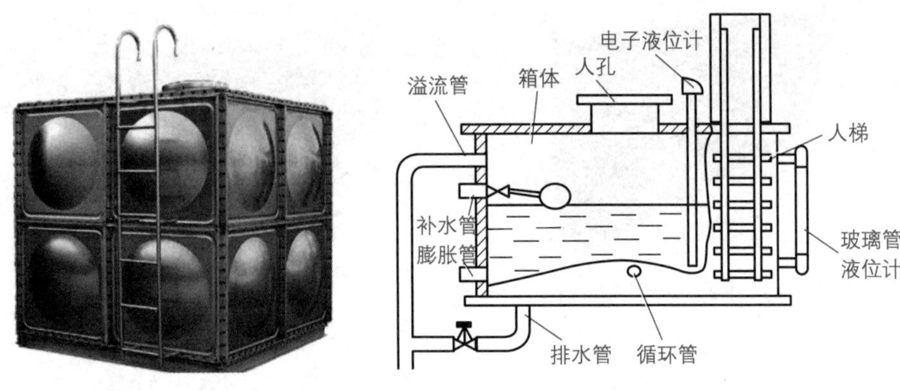

图 3-15　膨胀水箱及接管示意图

位超过溢水管口时，通过溢流管将水自动溢流排出，溢流管一般可接到附近下水道。

信号管用来检查膨胀水箱是否存水，一般应引到管理人员容易观察到的地方（如接回锅炉房或建筑物底层的卫生间等）。排污管用来清洗水箱时放空存水和污垢，它可与溢流管一起接至附近下水道。

在膨胀管、循环管和溢流管上，严禁安装阀门，以防止系统超压，水箱水冻结或水从水箱溢出。

3. 排气装置

采暖系统残留空气即排除，除掉小错误避免大隐患

系统的水被加热时，会分离出空气。此外，在系统停止运行时，通过不严密处也会渗入空气；充水后，也会有些空气残留在系统内。如前所述，系统内积存空气，就会形成气塞，影响水的正常循环。国内目前常见的排气装置，主要有集气罐、自动排气阀和冷风阀等几种。

（1）集气罐

集气罐用直径 100~250mm 的短管制成，分为立式和卧式两种，如图 3-16 所示。集气罐的工作原理是：集气罐的直径比它所连接的管道直径大很多，热水由管道流入集气罐时流速立刻降低，水中的气泡受浮力作用浮升到集气罐上部。

在机械循环上供下回式系统中，集气罐应设在系统各环路的供水干管末端的最高处。在系统运行时，定期手动打开阀门将热水中分离出来并聚集在集气罐内的空气排除。

（2）自动排气阀

目前国内生产的自动排气阀形式较多。它的工作原理很多都是依靠水对浮体的浮力，通过杠杆机构传动，使排气孔自动启闭，实现自动阻水排气的功能。自动排气阀有立式和卧式两种，如图 3-17 所示。

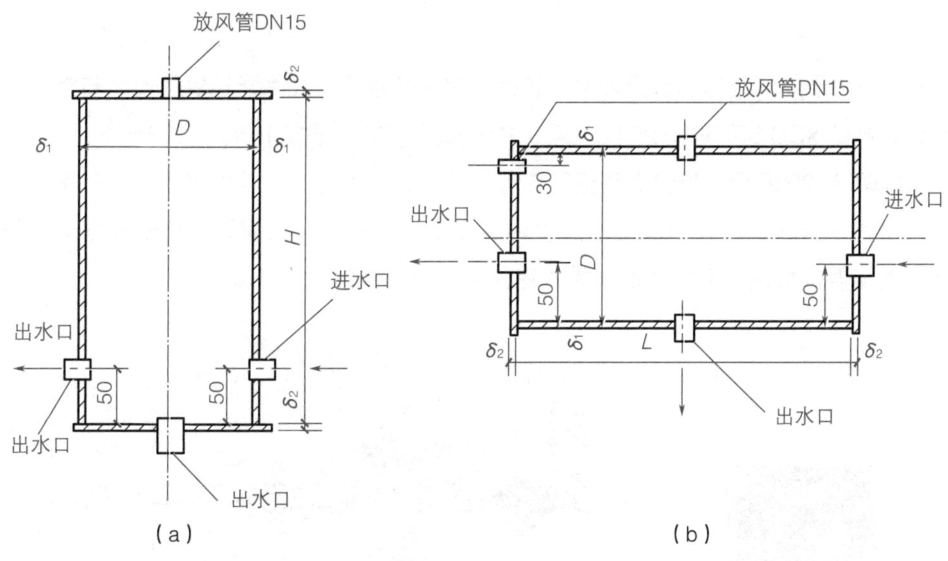

图 3-16　集气罐
（a）立式集气罐；（b）卧式集气罐

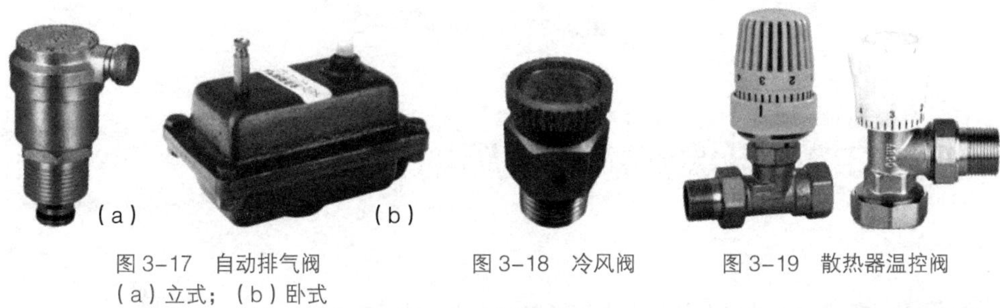

图 3-17　自动排气阀
（a）立式；（b）卧式

图 3-18　冷风阀

图 3-19　散热器温控阀

（3）冷风阀

冷风阀（图 3-18）多用在水平式和下回式系统中，它旋紧在散热器上部专设的丝孔上，以手动方式排除空气。

4. 散热器温控阀

散热器温控阀是一种自动控制散热器散热量的设备，它由两部分组成：一部分为阀体部分；另一部分为感温元件控制部分，如图 3-19 所示。温控阀控温范围在 13~28℃之间，控温误差为 ±1℃。

散热器温控阀具有恒定室温、节约热能等主要优点，近年在我国也得到了越来越多的应用。散热器温控阀主要用在双管热水供暖系统上。

5. 热量表

集中供暖的新建和既有建筑节能改造必须设置热量计量装置，并具备室温调控功能[①]。用于热量结算的热量计量装置必须采用热量表《民用建筑供暖通风与空气调节设计规范》GB 50736—2012，第 5.10.1 款（强制性条文）。

如图 3-20 所示，热量表是进行热量测量与计算的计费结算仪器。一套完整的热量表由热水流量计、供水和回水温度传感器及积算仪组成。积算仪用于根据测量的水流量和温度数据，通过热量计算方程计算出用户使用的热量多少。

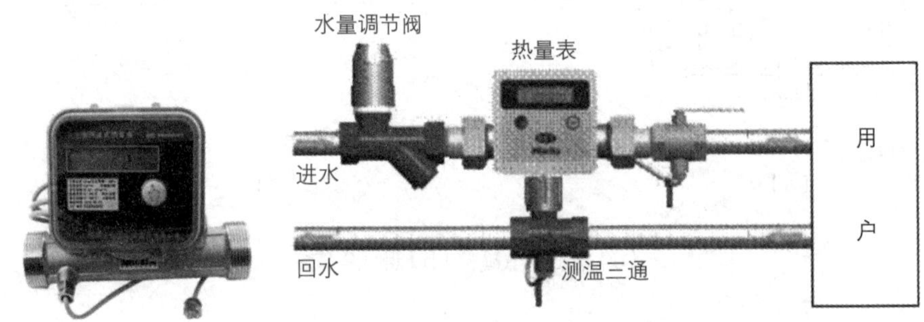

图 3-20　户用热量表

任务 3.2　低温热水地板辐射供暖认知

低温热水地板辐射供暖认知

3.2.1 低温热水地板辐射供暖的加热管

1. 加热管管材

辐射供暖系统的加热管，一般采用热塑性塑料管、铝塑复合管或铜管，应用较为普遍的是热塑性塑料管。

目前国内用于低温热水地板辐射供暖的管材中，主要有交联聚乙烯（PE-X）管、耐热聚乙烯（PE-RT）管、聚丁烯（PB）管、无规共聚聚丙烯（PP-R）管等[②]。目前国际上普遍认为最适宜作为辐射供暖加热管的管材，是 PE-RT 管和 PE-X 管，尤其是 PE-RT 管，不仅承压和耐温适中，便于安装，能热熔连接，而且废料能回收利用，不会形成“白色污染”，符合环保要求。

铜管也是一种适用于低温热水地板辐射供暖系统的加热管材，其具有导热系数高、阻氧性能好、易于弯曲且符合绿色环保要求等特点，正逐渐为人们所接受。

① 结合新建和既有建筑节能改造必须设置热量计量装置融入【德育：低碳环保、实事求是】。

② 结合加热管管材的选用融入【德育：选用正规合格的加热管管材、杜绝以次充好、防止因小失大】。

2. 加热管环路布置形式

加热管采取不同布置形式时，导致的地面温度分布是不同的。布管时，应本着保证地面温度均匀的原则进行，宜将高温管段优先布置于外窗、外墙侧，使室内温度分布尽可能均匀。加热管的布置形式比较多，图 3–21 所示是最常用的两种布置方式。折回型，也称为双回型，高温管与低温管间隔布置。平行型，也称为单 S 型，先高温管后低温管，按顺序布置。

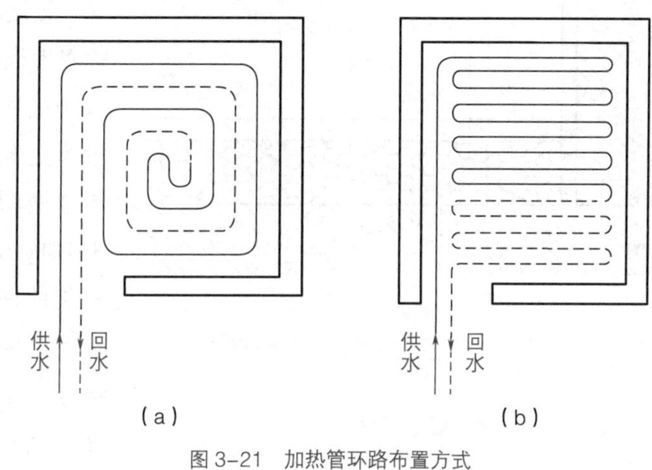

图 3–21　加热管环路布置方式
(a) 折回型；(b) 平行型

3.2.2 辐射地板的结构

辐射地板结构类型众多，常见的可分为湿式（混凝土埋管）和干式（无混凝土填埋层）两大类。

图 3–22 所示为湿式（混凝土埋管）辐射地板构造示意图。绝热层直接铺设在楼板上，在绝热层上面有一层带 50mm × 50mm 格子的塑料膜，塑料管则利用勾钉固定在保温板及塑料膜上，其上覆以一定厚度的碎石混凝土填充层，并埋以钢丝网加固防裂，然后再敷设地砖或地板。混凝土埋管层的厚度一般在 50mm 左右比较常见。保温板多采用聚苯乙烯泡沫塑料板（密度不小于 20kg/m³）或聚

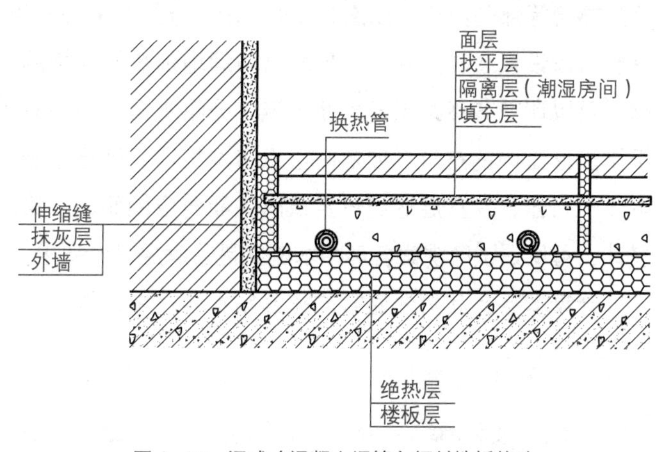

图 3–22　湿式（混凝土埋管）辐射地板构造

苯乙烯挤塑板，一般厚度在 20~30mm。沿墙四周的边缘保温层可减少水平热损失。混凝土埋管结构还有多种做法。对于新建建筑，塑料管也可预先埋设在预制楼板中，与建筑结构结合成一体。这种做法既降低造价，也减小了地板的厚度，但日后维修困难。混凝土埋管结构造价较低，是目前国内应用最多的辐射地板形式。

混凝土填充层施工应由有资质的土建施工方承担①，并在埋地加热管安装完毕且水压试验合格、通过隐蔽工程验收②、加热管处于有压状态下进行。

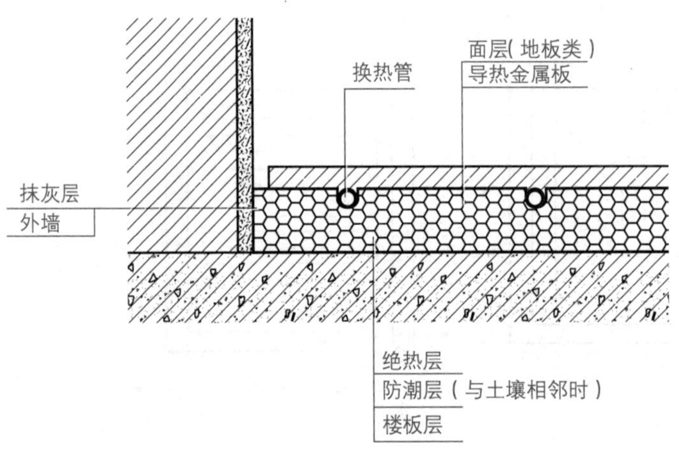

图 3-23　干式辐射地板构造

图 3-23 所示为干式（无混凝土填埋层）辐射地板构造示意图。这种结构的绝热层一般为定制的聚苯乙烯泡沫塑料（密度不小于 20kg/m^3），其上有预制的凹槽，并铺设与其紧密接触的导热铝板。塑料管嵌入铝板凹槽后，地板可直接铺设在其上面。该结构的辐射地板最大优势是厚度较小，与普通铺设地板的木根相近甚至更低，施工也较简单，但其造价较高。

辐射地板各结构层及部件，均需在现场施工完成。

3.2.3 低温地板辐射供暖系统的组成

地板辐射水供暖系统由热源、循环水泵、供回水干管、分集水器及其附件、埋地加热管等部分组成，如图 3-24 所示。分集水器外形见图 3-25，分集水器上根据需要可以设置各种附件。分集水器与埋地加热管连接的卡套式管接头上方均有关断阀，可以调节各环路量及关断水流。分集水器末端设有手动放气阀或自动排气阀用于排除系统中的空气。如房间里设有温控器，则分水器上可以与设置关断阀配套的电热执行器，在室温达到设定值时关断对应的阀门。集水器上根据需要可以设置流量计，可供调试时观察各环路水流量是否满足设计要求。

分集水器及其附件通常放在分集水器箱中，埋地加热管则从分集水器箱的下部

① 结合混凝土填充层施工应由有资质的土建施工方承担融入【德育：资质标准、法律意识、保质保量完工】。

② 结合加热管安装完毕水压试验、隐蔽工程验收融入【德育：科学严谨的态度、遵纪守法、秉公办事、敬业爱岗、严格监督】。

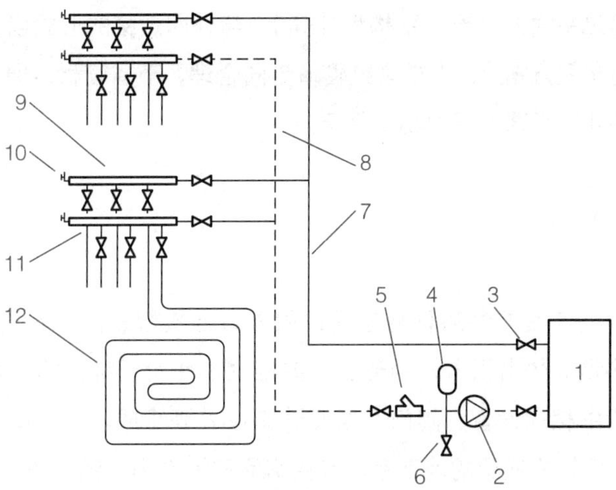

图 3-24 低温热水地面辐射供暖系统
1—热源；2—循环水泵；3—阀门；4—闭式膨胀水箱；5—Y 形过滤器；6—补水管；7—供水干管；8—回水干管；9—分水器；10—放气阀；11—集水器；12—埋地加热管

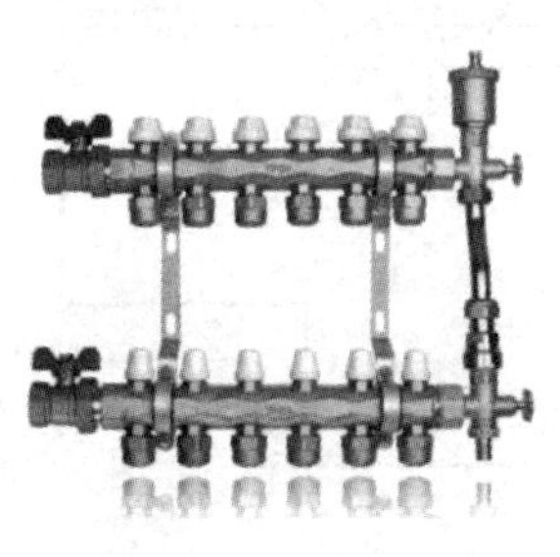
图 3-25 分集水器

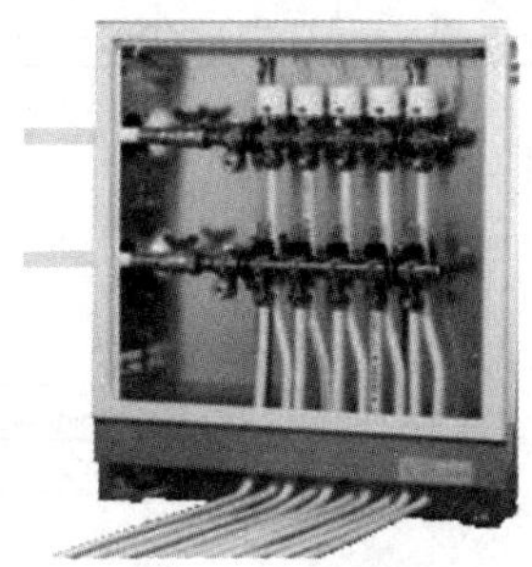
图 3-26 分集水器箱

接出，弯曲后进入地面敷设，如图 3-26 所示。

埋地加热管的间距一般为 100~300mm。辐射地板供热量的大小受地板结构及水温等诸多因素的影响，但最主要的影响因素是地面面层材料、加热管的间距和水温。地面面层如采用地砖等导热性能好的材料，则供热量大。埋地加热管的间距越小，则加热量也越大。水温越高，则加热量也越大。

任务 3.3 建筑供暖系统布置

3.3.1 热水采暖管路的布置

采暖系统管路布置合理与否直接影响系统的造价和使用效果。应根据建筑物的具体条件（如建筑平面的外形、结构尺寸等），与外网连接的形式以及运行情况等因素来选择合理的布置方案①，力求系统管道走向合理，节省管材，便于调节和排除空气，而且要求各并联环路的阻力易于平衡。

1. 热力引入口

建筑供暖系统布置

室内供暖系统与室外供热管网是通过引入口连接起来的。其主要作用是分配、转换和调节供热量。热力引入口的形式主要根据供热管网提供的热媒形式和用户的要求确定，一般由相应设备、阀门及监测计量仪表等组成。引入口一般每个用户只设一个，可设在建筑物底层的地下室、专用房间和地沟内，图 3-27 是设在地沟内的热力引入口。当管道穿越基础、墙或楼板时应按照规范预留孔洞。

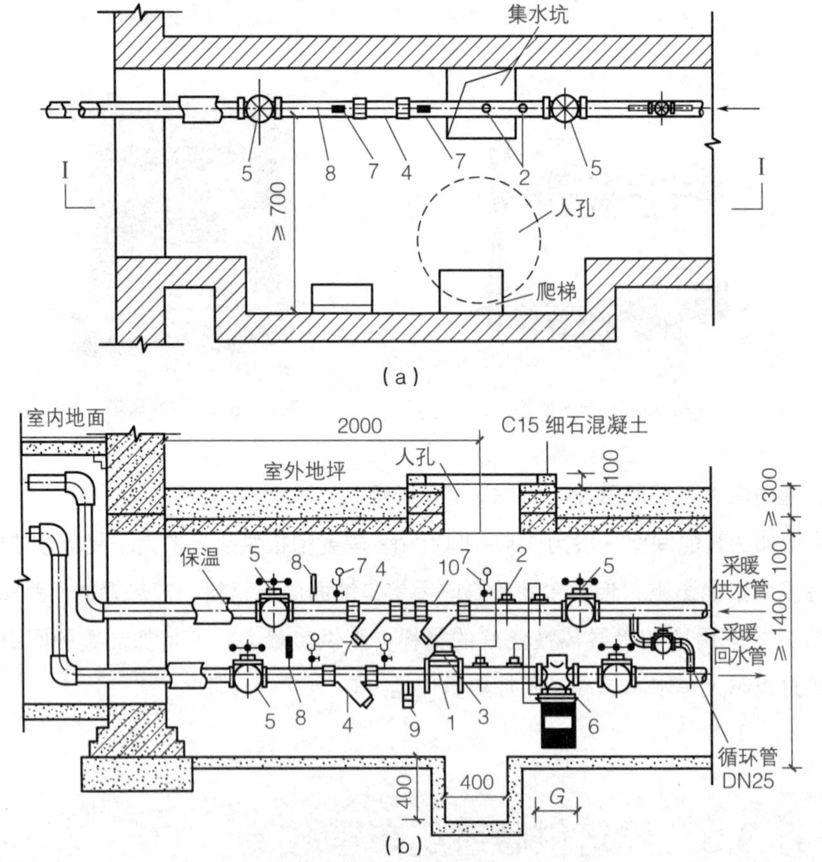

图 3-27　地沟（检查井）内的热力入口

（a）入口平面图；（b）Ⅰ—Ⅰ剖面

1—流量计；2—温度压力传感器；3—积分仪；4、10—过滤器；5—截止阀；6—自力式压差控制阀；7—压力表；8—温度计；9—泄水阀

① 结合根据建筑物条件、与外网连接形式等因素合理选择采暖管路布置方案融入【德育：实事求是原则、普遍联系观点、协调发展理念】。

2. 干管的布置

为了合理地分配热量，以达到便于控制、调节和维修的目的，供暖系统通常被划分为几个分支环路。环路划分时应尽量使各环路的阻力平衡，较小的供暖系统可不设分支环路。

供暖管道敷设方式有明装、暗装两种。除了在装饰方面有较高要求的房间内采用暗装外，一般采用明装。这样有利于散热器的传热和管道的安装、检修。暗装时应确保施工质量，并具备必要的检修措施。

供暖供水干管明装可沿墙敷设在窗过梁和顶棚之间的位置；暗装则布置在建筑物顶部的设备层中或吊顶内。回水干管或凝结水管一般敷设在建筑物地下室顶板之下或底层地板之下的管沟内；也可以沿墙明装在底层地面上，但当干管必须穿越门洞时，应局部暗装在沟槽内。

3. 立管的布置

立管可布置在房间外窗之间或墙身转角处，对于有两面外墙的房间，立管宜设置在温度较低的外墙转角处。楼梯间的立管尽量单独设置。立管应垂直于地面安装，穿越楼板时应设套管加以保护，以保证管道自由伸缩且不损坏建筑结构，套管内应填充柔性材料。暗装立管可敷设在墙体内预留的沟槽中，也可以敷设在管道竖井内。管道竖井应每层用隔板隔断，以减少井中空气对流而形成无效的立管传热损失。此外，每层还应设检修门供维修之用。

4. 支管的布置

散热器支管的布置与散热器的位置、进水口和出水口的位置有关。支管与散热器的连接方式一般采用上进下出、同侧连接的方式，这种连接方式具有传热系数大、管路短、美观等优点。散热器的供、回水支管应按沿水流方向下降的坡度敷设。如坡度相反，则易造成散热器上部存气，或者下部水排不干净。按照施工与验收规范的规定，支管坡度以 1% 为宜。

5. 补偿器的设置

在供暖系统设计和施工安装中，应注意金属管道受热而伸长的问题。通常采用的处理方法是在供热管道的固定支架之间设置各种形式的补偿器，以补偿该管段的热伸长从而减弱或消除因膨胀产生的应力，防止管道胀坏。补偿器有多种形式，如自然补偿器、套管式补偿器、方形补偿器等。由于自然补偿器是利用管道自然转弯来吸收热伸长量的，故选用补偿器时应优先考虑自然补偿器。

3.3.2 低温热水地面辐射供暖系统安装

1. 铺设保温板

保温板铺设前，应按设计图中的房间面积大小和管路的分布状况下料，然后将保温板按从里向外的顺序铺设在水泥砂浆找平层上，使保温板带有铝箔的一面向上，平整铺设，其接缝应严密，不得起鼓。保温板的接缝应严密、对齐并用专用胶带纸封贴牢固。地面辐射供暖系统绝热层采用聚苯乙烯保温板时，其厚度不应小于表 3-1 中的规定。

聚苯乙烯保温板绝热层厚度　　表 3-1

位置	最小厚度（mm）
楼层之间楼板上的绝热层	20
与土壤或不采暖房间相邻的地板上的绝热层	30
与室外空气相邻的地板上的绝热层	40

2. 安装加热管

加热管的布置应本着保证地面温度均匀的原则进行，宜将高温管段优先布置于外窗、外墙侧以使室内温度尽可能地分布均匀。管材在进场开箱后，正式排放管子前，必须认真检查其外观，同时检查和清除管材、管件内的污垢和杂物。然后根据图纸设计的要求，定位、放线、敷设加热管。

敷设加热管时，应按设计图纸标定的管间距和走向敷设，管间距应大于 100mm、小于或等于 300mm，在分水器、集水器附近，当管间距小于 100mm 时，应在加热管外部设置柔性套管。连接在同一分水器、集水器上的同一管径的各回路，其加热管的长度宜接近。地面固定的设备和卫生器具下不应布置加热管。

加热管的切割应采用专用工具，以保证切口平整，断口面应垂直管轴线，加热管安装时应防止管道扭曲①。加热管应用专用管卡固定，不得出现“死折”，一般直管段上固定点的间距不应大于 500mm，弯曲管段不应大于 250mm。在施工过程中严

① 结合加热管切割用专用工具保证切口平整融入【德育：善假于物、工匠精神、精益求精】。

禁人员踩踏加热管。

埋设于填充层的加热管不应有接头。如必须增设接头时，必须报建设单位和监理单位并提出书面方案，经批准后方可实施，增设的接头应在竣工图上标示出来，并记录归档。

3. 系统试压

加热盘管安装完毕后，应先进行水压试验，然后才能进行混凝土面层的施工。试压前要先接好临时管路及试压泵，再打开进水阀向系统进水，同时打开排气阀排除管内空气，当排气阀处有水流出时关闭排气阀。检查管道接口无渗漏后，应缓慢向管内加压，加压过程中注意观察管道接口，如发现渗漏应立即停止加压，进行接口处理后再增压。当压力达到 0.6MPa 后，稳压 1h，且压力降不大于 0.05MPa 为合格。

4. 回填豆石混凝土

试压合格后，应立即回填豆石混凝土，混凝土的强度不低于 C15，豆石粒径 5~12mm。混凝土应采用人工进行捣固密实，严禁采用机械振捣，严禁踩踏管路。在混凝土填充施工时，应保证加热管内的水压不低于 0.6MPa。系统初始加热前，填充层混凝土应养护不少于 21 天，养护过程中，系统水压不低于 0.4MPa。当地板面积超过 $30m^2$ 或边长超过 6m 时，填充层应设置间距不大于 6mm、宽度不小于 5mm 的伸缩缝，并在缝中填充弹性膨胀材料。

5. 安装分水器和集水器

水平安装时，分水器安装在上，集水器安装在下，中心距为 200mm，集水器中心距地面应不小于 300mm，如图 3-28 所示。加热管始末端出地面至连接配件的管段，应设置在硬质套管内，然后与分（集）水器连接。在分水器之前的供水管上顺水流方向应安装阀门、过滤器、热计量装置、阀门及泄水管，在集水器之后的回水管上应安装泄水阀及调节阀（或平衡阀）。每个供、回水环路上均应安装可关断阀门。分水器、集水器上均应设置手动或自动排气阀。在安装仪表、阀门、过滤器等时，要注意方向，不得装反。

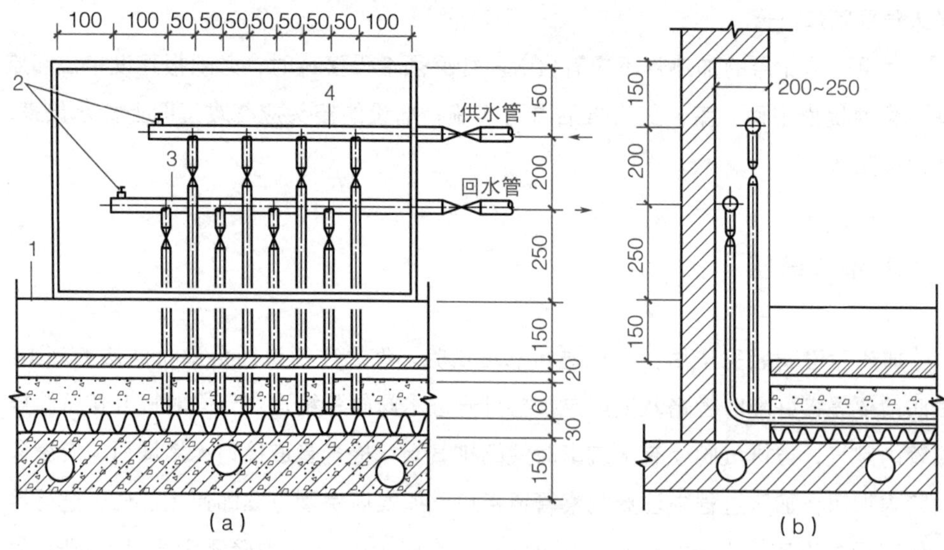

图 3-28　分水器、集水器安装示意图

（a）正视图；（b）侧视图

任务 3.4　建筑供暖施工图识读

3.4.1 建筑供暖施工图识读方法

1. 建筑供暖施工图的组成

建筑供暖施工图包括平面图、系统图和详图，此外还有设计说明、图纸目录和设备材料明细表等。

（1）供暖平面图

建筑供暖平面图主要表示供暖管道、附件及散热器在建筑平面图上的位置，以及它们之间的相互关系，是施工图中的重要图样。供暖平面图由楼层平面图、顶层平面图和底层平面图组成。中间层（标准层）平面图中，应标明散热设备的安装位置、规格、尺寸及安装方式，水平干管的位置、立管的位置及数量等；热水采暖系统中还应标明膨胀水箱、集气罐等设备的位置、规格及管道连接情况。底层平面图还应标明供热引入口的位置、管径、坡度及采用标准图号（或详图号）等。

（2）供暖系统图

供暖系统图通常用正面斜二轴测法绘制，是表明从供暖总管入口至回水总管道、散热设备、主要附件的空间位置和相互关系，其与平面图配合，反映了供暖系统的全貌。系统图上应标注各管段管径的大小，水平管的标高、坡度、散热器及支管的连接情况等。供暖系统图应绘制在一张图纸上，除非系统较大、较复杂，一般不允许断开绘制。

（3）详图

详图又称大样图，是平面图和系统图表达不清楚时绘制的补充说明图，一般需要局部放大比例单独绘制。详图一般可采用标准图集或绘制节点详图。

（4）设计施工说明

采暖设计说明和施工说明是施工的重要依据，一般写在图纸的首页上，内容较多时也可单独使用一张图纸。主要内容有：热媒及其参数，建筑物总热负荷，热媒总流量，系统形式，管材和散热器的类型，管子标高（是指管中心标高还是指管底标高），系统的试验压力，保温和防腐的规定以及施工中应注意的问题等。

（5）设备及主要材料表

在设计采暖施工图时，为方便做好工程开工前的准备，应把工程所需的散热器的规格和分组片数、阀门的规格型号、疏水器的规格型号以及设计数量等列在设备表中，把管材、管件、配件以及安装所需的辅助材料列在主要材料表中。

2. 建筑供暖施工图的识读方法

识读采暖施工图的基本方法是将平面图与系统图对照，从系统入口（热力入口）开始，沿水流方向按供水干管、立管、支管到散热器的顺序识读；再由散热器开始，按回水支管、立管、干管到出口为止的顺序进行阅读。

（1）识读供暖平面图

首先查明供暖总干管和回水总干管的出入口位置，了解供暖水平干管与回水水平干管的分布位置及走向；查看立管编号，了解整个供暖系统立管的数量和安装位置；查看散热器的布置位置；了解系统中设备附件的位置与型号，如热水系统中要查明膨胀水箱、集气罐的位置、型号及连接方式，蒸汽系统中则要查明疏水器的位置和规格等；查看管道的管径、坡度及散热器片数等。

供暖系统的供水管一般用粗实线表示，回水管用粗虚线表示，供回水管通常沿墙布置。散热器一般布置在窗口处，其片数一般标注在图例旁边。

（2）识读供暖系统图

首先沿热媒流动的方向查看供暖总管的入口位置，与水平干管的连接及走向，立管的分布及散热器通过支管与立管的连接形式；再从每组散热器的末端起查看回水支管、立管、回水干管，直至回水总干管出口的整个回水管路，了解管路的连接、走向及管道上的设备附件、固定支点等情况；然后查看管径、坡度和散热器片数；

最后查看地面标高，管道的安装标高，从而掌握管道的安装位置。

在热水采暖系统中，供水水平干管的坡度顺水流方向越走越高，回水水平干管的坡度顺水流方向越走越低。

（3）识读详图

建筑供暖详图一般包括热力入口、管沟断面、设备安装、分支管大样等。

3.4.2 热水供暖施工图识读

参照图 3-29~ 图 3-32，以某小学教学楼室内供暖施工图为例，学习识读方法。

1. 阅读设计施工说明

该建筑为四层，热负荷为 160kW，与供热外网直接连接，供暖热媒为热水，供回水设计温度为 95℃ /70℃；管道材质为非镀锌钢管，DN ≤ 32mm 时采用螺纹连接，DN > 32mm 时采用焊接；阀门均采用闸阀；散热器采用四柱 760 型铸铁散热器，并落地安装；管道与散热器均明装，并刷防锈漆两道，调和漆两道；敷设在地沟内的供回水干管均刷防锈漆两道，并做保温处理；系统试验压力为 0.3MPa；其他按现行施工验收规范执行。

2. 识读平面图

图 3-29 为底层供暖平面图。系统供回水总管设置在④轴线右侧，回水干管在室内地沟内敷设，供水管用实线绘制，回水管用虚线绘制。该系统中共 11 根供水立管，散热器位于外墙窗下，该层每个散热器的组数可由平面图查出。

图 3-30 为二、三层供暖平面图。由此可以看出供水立管的位置、立管的编号、散热器的位置及标注的散热器数量等。

图 3-31 为四层供暖平面图。图上标注了供水立管的编号，可以看到各组散热器的位置及数量。

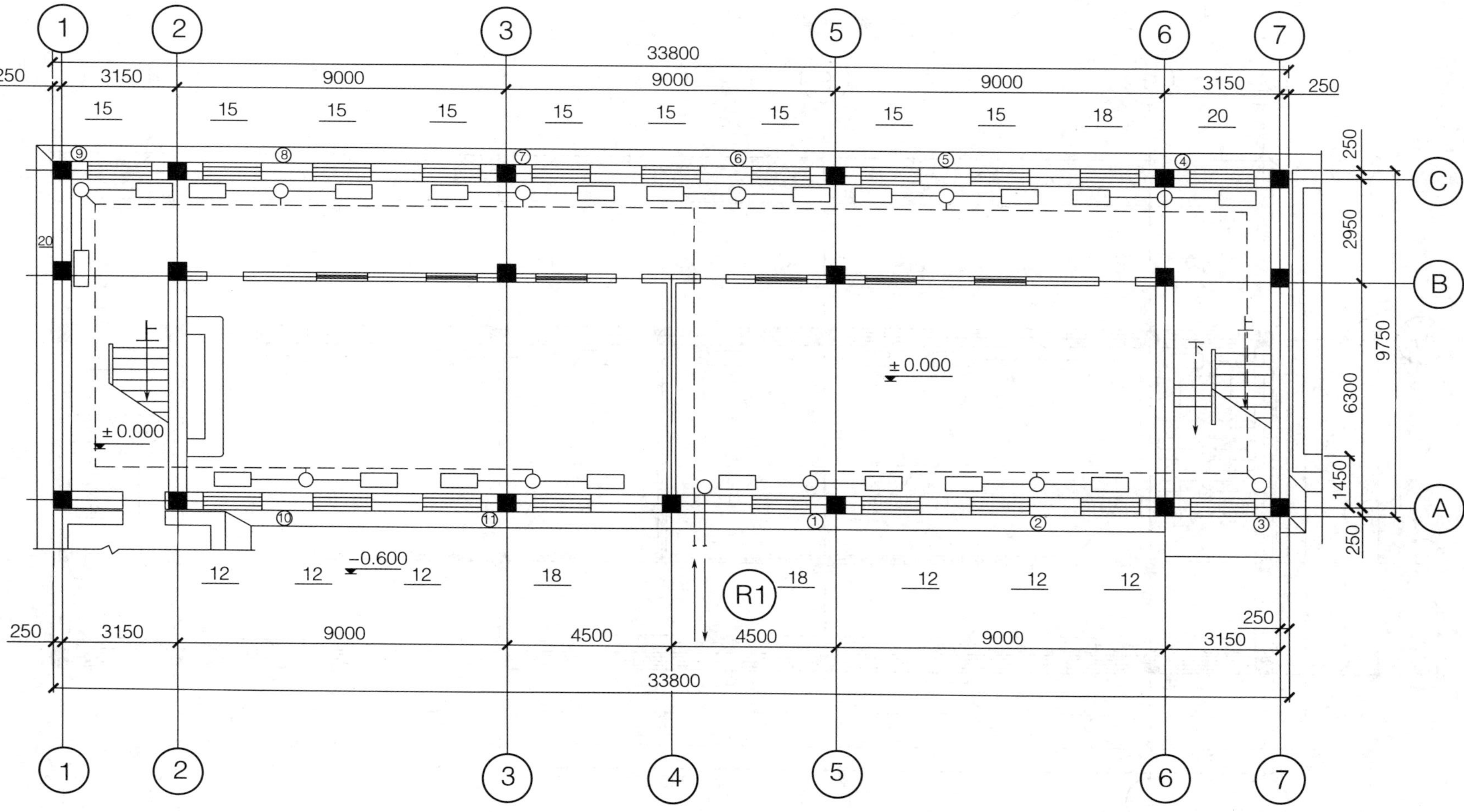

设计说明：1. 本工程采暖形式为机械循环上供下回单管同程式；2. 散热器选用四柱 760 型散热器

图 3-29　某小学教学楼底层供暖平面图

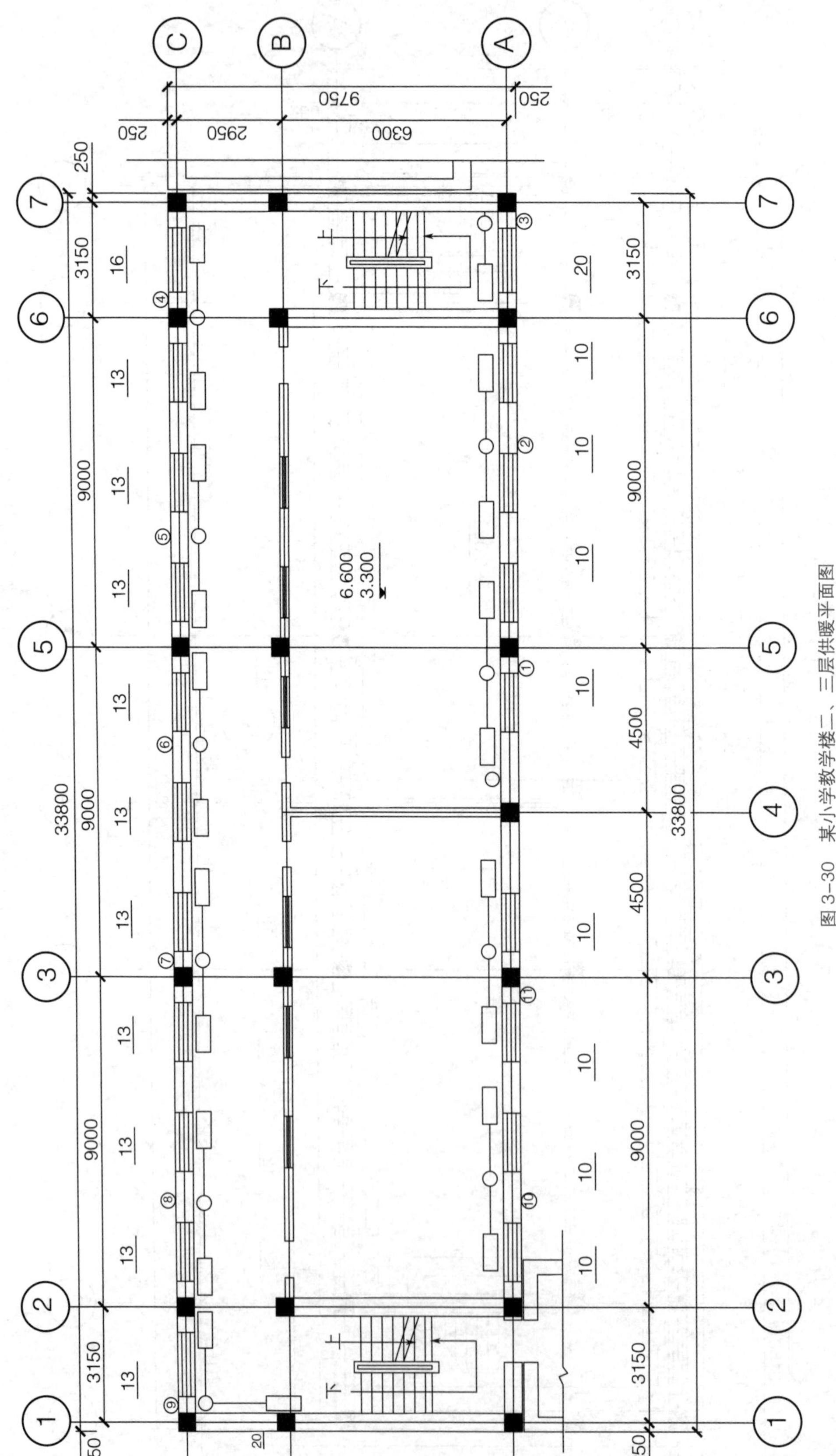

图 3-30　某小学教学楼二、三层供暖平面图

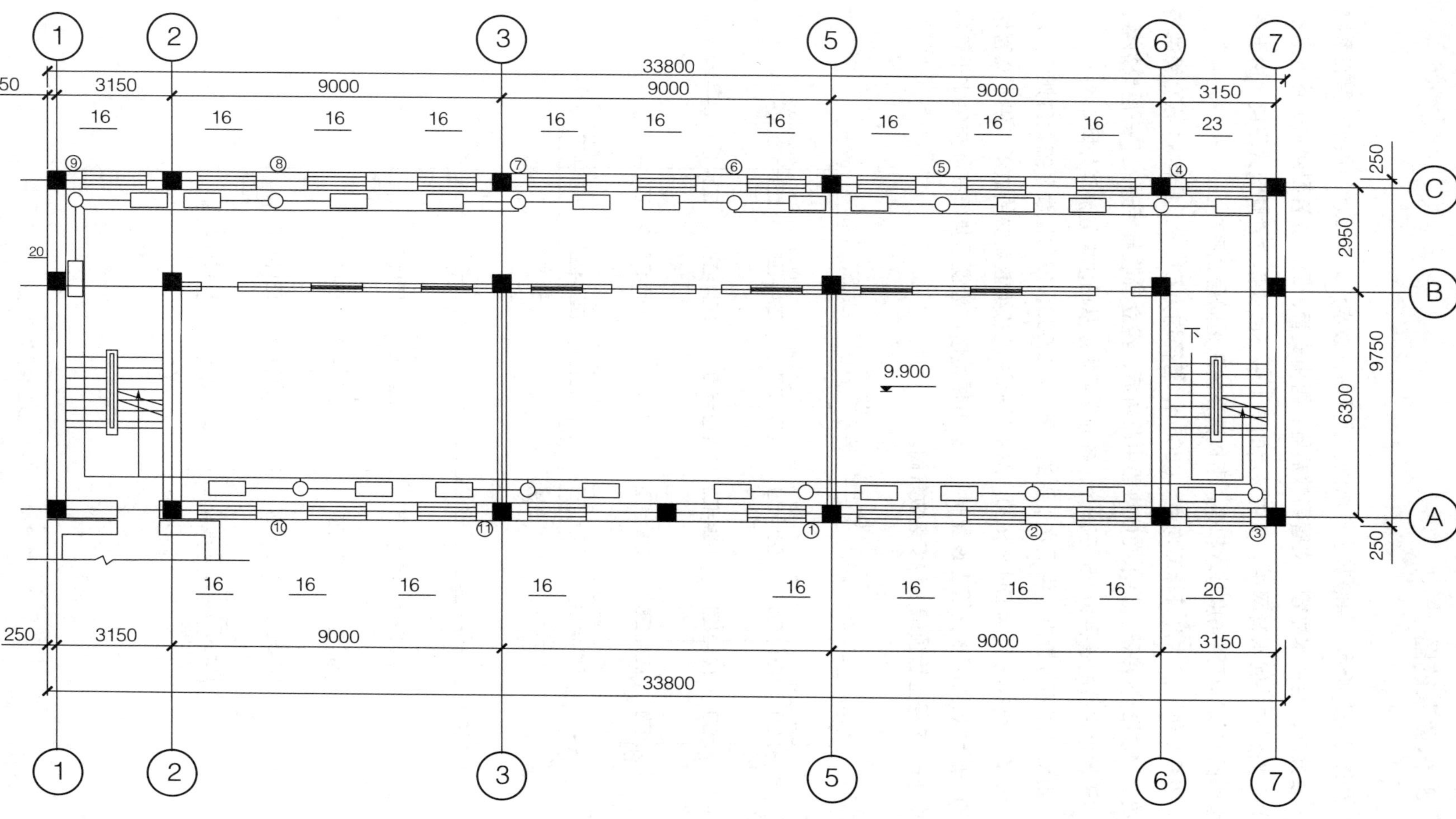

图 3-31 某小学教学楼四层供暖平面图

3. 识读系统图

如图 3-32 所示，供暖热水自总供水管开始，按水流方向依次经供水干管在系统内形成分支，经供水立管、支管到散热器，再由支管、回水立管到回水干管流出室内并汇集到室外回水管网中。系统采用的是上供下回式单立管顺流式系统。由于各立管供回水循环环路长度基本相等，所以该系统还是同程式系统。

该系统供、回水总管标高均为 -1.800m，管径均为 DN50，共有 11 根立管供热水给 2~4 层的散热器，热水在散热器中散热后，经立管收集后进入下一层散热器，回水干管始末端的管径为 25~50mm，各分支汇集后从回水总管流至外网。

由系统图还可看出，供回水干管的坡度 i = 0.003，坡向供暖系统入口处。供水立管支管的管径分别为 DN25×20。图中还标注了各组散热器的数量。供水立管始端和一层散热器回水支管上设置阀门，以方便检修。为便于排气在 4 层供水干管的末端（6、7 号立管顶端）均安装放气阀。

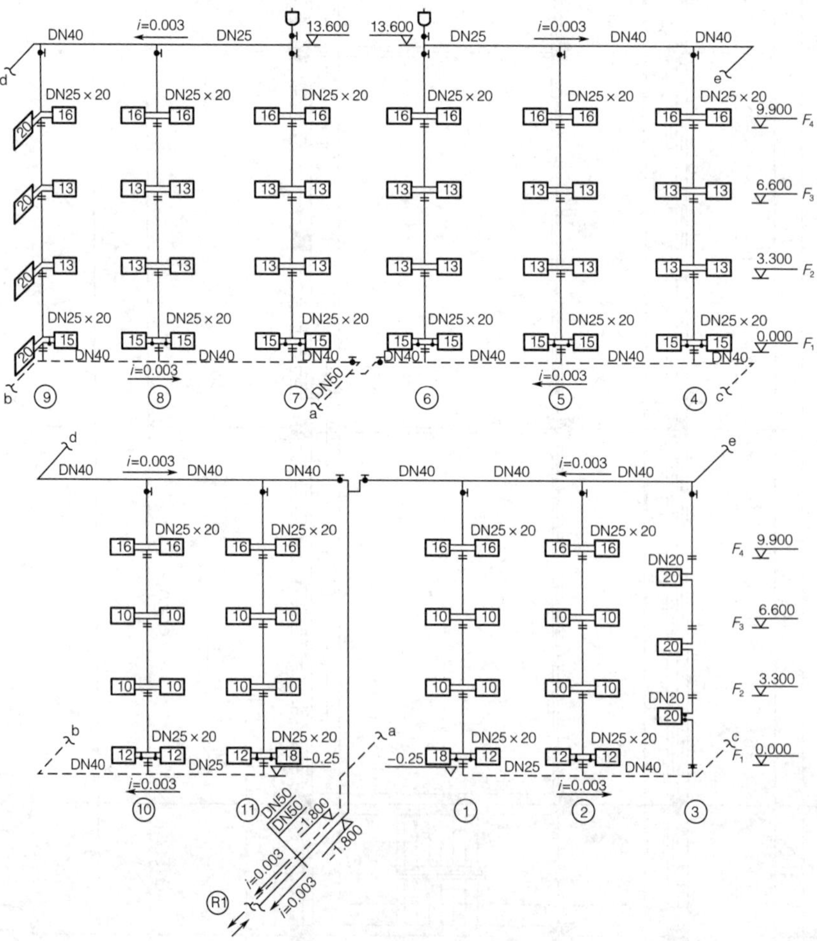

图 3-32　某小学教学楼供暖系统图

3.4.3 低温地板辐射供暖施工图识读

低温热水地板辐射供暖施工图与普通热水供暖施工图不同之处在于：低温热水地板辐射供暖施工图不仅要统计管道材料，还要统计辐射地板结构层的材料（保温层、塑料布、钢丝网格、管卡、豆石混凝土等）及施工，其中豆石混凝土需要由土建施工完成。辐射地板的面层（地砖或地板）则需由装饰工程施工。

某村委会办公楼地板辐射热水供暖工程部分施工图如图 3-33~ 图 3-37 所示。

1. 阅读设计施工说明

1）设计说明：工程为某村委会村委办公楼，地下一层，地上六层。一、二层为商铺，三 ~ 六层是办公室。建筑办公室采用低温热水辐射供暖系统。

2）设计依据（略）。

3）设计参数：

①室外计算参数：冬季供暖计算温度为 -11℃。

②室内计算参数：办公室为 18℃；卫生间为 20℃。

③本建筑住宅供暖按节能标准设计，主要热工参数如下：

屋顶传热系数 K_1 = 0.63W/(m^2·K)；外墙传热系数：K_2 = 0.6W/(m^2·K)；南向窗户传热系数 K_3 = 3.0W/(m^2·K)；北向窗户传热系数：K_4 = 2.7W/(m^2·K)。

4）供暖系统设计：

①热媒：地下室散热器供暖部分热媒为 80℃ /60℃的热水；低温热水部分热媒直接接城市热网，为 55℃ /45℃的低温热水，在院内辅助用房设高低温直连机组。

②管材：地下室供暖埋地管道采用聚氨酯保温聚氯乙烯保护直埋保温管（又称塑套钢），焊接连接。地板辐射供暖采用交联聚乙烯（PE-X）管材，规格为 ϕ20×2.0m，热媒集配装置采用集分水器，挂墙安装。其余供暖管道采用热镀锌钢管。

③主要设计指标如下：

供暖面积 2310.8m^2；供暖热负荷 157kW；供暖热指标 68W/m^2；系统阻力 28.9kPa。

5）施工要求：包括管材连接方式、防腐、管道安装要求、试压和冲洗等施工要求。

2. 识读平面图

1）地下室供暖平面图。地面标高为 -3.300m，热力入口位于⑩轴与Ⓗ轴交接处附近，并在室外设有热力管道井便于阀门启闭及仪表的维护。从热力入口接出的供回水总管穿墙进入地下室后向上抬高，沿顶棚下安装。其中供水干管在⑩轴与Ⓗ轴交接处分为南北两个支路，南面支路上连接有 L1~L3 三根供水立管，北面支路上连接有 L4~L6 四根供水立管；回水干管在①轴与Ⓗ轴交接处分为南北两个支路，南面支路上连接有 L1~L3 三根回水立管，北面支路上连接有 L4~L6 四根回水立管。

2）供暖平面图。以一层大堂为例，共设有三组地热盘管，其中南面两组盘管长度分别为 86m 和 82m，分别连接在③轴与Ⓐ轴交接处附近的分集水器上，该分集水器与立管 L1 相连接；北面一组盘管长度为 57m，连接在②轴与Ⓗ轴交接处附近的分集水器上，该分集水器与立管 L4 相连接。盘管间距如图 3-35 所示，分集水器与立管的连接管上安装有球阀等附件。

3. 识读系统图

从热力入口接出的供回水总管标高为 -1.500m，穿墙进入地下室后向上抬高至 -0.800m，供回水干管道设有 0.003 的坡度。各供回水立管与供回水干管连接处均设有截止阀。分水器与供水立管的连接管标高为 0.6m，集水器与回水立管的连接管标高为 0.4m。各供回水立管的顶部均设有自动排气阀。图中标明了各立管管径。

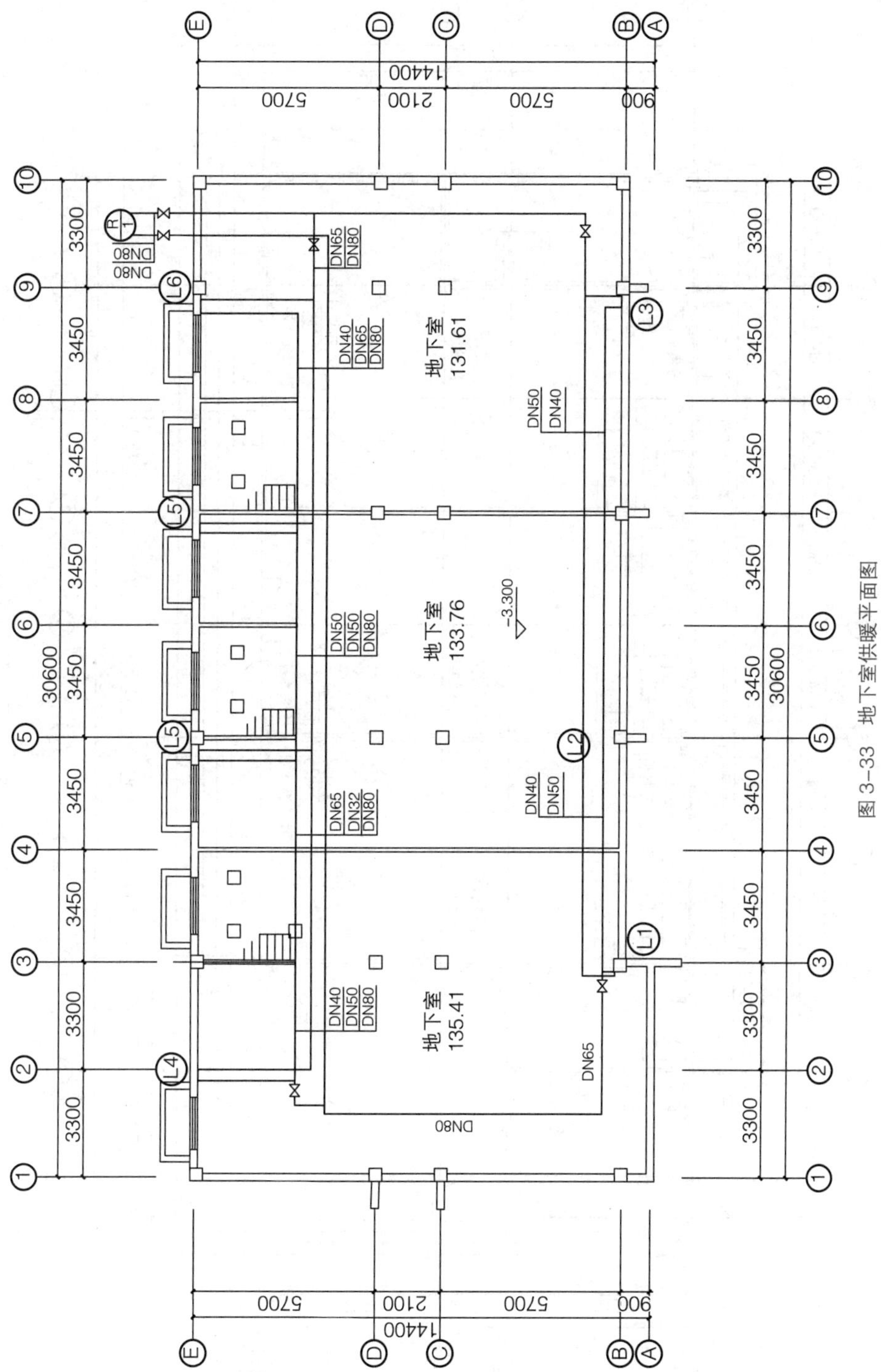

图 3-33　地下室供暖平面图

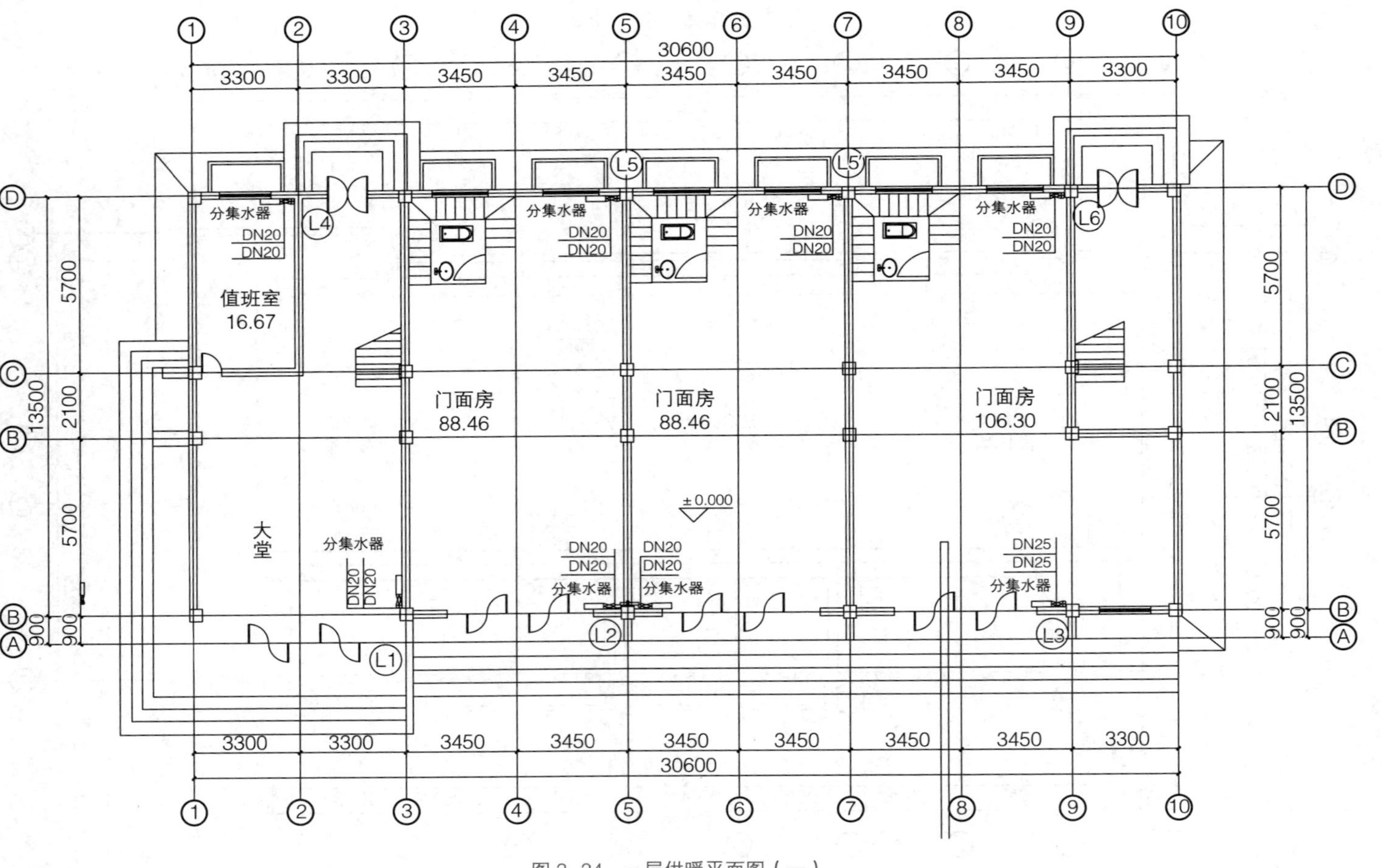

图 3-34 一层供暖平面图（一）

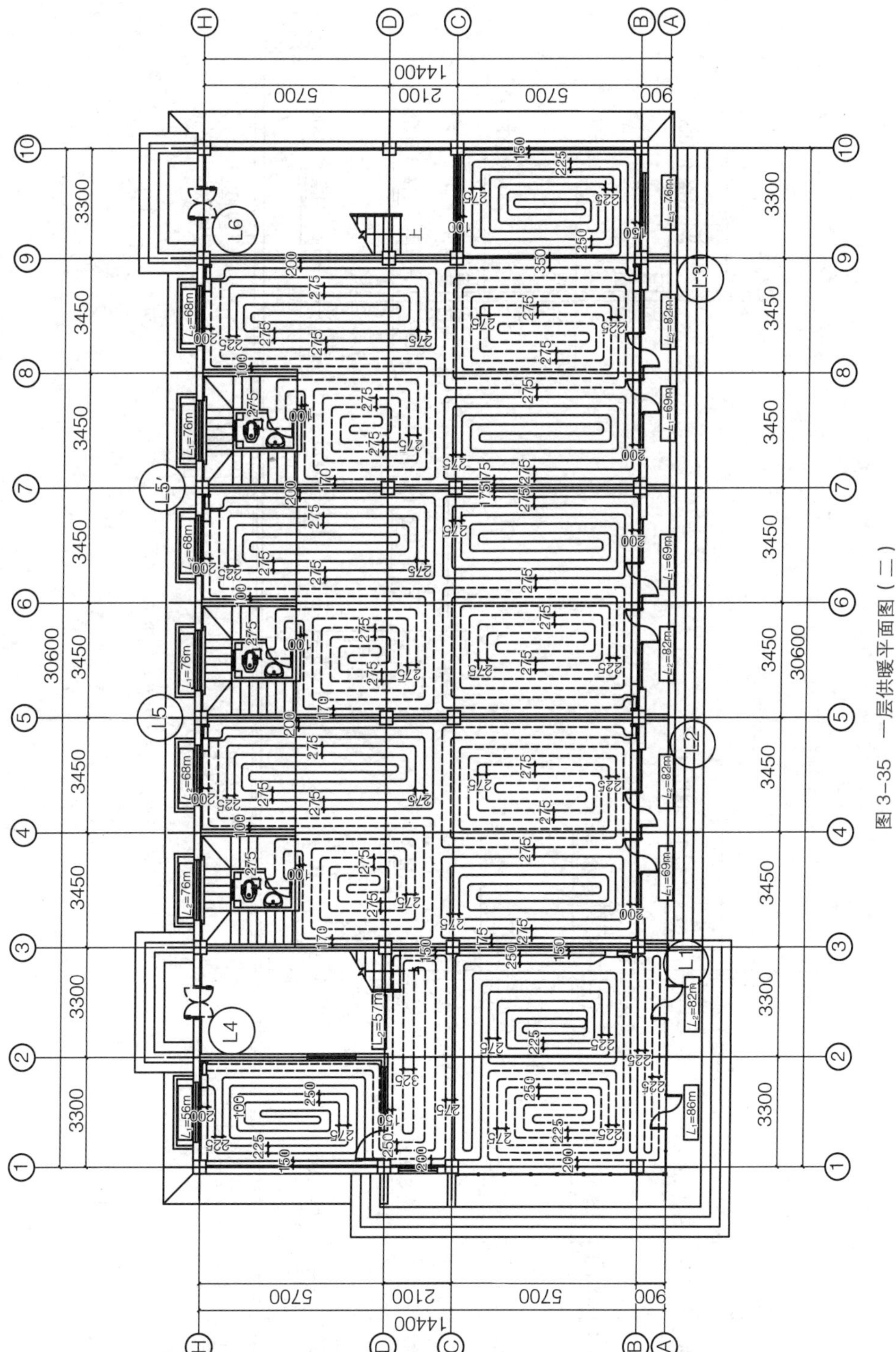

图 3-35　一层供暖平面图（二）

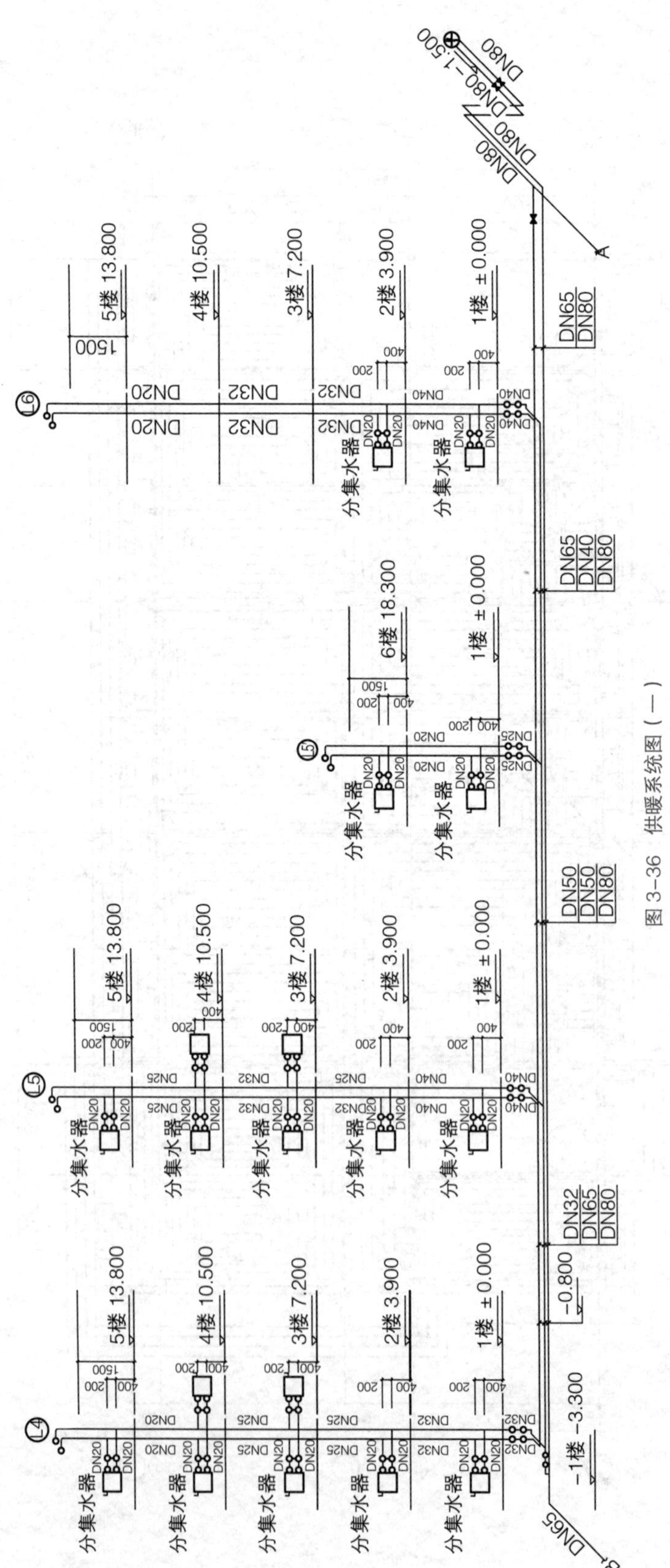
分集水器
L4
L5
L6
5楼 13.800
4楼 10.500
3楼 7.200
2楼 3.900
1楼 ±0.000
6楼 18.300
−1楼 −3.300
−0.800
DN80
DN65
DN50
DN40
DN32
DN25
DN20
DN80 −1.500

图 3-36 供暖系统图（一）

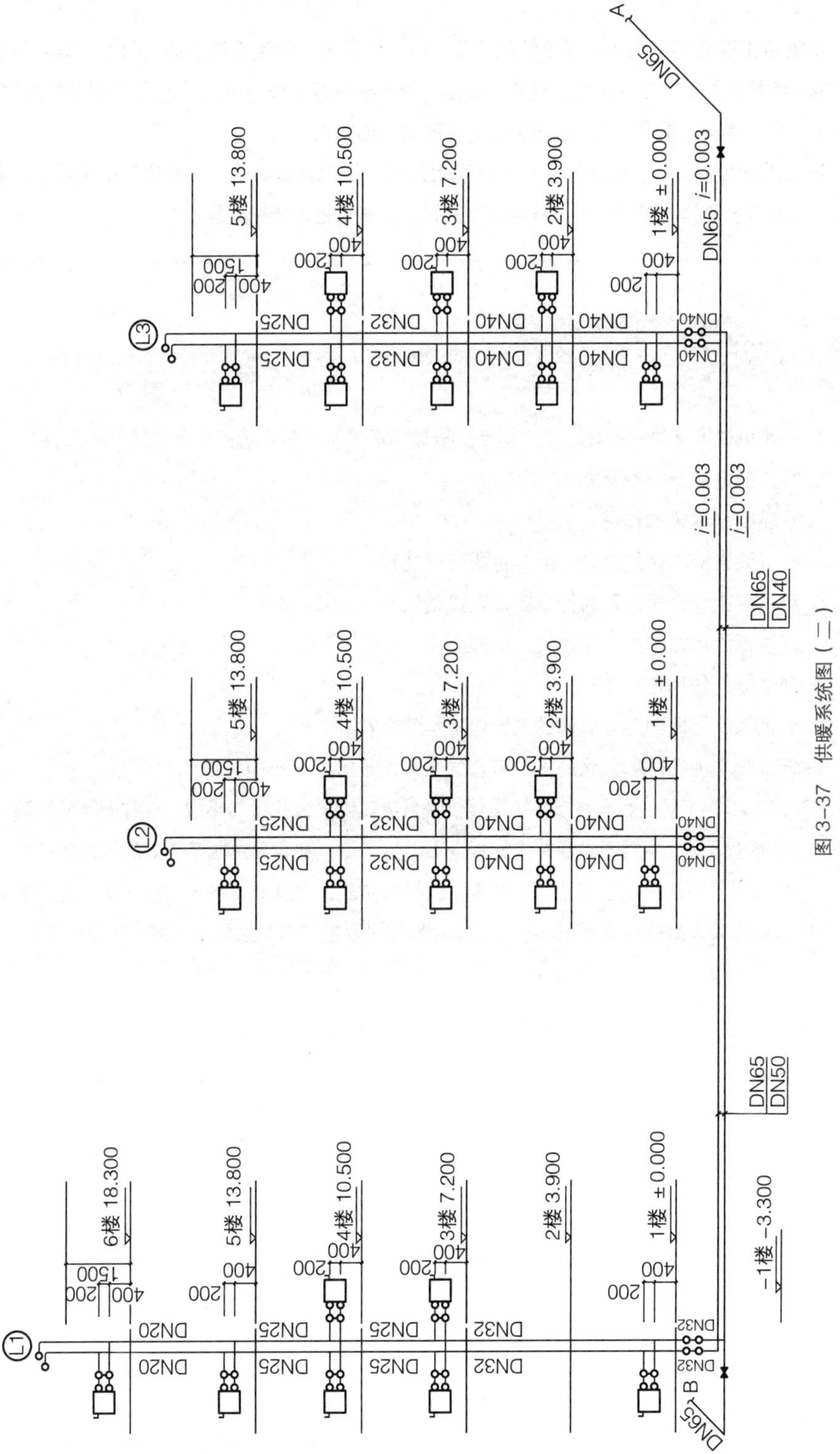

图 3-37　供暖系统图（二）

【思政提升】

本项目主要介绍了热水供暖系统的分类、原理及形式，供暖系统设备及附件，低温热水地板辐射供暖的加热管、辐射地板的结构，低温地板辐射供暖系统的组成，以及建筑供暖系统的布置要求。结合案例，重点介绍了建筑供暖施工图的识读方法。

通过本项目的学习，希望同学们增强环保意识，提倡低碳环保，从身边的小事做起。敬业爱岗，培养自己科学严谨的态度，杜绝以次充好，实事求是，严格监督。

【课后习题】

1. 简述机械循环热水供暖系统的特点。机械循环热水供暖系统的主要形式有哪几种?
2. 常见的散热器类型有哪些?
3. 阐述膨胀水箱的作用。
4. 排气装置的作用是什么? 国内主要有哪几种?
5. 热量表由什么组成? 为什么要设置热量表?
6. 阐述低温地板辐射供暖系统的组成。
7. 补偿器的作用是什么?
8. 识读供暖平面图与系统图的主要内容是什么?
9. 低温热水地板辐射供暖施工图与普通热水供暖施工图不同在哪里?
10. 2020 年 11 月，我国某市某居民楼供暖管道在供暖当晚突然爆裂，电梯间厢顶因漏水停止运行，水顺着水表井内的管道不断向下流，部分业主刚装修好的墙面也被水给泅了，新房变成了水帘洞。经查：管材材质差，强度低，耐压性能差是上述供暖管道爆裂事故的主要原因。请问：此次事件对我们日常生活和工作的启示是什么?

项目 4　建筑通风空调系统识图与施工

【学习目标】

1. 知识目标

掌握建筑通风系统的原理及形式、通风系统的主要设备及附件；熟知全空气空调系统组成与主要设备、风机盘管加新风空调系统组成与主要设备；了解建筑防烟、排烟系统、风管材料；了解建筑通风与空调系统安装要求。掌握建筑通风与空调施工图的识读方法，准确识读建筑通风与空调施工图。

2. 思政目标

认真学习规范，严格遵守规范，增强遵纪守法意识。坚持可持续发展理念，倡导低碳环保。

思维导图

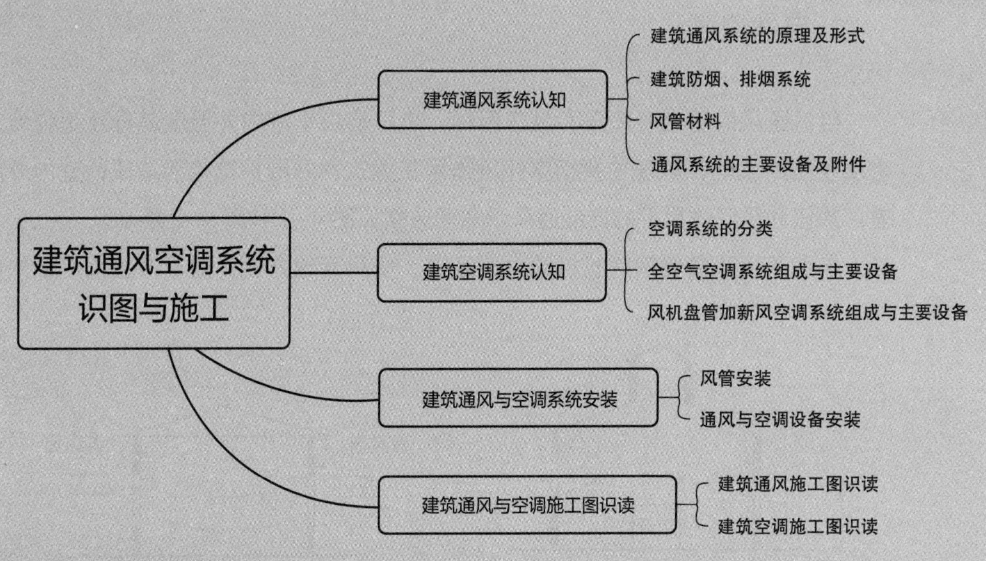

建筑通风空调系统识图与施工

- 建筑通风系统认知
  - 建筑通风系统的原理及形式
  - 建筑防烟、排烟系统
  - 风管材料
  - 通风系统的主要设备及附件
- 建筑空调系统认知
  - 空调系统的分类
  - 全空气空调系统组成与主要设备
  - 风机盘管加新风空调系统组成与主要设备
- 建筑通风与空调系统安装
  - 风管安装
  - 通风与空调设备安装
- 建筑通风与空调施工图识读
  - 建筑通风施工图识读
  - 建筑空调施工图识读

任务 4.1 建筑通风系统认知

4.1.1 建筑通风系统的原理及形式

根据通风服务对象的不同可分为民用建筑通风和工业建筑通风。民用建筑通风是对民用建筑中人员及活动所产生的污染物进行治理而进行的通风；工业建筑通风是对生产过程中的余热、余湿、粉尘和有害气体等进行控制和治理而进行的通风。

根据通风系统动力的不同可分为自然通风和机械通风。自然通风是依靠室外风力造成的风压以及由室内外温差和高度差产生的热压使空气流动的通风方式；机械通风是依靠风机造成的压力作用使空气流动的通风方式。

根据通风的作用范围不同可分为局部通风和全面通风。局部通风是指为改善室内局部空间的空气环境，向该空间送入或从该空间排出空气的通风方式；全面通风也称稀释通风，它是对整个车间或房间进行通风换气，将新鲜的空气送入室内，以改变室内的温、湿度和稀释有害物的浓度，同时把污浊空气不断排至室外，使工作地带的空气环境符合卫生标准的要求。

1. 自然通风

自然通风的动力有热压和风压两种。热压是由于室内外温度差导致室内外空气密度差所产生的；风压主要指室外风作用在建筑物外围护结构而造成的室内外静压差。热压和风压作用下的自然通风示意图分别如图 4-1 和图 4-2 所示。

自然通风不需要消耗机械动力，经济、使用管理方便，对于产生大量余热的车

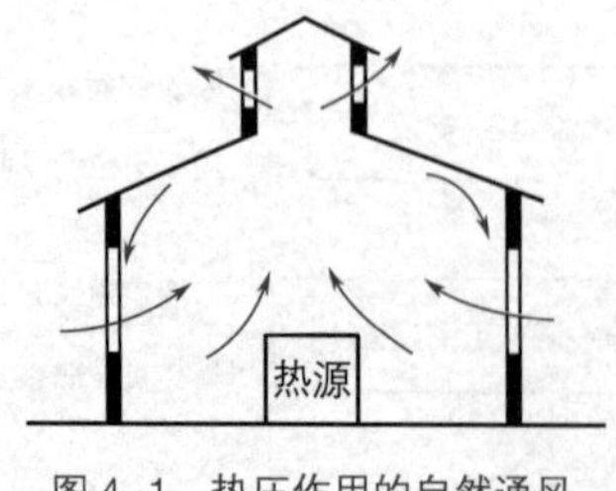

图 4-1 热压作用的自然通风

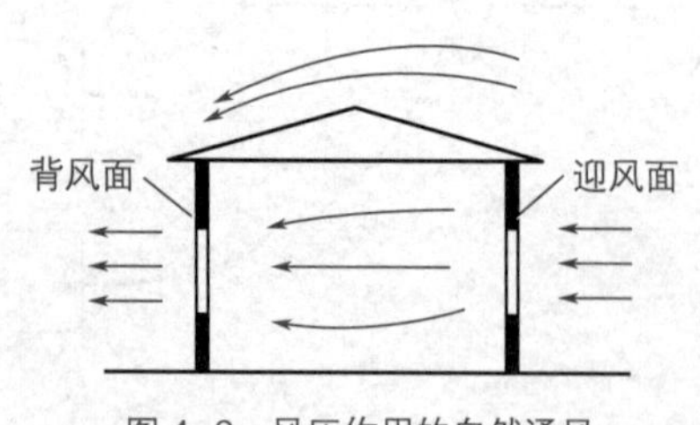

图 4-2 风压作用的自然通风

间，利用自然通风可以获得较大的换气量，是一种经济有效的通风方式[①]。但是自然通风易受室外气象条件的影响，特别是风力的作用很不稳定，所以自然通风主要用于热车间排除余热的全面通风。

2. 局部通风系统

局部通风系统又分为局部送风系统和局部排风系统。

（1）局部送风系统

局部送风系统是以一定的速度将空气直接送到指定地点的通风方式。对于面积较大，工作地点比较固定，操作人员较少的生产车间，用全面通风的方式改善整个车间的空气环境是困难的，而且也不经济。通常在这种情况下，可以采用局部送风，形成对工作人员合适的局部空气环境。局部送风系统可分为系统式和分散式两种。

1）系统式局部送风

系统式局部送风是通过送风管道及送风口，将室外新风以一定风速直接送到工人的操作岗位，也称作空气淋浴或岗位吹风，如图 4-3 所示，使局部地区空气品质和热环境得到改善。

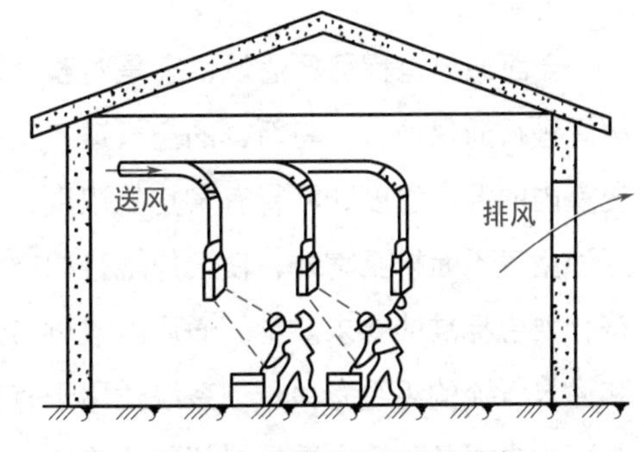

图 4-3　系统式局部送风系统

2）分散式局部送风

风扇送风：采用轴流风扇或喷雾风扇在高温车间内部进行局部送风，适用于对空气处理要求不高，可采用室内再循环空气的地方。常用风扇一般包括普通风扇、喷雾风扇等。

空气幕：空气幕是利用条状喷口喷出一定速度和温度的幕状气流，用于隔断室内外空气对流的送风装置。其作用是减少或隔绝外界气流的侵入，阻挡粉尘、有害气体及昆虫的进入，维持室内或某一工作区域的环境条件。

空气幕由空气处理设备、风机、风口三者组合而成，如图 4-4 所示。

（2）局部排风系统

局部排风系统由排气罩、风管、净化设备和风机等组成，如图 4-5 所示。它是防止工业有害物污染室内空气最有效的方法，在有害物产生的地点直接将它们捕集起来，经过净化处理，排至室外。与全面通风相比，局部排风系统需要的风量小、效果好，设计时应优先考虑[②]。

① 结合自然通风是一种经济有效的通风方式融入【德育：绿色节能、人与自然和谐共处】。
② 结合局部排风相对于全面通风的优势融入【德育：选型与工程实际相结合、务实、节能】。

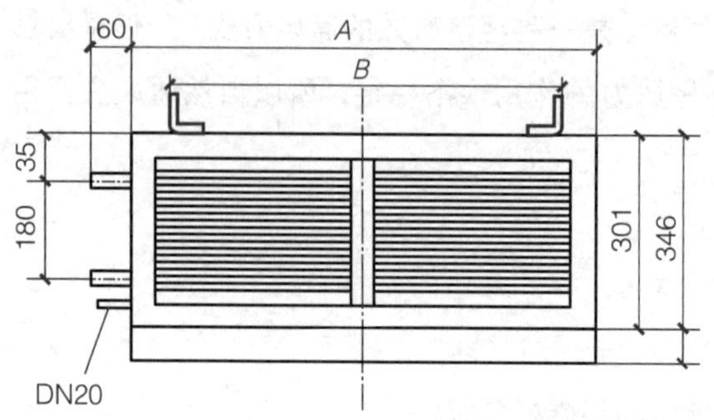

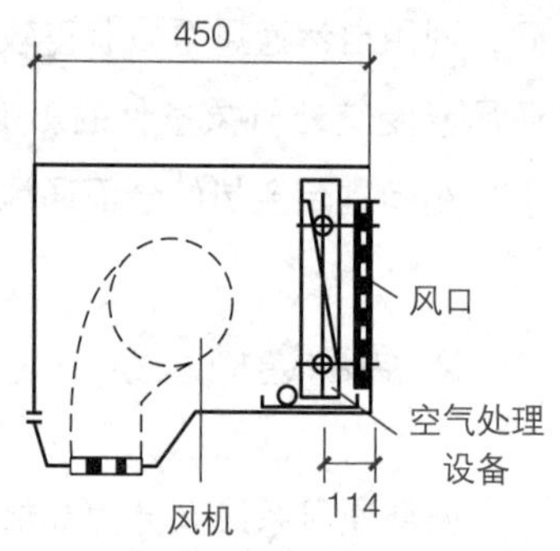

图 4-4　空气幕构造示意图

局部通风一般用于工矿企业，民用建筑中的厨房排油烟系统也属于局部通风。

3. 全面通风系统

全面通风也称稀释通风，它是对整个车间或房间进行通风换气，将新鲜的空气送入室内以改变室内的温、湿度和稀释有害物的浓度，同时把污浊空气不断排至室外，使工作地带的空气环境符合卫生标准的要求。全面通风的效果与通风量和通风气流的组织有关。该系统适用于有害物分布面积广以及不适合采用局部通风的场合，它所需的风量大，设备较为庞大。

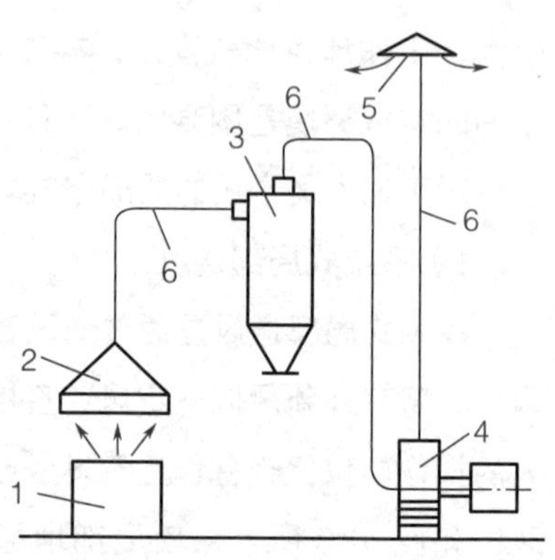

图 4-5　局部排风系统
1—有害物源；2—排气罩；3—净化装置；4—排风机；5—风帽；6—风道

全面通风系统又可分为全面送风、全面排风和全面送排风。

(1) 全面送风

全面送风是指向整个车间全面均匀地进行送风的方式。图 4-6 所示为全面机械送风系统，它利用风机把室外大量新鲜空气经过风道、风口不断送入室内，将室内空气中的有害物浓度稀释到国家卫生标准的允许范围内，以满足卫生要求，这时室内处于正压，室内空气通过门、窗压排至室外。

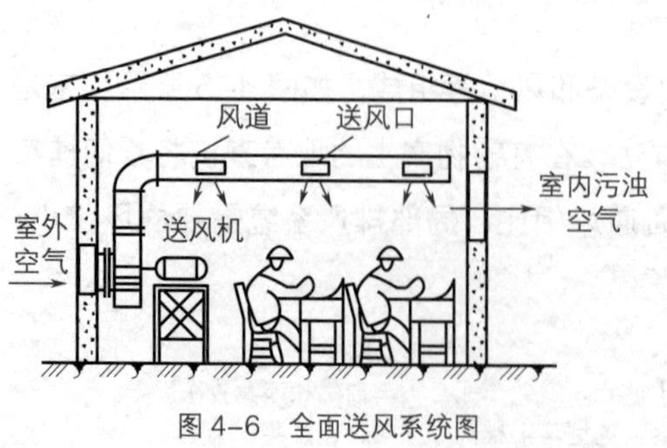

图 4-6　全面送风系统图

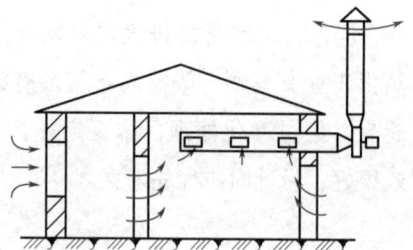

图 4-7　全面排风系统图

（2）全面排风

全面排风既可以利用自然排风，也可以利用机械排风。图 4-7 所示为在生产有害物的房间设置全面机械排风系统，它利用全面排风将室内的有害气体排出，而进风来自不产生有害物的邻室和本房间的自然进风，这样，通过机械排风造成一定的负压，可以防止有害物向卫生条件好的邻室扩散。

（3）全面送排风

在很多情况下，一个车间可同时采用全面送风系统和全面排风系统相结合的全面送、排风系统，如门窗密闭、自然排风和进风比较困难的场所。可以通过调整送风量和排风量的大小，使房间保持一定的正压或负压。图 4-8 所示为全面送、排风系统。

全面通风系统一般是由进风百叶窗、空气过滤器、空气处理器、通风机、风道、送排风口等设备组成。地下车库的送风排烟系统就属于全面通风。

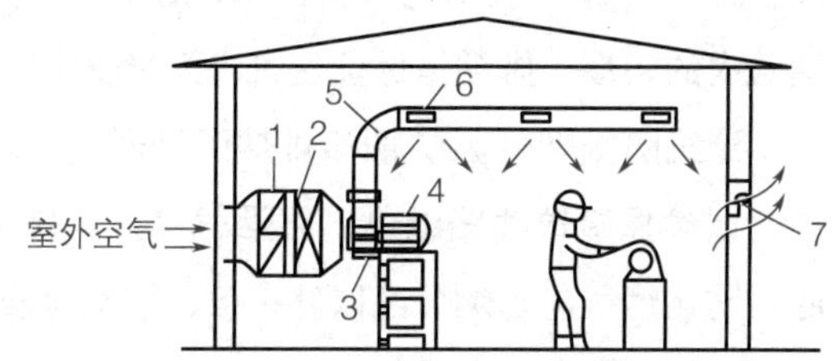

图 4-8　全面机械送排风系统

1—空气过滤器；2—空气处理器；3—通风机；4—电机；5—送风管；6—送风口；7—排风口

4. 事故通风

事故通风是用于排除或稀释生产车间内发生事故时突然散发大量有害物质、有爆炸危险的气体或蒸气的通风方式。为了防止其对工作人员造成伤害和财产损失而设置的排风系统称事故通风系统。

事故通风只是在紧急的事故情况下使用，因此排风可以不经净化处理而直接排向室外而且也不必设机械补风系统，可由门、窗自然补入空气[①]。但应注意留有空气自然补入的通道。

4.1.2 建筑防烟、排烟系统

火灾时产生的烟气是造成人员伤亡的主要原因。在建筑火灾事故的死伤者中，大多数是由于吸入烟气而窒息或中毒所造成的；烟气的遮光作用又使人逃生困难而被困于火灾中。因此，火灾发生时应当及时对烟气进行控制，并在建筑物内创造无

① 结合事故通风可以不经净化处理而直接排向室外的特色融入【德育：辩证看待问题、抓矛盾的主要方面】。

烟（或烟气含量极低）的水平和垂直的疏散通道或安全区，以保证建筑物内人员安全疏散或临时避难和消防人员及时到达火灾区扑救。

在高层建筑中，疏散通道的距离长，人员逃生更困难，对生命威胁更大，因此在这类建筑物中烟气的控制尤为重要。建筑高度大于 27m 的住宅建筑（包括设置商业服务网点的住宅建筑），建筑高度大于 24m 的非单层厂房、仓库的公共建筑等应遵循我国《建筑设计防火规范（2018 年版）》GB 50016—2014 的规定进行防烟、排烟系统设计①。

防烟、排烟系统的作用是及时排除火灾产生的大量烟气，阻止烟气向防烟分区外扩散，确保建筑物内人员的顺利疏散和安全避难，并为消防救援创造有利条件。建筑内的防烟、排烟是保证建筑内人员安全疏散的必要条件。

建筑防排烟分为防烟和排烟两种形式。防烟的目的是将烟气封闭在一定的区域内，以确保疏散线路畅通，无烟气侵入。排烟的目的是将火灾时产生的烟气及时排除，防止烟气向防烟分区以外扩散，以确保疏散通路和疏散所需时间。

1. 控制烟气流动的主要方法

（1）划分防火和防烟分区

墙、楼板、门等都具有隔断烟气传播的作用，为了防止火势蔓延和烟气传播，各国的法规中都对建筑物内部间隔作了明文规定，规定建筑物中必须划分防火分区和防烟分区。

1）防火分区是指用防火墙、楼板、防火门或防火卷帘等分隔的区域，可以将火灾在一定的时间内限制在局部区域内，不使火势蔓延，同时对烟气也起了隔断作用。防火分区是控制耐火建筑火灾的基本空间单元。

防火分区按照防止火灾向防火分区以外扩大蔓延的功能可分为两类：①竖向防火分区，用以防止多层或高层建筑物层与层之间竖向发生火灾蔓延；②水平防火分区，用以防止火灾在水平方向扩大蔓延。

竖向防火分区是指用耐火性能较好的楼板及窗间墙（含窗下墙），在建筑物的垂直方向对每个楼层进行的防火分隔。

水平防火分区是指用防火墙或防火门、防火卷帘等防火分隔物将各楼层在水平方向分隔出的防火区域。它可以阻止火灾在楼层的水平方向蔓延。防火分区应用防火墙分隔。确有困难时，可采用防火卷帘加冷却水幕或闭式喷水系统，或采用防火分隔水幕分隔。

① 结合根据《建筑设计防火规范》设计建筑物烟气控制融入【德育：学习规范、严格遵守规范、增强遵纪守法意识】。

高层建筑的竖直方向通常每层划分为一个防火分区，以耐火楼板（主要是钢筋混凝土楼板）分隔。

对于在两层或多层之间设有各种开口，如设有开敞楼梯、自动扶梯、中庭（共享空间）的建筑，应把连通部分作为一个竖向防火分区的整体考虑，且连通部分各层面积之和不应超过允许的水平防火分区的面积。

2）防烟分区是指采用挡烟垂壁（图 4-9）、隔墙或从顶板下突出不小于 50cm 的梁等具有一定耐火等级的不燃烧体来划分的防烟、蓄烟空间。防烟分区是有利于建筑物内人员安全疏散和有组织排烟，而采取的技术措施。防烟分区在防火分区中分隔，防烟分区、防火分区的大小及划分原则参见《建筑设计防火规范（2018 年版）》GB 50016—2014。图 4-10 为防火、防烟分区实例。

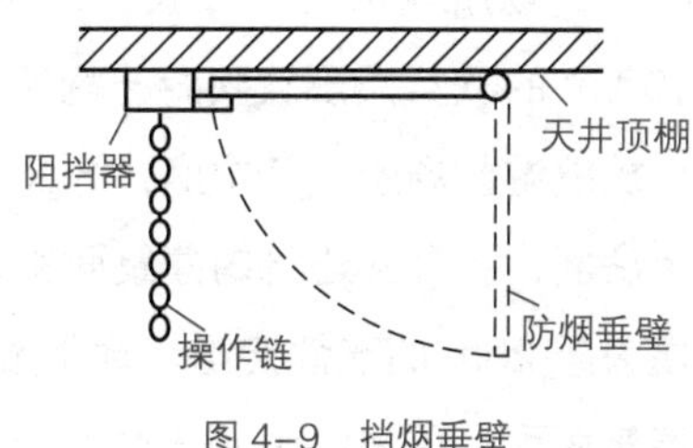

图 4-9　挡烟垂壁

（2）加压送风防烟

加压送风防烟是用风机把一定量的室外空气送入一房间或通道内，使室内保持一定压力或门洞处有一定流速，以避免烟气侵入。

（3）疏导排烟

利用自然或机械作为动力，将烟气排至室外称之为排烟。排烟的目的是排除着

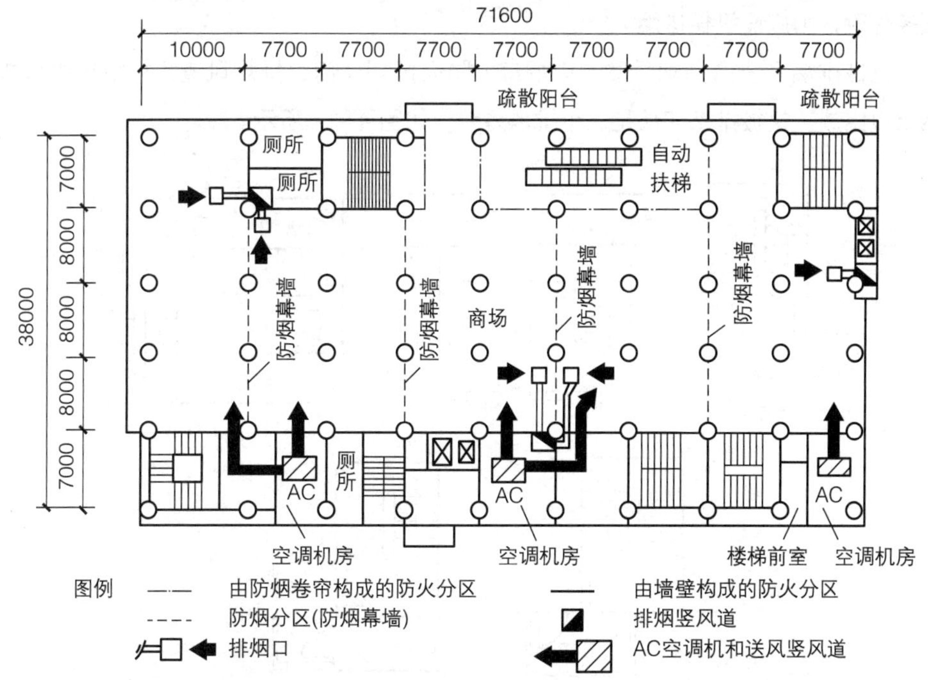

图 4-10　防火、防烟分区实例

火区的烟气和热量，不使烟气流向非着火区，以利于人员疏散和进行扑救。

2. 民用建筑的防排烟

根据《建筑设计防火规范（2018年版）》GB 50016—2014的规定，民用建筑的下列场所或部位应设置排烟设施：①设置在一、二、三层且房间建筑面积大于100m^{2}的歌舞娱乐放映游艺场所，设置在四层及以上楼层、地下或半地下的歌舞娱乐放映游艺场所；②中庭；③公共建筑内建筑面积大于100m^{2}且经常有人停留的地上房间；④公共建筑内建筑面积大于300m^{2}且可燃物较多的地上房间；⑤建筑内长度大于20m的疏散走道。地下或半地下建筑（室）、地上建筑内的无窗房间，当总建筑面积大于200m^{2}或一个房间建筑面积大于50m^2，且经常有人停留或可燃物较多时，应设置排烟设施。

（1）自然排烟

利用高温烟气产生的热压和浮力，以及室外风压造成的抽力，把火灾产生的高温烟气通过阳台、凹廊或在楼梯间外墙上设置的外窗和排烟窗排至窗外，这种自然排烟方式如图4-11所示。

（2）机械排烟

机械排烟就是使用排烟风机进行强制排烟，以确保疏散时间和疏散通道安全的排烟方式。机械排烟系统工作可靠、排烟效果好，当需要排烟的部位不满足自然排烟条件时，则应设机械排烟。

机械排烟系统由挡烟垂壁、排烟口、防火排烟阀门、排烟风道、排烟风机和排烟出口组成。机械排烟实质是一个排风系统，如图4-12所示。

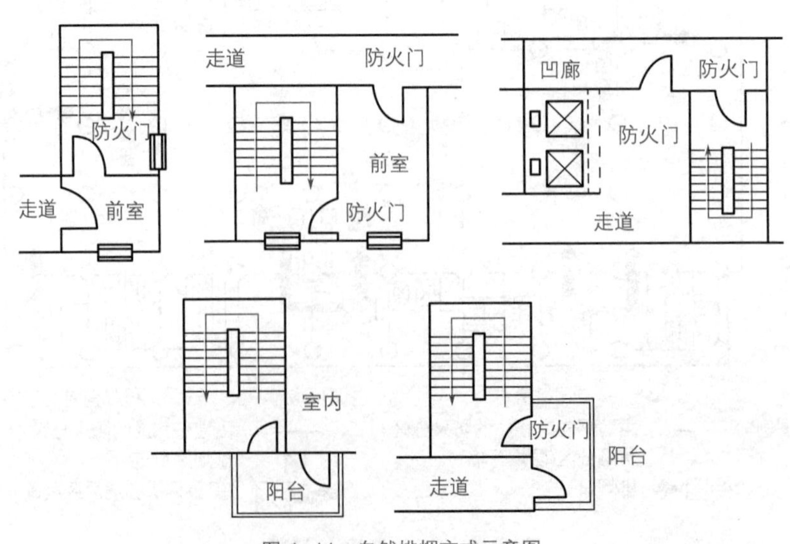

图4-11　自然排烟方式示意图

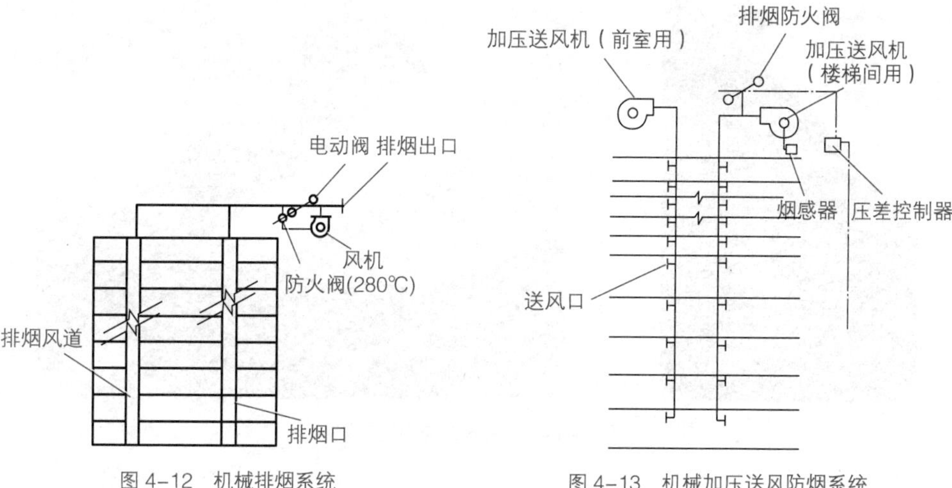

图 4-12　机械排烟系统　　　图 4-13　机械加压送风防烟系统

（3）机械加压送风防烟

机械加压送风防烟系统，由加压送风机、防火阀、送风口、烟感器、压差控制器等组成，如图 4-13 所示。

机械加压送风是利用送风机向防烟区送入一定量的室外新鲜空气，使之具有一定的正压，在楼梯间、前室或合用前室和走道中形成一定压力差，防止烟气侵入疏散通道，使空气流动方向是从楼梯间流向前室，由前室流向走道，再由走道流向室外或先流入房间再流向室外。气流流向与人流疏散方向相反，增加了疏散、援救与扑救火灾的机会。实践表明，机械加压防烟技术具有系统简单、可靠性高、建筑设备投资比机械排烟系统少等优点，近年来在高层建筑的防排烟设计中得到了广泛的应用①。

机械加压送风防烟系统的基本要求有：

1）楼梯间宜每隔 2~3 层设一个加压送风口，前室的加压送风口应每层设一个。

2）送风管道应采用不燃烧材料制作。

3）加压送风管应避免穿越有火灾可能的区域，当建筑条件限制时穿越有火灾可能区域的风管的耐火极限应不小于 1h。

4）送风管道应采用耐火极限不小于 1h 的隔墙与相邻部位分隔。

4.1.3 风管材料

风管兼具送风和排烟的功能，其布置如图 4-14 所示。

① 结合机械加压防烟技术在高层建筑中的应用融入【德育：案例引导，辩证法的思想看待和处理问题，学会抓住事物的主要矛盾】。

图 4-14　风管室外与室内布置

1. 风管材料

风管材料与通风系统的主要设备及附件

（1）薄钢板

薄钢板是制作通风管道和部件的主要材料，一般常用的有普通薄钢板和镀锌钢板。它的规格是以短边、长边和厚度来表示。

1）普通薄钢板：普通薄钢板有板材和卷材 2 种。这类钢板有较好的加工性能和较高的机械强度，价格便宜。由于表面易生锈，制作时需进行防腐处理。

2）镀锌钢板：镀锌钢板俗称“白铁皮”，常用的厚度一般为 0.5~1.5mm，其规格尺寸与普通薄钢板相同。镀锌钢板表面有保护层，可防腐蚀，一般不需刷漆，多用于防潮湿的风管系统，效果较好。

（2）不锈钢钢板

不锈钢有较高的塑性、韧性和机械强度，耐腐蚀，是一种不锈的合金钢。不锈钢钢板具有表面光洁，不易腐蚀和耐酸等优点，常用于输送含腐蚀性介质的通风系统或制作厨房排油烟风管等。

（3）铝板

铝板有纯铝和合金铝。合金铝板机械强度较高，抗腐蚀能力较差，通风工程用铝板多数为纯铝和经退火处理过的合金铝板。铝板色泽美观，密度小，有良好的塑性，耐酸性较强，常用于有防爆要求的通风系统。

（4）塑料复合钢板

在普通钢板上面粘贴或喷涂一层塑料薄膜，就成为塑料复合钢板。它的特点是耐腐蚀，弯折、咬口、钻孔等加工性能也较好。塑料复合钢板常用于空气洁净系统及温度在 -10~70℃范围内的通风与空调系统。

（5）硬聚氯乙烯塑料板

硬聚氯乙烯塑料板具有表面平整光滑、耐酸碱腐蚀性强、物理机械性能良好、制作方便等特点，但不耐高温和太阳辐射。其主要适用于 0~60℃的环境、有酸性腐蚀作用的通风管道。

（6）玻璃钢

玻璃钢是一种非金属性防腐材料，由玻璃纤维和合成树脂黏结剂制成。其特点是强度较高、重量轻、具有耐腐蚀性能。玻璃钢常用于排除腐蚀性气体的通风系统中。

保温玻璃钢风管将管壁制成夹层，夹心材料可以为聚苯乙烯、聚氨酯泡沫塑料、蜂窝纸等保温材料，用于需要保温的通风系统。

（7）砖、混凝土风道

在多层厂房车间垂直输送或建筑防排烟中，如采用砖砌或混凝土风道时，要求内壁光滑密实，严禁漏风或有水渗入风道内。

2. 风管的形状和规格

（1）风管断面形状

通风管道的断面有圆形和矩形，相同截面积下，圆断面风管周长最短；同样风量下，圆断面风管压力损失相对较小。因此，一般工业通风系统都采用圆形风管（尤其是除尘风管）。矩形风管易于和建筑配合，占用建筑层高较低，且制作方便，所以空调系统及民用建筑通风一般采用矩形风管。

（2）风管规格

为了最大限度地利用板材，实现风管设计、制作、施工标准化、机械化和工厂化，风管的断面尺寸（直径或边长）应按《通风与空调工程施工质量验收规范》GB 50243—2016 中规定的规格下料①。

4.1.4 通风系统的主要设备及附件

1. 通风机

通风机在管路中的作用是输送空气，通风机的基本结构是叶轮、电机、外壳。在通风工程中，根据通风机的作用原理可分为离心式、轴流式、斜流式及混流式风机等。

① 结合按《通风与空调工程施工质量验收规范》GB 50243—2016 中规定的规格下料融入【德育：学习规范、遵守规范】。

（1）轴流风机

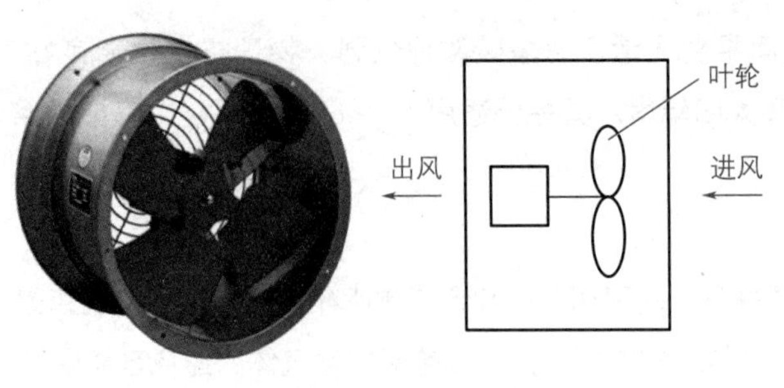

图 4-15　轴流风机

轴流风机是依靠叶轮的推力作用促使气流流动，它的气流方向与机轴向平行，如图 4-15 所示。这种风机由于安装简单，直接与风管相连，占用空间较小，因此其应用极为广泛。在侧墙上安装的排风扇属于轴流风机的一种。

（2）离心风机

图 4-16 所示是离心风机的外形及结构图。离心风机的一个显著特点是风量、风压的范围都较广，因此对各类通风系统所要求的参数都有较大的适用性①。

排烟风机可采用离心风机或采用排烟专用轴流风机，并应在其机房入口处设有当烟气温度超过 280℃时能自动关闭的排烟防火阀。排烟风机应要求在温度 280℃时能连续工作 30min。

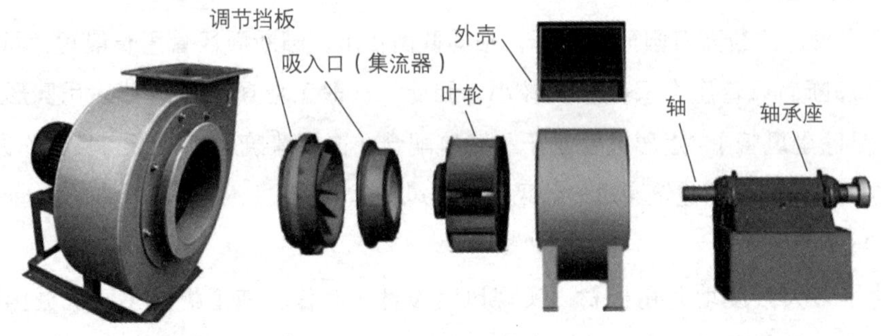

图 4-16　离心风机外形及结构图

（3）混流及斜流风机

这两种风机在外形上与轴流式风机类似，如图 4-17、图 4-18 所示，都属于管道式风机的范围，但它们工作原理却与轴流风机不相同。它们通过对叶片形状的改变，使气流在进入风机后，既有部分轴流作用，又产生部分离心作用。在安装方面，它们的特点与轴流风机相似，具有接管方便，占用空间较小等优点。

（4）屋顶风机

屋顶风机如图 4-19 所示，其叶轮可采用离心式或轴流式，外壳有多种形状，可以防止雨水进入，适用于厂房、仓库、高层建筑、实验室、影剧院、宾馆、医院等

① 结合国内离心风机技术现状融入【德育：认识离心风机技术国内外差距，主动学习，知难而进，对技术精益求精】。

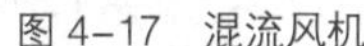
图 4-17　混流风机

图 4-18　斜流风机

图 4-19　屋顶风机

场合的排风。

2. 消声器

通风空调系统中的动力设备，如风机等会产生空气动力噪声。气流经过风管系统的各个管件、部件时，会产生气流再生噪声。消声器是一种具有吸声内衬或特殊结构形式，能够有效降低噪声的气流管道。在噪声控制技术中，消声器是应用最多、最广泛的降噪设备[①]。

消声器的种类很多，根据消声原理，可以分为四类：

(1) 阻性消声器

阻性消声器是利用敷设在气流通道内的多孔吸声材料（又称阻性材料）吸收声能、降低噪声而起到消声作用的。阻性消声器具有良好的中、高频消声性能，体积较小，广泛应用于空气动力设备的噪声控制技术中。

(2) 抗性消声器

抗性消声器是利用声波通道截面的突变（扩张或收缩），使沿通道传播的声波反射回声源，从而起到消声作用。它具有良好的低频或低中频消声性能。由于抗性消声器不需要多孔消声材料，因此不受高温和腐蚀性气体的影响。但这种消声器消声频段较窄，空气阻力大且占用空间多，一般宜在小尺寸的风管上使用。

(3) 共振性消声器

共振性消声器是一段开有一定数量小孔的管道同管外一个密闭的空腔连通而构成的一个共振系统。当外界噪声的频率和共振吸声结构的固有频率相同时，会引起小孔孔颈处空气柱强烈共振，空气柱与颈壁剧烈摩擦，从而消耗了声能，起到消声的作用。这种消声器具有较强的频率选择性，消声效果显著的频率范围很窄，一般用以消除低频噪声。

① 结合消声器控制噪声融入【德育：案例引领，解决风管噪声问题，采取有针对性的举措，小处入手、细部落脚】。

（4）阻抗复合式消声器

阻抗复合式消声器将阻性消声器与抗性或共振消声器原理组合设计在一个消声器中，克服了阻性消声器低频消声性能较差和抗性消声器高频消声性能较差的缺点，因此在通风空调系统消声、空气动力设备的消声等噪声控制工程中得到广泛应用。通风空调工程中应用较多的是国标 T701-6 型阻抗复合式消声器（图 4-20）。

微穿孔板消声器（图 4-21）是在共振式消声结构的基础上发展而来的，它由孔径小于 1mm 的微穿孔板和孔板背后的空腔构成。由于孔板的孔径小，可以利用自身孔板的声阻，取消阻性消声器穿孔板后的多孔吸声材料，使消声器的结构简化。微穿孔板消声器兼具抗性、阻性的特点，其消声频率范围较宽，气流阻力较小，不使用吸声材料，不起尘。在通风空调系统等降噪工程中广泛应用，并取得了令人满意的效果。

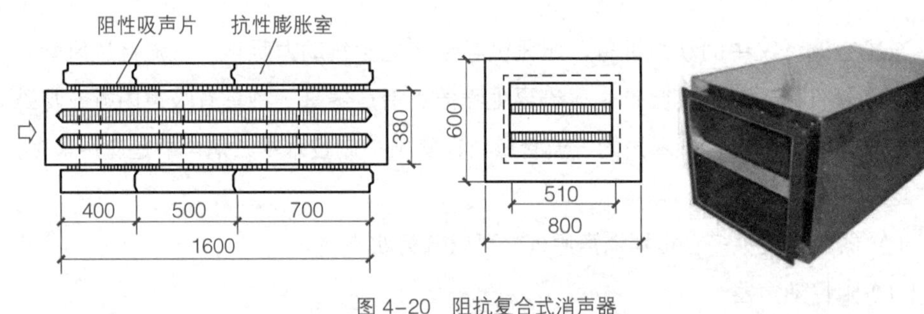

图 4-20　阻抗复合式消声器

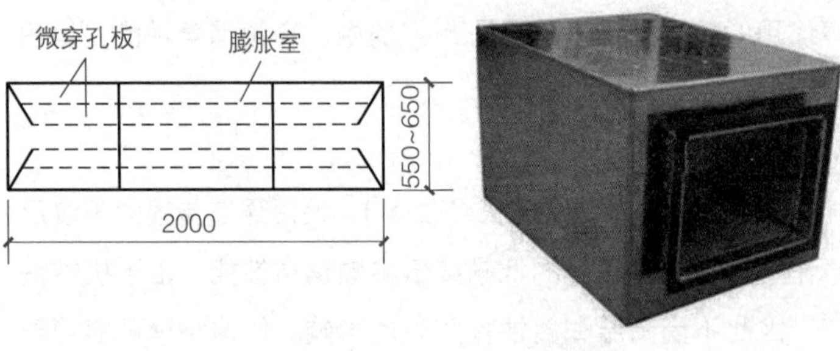

图 4-21　微穿孔板消声器

（5）其他形式的消声器

其他形式的消声器主要有消声弯头和消声静压箱两种。

当因空调机房面积小而难以设置消声器，或需对原有建筑物改善消声效果时，可采用消声弯头（图 4-22）。在风机出口处或在空气分布器前可设置消声静压箱（图 4-23）并贴以吸声材料，既可起到稳定气流的作用，又起到消声器的作用。

图 4-22　消声弯头

图 4-23　消声静压箱

3. 风阀

风阀一般装在风管或风口上，用于调节风量、关闭其支风管、分隔风管系统的各个部分，还可启动风机或平衡风道系统的阻力，常用的风阀有插板阀、蝶阀、对开多叶调节阀、防火阀、排烟阀等。

1）插板阀（图 4-24）。拉动手柄，改变插板位置，即可调节通过风管的风量，关闭严密，多设在风机出口或主干风道上。插板阀体积大，可上下移动（有槽道）。

图 4-24　插板阀

2）蝶阀（图 4-25）。只有一块阀板，转动阀板即可调节风量。蝶阀多设在分支管或送风口前，用于调节风量，严密性差，不宜作关断用。

3）对开多叶调节阀（图 4-26）。外形类似活动百叶，通过调节叶片的角度来调节风量。对开多叶调节阀多用于风机出口和主干道上。

图 4-25　蝶阀

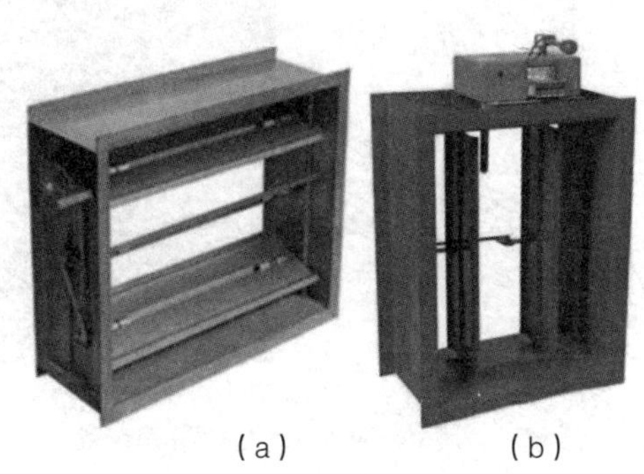

图 4-26　对开多叶调节阀
（a）手动式；（b）电动式

4）防烟防火阀，外形如图 4-27 所示，主要用于通风空调系统的管道穿越防火分区处。平时开启，火灾时当管道内气体温度达到 70℃时阀门熔断器自动关闭，以防止烟、火沿通风空调管道向其他防火区蔓延。

5）排烟防火阀，外形与防火阀相似，一般安装在排烟系统的风管上，平时常闭。发生火灾时，烟感探头发出火警信号，迅速打开排烟，当烟道内烟气温度达到 280℃时，温度熔断器动作，阀门自动关闭。

图 4-27　防烟防火阀

4. 进、排风装置及送风口

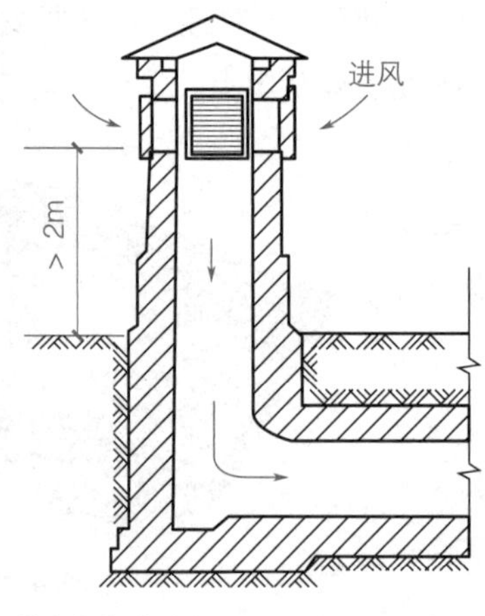

图 4-28 塔式室外进风口

(1) 室外进风装置

室外进风口是通风和空调系统采集新鲜空气的入口。图 4-28 所示为塔式室外进风口。进风口是通风、空调系统采集室外新风的入口。

(2) 室外排风装置

室外排风装置的任务是将室内被污染的空气直接排到大气中去。图 4-29 所示为屋顶排风装置的构造形式。

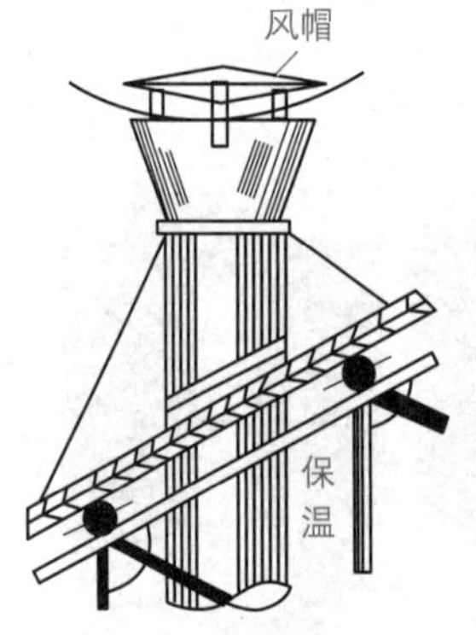

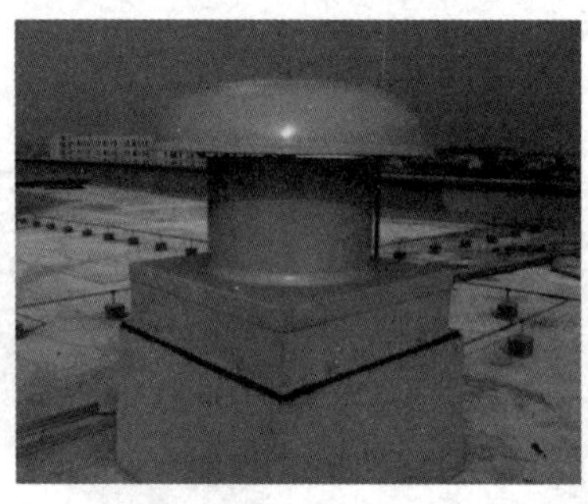

图 4-29 屋顶排风装置

对排风口的要求有：一般情况下通风排气主管至少应高出屋面 0.5m；若附近设有进风装置，则应比进风口至少高出 2m。

(3) 送风口

通风系统送风口形式有多种。工矿企业常用圆形风管插板式送风口、旋转式吹风口、单面或双面送吸风口、矩形空气分布器、塑料插板式侧面送风口等，民用建筑通风常用百叶风口为送风口。图 4-30 和图 4-31 所示分别为旋转式风口和百叶风口的示意图。

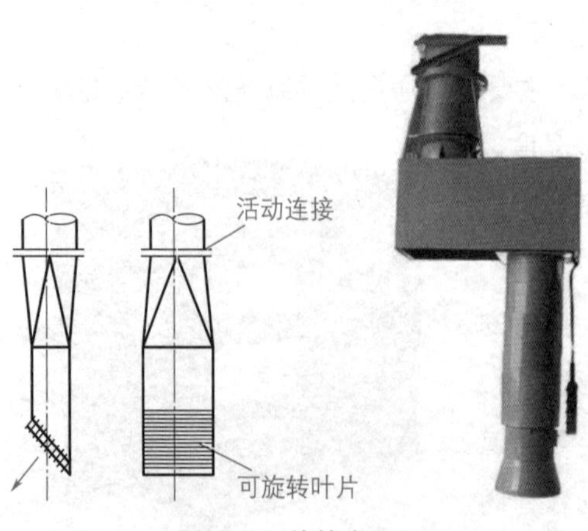

图 4-30 旋转式风口

用于排烟系统中的排烟口或正压送风防烟系统中的送风口外形如图 4-32 所示，其内部为阀门，通过烟感信号联动、手动或温度熔断器使之瞬时开启，外部为百叶窗。

（a） （b）

图 4-31 百叶风口
（a）单层百叶风口；（b）双层百叶风口

图 4-32 多叶送风口（排烟口）

任务 4.2 建筑空调系统认知

4.2.1 空调系统的分类

1. 按空调系统服务对象的不同分类

（1）舒适性空调

以室内人员为服务对象，满足人体舒适、健康和高效工作的空气调节称为舒适性空调，如商场、办公楼、宾馆、住宅等建筑物中安装的空调均属此类。国家标准《民用建筑供暖通风与空气调节设计规范》GB 50736—2012 中对舒适性空调房间的室内计算参数做了规定：供冷工况 Ⅰ 级，温度 24~26℃，相对湿度 40%~60%；供热工况 Ⅰ 级，温度 22~24℃，相对湿度≥ 30%[①]。

空调系统认知

（2）工艺性空调

以满足某些生产工艺、操作过程或产品储存对空气环境的特定要求为目的，称之为工艺性空调，如精密仪器制造业、医药食品制造业、纺织工业、无菌手术室等安装的空调均属此类。工艺性空调的室内计算参数由生产工艺过程的特殊要求决定，在可能的情况下，应尽量兼顾人体舒适性的要求。

2. 按空气处理设备的集中程度分类

（1）集中式空调系统

集中式空调系统也称为全空气空调系统，是指空气经设置在空调机房内的空调

① 结合国家标准对舒适性空调房间室内设计参数的规定融入【德育：遵守规范，理解和认同国家政策，节能环保】。

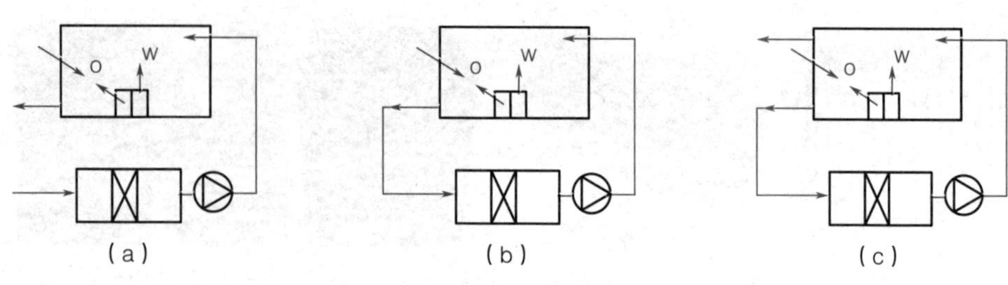

图 4-33　集中式空调系统
（a）直流式空调系统；（b）封闭式空调系统；（c）回风式空调系统

处理设备集中处理后，由风道送入各个房间的系统形式。

集中式空调系统根据空气的重复利用情况可分为直流式空调系统、封闭式空调系统和回风式空调系统，如图 4-33 所示。

直流式空调系统（图 4-33a）全部采用室外新鲜空气，新风经处理后送入室内，消除房间的余热余湿后，再排到室外。一般应用于有较多污染物产生的生产车间。

封闭式空调系统（图 4-33b）全部采用再循环的空气，仅用于库房等很少有人进入的房间。回风式空调系统（图 4-33c）采用部分新鲜空气和部分室内空气混合并经处理后送入房间。该系统最常见，如商场的空调系统等。

（2）半集中式空调系统

半集中式空调系统是指新风机组等空气处理设备集中设置，风机盘管等末端装置分散在各个空调房间内的系统形式，如宾馆的空调（大多为新风加风机盘管系统）等。

（3）分散式空调系统

分散式空调系统又称为局部空调系统，是指空气处理设备全部分散在各房间内的系统形式。如家用窗式空调器、分体式空调器等。

3. 按承担室内空调热湿负荷所使用的介质分类

（1）全空气系统

全空气系统是指空调房间的冷负荷（或热负荷）、湿负荷全部由经过集中处理的空气来承担的系统。全空气系统又可分为定风量式系统和变风量式系统。定风量式系统又可分为一次回风系统和二次回风系统，如商场的空调（大多为定风量一次回风式全空气系统）等。

（2）全水系统

全水系统是指空调房间的冷（热）、湿负荷全部由冷水或热水来承担的系统，如风机盘管系统。这种系统不提供新风，室内空气品质较差，应用较少。

（3）空气－水系统

空气－水系统是指空调房间的热湿负荷由空气和水共同承担的系统，如新风＋风机盘管系统等。

（4）直接蒸发式（冷剂式）空调系统

直接蒸发式（冷剂式）空调系统是指由制冷系统的蒸发器或冷凝器直接处理室内空气的空调系统。直接蒸发式空调机组一般制冷量较小，如分体式空调器、多联式空调系统等，主要在中小型建筑中应用①。

4.2.2 全空气空调系统组成与主要设备

1. 全空气空调系统组成

图 4-34 是一个全空气空调系统的示意图，从图上可以看出一个完整的全空气空调系统由以下几部分组成：

（1）空气处理部分

全空气空调系统的空气处理部分是一个包括各种空气处理设备在内的空气处理室，可对空气进行净化过滤和热湿处理，称为空气调节箱（简称空调箱）。

（2）空气输送部分

空气输送部分主要包括风机（一般设在空调箱内）、风管、风口等设备及附件；

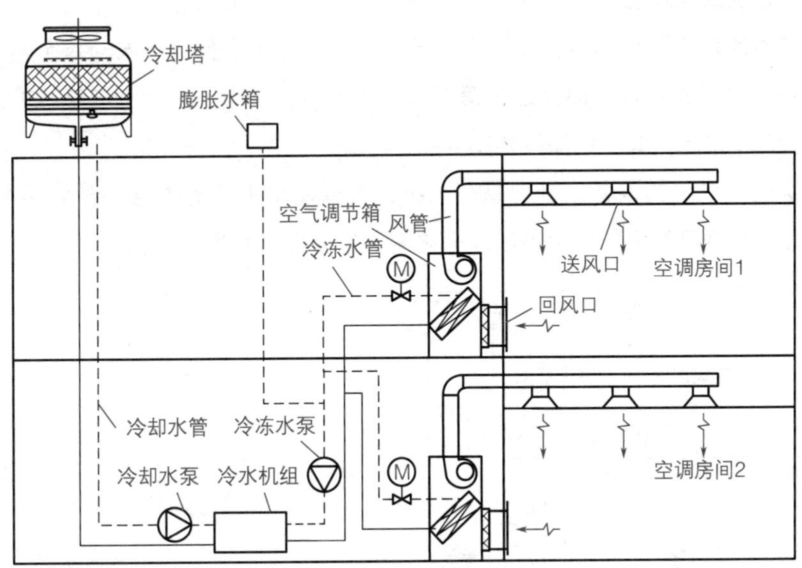

图 4-34　全空气空调系统组成示意图

① 结合各种类型空调系统的介绍融入【德育：了解空调的诞生与发展历程，用辩证、全面、发展的观点看问题，坚持可持续发展的理念，低碳环保】。

冷（热）水输送部分主要包括水泵、水管及附件等。

（3）冷热源部分

冷热源部分主要包括制冷机组（冷水机组、风冷热泵机组等）、热交换器、冷却塔等。

（4）辅助系统部分

辅助系统部分是指保持温度、湿度、压力和风速等参数在所要求的预定范围并防止这些参数超出设定值，同时，还能够按照需要提供经济运行模式，即在预定的程序内，停止或启动设备，并按负荷的变化和需要，提供相应的系统输出量的系统。

2. 全空气空调系统的形式

（1）一次回风系统

一次回风系统是空调工程中最常用的一种空调系统，其系统流程如图 4-35 所示。新风和回风在空气处理设备中混合，经盘管冷却（或加热）等处理后由风机送入空调房间，在空调房间吸收（或放出）热湿负荷后排出室外，其中的一部分作为回风循环利用。这种系统既能向室内提供一定量的新风以满足室内人员的卫生要求，又尽可能地采用回风来节约能源。

一次回风系统处理流程简单，操作管理方便，广泛应用于对室内状态和送风温差无严格要求的舒适性空调场所。

（2）二次回风系统

二次回风系统即把回风分成两个部分：第一部分（也称为一次回风）与新风直接混合后经盘管进行冷、热处理；第二部分（也称为二次回风）则与经过处理后的空气进行二次混合，其系统流程如图 4-36 所示。

二次回风系统的设备、管理趋于复杂，主要适用于对室内温、湿度要求严格，送风温差小而送风量大的恒温恒湿或净化空调等工艺性空调工程中。

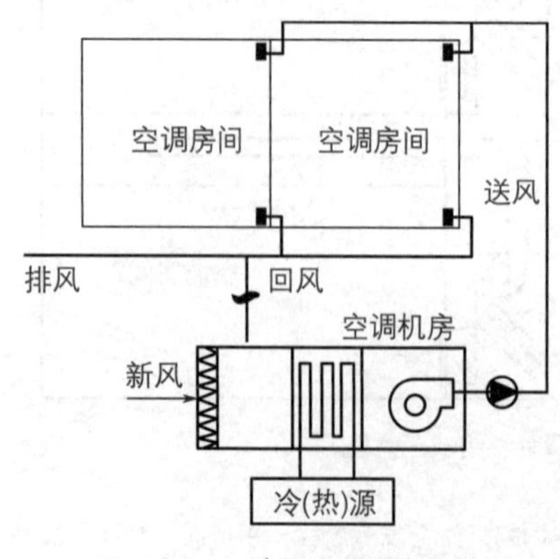

图 4-35　一次回风系统流程图

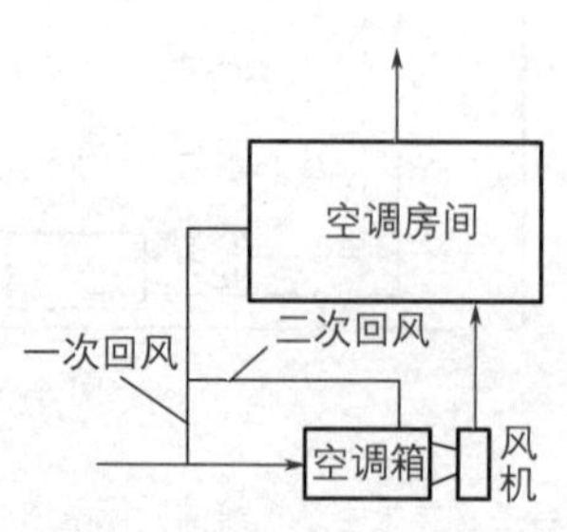

图 4-36　二次回风系统流程图

（3）变风量空调系统（VAV 空调系统）

一次回风式和二次回风式系统中送风量是恒定的，也称为定风量式系统。变风量空调系统也是全空气系统的一种形式，它的工作原理是当空调房间负荷发生变化时，系统末端装置自动调节送入房间的风量，确保房间温度保持在设计要求范围内。同时，空调机组将根据末端装置风量的变化，通过自动控制调节送风机的风量，达到节能的目的，其系统流程如图 4-37 所示。

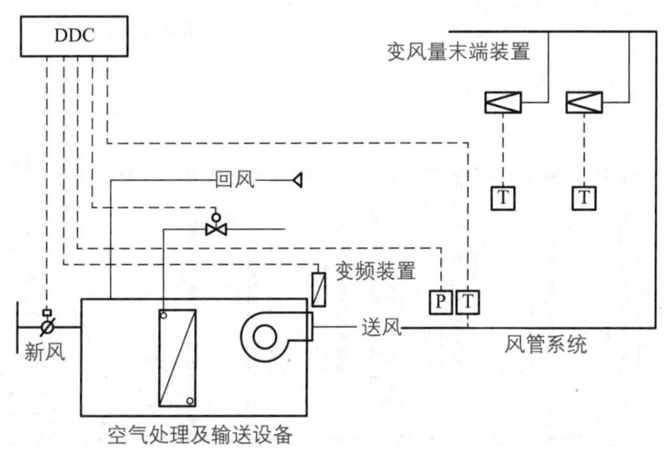

图 4-37 变风量空调系统流程图

其控制系统较复杂，设备初投资较高，一般适用于新建的智能化办公大楼等场合。

（4）地板送风空调系统

地板送风空调系统是下送风空调的一种形式，主要应用在现代办公楼及计算机机房等场合。这些建筑随着商务和信息化的发展，常要求设置架空地板，以满足电力、语音与数据通信等电缆布线的需要。地板送风是利用地板下的这一空间作为空调送风的输配手段，使室内气流自下而上，达到改善个人热环境和室内空气品质的目的。

3. 空调系统主要设备及部件

空调系统中的风机、风阀等与通风系统相同，下面介绍组合式空调机组、吊顶式空调机等主要设备。

（1）组合式空调机组

组合式空调机组是由各种空气处理段组装而成的不带冷、热源的一种空调设备。机组的功能段是对空气进行一种或几种处理功能的单元体，主要包括：新回风混合、过滤、冷却、加热、中间、加湿、风机、消声、热回收等功能段。选用时应根据工

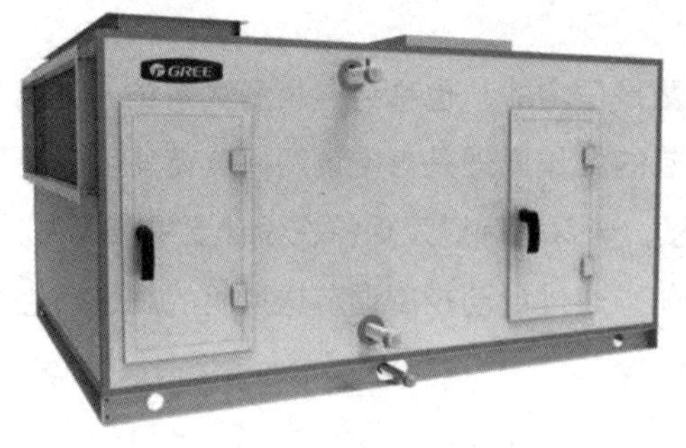

图 4-38　组合式空调机组外形图

程的需要和业主的要求，有选择地选用其中若干功能段。图 4-38 为组合式空调机组的外形图，图 4-39 为若干功能段组合成的空调机组示意图。

组合式空调机组按其结构形式可分为：①立式：适合中小规模集中式空调系统；②卧式：由若干功能段组合而成，适合集中空调全空气系统；③吊顶式：适合风量较小的系统。

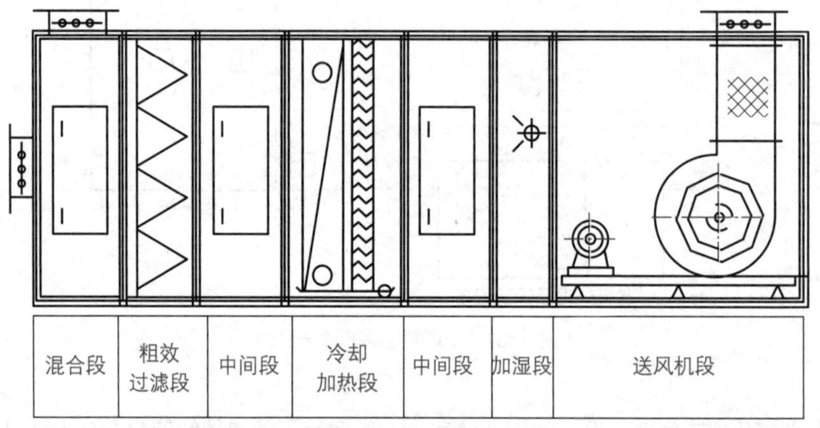

图 4-39　若干功能段组合成的空调机组示意图

按其用途特征可分为：①通用机组：适合工业、民用建筑的全空气系统；②新风机组：适合空调系统的新风系统；③变风量机组：适合新风机组、空调系统需变风量的场合；④净化机组：微电子、医药行业，医院等需空气净化的场合。

（2）吊顶式空调机

吊顶式空调机具有机组高度小、重量轻、噪声低、运行可靠、吊装维护方便等特点，适宜布置在吊顶或技术隔层内，节省了机房的空间，可广泛用于商业中心、办公室等。图 4-40 为吊顶式空调机的外形图和吊装图。

（3）风管材料

1）镀锌钢板。它是最早使用的管材之一。内壁光滑，阻力小，刚度大，防火不燃烧。镀锌钢板的拼接应采用咬口连接或铆接，适合低、中、高压空调系统。

2）无机玻璃钢板。它是近年来出现的较新的风管管材，制作的风管可分为整体普通型（非保温）、整体保温型（内外表面为无机玻璃钢，中间为绝热材料）、组合型（由复合板、专用胶、法兰、加固件等连接成风管）和组合保温型四类。无机玻璃钢板适合低、中、高压空调系统及防、排烟系统等。

图 4-40　吊顶式空调机的外形图和吊装图

3）酚醛铝箔复合板、聚氨酯铝箔复合板等。它们是近年最新的风管管材，采用酚醛铝箔或聚氨酯铝箔复合夹心板制作，内外表面均为铝箔，内壁中度光滑，阻力较小。风管板材的拼接采用 45° 角粘接或“H”形加固条拼接，在拼接处涂胶粘剂粘合，或在粘接缝处两侧贴铝箔胶带，刚度和气密性较好。上述材料具有质量轻、消声、保温、防火、防潮、漏风量小、经济适用等优点，适合工作压力等于或小于 2000Pa 的空调系统及潮湿环境。

（4）新风入口和室外排风口

1）新风入口

新风入口是空调系统中新鲜空气的入口，一般可在墙上设百叶窗或在屋顶设置成百叶风塔的形式。在多雨地区，应采用防水百叶窗。新风入口应设置在室外较清洁的地方，进风口处的室外有害气体浓度小于室内最高许可浓度的 30%；应远离排风口，距离室外地面不宜小于 2m，且最好设在背阴面。

2）室外排风口

室外排风口可设在屋顶或侧墙，侧墙上的排风口一般采用百叶窗形式。

（5）空调房间的送、回风口

在空调房间中，经过空调系统处理的空气经送风口进入空调房间，与室内空气进行热交换后由回风口排出。空气的进入与排出，必然会引起室内空气的流动，形成某种形式的气流流型和速度场。

1）送风口的形式

送风口也称空气分布器，按送出气流流动状况分为：

①扩散型风口，具有较大的诱导室内空气的作用，送风温差衰减快，射程短，如盘式散流器、片式散流器等。

②轴向型风口，诱导室内空气的作用小，空气的温度、速度衰减慢，射程远，如格栅送风口、百叶送风口、喷口等。

③孔板送风口，是在平板上满布小孔的送风口，速度分布均匀、衰减快，用于

洁净室或恒温室等空调精度要求较高的空调系统中。

按送风口的安装位置可分为侧送风口、顶送风口（向下送）、地面送风口（向上送）等。

2）几种常见的送风口

①侧送风口，是从空调房间上部将空气横向送出的送风口。常见的类型有格栅、百叶式风口、条缝形风口等。风口可设在房间侧墙上部，与墙面齐平；也可在风管一侧或两侧壁面上开设若干个孔口，或者将该风口直接安装在风管一侧或两侧的壁面上。侧送风是空调工程中最常用的一种形式，它结构简单、布置方便、投资小。

②散流器，是由上向下送风的送风口，一般明装或暗装于顶棚上。根据它的形状可分为圆形、方形或矩形，如图 4-41 所示。散流器一般分为平送式和下送式两种，送风射程和回流流程都比侧送风口短，通常沿着顶棚和墙形成贴附射流。平送散流器送出的气流贴附着顶棚向四周扩散，适用于房间层高低、恒温精度较高的场合；下送散流器送出的气流向下扩散，适用于房间层高较高、净化要求较高的场合。

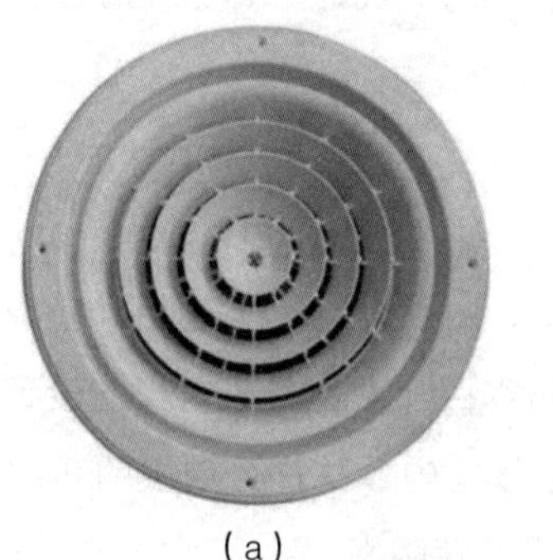

（a）

（b）

图 4-41　散流器
（a）圆形散流器；（b）方形散流器

③喷射式送风口。大型的生产车间、体育馆、电影院等建筑常采用喷射式送风口，由高速喷口送出的射流带动室内空气进行强烈混合，使室内形成回旋气流，工作区一般处在回流区内，如图 4-42 所示。这种送风方式射程远、系统简单、节省投资，广泛用于高大空间和舒适性空调建筑中。

图 4-42　喷射式送风口

图 4-43　旋流送风口

④旋流送风口，是一种地板上的地面送风口，由出口格栅、集尘箱和旋流叶片组成，如图 4-43 所示。

3）回风口的形式

由于回风口的气流流动对室内气流组织影响不大，因而回风口的构造比较简单。常用的回风有单层百叶式风口、格栅式风口、网式风口等形式。

4）气流组织形式

气流组织设计任务是合理地组织室内空气流动，使室内工作区的温度、相对湿度、速度和洁净度满足工艺要求和舒适要求。影响气流组织的主要因素有送风口和回风口位置、送风口形式、送风量等因素。常见的气流组织形式有以下四种：

①上送下回方式。这是最基本的气流组织形式，送风口安装在房间的侧上部或顶棚上，而回风口则设在房间的下部，如图 4-44 所示。它的主要特点是送风气流在进入工作区之前就已经与室内空气充分混合，易形成均匀的温度场和速度场，适用于一般空气及温湿度和洁净度要求较高的工艺性空调。

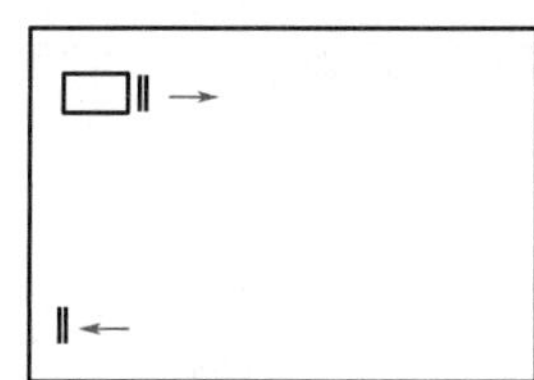
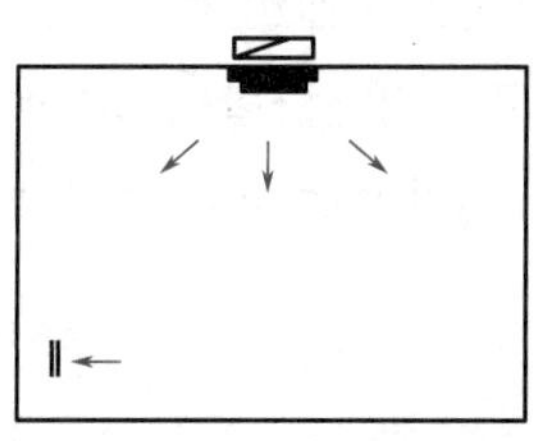
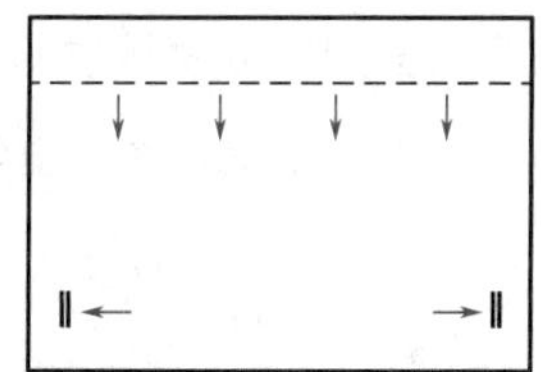

图 4-44　上送下回方式

②上送上回方式。在工程中，有时采用下回风式布置管路有一定的困难，常采用上送风上回风方式，如图 4-45 所示。这种方式的主要特点是施工方便，但影响房间的净空使用，且如设计计算不准确，会造成气流短路，影响空调效果。这种布置适用于有一定美观要求的民用建筑。

③中送风。某些高大空间的空调房间，采用前述方式需要大量送风，空调耗热量也大。因而采用在房间高度的中部位置上用侧送风口或喷口的送风方式，如图 4-46 所示。中送风是将房间下部作为空调区，上部作为非空调区。在满足工作区要求的前提下，有显著的节能效果。

④下送风。图 4-47 所示为地面均匀送风、上部集中排风。这种送风方式使新鲜

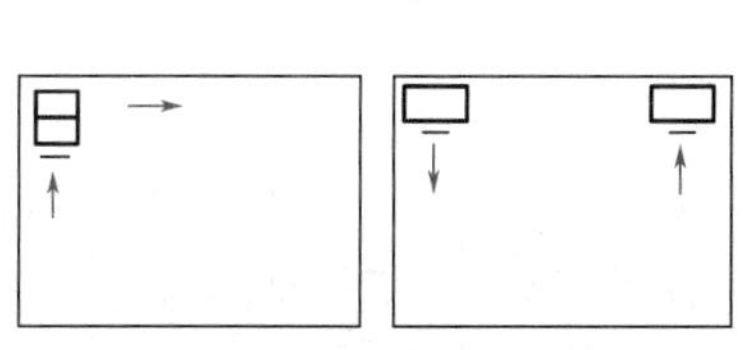

图 4-45　上送上回方式

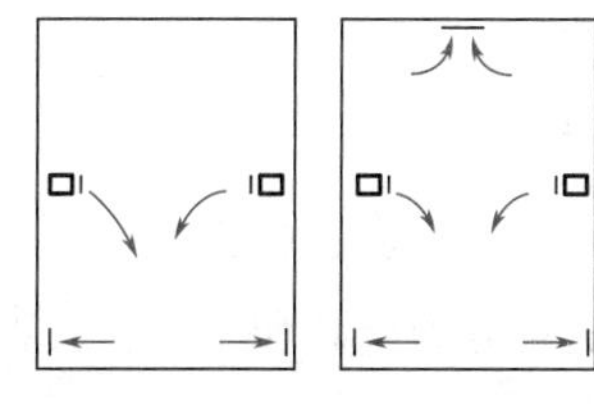

图 4-46　中送风方式

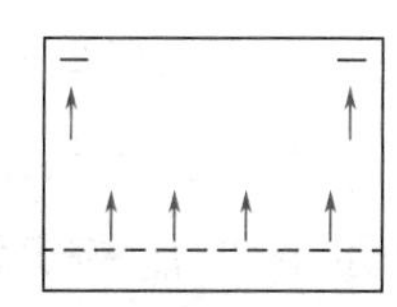

图 4-47　下送风方式

空气首先通过工作区，有利于改善工作区的空气品质，但地面容易积聚脏物，影响送风的清洁度，常用于空调精度不高，人员暂时停留的场所。

4.2.3 风机盘管加新风空调系统组成与主要设备

1. 风机盘管的构造、分类和工作原理

风机盘管加新风空调系统是空气－水空调系统中的一种主要形式，也是目前我国民用建筑中采用最为普遍的一种空调形式。它投资少，使用灵活，广泛应用于各类建筑中。

（1）风机盘管的构造

风机盘管机组是空调系统的一种末端装置，外接冷水、热水，对房间直接送风，具有供冷、供热或分别供冷和供热的功能。风机盘管主要由风机、盘管（换热器）、电机、空气过滤网、室温调节装置及箱体组成，如图 4-48 所示。风机常采用前向多翼离心式风机或贯流式风机，风机的电机多采用单相电容调速低噪声电机，通过调节输入电压改变转速。盘管则为带肋片的盘管式换热器。

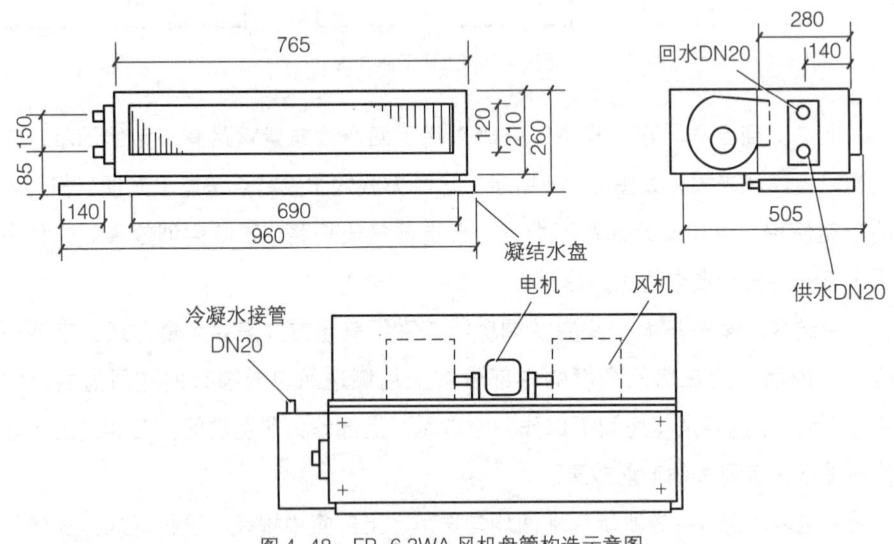

图 4-48　FP-6.3WA 风机盘管构造示意图

（2）风机盘管的分类

风机盘管机组的种类比较多，按结构形式可分为立式、卧式、卡式和壁挂式（图 4-49）；按安装形式可分为暗装和明装；按出口静压可分为低静压型和高静压型；按出风方向不同，有顶出风、斜出风、前出风之分；按回风方式不同，又可分为下回

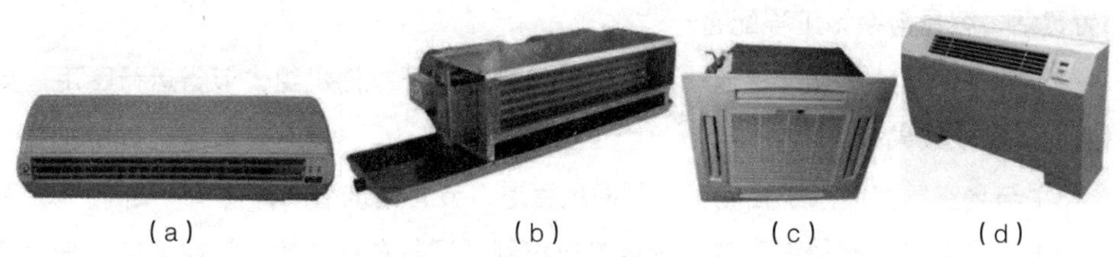
(a) (b) (c) (d)

图 4-49 风机盘管类型
(a) 壁挂式；(b) 卧式；(c) 卡式；(d) 立式

风、后回风、带回风箱或不带回风箱多种；按进水方式，有左进、右进和后进水式。

(3) 风机盘管的工作原理

风机盘管的工作原理是借助风机不断地循环室内空气，使之通过盘管而被冷却或加热，以保持房间所要求的温度和一定的相对湿度。

风机盘管制冷时，由冷源为盘管提供 7℃左右的低温水，室内空气由低噪声风机吸入，通过滤尘网去掉灰尘，吹向盘管进行热量交换。空气通过换热器降温去湿后，冷空气从出风格栅吹向室内。空气中的水蒸气在盘管肋片上析出的凝结水汇集至凝水盘，然后通过泄水管排出。风机盘管制热时，由热源为盘管提供 60℃左右的热水，室内空气由风机吸入，与盘管表面进行热量交换，再将热空气自出风格栅吹向室内。

风机盘管一般有高、中、低三挡变速装置。通过三速开关调节风机转速，从而调节风机盘管的风量和冷（热）量。风机高挡运行时，风量最大，制冷（热）量也最大；中挡运行时，其风量、制冷（热）量居中；风机低挡运行时，风量最小，制冷（热）量也最小。

2. 风机盘管加新风空调系统的特点

风机盘管在空调工程中的应用大多是和单独处理的新风系统相结合，组成风机盘管加新风系统。该系统主要由风机盘管、新风机组、送风管道和送风口等组成，如图 4-50 所示。风机盘管直接设置在空调房间内，对室内回风进行处理，新风通常由新风机组集中处理后通过新风管道送入室内，系统的冷量或热量由空气和水共同承担，所以属于空气 - 水系统。

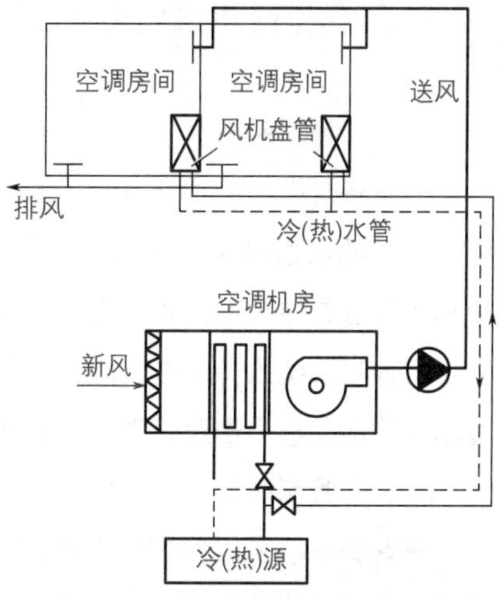

图 4-50 风机盘管加新风空调系统示意图

风机盘管系统的主要特点有：

1）风机盘管机组体积较小，结构紧凑，

布置灵活，容易与装饰工程配合；

2）各房间可独立调节室温，并可随时根据需要开、停机组，节省运行费用，灵活性大，节能效果好；

3）与全空气空调系统相比，不需回风管道，节省建筑空间；

4）室内温度控制精度不高，湿度难以控制，设备布置分散、管线复杂，维护管理不便。

风机盘管加新风空调系统主要适用于以下场合：

1）旅馆、饭店、公寓、医院、办公楼等高层多室的建筑物中；

2）需要增设空调的小面积、多房间建筑；

3）室温需要进行个别调节的场所。

风机盘管加新风空调系统组成与主要设备

3. 风机盘管加新风空调系统的布置方式

风机盘管空调系统的布置方式与空调器的结构形式、送风方向、空调房间使用性质及建筑形式有关。明装风机盘管机组多放置在室内可以看到的地方，因而对其造型和表面油漆、装饰颜色要求均比较高。立式明装风机盘管一般设置在室内地面上，卧式明装风机盘管多吊于顶棚下方或门窗上方。机组的控制开关设置在机组的面板上，也可以将其引到床头柜等便于操作的地方。

暗装风机盘管机组无装饰板，因为它一般布置在室内看不到的地方，所以对外观装饰及颜色都无具体要求，其价格比明装风机盘管便宜得多。立式暗装风机盘管多设置在窗台下，卧式暗装风机盘管多吊顶于顶棚内，机组的控制开关可装在墙上或床头柜上。

4. 风机盘管水系统的形式

（1）双管制系统

一般将具有一根供水管、一根回水管的风机盘管水系统称为双水管系统，它和机械循环的热水供暖系统相似。夏季供冷水、冬季供热水都是用相同的管路。系统简单、布置方便、投资省，是目前最常用的一种空调水系统。

两管制系统的特点是：冷、热源交替使用（季节切换），不能同时向末端装置供冷水和热水，适用于建筑物功能较单一、舒适性功能相对较低的场所。

（2）四管制系统

四管制系统采用两根供水管、两根回水管，供冷、供热分别由供、回水管承担，构成供冷与供热彼此独立的水系统，能同时满足供冷、供热的要求。

四管制系统的特点是初期投资较高，管路系统复杂且占用空间大，主要适合于舒适性要求很高的场所。

5. 冷凝水系统

各种空调设备（如风机盘管、新风机组、组合式空调机组等）在夏季运行时，应对空气进行冷却除湿处理，产生的凝结水汇集在设备的集水盘中，通过冷凝水管路排走。

任务 4.3　建筑通风与空调系统安装

4.3.1 风管安装

建筑通风与空调系统安装

1. 风管支、吊架的安装

风管常沿着墙、柱、楼板、屋架或屋梁敷设，安装在支架或吊架上。

（1）风管支架的安装

将风管沿墙、柱敷设时，常采用支架来承托管道，风管能否安装得平直，主要取决于支架安装的是否合适。风管支架一般用角钢制作，当风管直径大于 1000mm 时，可用槽钢制作。支架上固定风管的抱箍用扁钢制成，钻孔后用螺栓与支架连为一体。

风管墙上支架的安装如图 4-51 所示，可按风管标高，定出支架与地面的距离，矩形风管为风管管底标高；圆形风管为管中心标高，安装时应注意区别。支架埋入砖墙内尺寸应不小于 200mm，用水泥砂浆填实。支架要水平，且垂直于墙面。

在钢筋混凝土柱子上安装支架时，可预埋螺杆或钢板，或用型钢或圆钢做抱箍，如图 4-52 所示。

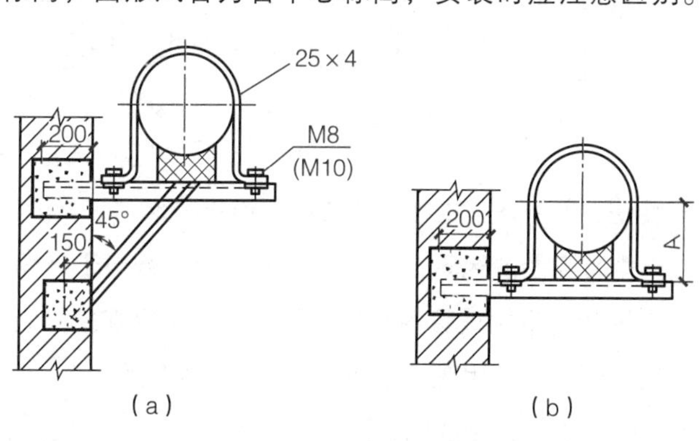

图 4-51　风管墙上支架
（a）带斜支撑的悬臂型；（b）单横梁悬臂型

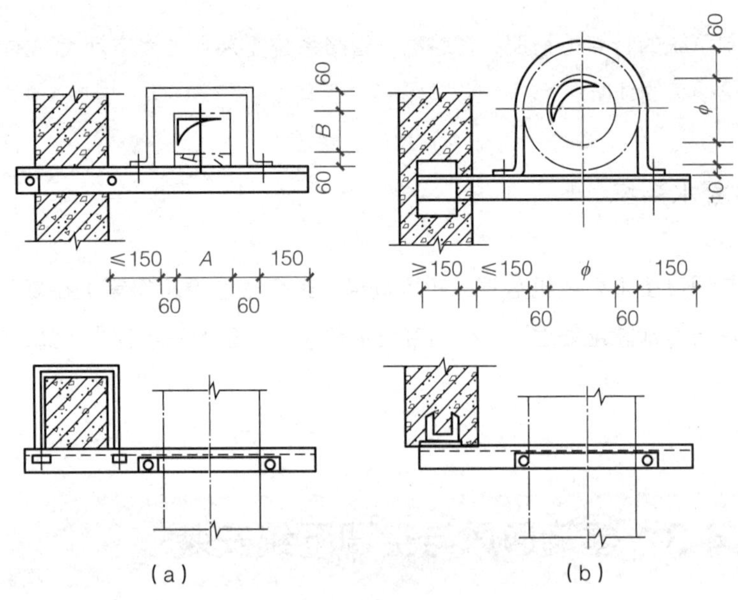

图 4-52 风管柱上支架
(a)抱柱法；(b)预埋件焊接法

(2)风管吊架的安装

将风管敷设在楼板、屋面大梁和屋架下面，离墙柱较远时，常用吊架固定，如图 4-53 所示。

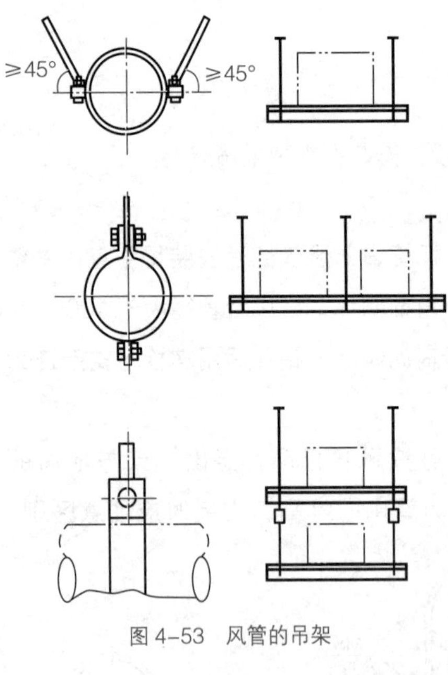

图 4-53 风管的吊架

圆形风管的吊架由吊杆和抱箍组成，矩形风管的吊架由吊杆和托铁组成。吊杆用圆钢制作，下端套出 50~60mm 的丝扣，以便调整支架的高度。抱箍根据风管直径用扁钢制成两个半圆，安装时用螺栓连接在一起。托铁用角钢制作，角钢上穿吊杆的螺孔，应比风管边长宽 40~50mm。安装时，矩形风管用双吊杆或多吊杆，圆风管每隔两个单吊杆中间设一个双吊杆，以防风管摇动。吊杆上部可采用预埋法、膨胀螺栓法、射钉法与楼板、梁或屋架连接固定。

垂直安装的风管，可采用在墙上设立管卡子来固定风管，管卡子做法与吊架类似，即用扁钢做成管箍与预埋于墙中的角钢连接固定。管卡安装时，应以立管最高点管卡开始，并用线锤吊线确定下面管卡位置。

(3)支、吊架的间距要求

风管水平安装，直径或边长尺寸不大于 400mm 时，间距不应大于 4m；直径或边长尺寸大于 400mm 时，间距不应大于 3m；螺旋风管的支、吊架间距可分别延长到 5m 和 3.75m；对于薄钢板法兰的风管，其支、吊架间距不应大于 3m。风管垂直安装时，间距不应大于 4m，单根直管至少应有 2 个固定点；非金属风管支架间距不应大于 3m。当水平悬吊的主干风管长度超过 20m 时，应设置防止摆动的固定点，每个系统不应少于 1 个；支、吊架不宜设置在风口、阀门、检查门的自控机构处，离风口或接管的距离不宜小于 200mm。

2. 风管的安装

风管安装前，先对安装好的支、吊、托架进行检查，确保其位置正确，牢固可靠。将预制好的风管及管件运至施工现场，按预制时的编号顺序排列在平地上，并组合连接成适当长度的管段。根据施工方案确定吊装方法（整体吊装或逐节吊装），按照先干管后支管的安装程序进行吊装。吊装前，应根据现场的具体情况，采用起重吊装工具进行吊装；当不便使用吊装工具时，可将风管分节用麻绳拉到脚手架上，然后再抬到支架上，对正法兰逐节进行安装。

敷设风管时，应符合以下规定：

1）输送湿空气的通风管道应按设计规定的坡度和坡向进行安装，风管的底部不得设有纵向接缝。

2）位于易燃易爆环境中的通风系统，安装时应尽量减少法兰接口的数量，并设可靠的接地装置。

3）风管内不得敷设其他管道，不得将电线、电缆以及给水、排水和供热等管道安装在通风管道内。

4）楼板和墙内不得设可拆卸口，通风管道上的所有法兰接口不得设在墙和楼板内。

5）风管穿出屋面时应设防雨罩，防雨罩的上端以扁钢抱箍与立风管固定，下端将整个洞口罩住；穿出屋面的立风管高度超过 1.5m 时应设拉索，拉索不得固定在法兰上，并严禁拉在避雷针、避雷网上。

6）风管及其管件与墙、柱表面的净距，应满足设计要求或《通风与空调工程施工质量验收规范》GB 50243-2016 的规定。

7）当空调面积超过 1000m^2 时，空调管道所占吊顶内净空高度为 500mm；大面积空调，空调管道所占吊顶净空高度为 600~800mm；客房、办公等空调，净空高度应为 400~600mm。

风管安装就位后，可用拉线、水平尺和吊线的方法来检查风管是否横平竖直。水平安装的风管，可以用吊架的调节螺栓或在支架上用调整垫木的方法来调整水平。

风管水平安装时，水平度的允许偏差每米不应大于 3mm，总偏差不应大于 20mm；风管垂直安装时，垂直度的允许偏差每米不应大于 2mm，总偏差不应大于 20mm。

4.3.2 通风与空调设备安装

1. 风机的安装

（1）轴流式风机的安装

轴流式风机一般安装在墙壁、柱子、窗上以及顶棚下。如果安装在墙内，应在土建施工时配合预留孔洞或预埋地脚螺栓；安装在外墙上时应装设防雨雪弯头，或装设铝制调节百叶。轴流式风机大多用角钢制作支架沿墙敷设，其安装如图 4-54 所示。

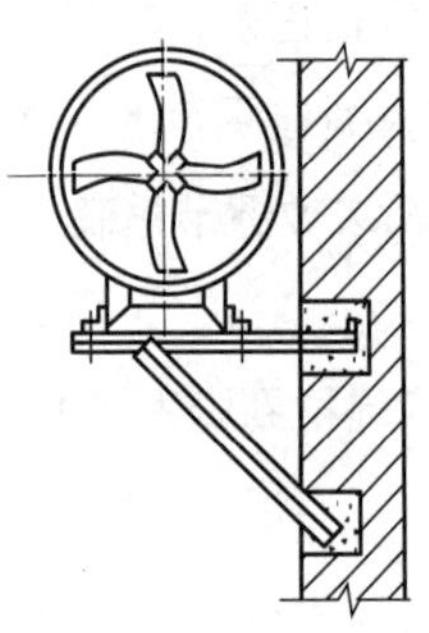

图 4-54　轴流式风机在支架上安装

支架应按图纸要求的位置和标高安装牢固，支架螺孔位置应和风机底座螺孔尺寸相符。支架与风机底座间宜用橡胶板找平找正，然后把螺栓拧紧。安装时要注意气流方向与风机叶轮转向，防止反转。

（2）离心式风机的安装

小型直联传动的离心风机，可以用支架安装在墙上、柱上及平台上，或者利用地脚螺栓安装在混凝土基础上，如图 4-55 所示。直接安装在基础上的风机，各部分的尺寸应符合设计要求，预留孔灌浆前应清除杂物，将通风机用成对斜垫铁找平，最后用豆石混凝土灌浆。灌浆所用的混凝土强度应比基础高一级，并捣固密实，地脚螺栓不准歪斜。大中型皮带传动的离心风机，一般都安装在混凝土基础上。连接风管时，风管中心应与风机中心对正，安装完毕先进行试运转，正常后才允许投入使用。

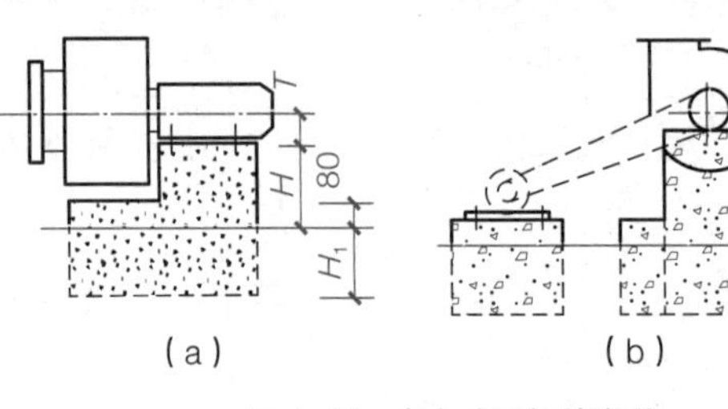

图 4-55　离心式风机的安装
（a）直联式；（b）皮带传动式

2. 通风机的消声与减振

通风机产生的噪声主要有空气流动噪声和机械噪声，要消除或降低噪声，可选用消声设备及采取以下措施：①风机和电机最好采用直联或联轴器连接；②通风机进出口装柔性管，风机出口避免急转弯；③风机的正常工作点接近其最高效率点，效率越高，噪声越小；④尽可能使系统总风量和风压小些，风管内流速宜在 8m/s 以下；⑤采用减振基础减振，如图 4-56 所示。

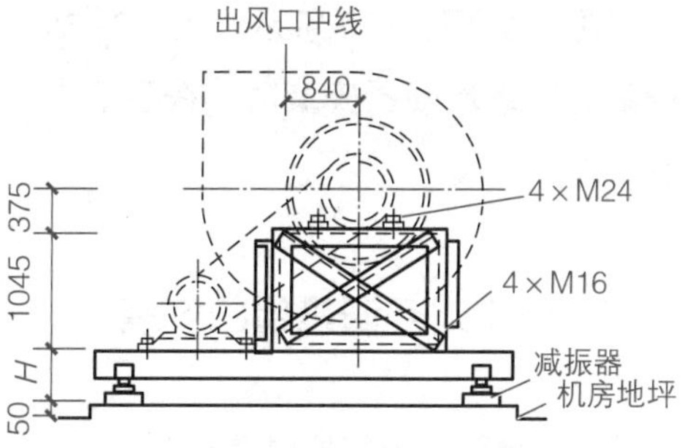

图 4-56　风机减振基础

3. 风机盘管的安装

风机盘管是半集中式空调系统的末端装置，设于空调房间内。风机盘管由小型风机、电动机和盘管（空气换热器）等组成。当盘管内流过冷冻水或热水时，与管外空气换热，使空气被冷却，除湿或加热来调节室内空气参数，其构造如图 4-57 所示。

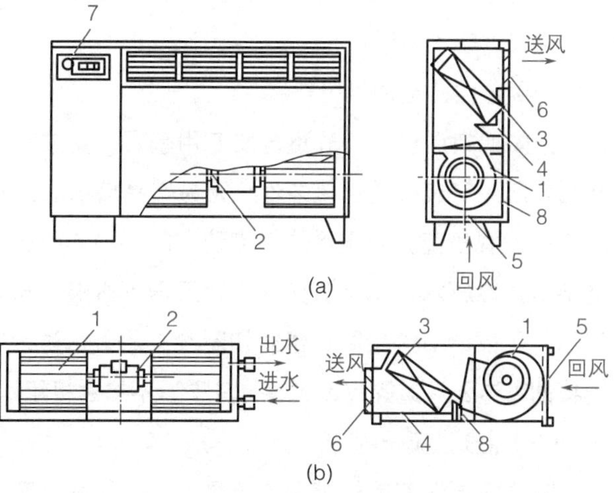

图 4-57　风机盘管机组
（a）立式明装；（b）卧式暗装
1—离心式风机；2—电动机；3—盘管；4—凝水盘；5—空气过滤器；6—出风格栅；7—控制器（电动阀）；8—箱体

风机盘管安装前，应检查每台电机壳体及表面交换器有无损伤、锈蚀；还应逐台进行水压试验，试验压力为工作压力的 1.5 倍，定压观察 2~3min，不渗不漏为合格。根据安装位置选择支、吊架的类型，并进行支、吊架的制作和安装；然后安装风机盘管并找平找正、固定。安装时应使风机盘管保持水平；机组凝结水管不得受损，并保证坡度，以顺畅排除凝结水；盘管与冷、热媒管道应在连接前清污，以免堵塞。

4. 空气热交换器的安装

通风空调系统中常用的肋片管型空气热交换器是用无缝钢管外部缠绕或镶接铜、铝片制成的。空气热交换器有两排、四排、六排几种安装形式，安装时常用砖砌或焊制角钢支座支承，热交换器的角钢边框与预埋角钢安装框用螺栓紧固，且在中间垫以石棉橡胶板，与墙体及旁通阀连接处的所有不严密的缝隙，均应用耐热材料密封严密，如图 4-58 所示。用于冷却空气的表面冷却器安装时，在下部应设有排水装置[①]。

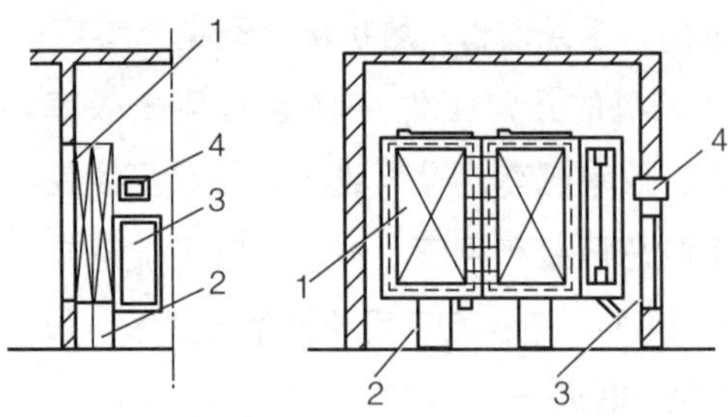

图 4-58 SYA 型空气加热器安装
1—空气加热器; 2—加热器砖砌支架; 3—钢板密封门; 4—观察孔

5. 整体式空调机组的安装

（1）装配式空气处理室安装

安装前先做好混凝土基础并检查机组外部是否完整无缺，然后将装配式空气处理室直接吊装至基础上固定。安装应水平，与冷热媒等各管道的连接应正确无误，严密不渗漏。

（2）分体式空调机组安装

分体式空调机组一般不需要专用基础，安放在平整的地面上即可运转。机组安装的场所应有良好的通风条件、无易燃易爆物品，相对湿度不应大于 85%。安装前应进行外观检查。对于冷热媒流动方向，卧式机组采用下进上出，立式机组采用上进下出，冷凝水用排水管接存水弯后通下水道。与空调机连接的进出水管必须装设阀门，用以调节流量和检修时切断冷（热）水源，进出水管必须做好绝热。与机组连接的管道、风道等应设支架，其重量不得由机组承受。

（3）窗式空调器安装

窗式空调器安置于窗台或窗框上，必须固定牢固，应设遮阳板和防雨罩，但不得阻碍冷凝器排风。冷凝水盘要有坡度，以利排水。

任务 4.4 建筑通风与空调施工图识读

4.4.1 建筑通风施工图识读

1. 建筑通风施工图的识读方法

（1）建筑通风施工图的组成

建筑通风工程施工图一般包括图纸首页（包括图纸目录、设计施工说明、主要设备材料表等）、平面图、系统图、剖面图及详图和原理图等。

① 结合空调设备的安装融入【德育：案例引领，凡事勿存侥幸心理，防患于未然，树立安全意识，责任感】。

1）图纸首页

①设计施工说明。建筑通风工程施工图中的设计施工说明应包含建筑物概况、设计标准、通风系统的方式、通风量或换气次数、通风系统风量平衡、通风系统设备安装要求及对风管使用的材料、安装的要求等；设置防排烟的区域及其方式，防排烟系统及其设施配置、风量确定、控制方式。

②主要设备材料表。列出本建筑通风工程主要设备、材料的型号、规格、性能和数量。

2）平面图

建筑通风系统平面图主要表明设备和系统风管的平面布置，一般包括下列内容：

①建筑平面图应绘出建筑轮廓、主要轴线号、轴线尺寸、室内外地面标高、房间名称。在底层平面图上绘出指北针；风道平面图应表示出防火分区，排烟风道平面图还应表示出防烟分区。

②以双线绘出的风管、异径管、弯头、检查口、测定孔、调节阀、防火阀、送排风口的位置。

③注明系统编号，通风系统一般均用汉语拼音字头加阿拉伯数字进行编号。如图中标注有 S-1、S-2、P-1、P-2，则分别表明送风系统 1、2，排风系统 1、2。通过系统编号，可知该图中表示有几个系统。

④注明风管及风口尺寸（圆管注管径、矩形管注宽 × 高）、标高；标注各种设备及风口安装的定位尺寸；标出消声器、调节阀、防火阀等各种部件位置及风管、风口的气流方向。

⑤注明各设备、部件的名称、规格、型号，注明各设备的轮廓尺寸、各种设备定位尺寸、设备基础主要尺寸。

⑥注明弯头的曲率半径 R 值，注明通用图、标准图索引号等。

⑦机房平面图应根据需要增大比例，绘出通风设备的轮廓位置及编号，注明设备和基础距离墙或轴线的尺寸。

3）系统图

通风系统系统图中的风管，宜按比例以单线绘制，它可以形象地表达出通风系统在空间的前后、左右、上下的走向，以突出系统的立体感。系统图的主要设备、部件应注出编号，对各设备、部件、管道及配件要表示出它们的完整内容。系统图宜注明管径、标高，其标注方法应与平、剖面图一致。图中的土建标高线，除注明其标高外，还应加文字说明。

4）剖面图

当其他图纸不能表达复杂管道相对关系及竖向位置时，应绘制剖面图或局部剖面。在剖面图中绘出的风管、风口等设备，应表示清楚管道与设备、管道与建筑梁、板、柱、墙以及地面的尺寸关系。还应表示清楚风管、风口等尺寸和标高，气流方向及详图索引编号等。

机房剖面图应绘制出与机房平面图的设备、设备基础、管道和附件相对应的竖向位置、竖向尺寸和标高。标注连接设备的管道位置尺寸；注明设备和附件编号以及详图索引编号。

5）详图

通风系统的各种设备及零部件施工安装，应注明采用的标准图、通用图的图名或图号。凡无现成图纸可选，且需要交代设计意图的，必须绘制详图。简单的详图，可就图引出，绘局部详图；制作详图或安装复杂的详图应单独绘制。

6）原理图

对于复杂的通风系统还应绘制系统原理图（流程图）。它主要反映该系统的作用原理、管路流程及设备之间的相互关系，它是设备布置和管道布置的依据，是识读平、剖面图的依据，是施工中检查核对管道是否正确和确定介质流向的依据。系统流程图应绘出设备、阀门、控制仪表、配件，标注介质流向、管径及设备编号。流程图可不按比例绘制，但管路分支应与平面图相符。对于层数较多、分段加压、分段排烟或中途竖井转换的防、排烟系统，或平面表达不清竖向关系的通风系统，应绘制系统示意图或竖风道图。

（2）识图方法

1）识图的方法与建筑给水、建筑供暖部分相似。看到剖面图与系统图时，应与平面图对照进行。看平面图以了解设备、管道的平面布置位置及定位尺寸；看剖面图以了解设备、管道在高度方向上的位置情况、标高尺寸及管道在高度方向上的走向；看系统图以了解整个系统在空间上的概貌；看详图以了解设备、部件的具体构造、制作安装尺寸与要求等[①]。

2）通风工程图识读顺序，对系统而言，可按空气流向进行。

送风系统为：进风口→进风管道→通风机→主干管道→分支管道→送风口。

排风系统为：排气（尘）罩→吸风管道→排风机→立风管→风帽。

2. 建筑通风施工图识读

图 4-59 为某建筑物地下一层通风平面图，图 4-60 为 A—A 剖面图。

（1）设计与施工说明

1）本工程地下室建筑面积 1880m^2，设有各种设备用房、高低压配电室，仓库等。

① 结合通风工程图的识读方法融入【德育：勤学勤思的学习态度，学以致用，严谨求实、认真细致的工作作风】。

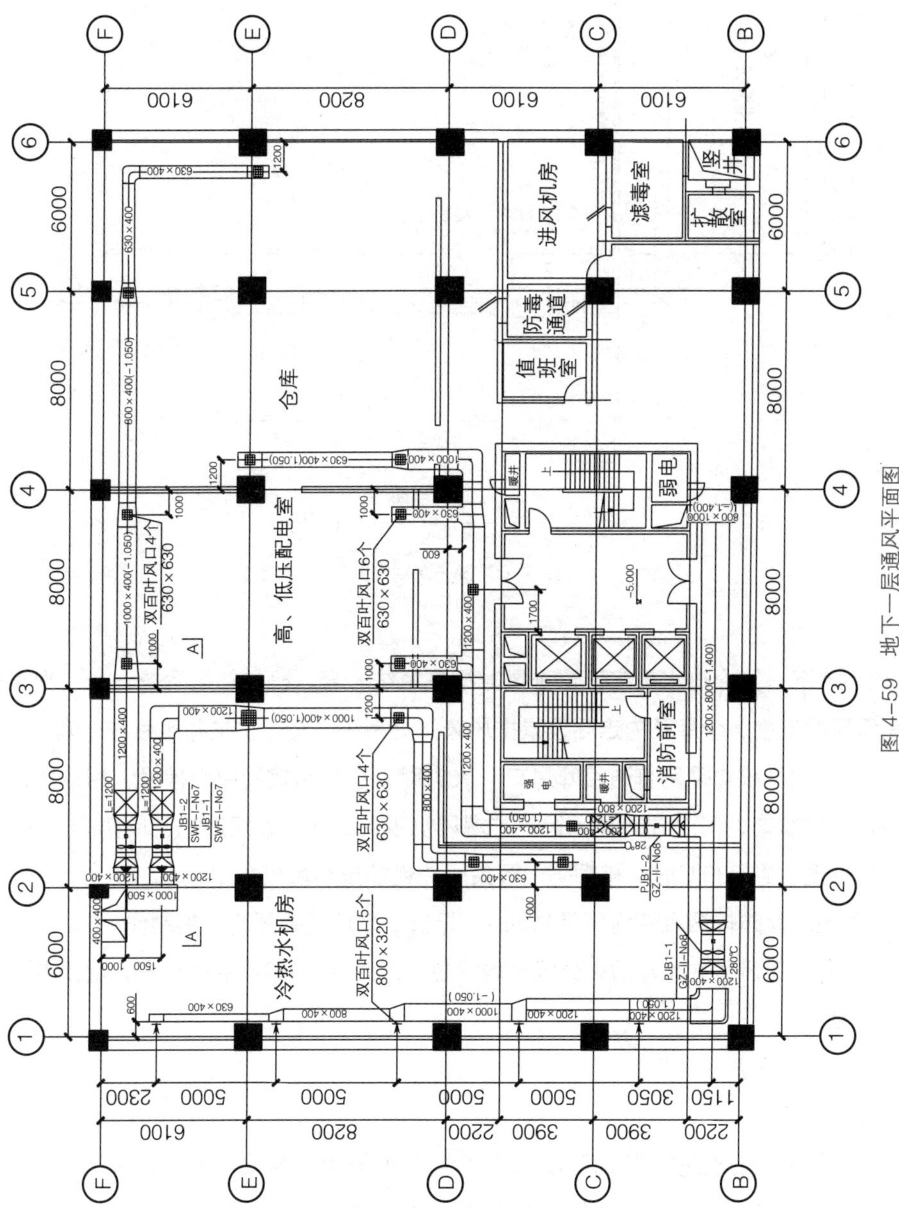

图 4-59　地下一层通风平面图

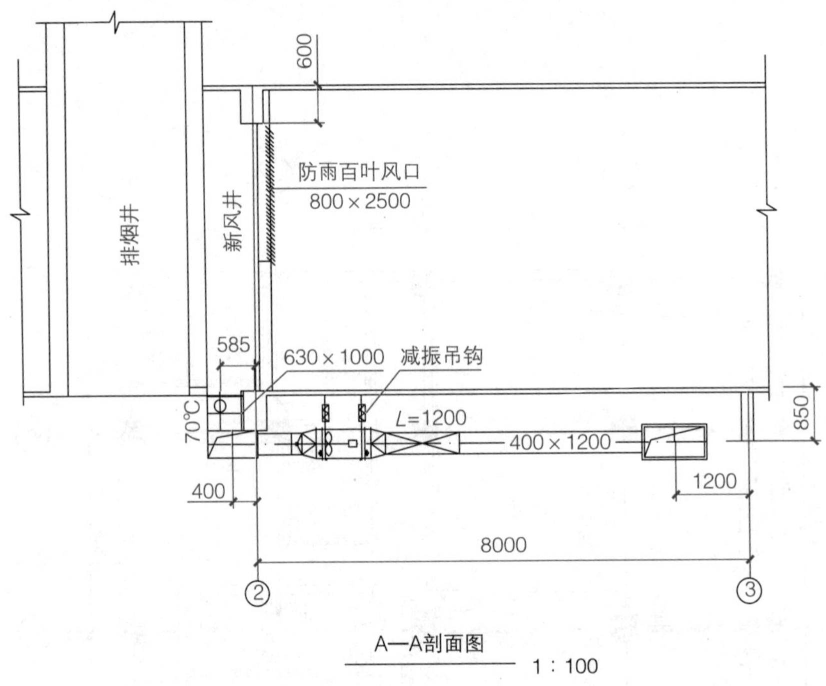

图 4-60　A—A 剖面图

2）地下一层冷热水机房设置排风兼排烟系统一套，机械补风系统一套；地下一层高低压配电室、仓库及内走廊设置排风兼排烟系统一套，机械补风系统一套。

3）排烟系统均采用普通百叶风口。火灾时，接消防控制中心信号，相应排烟风机转入排烟状态，同时开启补风机。排烟风机吸入口处均设熔断的常闭排烟防火阀，当排烟温度达到 280℃时，排烟防火阀关闭并连锁排烟风机关闭。

4）通风及防排烟风管均采用 WJB-1 无机不燃玻璃钢复合材料制作。

5）所有通风管道跨越防火分区时均设置了 70℃自动熔断的防火阀，此阀要求与风机连锁。

（2）主要设备表（略）

（3）平面图

1）冷热水机房的排烟风机吊装于南墙侧，型号为 GZ- Ⅱ -No8，风机出口装有软接头、变径管、排烟阀（动作温度为 280℃）、消声弯头。风机进口设软接头、变径管、止回阀。风管沿西墙布置，底标高为 -1.050，风管侧面安装 3 个双层百叶排风口，风口尺寸为 800mm×320mm。补风机采用混流式，型号为 SWF-I-No7，风机出口安装了长度为 1.2m 的消声器，送风管上安装了 4 个双层百叶风口，尺寸为 630mm×630mm。

2）高低压配电室、仓库和内走廊合用一个排风（兼排烟）系统，排烟风机吊装于内走廊的西南侧，高低压配电室、仓库和内走廊均安装了 2 个双层百叶风口，尺寸为 630mm × 630mm。高低压配电室、仓库共用一套补风系统，补风机吊装于冷热水机房的北墙侧，高低压配电室和仓库分别安装了 2 个双层百叶风口，尺寸为 630mm × 630mm。

两套排风系统在内走廊南侧合用一段排风管，排入风井中。

（4）剖面图

排烟井是冷热水制冷机房中直燃型溴化锂机组的排烟通道。新风井紧靠排烟井，进风口安装于北墙一层梁下，形式为防雨百叶风口，尺寸为 800mm × 2500mm。新风井与地下室风管连接处安装有防火阀（动作温度 70℃），补风机吊装于一层顶板下，中心标高为离顶板 0.850m，吊架上设有减振吊钩，以减小噪声。

4.4.2 建筑空调施工图识读

1. 建筑空调施工图的识读方法

（1）施工图的构成

空调施工图由图纸目录、图例、设计与施工说明、设备表、平面图、系统图（或流程图）、剖面图和详图组成。

1）设计与施工说明

在设计施工说明中应包含建筑物概况，设计依据；空调室内外设计参数，冷热源设置情况，冷热媒及冷却水参数；空调系统的方式，空调系统设备安装要求，对风管使用的材料、保温和安装的要求，空调水系统的管材及保温，系统试压和排污情况；空调冷冻机房设备的型号、规格、性能和台数，并提出主要的安装要求，在节能设计条款中阐述设计采用的节能措施；施工安装要求及注意事项，采用的标准图集，施工及验收依据。

2）平面图

空调平面图主要表明设备和系统风道的平面布置；机房平面图表明设备及各类管道的平面布置。一般包括下列内容：

①建筑平面图应绘出建筑轮廓、主要轴线号、轴线尺寸、室内外地面标高、房间名称，在底层平面图上绘出指北针。

②以双线绘出的风道、异径管、弯头、检查口、测定孔、调节阀、防火阀、送排风口的位置；单线绘出的空调冷热水、凝结水管道。

③注明系统编号，空调系统一般用汉语拼音字头加阿拉伯数字进行编号。如图

中标注有 K-1、K-2，即为空调系统 1、2。通过系统编号，可知该图中表示有几个系统。

④注明风道及风口尺寸（圆管注管径、矩形管注宽 × 高）、标高；标注水管管径及标高、管道坡度和坡向以及各种设备及风口安装的定位尺寸和编号；标出消声器、调节阀、防火阀等各种部件位置及风管、风口的气流方向。

⑤注明各设备、部件的名称、规格、型号，注明各设备（室）的轮廓尺寸、各种设备定位尺寸、设备基础主要尺寸。

⑥注明弯头的曲率半径 R 值，注明通用图、标准图索引号等。

⑦对恒温恒湿的空调房间，应注明各房间的基准温度和精度要求。

⑧机房平面图应根据需要增大比例，绘出通风、空调、制冷设备（如冷水机组、新风机组、空调器、冷热水泵、冷却水泵、通风机、消声器、水箱等）的轮廓位置及编号，注明设备和基础距离墙或轴线的尺寸。绘出连接设备的风管、水管位置及走向；注明尺寸、管径、标高。标注机房内所有设备、管道附件（各种仪表、阀门、柔性短管、过滤器等）的位置。

3）系统图（或流程图）

①系统图。空调系统图中风管系统图绘制同通风系统、给水排水系统图，按比例以单线绘制，对系统的主要设备、部件应注出编号，对各设备、部件、管道及配件要表示出它们的完整内容，系统图宜注明管径、标高，其标注方法应与平、剖面图一致。

②流程图。对于冷热源系统、空调水系统及复杂的或平面表达不清的空调系统应绘制系统流程图。它主要反映该系统的作用原理、管路流程及设备之间的相互关系，是设备布置和管道布置的依据，是识读平、剖面图的依据，是施工中检查核对管道是否正确和确定介质流向的依据。系统流程图应绘出设备、阀门、控制仪表、配件、标注介质流向、管径及设备编号。流程图可不按比例绘制，但管路分支应与平面图相符。空调的供冷、供热分支水路采用竖向输送时，应绘制立管图并编号，注明管径、坡向、标高及空调器的型号。

4）剖面图和详图

①剖面图。当其他图纸不能表达复杂管道相对关系及竖向位置时，应绘制剖面图或局部剖面图。在剖面图中绘出的风管、水管、风口等设备应表示清楚管道与设备，管道与建筑梁、板、柱、墙以及地面的尺寸关系。还应表示清楚风管、风口、水管等尺寸和标高，气流方向及详图索引编号等。

机房剖面图应绘制出与机房平面图的设备、设备基础、管道和附件相对应的竖向位置、竖向尺寸和标高。标注连接设备的管道位置尺寸；注明设备和附件编号以及详图索引编号。

②详图。空调制冷系统的各种设备及零部件施工安装，应注明采用的标准图、通用图的图名或图号。凡无现成图纸可选，且需要交代设计意图的，必须绘制详图。简单的详图，可就图引出，绘局部详图；制作详图或安装复杂的详图应单独绘制。

（2）识图方法

空调系统的新风和回风管路识图与通风管道的识图基本相同，可按空气流向进行。空调系统的水系统识图与建筑给水系统识图相同，可按照水的流向进行识图。识图过程中注意平面图与系统图、流程图及剖面图的结合。

2. 建筑空调施工图识读

某办公楼空调工程部分施工图见图 4-61~ 图 4-63。

（1）设计与施工说明部分主要内容

1）设计说明。某办公楼，三层，建筑面积 2984m²，一层层高为 4.2m，二、三层层高均为 3.9m，建筑高度为 12.0m。设计范围包括所有的办公室、会议室等房间。

2）空调系统形式。采用风机盘管加新风的半集中式空调方式，新风和风机盘管并联，每层设一台新风机组。风机盘管暗装于局部侧吊顶内，气流组织采用侧送风上回风的方式。夏季空调供回水温度为 7~12℃，冬季空调供回水温度 45~55℃，空调冷（热）水由设于屋顶的风冷冷（热）水机组提供。

3）风系统施工说明：

①空调风管采用镀锌钢板为材料制作。所有风管必须设置必要的支、吊架或托架。

②风管支、吊架或托架应设置在保温层的外面，并在吊托架之间镶以垫木，同时应避免在法兰、阀门等零部件处设置支架。

③安装调节阀等调节配件时必须将操作手柄配制在便于操作的部位。

④所有风管均需保温，保温层采用离心玻璃棉。保温厚度 δ =30mm，安装时缝隙封严，保温层外包铝箔。

⑤风管吊杆为直径 10mm 的圆钢，吊装空调器吊杆为直径 18mm 的圆钢。

⑥空调器与管道连接时，均安装柔性接头，吊装风机盘管、空调器均设弹簧减振垫；吊装新风机组，均设减振器以减少振动。

4）水系统施工说明：

①空调水管管径小于等于 DN100 时采用镀锌钢管，丝扣连接；大于 DN100 采用无缝钢管，焊接连接。

②管道穿墙、梁及楼板时应预埋套管，穿墙、梁套管与墙、梁平齐。穿楼板套管高于室内地坪 20mm。

③管道支吊架、管卡等铁件外表面除锈后，刷红丹防锈漆两遍，支架等铁件再

刷银粉漆两遍。

④空调供水管、回水管及阀门做离心玻璃棉管壳保温。保温层厚度如下：DN<50mm，δ =40mm；DN=50~125mm，δ =50mm。

⑤冷凝水管的支管坡度应不小于0.01，干管坡度应不小于0.005；供、回水干管均为抬头走，坡度为0.003。

⑥空调施工应与土建施工密切配合，预埋铁件，预留孔洞[①]。

（2）平面图

1）风管平面图。新风机组每层设一台，布置于轴线⑧和⑨之间，靠近北墙的吊顶内。新风机组型号为G-2WDX，风量为2000m^3/h。新风口设于北墙上，采用防雨型百叶风口，新风机组进风侧设有对开多叶调节阀，出风侧设有消声器。主风管在走廊分成东西方向两个支路，接入房间的支风管与风机盘管并联安装，共用一个送风口。风机盘管和新风支管均布置于房间侧吊顶内，新风支管上安装有风量调节阀。一层大门内侧安装了4台风幕机，型号为GM120。

2）水管平面图。空调水系统采用双管制，层间异程式、层内同程式（供水管同程）。空调供回水主立管设于轴线⑩和⑪之间的管井内，从管井接出的供回水水平干管敷设于走廊吊顶内，其末端设有自动排气阀。风机盘管接出的供回水支管穿墙后与走廊内的干管相连接。风机盘管接出的凝结水支管穿墙后与凝结水干管相连接，汇总后排入本层洗手间。

（3）水系统图

冷（热）源由布置在屋顶的冷（热）水机组提供。系统图中标出了新风机组、风机盘管等设备的型号、标高以及各管道的走向、管径、标高和坡度。供回水及冷凝水系统走向为：

1）供回水系统走向：冷（热）水机组出口→供水立管（管井内）→层内供水干管→供水支管→风机盘管（或新风机组）进口→风机盘管（或新风机组）出口→回水支管→层内回水干管→回水立管（管井内）→冷（热）水机组进口。

2）凝结水系统走向：风机盘管（或新风机组）凝结水盘接口→凝结水支管→层内凝结水干管→接入卫生间排放。

① 结合强调空调施工应与土建施工密切配合，预埋铁件，预留孔洞融入【德育：协作精神、相辅相成、互利共赢】。

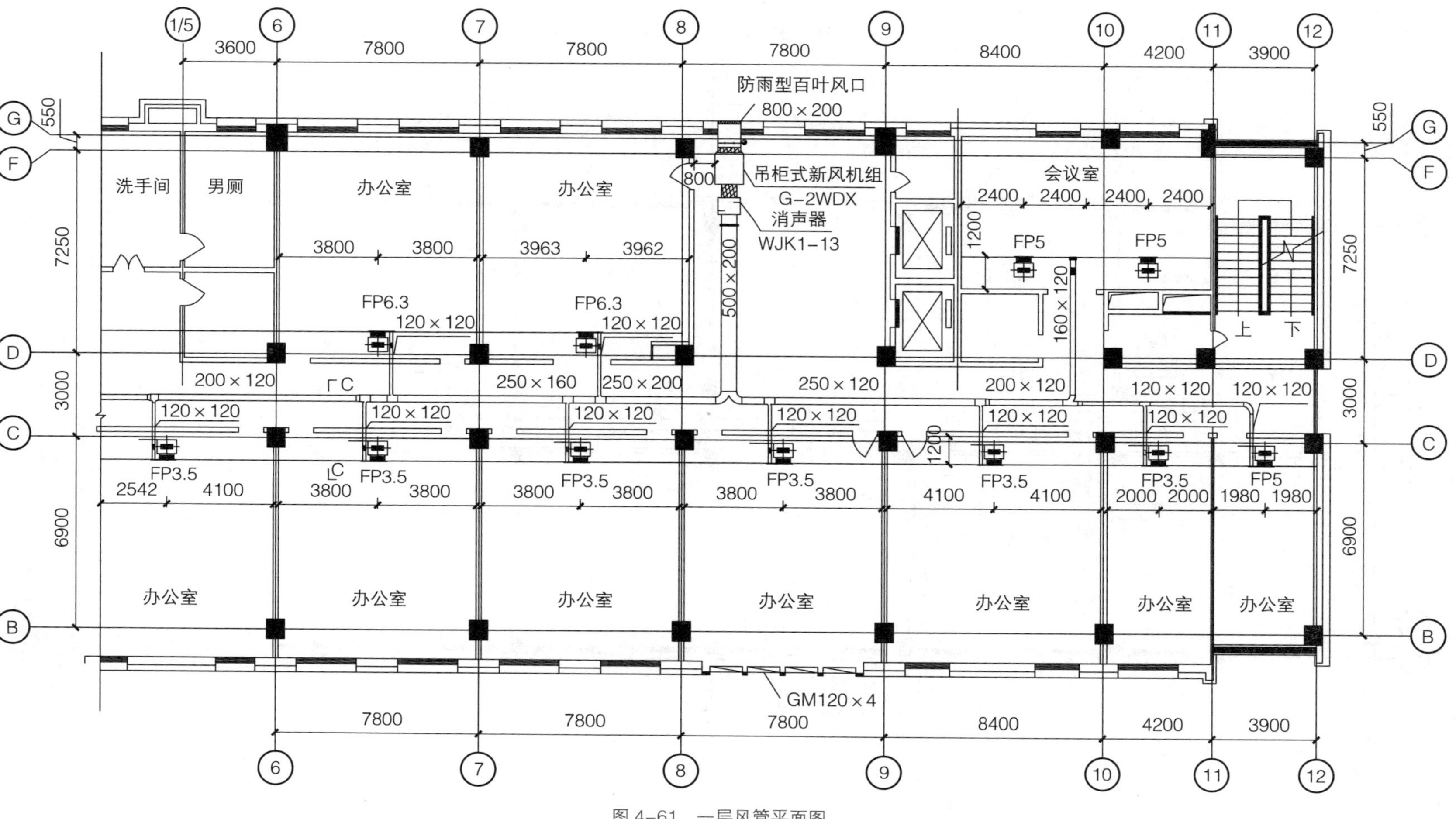

图 4-61　一层风管平面图

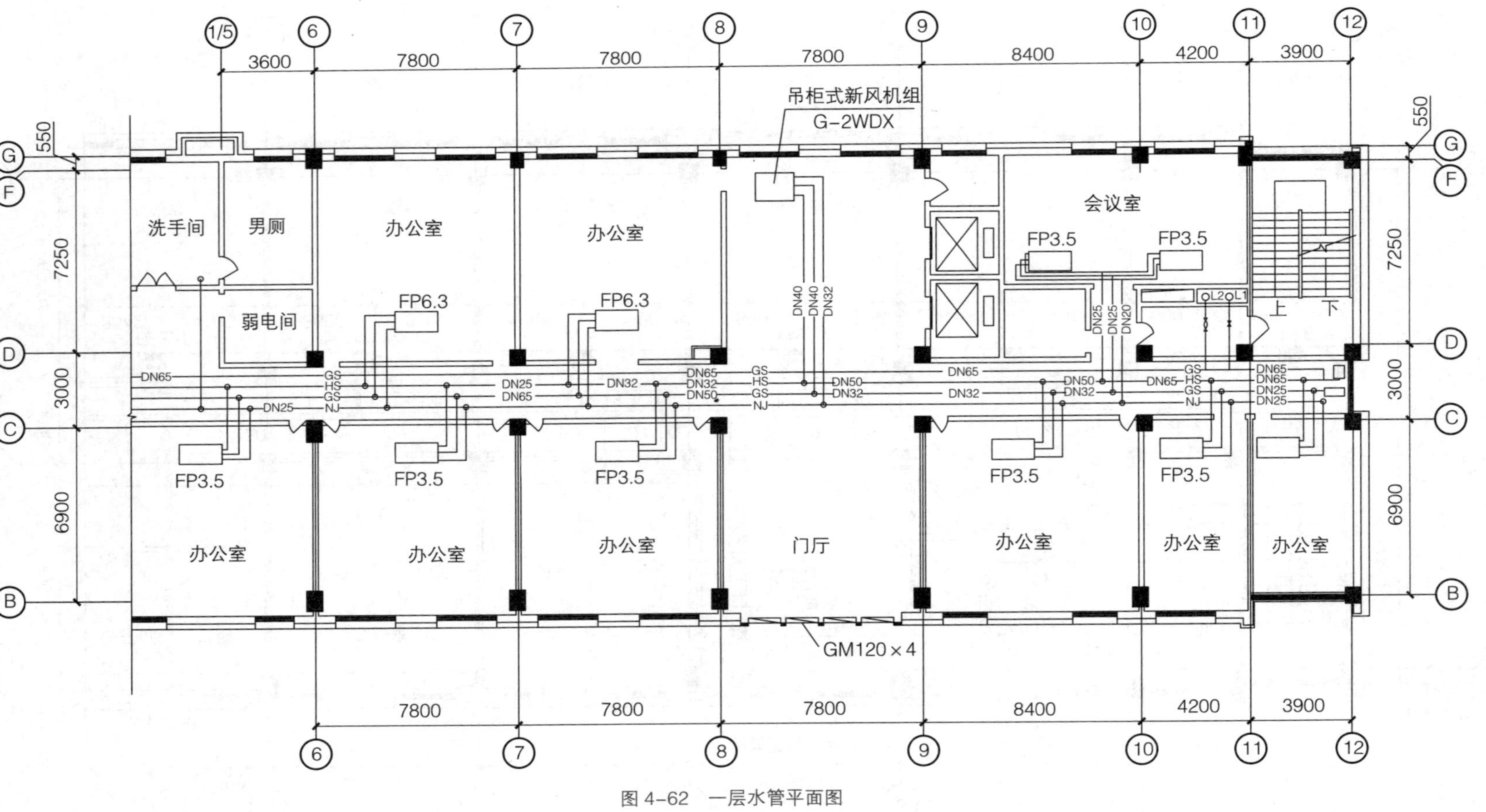

图 4-62　一层水管平面图

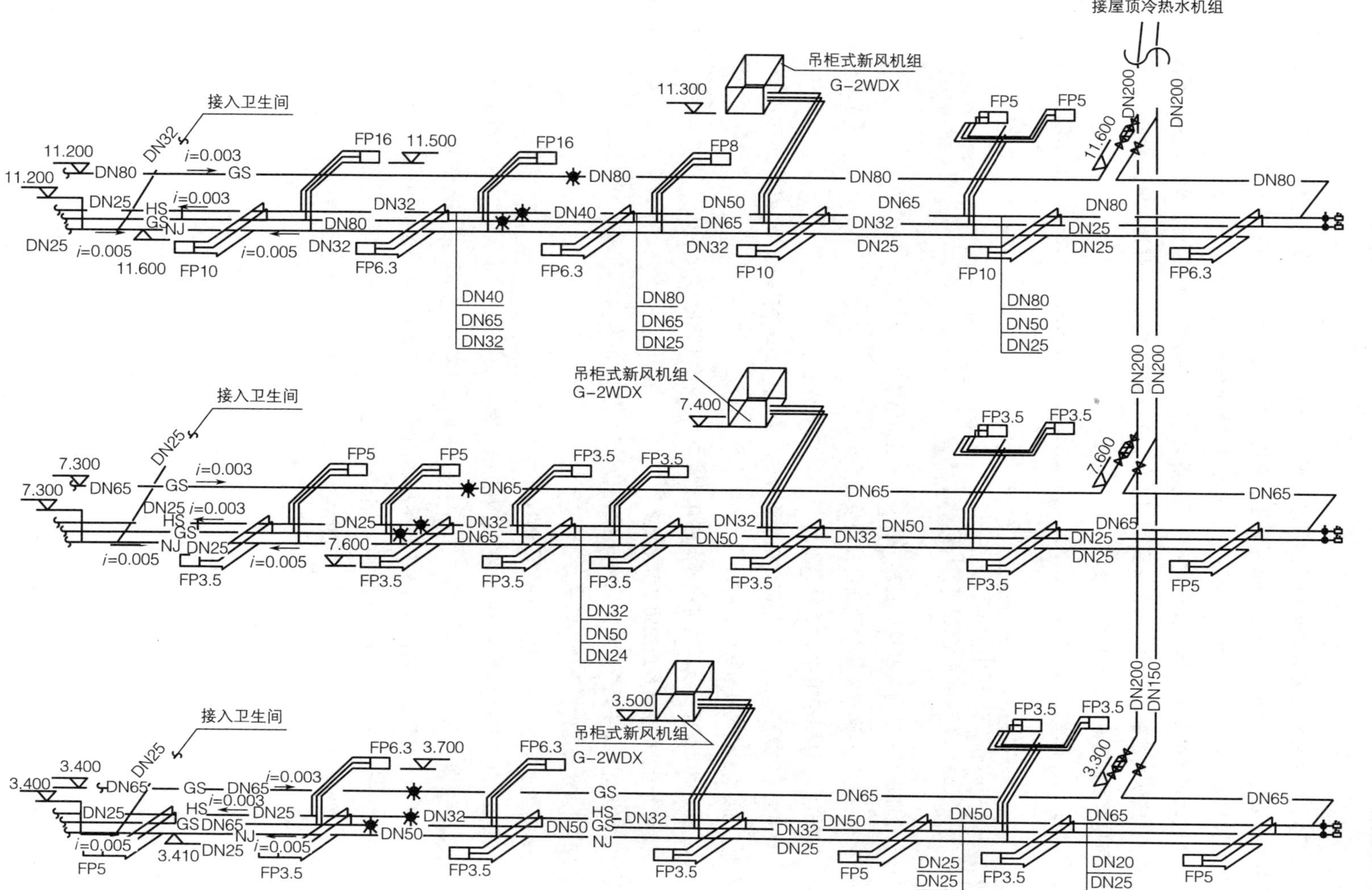
接屋顶冷热水机组
吊柜式新风机组
G-2WDX
接入卫生间
DN200
DN150
DN80
DN65
DN50
DN40
DN32
DN25
DN24
DN20
FP3.5
FP5
FP6.3
FP8
FP10
FP16
GS
HS
NJ
i=0.003
i=0.005
11.600
11.500
11.300
11.200
7.600
7.400
7.300
3.700
3.500
3.410
3.400
3.300

图 4-63　空调水系统图

【思政提升】

本项目主要介绍了建筑通风系统的原理及形式、通风系统的主要设备及附件，全空气空调系统组成与主要设备，风机盘管加新风空调系统组成与主要设备，以及建筑通风与空调系统的安装要求。结合案例，重点介绍了建筑通风与空调系统施工图的识读方法。

通过本项目的学习，希望同学们：①要培养自己勤学勤思的学习态度，学以致用，严谨求实、养成认真细致的工作作风；②要学习规范，严格遵守规范，增强遵纪守法意识；③要坚持可持续发展理念，倡导低碳环保。

【课后习题】

1. 全面通风系统有哪几种形式？一般由什么设备组成？
2. 什么是事故通风？事故通风的使用情况是什么？
3. 防烟、排烟系统的作用是什么？
4. 根据《建筑设计防火规范（2018 年版）》GB 50016-2014 的规定，民用建筑的哪些场所或部位应设置排烟设施？
5. 根据消声原理，消声器可以分为哪几类？简述其消声作用的原理。
6. 简述全空气空调系统的组成与形式？
7. 风机盘管加新风空调系统的特点是什么？
8. 简述敷设风管应符合的要求。
9. 简述建筑通风与空调施工图的识读方法。
10. 近几年，年久失修的空调外机支架松动造成的空调室外机“坠机”、市民受伤的事故屡见媒体。武汉、成都、徐州、温州等地都曾发生“空调外机掉落伤人”的事故。隐患越来越多、伤人事故频发，“高龄”空调成了行人飞来的横祸。室外机安全问题，成为大家生活中的一个安全隐患。请完成：①查阅相关规范，说明空调外机支架的设置要求；②阐明空调外机支架事故对我们的安全警示。

项目 5　建筑电气系统识图与施工

【学习目标】

1. 知识目标

掌握建筑电气照明系统的组成与常用电气管材、电线、电缆、灯具材料；掌握防雷装置的组成；熟知电力系统的组成与低压配电系统的配电方式；了解接地电阻及其测试，以及电气照明系统与防雷接地系统安装要求。掌握建筑电气施工图的识读方法，准确识读建筑电气施工图。

2. 思政目标

牢固树立安全意识、注意用电安全防护。遵守职业规范，安全守则牢记于心，严格遵守操作规范，培养良好的职业素养。

思 维 导 图

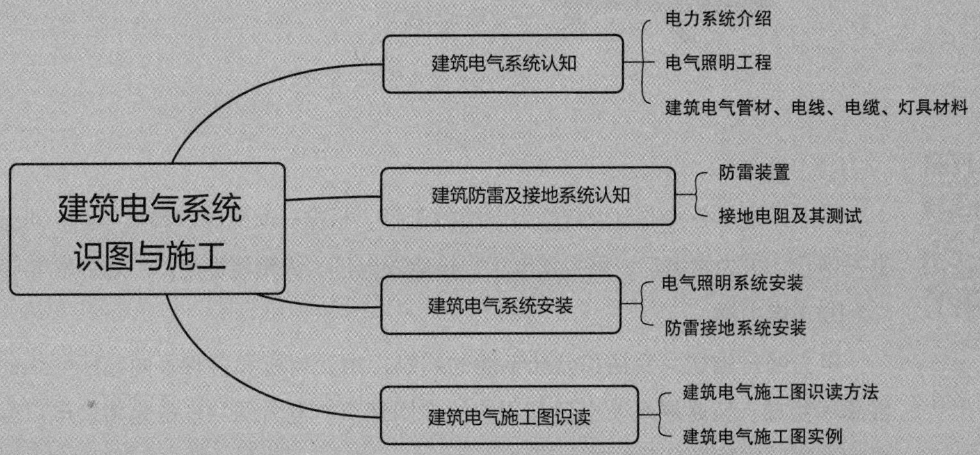

任务 5.1 建筑电气系统认知

5.1.1 电力系统介绍

1. 电力系统的组成

由发电厂、电力网、变电所及电力用户组成的统一整体称为电力系统，如图 5-1 所示。

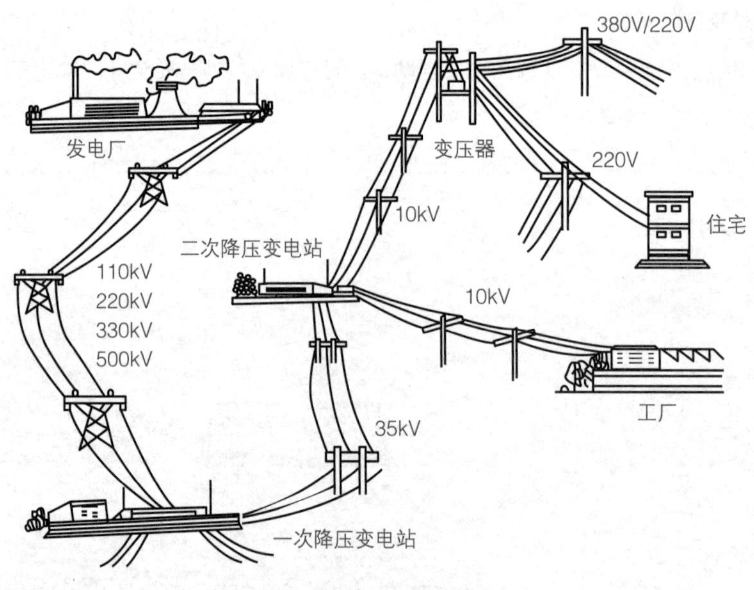

图 5-1 电力系统的组成

中国特高压领先世界，自主创新勇攀高峰谋发展

（1）发电厂

发电厂是将各种非电能转换为电能的工厂。根据一次能源的种类不同，可分为水力发电厂、火力发电厂、风力发电厂、核能发电厂、太阳能发电厂、地热发电厂等。

（2）电力网

电力网是输送、变换和分配电能的网络，由变电所和各种不同电压等级的电力线路所组成。它是联系发电厂和用户的中间环节，电力网的任务是将发电厂生产的电能输送、变换和分配到电力用户。

电力网按其功能常分为输电网和配电网两大类。35kV 及以上的输电线路和与其相连的变电所组成的电力网称为输电网，它是电力系统的主要网络，作用是将电能输送到各个地区或直接送给大型用户。10kV及以下的配电线路和配电变压器所组成的电力网称为配电网，它的作用是将电能分配给各类不同的用户。

电力网的电压等级很多。在我国习惯将电压为330kV及以上的称超高压[①]，1~330kV称高压，1kV以下的称低压。一般将3kV、6kV、10kV等级的电压称配电电压。建筑电气便是对配电线路系统的应用。

（3）变电所

变电所是接受电能、变换电压和分配电能的场所。它由电力变压器和配电装置组成。按变压的性质和作用可分为升压变电所和降压变电所两种。仅装有受配电装置而没有电力变压器的称为配电所。

（4）电力用户

在电力系统中，所有消耗电能的用户均称为电力用户。电力用户所拥有的用电设备可按其用途分为：动力用电设备（如电动机等）、工业用电设备（如电解、冶炼、电焊、热处理设备等）、电热用电设备（如电炉、干燥箱、空调等）、照明用电设备和试验用电设备等，它们可将电能转换为化学能、机械能、热能和光能等不同形式。

变配电工程是变电和配电工程的总称。变电是采用变压器，把10kV电压降为380/220V；配电是采用开关、保护电器、线路等，安全可靠地把电能进行分配。

2. 电力负荷的分类

电力网上用电设备所消耗的电功率称为电力负荷。根据电力负荷的性质和电力用户对供电可靠性提出的要求，电力负荷可分为一、二、三级。

（1）一级负荷

有下列情况之一者可视为一级负荷：

1）中断供电将造成人身伤亡的用户[②]。

2）中断供电会在社会影响、经济上造成重大损失的用户。如重大设备损坏，重大产品报废，重点企业生产程序被打乱而又需要长时间才能恢复等。

3）中断供电将对其产生重大社会影响及经济影响的用户。如铁路枢纽，重要宾馆，用于国际活动的公共场所等。

（2）二级负荷

有下列情况之一者可视为二级负荷：

① 结合我国特高压工程建设的介绍融入【德育：了解国家特高压输电工程建设历程，知难而进的意志和毅力，自主创新、突破技术瓶颈，爱国主义情怀】。

② 结合举例医院是一级负荷电力用户融入【德育：医院断电事故案例引领，健康第一位，多锻炼身体，认真负责、严谨细致的工作作风，防患于未然】。

1）中断供电会造成经济上较大损失的用户。如主要设备损坏、大量产品报废、重点企业大量减产等。

2）中断供电会对其产生不良影响的用户。如大型剧院、大型商场等场所中断供电会造成秩序混乱等。

（3）三级负荷

凡不属于一、二级负荷的用户都属于三级负荷。

3. 各级负荷对供电电源的要求

（1）一级负荷对供电的要求

一级负荷应由两个独立电源供电，按照生产需要和允许停电时间，采用双电源自动或手动切换的接线，或双电源对多台一级用电设备分组同时供电的接线。对有特殊要求的一级负荷，为保证供电绝对可靠，独立电源应来自不同地点。

（2）二级负荷对供电的要求

对于二级负荷，应由二回路供电，供电变压器也应有两台（这两台变压器不一定在同一变电所）。在其中一回路或一台变压器发生常见故障时，二级负荷应做到不致中断供电。

若条件不允许，可采用 10kV 及以下的专用架空线供电，是否设置备用电源应作经济技术比较，若中断供电造成损失大于设置备用电源费用，则应设置备用电源，否则允许采用一个独立电源。

（3）三级负荷对供电的要求

三级负荷属不重要负荷，对供电无特殊要求。但在允许情况下，应尽量提高供电的可靠性和连续性。

4. 工业与民用建筑供电系统

（1）小型工业与民用建筑供电系统

此种供电系统一般只需设立一个简单的变电所，电源进线电压通常为 10kV，经降压变压器将电压降到 380/220V，再经低压配电线路向动力用电设备和照明用电设备供电。

（2）中型工业与民用建筑供电系统

这一供电系统电源进线电压一般为 10kV，经高压配电所、高压配电线路，将电能送到各车间或民用建筑的降压变电所，再将电压降为 380/220V，由低压配电线路向用电设备供电。

（3）大型工业与民用建筑供电系统

此类电源进线电压一般为 110kV 或 35kV，需要经两次降压。首先经总降压变电所，将电压降为 10kV，然后由 10kV 高压配电线路将电能送到各车间或民用建筑的降压变电所，再将电压降为 380V/220V，由低压配电线路向用电设备供电。

5. 建筑低压配电系统的配电方式

为了接受和分配电力系统送来的电能，各类建筑都需要有一个内部的供配电系统。从建筑物的配电室或配电箱，至各层分配电箱及各层用户单元开关箱之间的配电系统，称为低压配电系统。图 5-2 为三级配电系统示意图，总配电箱应设置在靠近电源处，分配电箱应设置在用电设备或负荷相对集中的区域，分配电箱与开关箱的距离不得超过 30m，开关箱与其控制的固定式用电设备的水平距离不宜超过 3m。

常用的配电方式有三种形式，如图 5-3 所示。

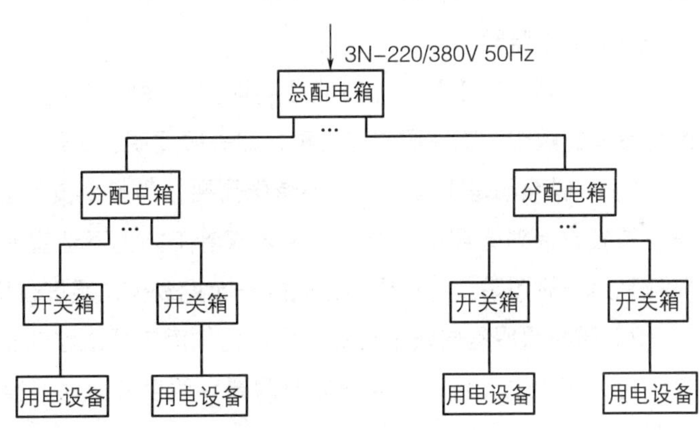

图 5-2　三级配电系统示意图

1）放射式。由总低压配电装置直接供给各分配电箱或用电设备。它具有各个负荷独立受电，供电可靠性较高，故障时影响面小，配电设备集中，检修方便，电压波动相互间影响较小等优点；但系统灵活性较差，相应的投资也较大。该配电方式一般用于用电设备大而集中，对供电可靠性要求较高的场所。

2）树干式。从总低压配电装置引出一条主干线路，由主干线不同的位置分出支线并连至各分配电箱或用电设备。该方式线路简单，投资低，灵活性好，但干线故障时影响范围大；一般用于用电负荷分散、容量不大、线路较长且无特殊要求的场所。

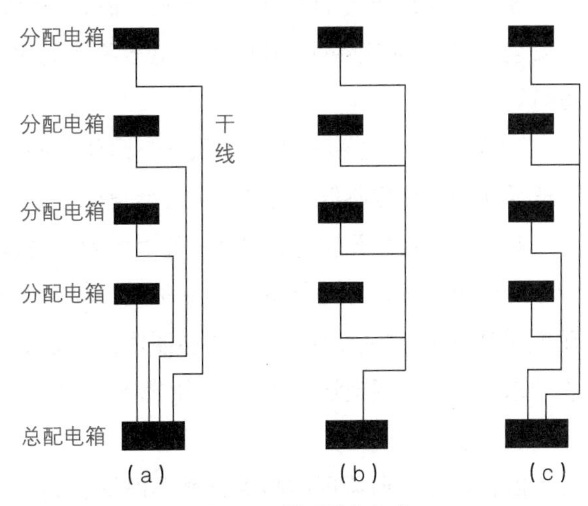

图 5-3　低压配电方式
（a）放射式；（b）树干式；（c）混合式

3）混合式。混合式是指放射式和树干式结合的配电方式。此方式综合了放射式和树干式的优点，因而在大多数情况下都采用这种配电方式。

5.1.2 电气照明工程

电力系统与电气照明工程

电气照明是建筑物不可缺少的组成部分，也是建筑安装工程重要的组成部分。照明质量的好坏直接影响着人们的生产、生活、工作与学习。衡量照明质量的指标主要有照度均匀性、照度合理性、限制眩光性、光源的显色性以及照度的稳定性几个方面。

1. 照明方式

把电能转换成光源的电气工程称为照明工程（其中包括日用电具）。通常情况下照明可分为工作照明和事故照明两种。

（1）工作照明

工作照明是在正常工作时能顺利地完成作业，保证安全通行和能看清周围的东西而设置的照明。工作照明有三种，即一般照明、局部照明和混合照明。

1）一般照明是不考虑局部的特殊需要，为整个被照场所设置的照明。在对于工作位置较密而对光照的方向性无要求或者工艺上不适宜设置局部照明的场所，适合单独采用一般照明，这种照明方式的一次投资少，照度较均匀。

2）局部照明是局限于特殊工作部位的固定式或移动式照明，能为特定的工作面提供更为集中的光线，当某一局部需要高照度并且对光照方向有要求时，应采用局部照明。

固定式局部照明的灯具是固定安装的；移动局部照明的灯具可以移动。为了人身安全，移动局部照明灯具的工作电压不得超过 36V，如检修设备用的临时照明手提灯等。

3）混合照明是由一般照明和局部照明共同组成的照明。在混合照明的场所中，一般照明的照度应不低于混合照明总照度的 5%~10%。

对工作位置需要较高的照度，并对照射方向有特殊要求的场所宜采用混合照明。

混合照明的优点是能够满足各种工作面对照度的要求，在同样条件下比一般照明电消耗量低。在高照度时，这种照明方式是比较经济的，也是目前工业建筑和照度要求较高的民用建筑中广泛采用的照明方式。

（2）事故照明

当正常工作照明因故障熄灭后，提供有关人员临时继续工作或人员疏散等视觉条件的照明称为事故照明。

事故照明灯具应设置在可能引起事故的设备、材料周围和危险地段、主要通道、出入口等处。这些位置的灯具应标示明显的文字图形或颜色标记（如红色）。事故照明的光源必须能瞬时点燃或启动。事故照明可分为暂时继续工作照明、人员疏散照明、警卫值班照明以及障碍照明四种方式。

2. 装饰照明和特种照明

（1）装饰照明

在高层民用建筑中，灯具不仅起照明作用，更主要的是为了起装饰作用，即灯饰，其主要形式有：①发光顶棚；②光梁、光带、光檐；③点光源探照灯；④网状系统照明；⑤玻璃水晶灯照明。

（2）特种照明

特种照明的主要形式有：①立面照明；②霓虹灯；③水下照明；④庭院照明；⑤舞台照明；⑥展厅照明；⑦多功能厅照明。

3. 照明灯具

灯具是能透光、分配和改变光线分布的器具，包括除光源外所有用于固定和保护光源所需的全部零部件，以及与电源连接所必需的线路附件。

（1）按光通量在空间中的分配特性，灯具可分为以下几种类型：

1）直接型灯具：向灯具下部发射 90%~100% 直接光通量的灯具。这种灯具的特点是灯的上半部分几乎没有光线，光通量利用率最高；但顶棚很暗，与明亮的灯具易形成对比眩光；光线集中且方向性强，易产生较浓重阴影。

2）半直接型灯具：向灯具下部发射 60%~90% 直接光通量的灯具。这种灯具的特点是下射光供作业照明，上射光供环境照明，减少了灯具与顶棚间的强烈对比，使室内环境亮度适宜、缓解阴影。

3）漫射型灯具：向灯具下部发射 40%~60% 直接光通量的灯具。这种灯具适当安装可使直接眩光最小，光线柔和均匀，但光通量损失较多。

4）半间接型灯具：向灯具下部发射 10%~40% 直接光通量的灯具。这种灯具增加散射光照明效果，光线更加柔和均匀，但光通损失更多，经济性差，灯具易积尘而影响其效率。

5）间接型灯具：向灯具下部发射 10% 以下的直接光通量的灯具，大部分光线投向顶棚。这种灯具运用反射光照明，无阴影和眩光，但光损失大，缺乏立体感。

（2）按照安装方式，灯具可分为以下几种：

1）吸顶式。灯具直接安装在顶棚上，主要用于没有吊顶的房间内。

2）嵌入顶棚式。将灯具嵌入吊顶内安装，适用于有吊顶的房间。

3）壁挂式。将灯具安装在墙壁或庭柱上，主要用于局部和装饰照明及不适宜在顶棚安装灯具的场所。

4）悬挂式。将灯具用吊绳、吊链、吊管等悬挂在顶棚上，适用于顶棚较高的餐厅、会议、大展厅、办公室等。

5）嵌墙式。将灯具暗装于距地高度为0.2~0.4m的墙体内，适用于医院病房、宾馆客房、公共走廊、卧室等场所。

6）移动式。可以自由移动以获得局部高照度的灯具，往往作为辅助照明使用。

（3）灯具的选择

灯具的种类繁多，我们要根据建筑物的不同用途，来选择不同形式的灯具。选择灯具要从实际出发，既要适用，又要经济，在可能的条件下还要注意美观①。选择灯具可以从以下几个方面来考虑：

1）配光选择。即室内照明是否达到规定的照度，工作面上的照度是否均匀，有无眩光等。例如，在高大厂房中，为了使光线能集中在工作面上，就应该选择深照型直射灯具。

2）经济效益。即在满足室内一定照度的情况下，电功率的消耗，设备投资、运行费用的消耗都应该适当控制，使其获得较好的经济效益。

3）环境条件。选择灯具时，还需要考虑周围的环境条件，如有爆炸危险的场所，应选用防爆型灯具，同时还要考虑灯具的外形与建筑物是否协调。

总之，灯具的选择要根据实际条件进行综合考虑。例如，对于一般生活用房和公共建筑多采用半直射型或漫射型灯具，这样可以使室内和顶棚均有一定的光照，整个室内空间照度分布比较均匀；在生产厂房多采用直射型灯具，可以使光通量全部或大部分投射到下方的工作面上；在特殊的工作环境下，要采用特殊灯具，潮湿的房间要采用防潮灯具、室外采用防雨式灯具等。

5.1.3 建筑电气管材、电线、电缆、灯具材料

1. 常用电气配管、配线材料

（1）管材

1）常见管材

在电气安装工程中，电能主要是通过电线和电缆进行输送的，一旦线材需要套

① 结合灯具的选择融入【德育：选型符合工程实际、抓事物主要矛盾、养成正确的解决问题的思维，提高综合分析能力】。

管敷设，就需要使用管材。导线（绝缘导线）穿管使用有以下几方面好处：①导线可免受外力作用而损伤，提高安全程度[①]，同时可延长使用年限；②更换导线方便；③暗设于建筑物内使室内更加美观。

管材按其材质的不同可以分为以下几类：①厚钢管：又分为水、煤气钢管和无缝钢管；②电线管：又称为薄壁钢管；③塑料管：又分为硬塑料管和半硬塑料管；④金属软管等。

建筑电气管材、电线、电缆、灯具材料

厚钢管多用于动力线路或底层地坪内配管；电线管多用于照明配电线路；塑料管特别是半硬塑料管由于价格低、施工方便，也广泛地应用于照明配电线路上；硬塑料管多用于化工厂等有腐蚀性场所。

2）KBG 管与 JDG 管

① KBG（K 指扣压式连接；B 指薄壁；G 指钢管）系列钢导管采用优质管材加工而成，双面镀锌保护。KBG 是针对电线管、焊接钢管管材在做绝缘电线保护管的敷设工程中施工复杂的状况而研制，具有较好的技术经济性能。

KBG 管有 Φ16、Φ20、Φ25、Φ32、Φ40 五种规格，管壁厚度分别为 1mm 或 1.2mm，见表 5-1、表 5-2。导管出厂长度均为 4m。KBG 管外形、配件及安装工具如图 5-4~ 图 5-7 所示。

KBG 管规格尺寸　　表 5-1

规格	Φ16	Φ20	Φ25	Φ32	Φ40
外径 D（mm）	16	20	25	32	40
壁厚 d（mm）	1.0	1.0	1.2	1.2	1.2

KBG 套接扣压式薄壁钢导管与其他金属管的重量比较　　表 5-2

公称直径（mm）	扣压式薄壁钢导管 (KBG)		电线管 (TC)		焊接钢管 (SC)	
	重量 /(kg/m)	重量比	重量 /(kg/m)	重量比	重量 /(kg/m)	重量比
16	0.370	1	0.562	1.5	1.25	3.4
20	0.469	1	0.765	1.6	1.63	3.5
25	0.590	1	1.035	1.8	2.42	4.1
32	0.911	1	1.335	1.5	3.13	3.4
40	1.424	1	1.611	1.1	3.84	2.7

① 结合导线外穿管保护是提高用电安全的必要措施融入【德育：案例引领，导线裸露危害大，树立安全意识，规范操作，排查隐患】。

图 5-4 KBG 管外形图

图 5-5 KBG 管配套线盒

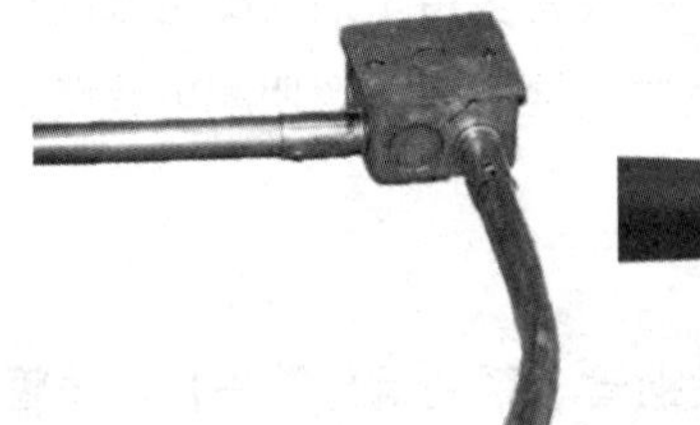

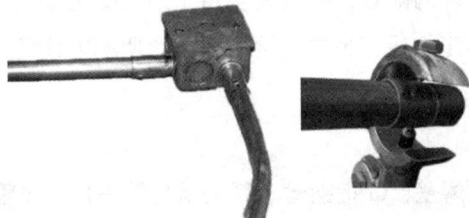

图 5-6 KBG 管连接

图 5-7 扣压器

②套接紧定式镀锌钢导管，简称 JDG 管。JDG 管采用优质冷轧带钢，经高频焊机组自动焊缝成型，双面镀锌保护；壁厚均匀，卷焊圆度高，与管接头公差配合好，焊缝小而圆顺，管口边缘平滑；用配套弯管器弯管时横截面变形小。导管出厂长度为 4m，共有 Φ16、Φ20、Φ25、Φ32、Φ40 五种规格。标准型导管壁厚为 1.6mm，预埋、吊顶敷设均适用；其他导管壁厚为 1.2mm，仅适用于吊顶敷设，见表 5-3。JDG 管外形及配件如图 5-8 所示。

JDG 管规格尺寸　　表 5-3

规格		Φ16	Φ20	Φ25	Φ32	Φ40
外径 D(mm)		16	20	25	32	40
壁厚 d(mm)	标准型	—	1.6	1.6	1.6	1.6
	其他	1.2	1.2	1.2	—	—

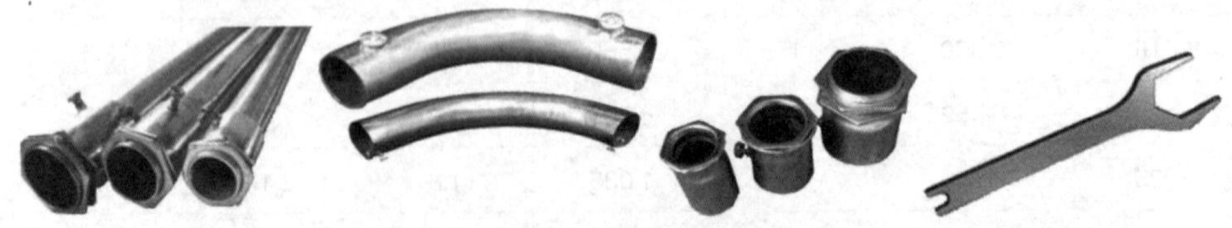

图 5-8 JDG 管外形及配件

（2）型材

在电气照明工程中，通常横担使用角钢；防雷装置中的避雷网（或叫避雷带）使用扁钢或圆钢，避雷引下线一般使用圆钢；对于接地装置，其接地母线使用扁钢，而接地极则通常使用角钢或钢管。

另外，在变配电或动力工程中，电气设备的基础多使用槽钢、角钢和工字钢。

（3）电线

1）塑料绝缘导线。常用的塑料绝缘导线（图 5-9）有 BLV（铝芯塑料绝缘线）、BV（铜芯塑料绝缘线）、BLVV（铝芯塑料绝缘，塑料护套线）、BVV（铜芯塑料绝缘，塑料护套线）、RFS（复合绞形软线）、RFB（聚丁烯平形软线）、BBX（铜芯玻璃丝织橡皮线）、BVVB（铜芯聚氯乙烯绝缘，聚氯乙烯护套平形电线）、BV-105（铜芯聚氯乙烯耐高温电线）。

电线和电缆的导线芯一般采用铜芯或铝芯。线芯截面积称为标称（即额定）截面积，其单位是 mm^2。常用的电线电缆标称截面积为：0.2，0.3，0.4，0.5，1.0，1.5，2.5，4.0，6.0，10，16，25，35，50，70，95，120，185，240，300。

2）橡皮绝缘导线。常用橡皮绝缘导线有 BLX（铝芯橡皮绝缘导线）、BX（铜芯橡皮绝缘导线），见图 5-10。橡皮绝缘导线主要用于低压架空线路及穿管敷设。

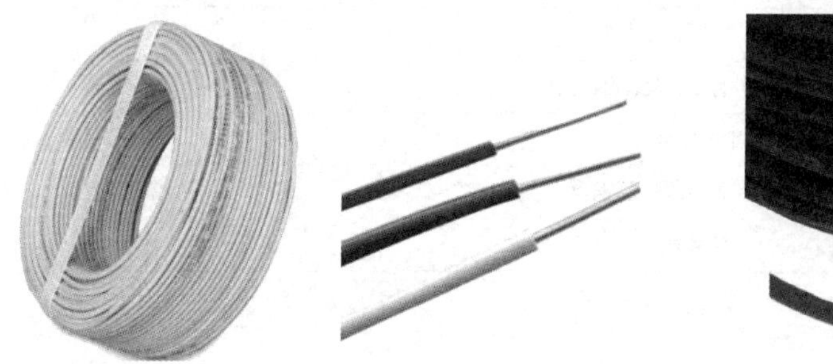

图 5-9　塑料绝缘导线

图 5-10　橡皮绝缘导线

（4）电缆

电缆与电线的区别在于其绝缘性能更好，同时又有铠装或其他方式的保护。因此，能承受机械外力作用和一定的拉力，从而可在各种环境条件下进行敷设。电缆线芯如图 5-11 所示。

电缆按作用不同可分为电力电缆、控制电缆、电讯电缆、移动软电缆；按绝缘

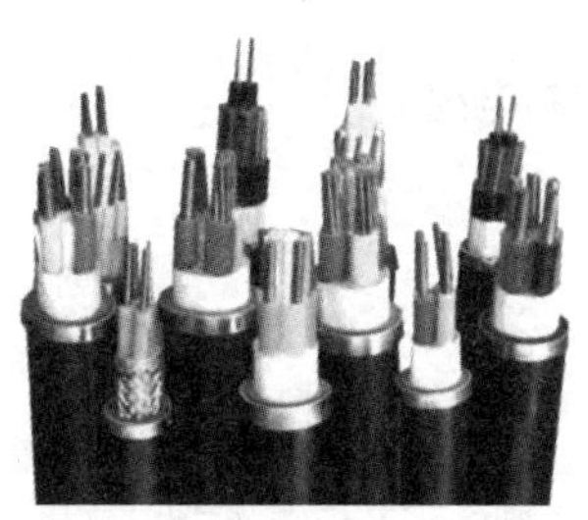

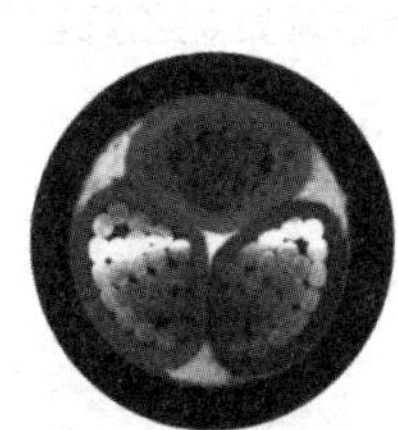

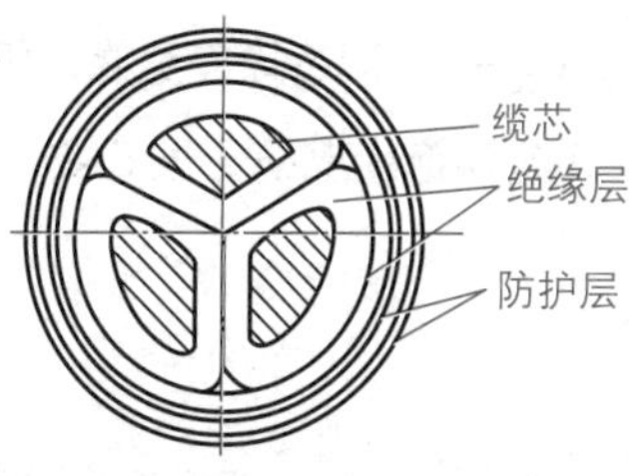

图 5-11　电缆与电缆线芯示意图

类型可分为橡皮绝缘电缆、油浸纸绝缘电缆、塑料绝缘电缆。塑料绝缘电缆是方向产品，具有结构简单、重量轻、韧性好、不受高差限制等优点。

电缆有单芯、双芯、三芯及多芯；控制电缆芯数有 2 芯到 40 芯不等。

1）电力电缆

①油浸纸绝缘电缆（表 5-4、表 5-5、图 5-12）。

油浸纸绝缘电缆表示法　　表 5-4

类别、用途	导体	绝缘	内护套	特征	外护套
Z——纸绝缘电缆	T——铜，一般省略不写 L——铝	Z——油浸纸	Q——铅护套 L——铝护套	CY——充油 F——分相 D——不滴油 C——滤尘用	02、03、20、21、22、23、30、31、32、33、40、41、42、43、441、241

数字表示的材料及意义　　表 5-5

标记	铠装层	标记	外被层
0	无	0	无
1	钢带（24- 钢带、粗圆钢丝）	1	纤维素
2	细圆钢丝	2	聚氯乙烯套
3	粗圆钢丝（44- 双粗圆钢丝）	3	聚乙烯套
4	铠装层	4	—

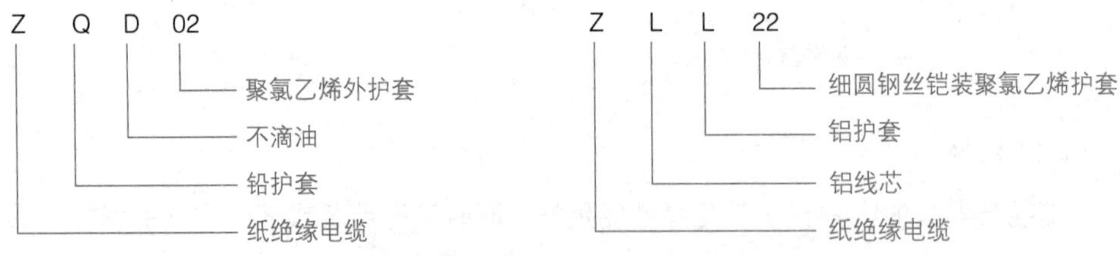

图 5-12　油浸纸绝缘电缆表示法

②橡皮绝缘电缆：

KXV——铜芯橡皮绝缘、聚氯乙烯护套控制电缆；

KV_{22}——铜芯橡皮绝缘、钢带铠装聚氯乙烯护套控制电缆。

③塑料绝缘电缆（表 5-6~ 表 5-8）[①]。

① 结合选用质量达标、规格型号符合要求的电缆融入【德育：合格电缆利国利民，假冒伪劣害人害己，严格遵守标准规范、增强法律意识】。

塑料绝缘电缆表示法　　表 5-6

类别、用途	导体	绝缘	护套	外护套
V——塑料电缆	T——铜（可省略） V——聚氯乙烯	V——聚氯乙烯	V——聚氯乙烯	22、23、32、33、42、43……

VV、VLV 电缆穿管管径选择表　　表 5-7

<table>
<tr><td rowspan="5">VV
VLV
0.6/1kV</td><td colspan="2">电缆标称截面积（mm²）</td><td>1.5</td><td>2.5</td><td>4</td><td>6</td><td>10</td><td>16</td><td>25</td><td>35</td><td>50</td><td>70</td><td>95</td><td>120</td></tr>
<tr><td colspan="2">聚氯乙烯硬质电线管 (PC)</td><td colspan="12">最小管径（mm）</td></tr>
<tr><td rowspan="3">电缆穿管长度在 30m 及以下</td><td>直线</td><td colspan="2">20</td><td colspan="2">25</td><td colspan="2">32</td><td colspan="2">40</td><td colspan="2">50</td><td colspan="2">63</td></tr>
<tr><td>一个弯曲时</td><td colspan="2">20</td><td>25</td><td colspan="2">32</td><td>40</td><td colspan="3">50</td><td colspan="2">63</td><td></td></tr>
<tr><td>二个弯曲时</td><td colspan="2">25</td><td colspan="2">32</td><td colspan="2">40</td><td>50</td><td colspan="3">63</td><td colspan="2"></td></tr>
</table>

YJV、YJLV 电缆穿管管径选择表　　表 5-8

<table>
<tr><td rowspan="5">YJV
YJLV
0.6/1kV</td><td colspan="2">电缆标称截面积（mm²）</td><td>1.5</td><td>2.5</td><td>4</td><td>6</td><td>10</td><td>16</td><td>25</td><td>35</td><td>50</td><td>70</td><td>95</td><td>120</td></tr>
<tr><td colspan="2">聚氯乙烯硬质电线管 (PC)</td><td colspan="12">最小管径（mm）</td></tr>
<tr><td rowspan="3">电缆穿管长度在 30m 及以下</td><td>直线</td><td colspan="3">20</td><td colspan="2">25</td><td>32</td><td colspan="2">40</td><td colspan="2">50</td><td colspan="2">63</td></tr>
<tr><td>一个弯曲时</td><td>20</td><td colspan="3">25</td><td>32</td><td colspan="2">40</td><td colspan="2">50</td><td colspan="2">63</td><td></td></tr>
<tr><td>二个弯曲时</td><td colspan="3">25</td><td colspan="2">32</td><td>40</td><td colspan="2">50</td><td colspan="2">63</td><td colspan="2"></td></tr>
</table>

④预分支电缆。即工厂按照电缆用户要求的主、分支电缆型号、规格、截面、长度及分支位置等指标，在工厂内用一系列专用生产设备，在流水生产线上将其制作完成的带分支电缆，如图 5-13 所示。分支接头结构相关参数见表 5-9，预分支电缆装置及安装见图 5-14。

2）控制电缆。常见的有：KVLV、KVV- 塑料控制电缆（铝芯、铜芯）、KXV- 橡皮绝缘控制电缆（铜芯）。控制电缆是供交流 500V 或直流 1000V 及以下配电装置中仪表、电器、电路控制之用，也可供连接电路信号，作为信号电缆用。

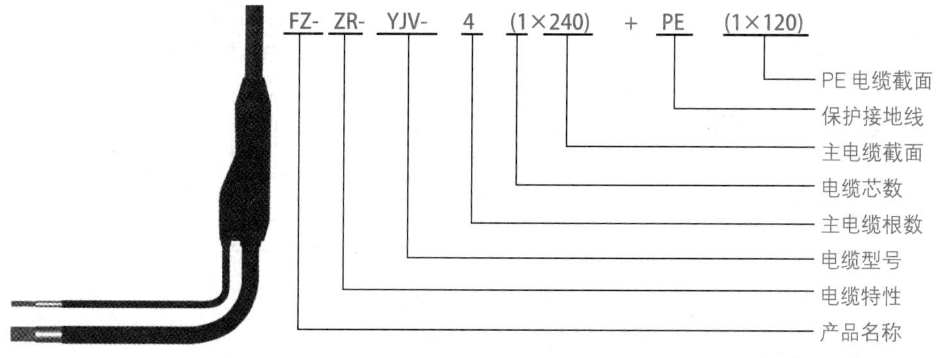

图 5-13　预分支电缆与单芯分支电缆型号示范

分支接头结构 表 5-9

主干电缆（mm^2）	支线电缆（mm^2）	参考尺寸（mm）			分接头示意图
		d_1	d_2	L	
16	16	54	35	95	
25	25				
35	35				
50	50	57	38	95	
70	70				
95	95				
120	120	78	52	145	
150	150				
185	185				
240	240	96	70	160	
300	300				
400	400				
500	400	106	80	170	
630	400				

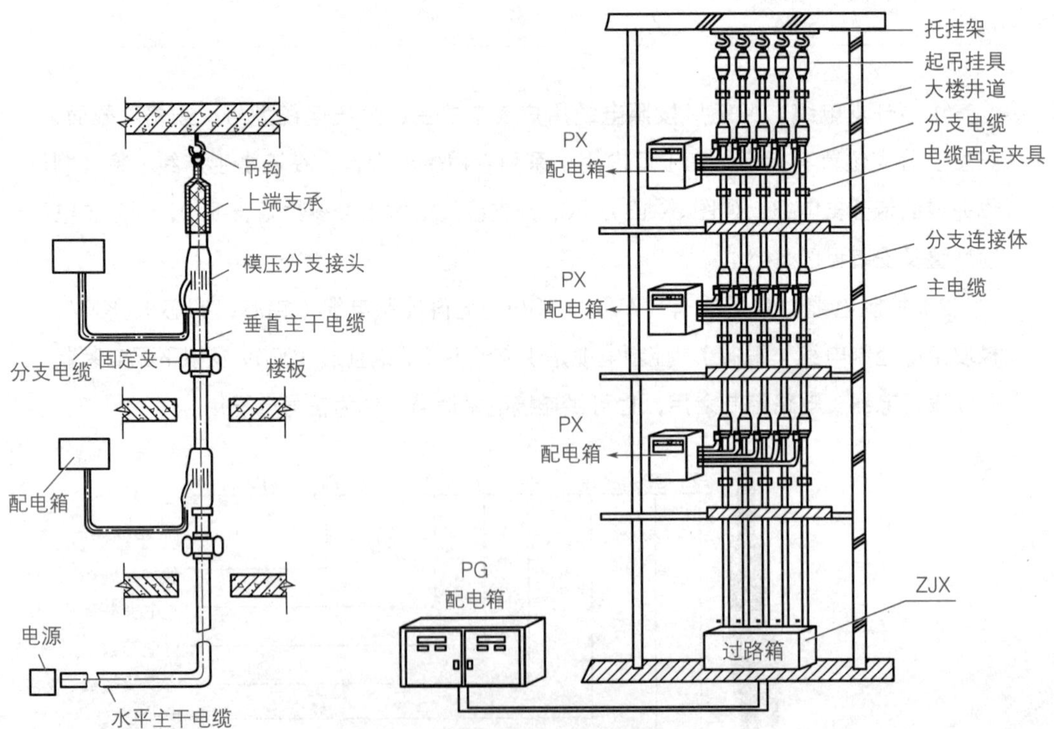

图 5-14 预分支电缆装置及安装示意图

2. 电光源与灯具

（1）电光源

电光源为将电能变为光能的装置，常用的电光源有白炽灯、碘钨灯、荧光灯、荧光高压水银灯。

电光源按发光原理分为两类：①热辐射光源；②气体放电光源（见表 5-10）。

（2）灯具

灯具是使光源发出的光线进行再分配的装置。灯具还具有固定光源、保护光源、装饰美化建筑的作用。

电光源种类　　表 5-10

<table>
<tr><td rowspan="10">电光源</td><td rowspan="2">热辐射光源</td><td colspan="3">白炽灯（钨丝灯），如普通照明灯泡</td></tr>
<tr><td colspan="3">卤钨灯，如管形照明卤钨灯</td></tr>
<tr><td rowspan="8">气体放电光源
（按发光物质分类）</td><td rowspan="4">金属</td><td rowspan="2">汞灯</td><td>低压汞灯，如荧光灯</td></tr>
<tr><td>高压汞灯，如荧光高压汞灯</td></tr>
<tr><td rowspan="2">钠灯</td><td>低压钠灯</td></tr>
<tr><td>高压钠灯</td></tr>
<tr><td rowspan="3">惰性气体</td><td colspan="2">氙灯，如管形氙灯</td></tr>
<tr><td colspan="2">汞氙灯，如管形汞氙灯</td></tr>
<tr><td colspan="2">氖灯，如充有不同惰性气体的霓虹灯</td></tr>
<tr><td colspan="3">金属卤化物灯，如钠铊铟灯、管形镝灯</td></tr>
</table>

根据光通量重新分配的情况不同，灯具分为：直射照明型，如深照型灯具；半直射照明型，如家用塑料碗形灯；漫射式照明型，如乳白玻璃圆球灯；间接照明型，如金属制反射型吊灯等。

1）白炽灯（图 5-15）。白炽灯灯泡内大多抽成真空状态，有些灯泡内抽成真空后还充以惰性气体，如氮气或氮气与氩气的混合气体。抽成真空或再充入惰性气体的目的是使加热的灯丝氧化和金属分子扩散缓慢，提高灯丝的使用温度和发光效率，一般 40W 以上的灯泡才充入惰性气体，40W 以下的则不充入。

白炽灯灯丝依靠两根铜线支架固定在玻璃泡体中央。这两根铜线支架同时也是灯丝的导电引线，和灯头相连。白炽灯丝是钨丝制成的，具有很高的熔点，以至在通电后达到白炽发光的程度也不熔化。

白炽灯工作电压分为 6V、12V、24V、36V、110V、220V 六种。6V~36V 的白炽灯属于低电压灯泡，功率较小，一般不超过 100W。工作电压 110V、220V 的属于普通灯泡，其功率从 10W 到 1000W 不等。目前我们使用的灯泡都采用现行市电电压，大部分使用交流 220V 白炽灯泡。

2）卤钨灯（图 5-16）。卤钨灯是白炽灯的一种。在被抽成真空的玻璃壳体内除充入惰性气体外，还充入少量的卤族元素氟、氯、溴、碘，可有效地防止钨丝受热后金属分子扩散而附着在玻璃壳体内，从而导致壳体变黑，影响照明亮度。在白炽灯内充入碘元素称为碘钨灯；充入氟元素称为氟钨灯等。卤钨灯一般都制成长管形状，玻璃壳体采用耐高温的石英玻璃制成。

卤钨灯使用寿命长、发光效率高，寿命期内光维持率几乎达 100%，比普通白炽灯体积小。卤钨灯有两种外形，主要区别在于体外引线。体外引线由两端引出的适用于普通照明；由一端引出的适用于电影、摄影等。

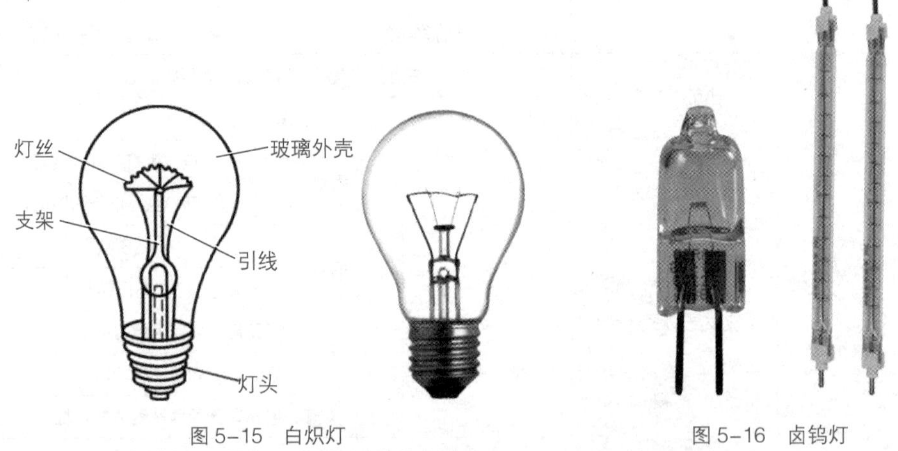

图 5-15　白炽灯

图 5-16　卤钨灯

3）荧光灯。荧光灯属气体放电光源，玻璃壳由钠钙玻璃制成，是利用管内低压汞蒸气，在放电过程中，汞原子被电离辐射出的紫外线激发荧光灯管内壁的荧光粉而发出可见光，荧光灯加工比较简单，成本不高，可以制成各种光色，其发光效率高、光色好、寿命长，是一种应用最广的光源。

最常见的荧光灯是直形玻璃管状，有粗细两种规格。直管荧光灯（图 5-17）功率较大，规格比较齐全，最小的 6W，最大的 100W 以上。环形和各种紧凑型荧光灯，尤其是紧凑型荧光灯（图 5-18）一般功率都较小。

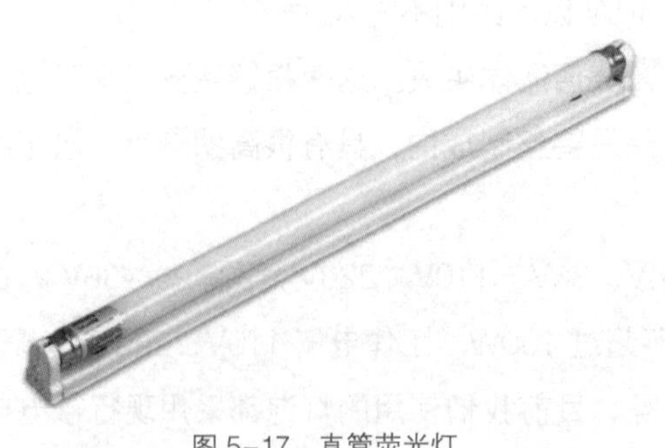

图 5-17　直管荧光灯

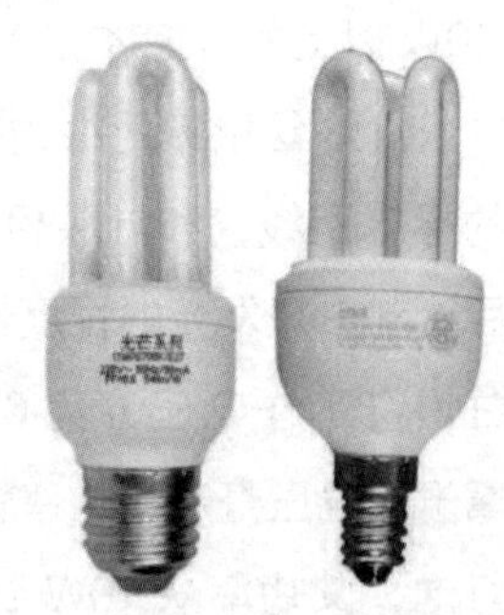

图 5-18　紧凑型荧光灯（节能灯）

4）高压汞灯（图 5-19）。高压汞灯又称高压水银灯，按结构性分为外镇流高压汞灯（需配镇流器使用，图 5-20）和自镇流高压汞灯（直接接电源使用，不用镇流器，图 5-21）两种。高压汞灯是靠高压汞蒸气放电而发光。高压汞灯玻璃壳体内的内管中气体压力在工作状态下为 1~5 个大气压，大大高于一般低压荧光灯（普通荧光灯只有 6~10mm 汞柱压力），所以称为高压汞灯。这种灯具有光效高、寿命长（可工作 5000h 左右）、省电、耐振等优点。高压汞灯的光色为淡蓝绿色，缺乏红色成分，显色性很差，但发光白亮，色表较好。

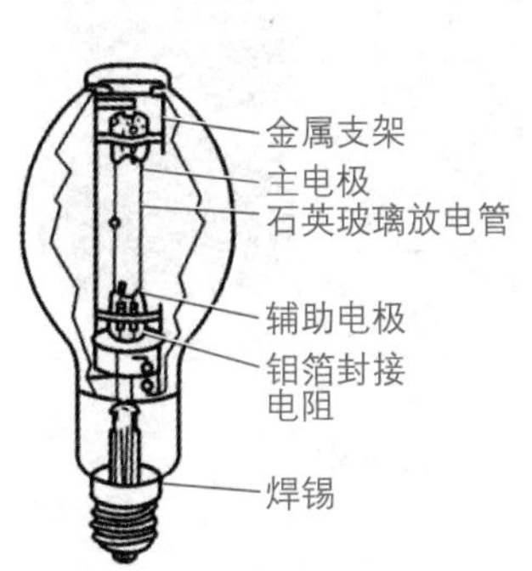

图 5-19　高压汞灯结构图

图 5-20　外镇流高压汞灯

图 5-21　自镇流高压汞灯

高压汞灯在使用中，灯启动会直接影响灯的使用寿命，灯的寿命一般是按每启动一次工作 5h 计算，那么高压汞灯每启动一次对寿命的影响相当于工作 5~10h。

5）高压钠灯（图 5-22）。高压钠灯电弧管呈细长形，以减少光辐射的自吸收损失。

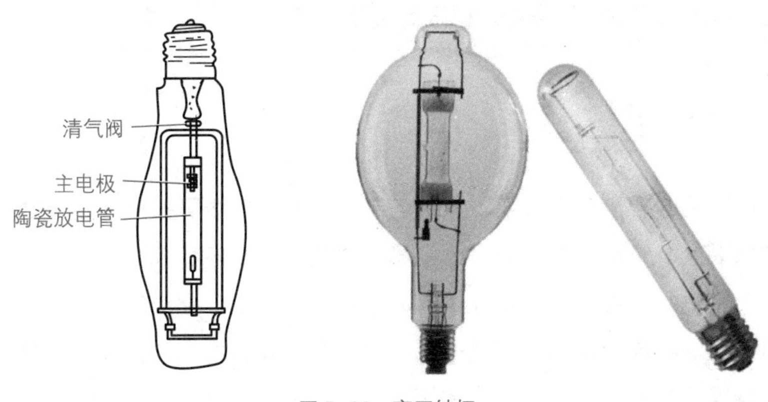

图 5-22　高压钠灯

6）低压钠灯。低压钠灯光效最高，显色性极差，用于郊外道路、隧道等对光色要求不高的场合。

3. 自动空气开关

自动空气开关又称自动空气断路器（图 5-23）。它属于一种能自动切断电源故障的控制保护电器。在电路出现短路或过载时，能自动切断电路[①]，有效保护在它后面的电气设备，也可用于不频繁操作的电路中作控制电器。

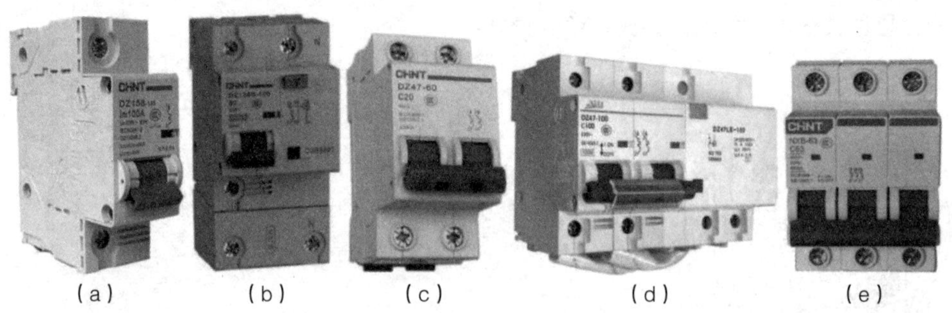

图 5-23　自动空气开关
（a）1P；（b）1P+N；（c）2P；（d）2P（带漏保）；（e）3P

自动空气开关按其用途可分为配电用自动空气开关、电机保护用自动空气开关、照明用自动空气开关等；按其结构分为塑料外壳式、框架式、快速式、限流式等；但基本形式主要有万能式和装置式两种，分别用 W 和 Z 表示。塑料外壳式自动空气开关属于装置式，它具有保护性能好、安全可靠等优点。框架式自动空气开关是敞开装在框架上的，因其保护方案和操作方式较多，故有“万能式”之称。快速自动空气开关，主要用于半导体整流器的过载、短路的快速保护。限流式空气开关，用于交流电网快速动作的自动保护，以限制短路电流。

4. 配电箱（盘）

由各种开关电器、电气仪表、保护电器、引入引出线等按照一定方式组合而成的成套电气装置，统称为配电箱。配电箱主要用来接受电能和分配电能，以及对建筑物内的负荷进行直接控制，在建筑物内应用十分广泛。配电箱有标准产品和非标准产品两大类。标准产品是国家统一设计的产品，其结构和内部元件、接线都是统一的；非标准产品是根据实际工程的不同而单独设计、制作的产品，也有的是在标准产品的基础上作部分改动的产品。

配电箱的安装方式有明装和暗装两种。配电箱类型很多，可按不同的方法归类。按其功能可分为电力配电箱、照明配电箱（图 5-24）、计量箱和控制箱。按照结构

① 结合断路器过载、短路等保护功能介绍融入【德育：案例引领，牢固树立安全意识、注意用电防护】。

可分为板式、箱式和落地式。按使用场所分为户外式和户内式两种。

标准式照明配电箱是按国家标准统一设计的全国通用的定型产品。照明配电箱内主要装有控制各支路的刀闸开关或自动空气开关、熔断器，有的还装有电度表、漏电保护开关等。

图 5-24　照明配电箱外形图

5. 开关、插座

严防插座隐患，使用国标产品

开关、插座[①] 属于建筑电气产品中的电器附件，主要用途是接通和断开用电设备的电源或信号，分类方法很多，主要有：①按使用方式分：开关类、插座类；②按结构形式分：机械式、电子式；③按使用场所分：墙壁开关、插座，地面插座，工业插座，见图 5-25。

（a）　（b）　（c）

图 5-25　插座外形图

（a）墙壁开关、插座；（b）地面插座；（c）工业插座

任务 5.2　建筑防雷及接地系统认知

5.2.1 防雷装置

建筑防雷及接地系统认知

1. 防直击雷的装置

防直击雷的避雷装置有避雷针、避雷带、避雷网、避雷笼等，均由接闪器、引

① 结合新国标孔插座的介绍融入【德育：插座引发的电气火灾事故频发，认准符合国家标准的产品、警惕火灾隐患】。

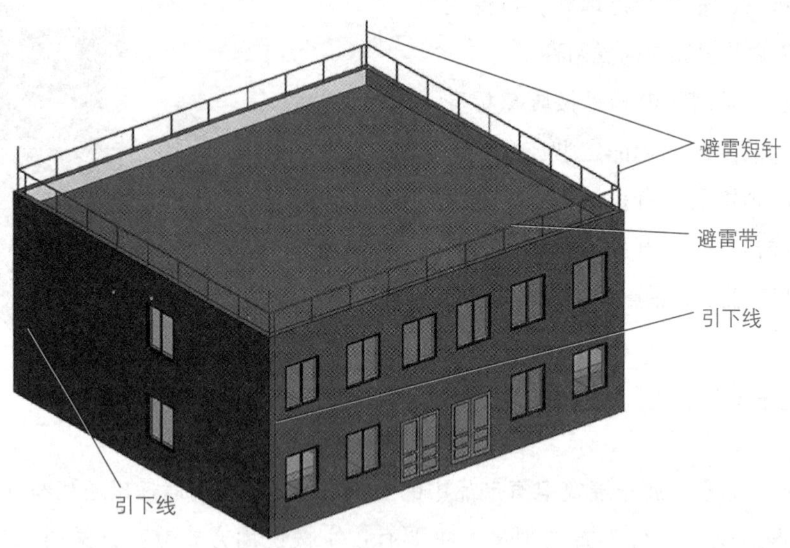

图 5-26 建筑防雷接地示意图

下线、接地装置三部分组成，如图 5-26 所示。

（1）接闪器

接闪器是收集电荷的装置，基本形式有针、带、网、笼等四种。

1）避雷针：是安装在建筑物突出部位或独立安装的针形金属导体。通常采用镀锌圆钢或镀锌钢管制成，所用圆钢及钢管直径依针长不同而异。当针长小于 1m 时，圆钢和钢管直径分别不得小于 12mm、20mm；当针长为 1~2m 时，不得小于 16mm、25mm；烟囱顶上的避雷针，圆钢为 20mm；当避雷针长度超过 2m 时，针体则由针尖和不同管径的管道组合而成。

2）避雷带：是沿建筑物易受雷击的部位装设的带形导体，见图 5-27。一般用镀锌圆钢或镀锌扁钢制成。圆钢一般为 8mm；扁钢截面积不小于 48mm^2，厚度为 4mm。避雷带一般要高出建筑物屋面 0.2m 左右，两根平行的避雷带之间的距离应小于 10m。

图 5-27 避雷带

安装避雷带时，每隔 1m（转角处间距 0.5m），用支架将避雷带固定在墙上或专设的混凝土支座上；为了增强防护作用，有时还在避雷带上增装短针，短针长度一般为 0.4~0.5m。

3）避雷网：即在屋面上纵横敷设的避雷带组成的网格，所需材料和做法与避雷带相同。由于采用避雷网这种防雷措施，适用范围广（不仅可用于一般平屋顶建筑，也可用于坡屋顶建筑）、防雷效果好、覆盖面大且施工方便，因此该种防雷措施被广泛应用于建筑工程中。

避雷网的敷设有两种方法：一种是沿建筑物的女儿墙上敷设；另一种是在预制的混凝土块上敷设，混凝土块上敷设既可沿屋顶周边布置，也可沿所需位置布置。

避雷网的连接一律采用焊接，然后对焊接部分作防腐处理，其他部分的避雷网一律不得作防腐处理。

4）避雷笼：即用垂直和水平的导体（铜带或钢筋）密集地将建筑物包围起来，形成一个保护笼。一般是利用建筑物混凝土内部的结构钢筋作为笼式避雷网。

（2）引下线

引下线是连接接闪器和接地装置的导体，通常情况下，沿墙敷设若干条（按设计定），见图 5-28~图 5-30。其作用是将接闪器接到的雷电流引入接地装置。一般用圆钢（直径不小于 8mm）或扁钢（截面积不小于 48mm²，厚度不小于 4mm）制成。

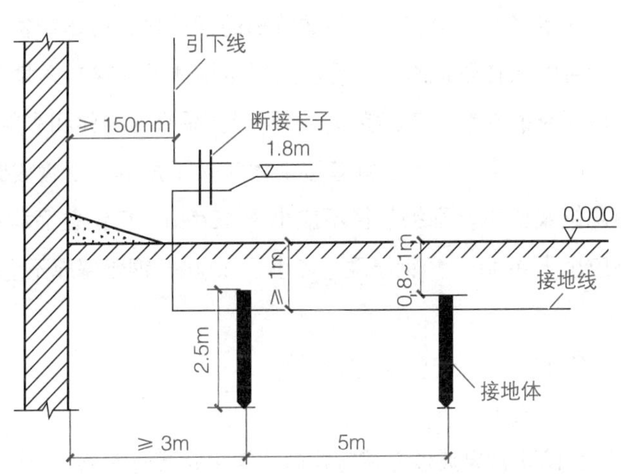

图 5-28　引下线、接地装置示意图

图 5-29　引下线标记

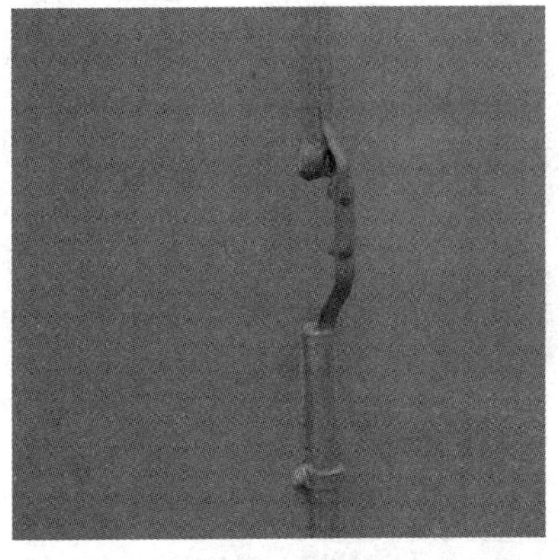

图 5-30　防雷断接卡

连接方式采用焊接（焊接时有一定要求，焊接长度为钢筋直径的6倍以上且要求必须双面焊）且焊接处要进行防腐处理，对于引下线与接地装置的连接既可用焊接，也可用螺栓连接（只能用于有两根以上的引下线的情况）。

引下线明装时，沿建筑物外墙敷设，在地面以上1.7m或1.8m处和地面下0.3m线段上必须用保护管加以保护（竹管或塑料管）。设置断接卡（图5-30），以便定期进行接地电阻测试，接地电阻要求一般不大于10Ω。暗装时，可利用建筑物本身的金属结构作为引下线。

（3）接地装置

接地装置即散流装置，它的作用是把引下线引下的雷电流迅速疏散到大地土壤中去。接地装置由接地线和接地体（或称接地极）组成，如图5-28所示。

接地线是从引下线断接卡或换线处至接地体的连接导体，是引下线与接地体之间的连接导体，一般用直径10mm的圆钢制成①。

接地体分人工接地体和自然接地体两种。自然接地体即兼做接地用的直接与大地接触的各种金属构件，如建筑物的钢结构、行车钢轨、埋地的金属管道（可燃液体和可燃气体管道除外）等。人工接地体即直接打入地下专做接地用的经加工的各种型钢或钢管等，按其敷设方式可分为垂直接地体和水平接地体。

埋入土壤中的人工垂直接地体宜采用角钢、钢管或圆钢；人工水平接地体宜采用扁钢或圆钢。圆钢直径不应小于10mm；扁钢截面积不应小于100mm^2，其厚度不应小于4mm；角钢厚度不应小于4mm；钢管壁厚不应小于3.5mm。

2. 防雷电波侵入的装置

为防止雷电波侵入建筑物内，常用阀式避雷器，见图5-31。

阀式避雷器是由空气间隙和一个非线性电阻串联并装在密封的瓷瓶中构成的。在正常电压下，非线性电阻阻值很大，而在过电压时，其阻值又很小，避雷器正是利用非线性电阻这一特性而防雷的。在雷电波侵入时，由于电压很高（即发生过电压），间隙被击穿，而非线性电阻阻值很小，雷电流便迅速进入大地，从而防止雷电波的侵入。当过电压消失后，非线性电阻阻值很大，间隙又恢复为断路状态，随时准备阻止雷电波的入侵。

图5-31　阀式避雷器

① 结合接地线装设不当引起的事故融入【德育：安全守则牢记于心、严格遵守操作规范、培养良好的职业素养】。

3. 防雷电感应的措施

为了防止雷电感应而产生火花，建筑物内的金属物（如设备的外壳、金属管道、金属框架、电缆的金属外皮、钢架等）和突出屋面的金属物，均应可靠地接地，其接地电阻不应大于 10Ω。

图 5-32　半导体少长针消雷器

4. 消雷器防雷

消雷器防雷就是增大消雷装置电晕电流的方法，中和雷云电荷以减弱雷电活动。随着半导体少长针消雷器的研制成功（图 5-32），消雷器防雷法的应用日趋广泛。

5.2.2 接地电阻及其测试

接地装置的接地电阻是接地体对地电阻和接地线电阻的总和。接地电阻的数值等于接地装置对地电压与通过接地体流入地中电流的比值。接地体对地电阻又称流散电阻，其数值比接地线电阻大得多，所以接地电阻一般认为等于流散电阻。

根据通过接地体流入地中电流的性质不同，又可将接地电阻分为工频接地电阻（流入地中的电流为工频时，求得的接地电阻）与冲击接地电阻（流入地中的电流为雷电流时，求得的接地电阻）两种。

1. 电气设备要求的接地电阻值

由接地电阻定义可见，若接地电流一定，则接地电阻值越小，接地装置的对地电压值也就越小。所以，接地电阻值的大小，标志着对电气设备接地性能要求的高低。表 5-11 是有关规程对部分电气设备接地电阻的规定数值。

部分电气设备接地电阻的规定数值　　表 5-11

电气装置名称	接地的电气装置特点	接地电阻（Ω）
1kV 以下中性点直接接地和不接地的系数	与总容量在 100kVA 以上的发电机或变压器相连的接地装置	$R \leqslant 4$
	同上装置的重复接地	$R \leqslant 10$
	与总容量在 100kVA 以下的发电机或变压器相连的接地装置	$R \leqslant 10$
	同上装置的重复接地	$R \leqslant 30$

续表

电气装置名称	接地的电气装置特点	接地电阻（Ω）
低压架空电力线路	低压线路水泥杆、金属杆	$R \leqslant 30$
	零线重复接地	$R \leqslant 10$
	低压进户绝缘子铁脚	$R \leqslant 30$
建筑物防雷装置	第一类防雷建筑物（防直击雷及雷电波侵入）	$R \leqslant 10$
	第一类防雷建筑物（防感应雷）	$R \leqslant 10$
	第二类防雷建筑物（防直击雷与感应雷共用及雷电波侵入）	$R \leqslant 10$
	第三类防雷建筑物（防直击雷）	$R \leqslant 30$
	烟囱、水塔接地	$R \leqslant 30$

2. 接地电阻的测量

在接地装置安装完毕后，应测量接地电阻的数值，以确定是否满足设计或有关规程的要求①。

接地电阻的测量主要是散流电阻（也称冲击接地电阻）的测量。冲击接地电阻总是小于工频接地电阻的，计算时用工频接地电阻乘以冲击系数：

$$R_{CJ}=d\times R_g$$

式中　R_{CJ}——冲击接地电阻，Ω；

R_g——工频接地电阻，Ω；

d——冲击系数，当接地装置环绕建筑四周时为1；接地装置为一般形式时，依土壤的电阻系数确定。

测量接地电阻的方法很多，有电流表－电压表法、电桥法、接地电阻测量仪等，目前都采用接地电阻测量仪进行测量，既简单又方便。

用所测的接地电阻值，乘以季节系数，所得结果即为实测接地电阻值。

任务 5.3　建筑电气系统安装

建筑电气系统安装

5.3.1 电气照明系统安装

电气照明系统安装中，应本着经济、节俭、美观、实用等原则，密切与土建、水暖等工程配合，保质、保量地完成电气施工任务。

① 结合接地电阻测试必要性说明融入【德育：案例引领，打好基本功、培养严谨的作风、科学的态度】。

1. 线槽、明管安装

(1) 线槽安装

线槽安装如图 5-33 所示，线槽敷设前，配合土建做好预留预埋工作，待屋顶、墙面等砂浆工序完成后才可以敷设线槽。首先做好线槽定位工作，其次做好线槽固定工作，最后进行线槽连接。

线槽直线段连接应采用连接板，用弹簧垫圈、螺母紧固，接茬处缝隙应严密平齐；线槽进行交叉、转弯、丁字连接时，应采用单通、二通、三通、四通或平面二通、平面三通等进行变通连接，导线接头处应设置接线盒或将导线接头放在电气器具内；线槽与盒箱、柜等接茬时，进线口和出线口等处应采用抱脚连接，并用螺丝紧固，末端应加装封堵；建筑物的表面如有坡度时，线槽应随其变化坡度；待线槽全部敷设完毕后，应在配线之前进行调整检查。确认合格后，再进行槽内配线。

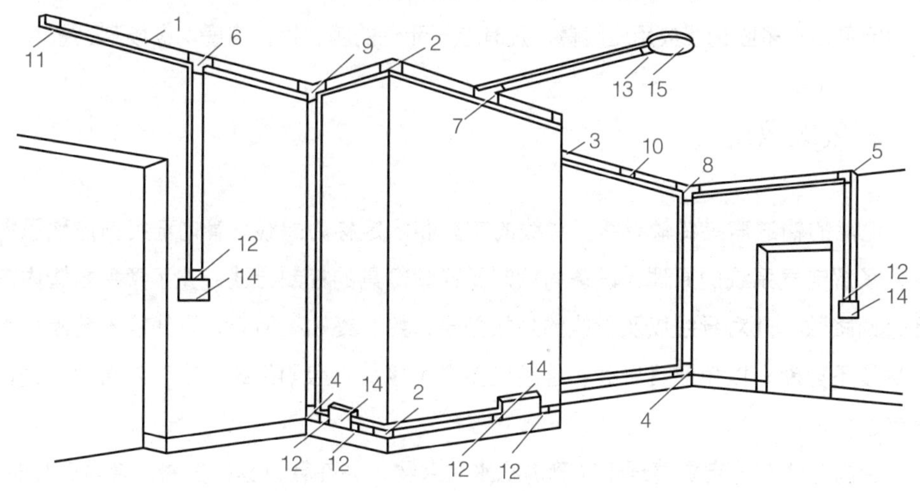

图 5-33　塑料线槽明配线示意图

1—直线线槽；2—阳角；3—阴角；4—直转角；5—平转角；6—平三通；7—顶三通；8—左三通；9—右三通；10—连接头；11—终端头；12—开关盒插口；13—灯位盒插口；14—开关盒及盖板；15—灯位盒及盖板

(2) 明管敷设

明管敷设首先预制加工支架、吊架，然后测定盒箱位置；其次进行支架、吊架安装固定，最后管路敷设连接并接地线。水平和垂直敷设的明配管要整齐、美观，横平竖直；敷设时将钢管穿入管卡，然后将管卡逐个拧紧，严禁将钢管与支架、吊架焊接；固定点间距应均匀，管卡与终端、转变中心、电气器具接线盒边缘的距离为 150~300mm，同一房间内的管卡高度要排列一致并处于同一标高上。

管子连接时，管件采用与 JDG、KBG、薄壁镀锌钢管相适配，钢管管口锉光滑平整，接头处牢固紧密，被连接管管口应对严。两根以上管入盒箱时，长度要一致，间距均匀，排列整齐有序。连接使用专用螺丝刀拧断侧顶螺丝。

管路超过一定长度需加装接线盒以便于穿线：管路长度超过 30m；管路长度超过 20m 且有一个弯曲；管路长度超过 15m 且有两个弯曲；管路长度超过 8m 且有三个弯曲。管进盒箱应开孔整齐，与管径相适配（要求一管一孔）。

2. 配电箱安装

所有照明箱、柜应安装牢固，垂直偏差不得大于规范及设计要求。所有配电箱、柜的型号及规格应符合设计要求；箱体开孔必须采用开孔器，严禁用气焊割孔；墙上明装箱体用膨胀螺丝固定；墙上暗装箱体应用水泥砂浆固定，面板四周紧贴墙面，配管进箱内应整齐，且不大于 5mm。

所有配电箱柜均应分别设置零线（N）和保护地线（PE）端子，明管敷设至箱体应采用锁母，并焊好保护地线（PE）[①]。箱内接线排列整齐，且有明显回路编号，各开关启闭灵活；多股铜线应用压线鼻，凡有电气元件的箱、柜，门扇均应接 PE 线。

3. 线缆敷设

电能的输送需要传输导线，导线的布置和固定称为配线。管内穿线前应熟悉图纸，了解电气系统的原理、设备的控制及联锁灯具的控制方式，并了解每根管内有几个回路数、几对导线以及导线的规格型号，始、终端在何处，导线能不剪断的地方尽量不剪断，以免浪费导线和导线过多产生接头。照明系统按规范对管内导线应有分色。

管内穿线前一定要清理干净管内积水和杂物，并在管口套好护圈；管内穿线时，应采用放线架人工放线，导线应顺直地穿入管中，在放线穿线过程中，防止导线在管内扭绞，以免影响导线质量；所有管内导线不得有接头，所有接头应放在接线盒内或者在电气设备端子上进行；导线在接线盒内连接宜采用压接帽，多股铜线在连接设备或接线端子时，应搪锡，必须使用接线鼻[②]。

导线在与电气设备或器具连接时，应对敷设的全部线路进行接线及绝缘电阻值测试，要求 1kV 以下的电气线路用 500V 摇表测试，绝缘电阻值应不小于 0.5MΩ，线路要求全部接通，且符合设计要求。

为便于穿线，当管路过长或弯多时，也应适当地加装接线盒或加大管径。两个线端之间的距离应符合下列规定：

① 结合配电箱接地融入【德育：配电箱接地不容忽视，牢固树立安全意识】。
② 结合线路敷设要求融入【德育：普及行业知识，遵守职业规范，树立工程质量意识】。

1）对无弯管路时，不超过 30m；

2）两个线端之间有一个转弯时，不超过 20m；

3）两个线端之间有两个转弯时，不超过 15m；

4）两个线端之间有 3 个转弯时，不超过 8m。

4. 用电设备安装

电气照明系统中，常用的用电设备有灯具、开关、插座等。

（1）灯具安装

灯具安装前，建筑工程必须拆除对灯具安装有妨碍的模板、脚手架，顶棚、地面等抹灰工作必须完成，地面清理工作应结束，房门可以关锁。

灯具内配线严禁外露；使用螺纹灯时，相线必须压在灯芯柱上；荧光灯接线按厂家提供的接线图正确接线；灯具固定应牢固可靠，每个灯具固定用的螺丝或螺栓不少于 2 个；当吊灯灯具质量大于 3kg 时，应采用预埋吊钩或螺栓固定；当软线吊灯灯具质量大于 0.5kg 时，应增设吊链或用钢管来悬吊灯具；采用钢管做灯具的吊杆时，钢管内径一般不小于 10mm，壁厚不小于 1.5mm。

特种灯具应检查标志灯的指示方向正确无误；应急灯必须灵敏可靠；事故照明灯具是否有特殊标志。

（2）开关安装

1）标高应一致，且应操作灵活、接触可靠；

2）照明开关安装位置应便于操作，各种开关距地面一般为 1.3m、边缘距门框为 0.15~0.2m，且不得安在门的反手侧；

3）翘板开关的扳把应上合下分（一灯多开关控制者除外）；

4）照明开关应接在相线上。

（3）插座安装

1）单相两孔插座，面对插座的右孔或上孔与相线连接，左孔或下孔与零线连接；

2）单相三孔插座，面对插座的右孔与相线连接，左孔与零线连接；

3）单孔、三相四孔及三相五孔插座的接地（PE）或接零（PEN）线接在上孔；

4）插座的接地端子不与零线端子连接；

5）同一场所的三相插座，接地的相序一致；

6）在潮湿场所采用密封型且带保护地线触头的保护型插座，安装高度不低于 1.5m；

7）地面插座与地面齐平或紧贴地面，盖板固定牢固，密封良好。

5.3.2 防雷接地系统安装

1. 接闪器安装

避雷针可以安装在电杆（支柱）、构架或建筑上，下端经引下线与接地装置焊接。

避雷带和避雷网的安装可分为明装和暗装两种方式。明装适用于安装在建筑物的屋脊、屋檐（坡屋顶）或屋顶边缘及女儿墙（平屋顶）等处，对建筑物易受雷击部位进行重点保护。

暗装避雷网是利用建筑物内的钢筋做避雷网，它较明装避雷网美观，尤其是在工业厂房和高层建筑中应用较多。建筑物全部为钢筋混凝土结构时，可将结构圈梁钢筋与柱内充当引下线的钢筋进行连接（焊接）作为均压环。当建筑物为砖混结构但有钢筋混凝土组合柱和圈梁时，均压环做法同钢筋混凝土结构。没有组合柱和圈梁的建筑物，应每 3 层在建筑物外墙内敷设一圈 12mm 镀锌圆钢作为均压环，并与防雷装置的所有引下线连接。

2. 引下线安装

引下线应沿建筑物外墙明敷，距墙面 150mm，支持卡间距保持 1.5~2m，并经最短路径接地；建筑艺术要求较高者可暗敷。明敷的引下线应镀锌，焊接处应涂防腐漆。引下线至少应有两根。

3. 断接卡安装

设置断接卡的目的是便于运行、维护和检测接地电阻。采用多根专设引下线时，为了便于测量接地电阻以及检查引下线、接地线连接状况，宜在各引下线距地面 0.3~1.7m 之间设置断接卡。当利用混凝土内钢筋、钢柱等自然引下线并同时采用基础接地体时，可不设断接卡。

4. 接地装置安装

1）接地体安装：如果是自然接地体，按设计图尺寸位置要求，标好位置，将底板钢筋搭接焊好，焊接处焊缝应饱满并有足够的机械强度，不得有夹渣、咬肉、裂纹、虚焊、气孔等缺陷，焊接处的药皮敲净后，刷沥青做防腐处理；如果是人工接地体，根据图纸要求的规格尺寸加工接地体，按设计图要求对接地体的线路测量、划线、开挖沟槽、安装接地体及其连接的接地母线、检验接地体。

水平人工接地体埋深 0.8m 以下。垂直人工接地体顶部埋深 0.8m，底部成锥形，接地体长度为 2.5m，各接地体间距为 5m 以上。接地体应设置在人畜少到的地方，与建筑物的水平距离不得小于 3m，以确保安全。

接地体安装完毕后，请质监部门进行隐检并做好隐检记录。

2）接地母线安装：接地母线应与接地体连接的扁钢相连接，它分为室内与室外连接两种。

室外接地母线敷设首先进行接地母线的调直、测位、打眼、煨弯，并将断接卡子及接地端子装好。敷设前，按设计要求的尺寸位置挖沟、埋设干线、回填土应压实（干线末端露出地面以便接引地线）；室内接地母线明敷设，首先按设计位置预留孔与埋设支持件、支持件固定、敷设接地线。

任务 5.4 建筑电气施工图识读

5.4.1 建筑电气施工图识读方法

1. 建筑电气施工图的组成

建筑电气施工图是描述建筑电气工程的构成和功能，阐述建筑电气装置的工作原理，指导电气设备和电气线路的安装、运行、维护和管理的图纸；是编制建筑电气工程预算和施工方案的重要依据，也是指导施工的重要文件。建筑电气施工图的种类很多，阅读建筑电气施工图，不但要掌握有关电气工程施工图的基本知识，了解各种电气图形符号，了解电气图的构造、种类、特点以及在建筑工程中的作用，还要了解电气图的基本规定和常用术语，掌握建筑电气工程施工图的特点及阅读的方法。

建筑电气工程施工图的内容随工程大小及复杂程度的不同而有所差异[①]，其主要由以下几部分组成：

（1）说明性文件

说明性文件包括图纸目录、图例、施工说明和主要材料设备表。

说明性文件主要说明系统图和平面图上未能表明而又与施工有关，必须加以说

① 结合电气工程图因实际工程的不同而有所差异融入【德育：勤学勤思的学习态度，学以致用的学习方法，破除定式、善于总结、不断修正】。

明的问题。如：进户线距地面高度、配电箱的安装高度、灯具开关和插座的安装高度，进户线重复接地的做法及其他有关问题；主要材料设备表列出该工程所需的各种主要设备、管材、导线管器材的名称、型号、材质、数量。

（2）电气系统图

电气系统图表明电力系统设备安装、配电顺序、原理和设备型号、数量及导线规格等关系。它不表示空间位置关系，只是示意性地把整个工程的供电线路用单线连接形式来表示的线路图。通过识读系统图可以了解以下内容：整个变、配电系统的连接方式，从主干线至各分支回路控制情况；主要变电设备、配电设备的名称、型号、规格及数量；主干线路的敷设方式、型号、规格。

1）供电电源的种类及表达方式。建筑照明通常采用 220V 的单相交流电源。若负荷较大，即采用 380V/220V 的三相四线制电源供电。电源用下面的形式表示，即：m~f（U）。其中：m 表示电源相数；f 表示电源频率；U 表示电压。

例如：3N~50Hz（380V/220V）即表示三相四线制（N 代表零线）电源供电，电源频率为 50Hz，电源电压为 380V/220V。

2）导线的型号、截面、敷设方式和部位及穿管直径和管材种类。导线分为进户线、干线和支线，由进户到室内总配电箱的一段线路称为进户线。进户点一般设在总配电箱侧面和背面，距地 2.7m 以上，可用电缆引入，也可架空引入。多层建筑一般沿二层或三层地板引入总配电箱。

从总配电箱到分配电箱的线路称为干线，干线的布置方式有放射式、树干式和混合式。

从分配电箱引至灯具、插座及其他用电设备的线路称为支线。支线所组成的电路称为支路。支路长度不宜超过 20m，每一单相支路的电流一般不超过 15A。在系统图上需标注其计算功率、计算电流和功率因数。

在系统图中，进户线和干线的型号、截面、穿管直径和管材、敷设方式和敷设部位等均是其重要内容。

例如：BX-500V-3×25+1×16-SC25-WC-CC 即表示导线为 BX 型铜芯橡胶绝缘线，共 4 根，其中 3 根截面积为 25mm^2，一根为 16mm^2。穿钢管敷设，管径为 25mm，敷设部位是沿墙、顶板暗装。

3）配电箱。配电箱是接受电能和分配电能的装置。根据建筑物的大小，可设置一个或多个配电箱。如果设置多个配电箱，则在某层设置总配电箱，再从总配电箱引出干线到分配电箱。配电箱较多时，应将其编号并在旁边标出产品型号。若为自制配电箱，应将内部元件布置用图表示清楚。控制、保护和计量装置（如电表、开关等）的型号、规格应标注在图上电气元件的旁边。

4）计算负荷。照明供电电路的计算功率、计算电流、计算时取用的需用系数等均应标注在系统图上。

（3）电气平面图

电气平面图包括以下内容：

1）电气设备及供电总平面图。该图是以建筑平面图为依据绘出架空线路或地下电缆位置，并注明所需线材设备和做法的一种图纸。一般的工程设有外线总平面图。

2）照明平面图和动力平面图。该图又分为各层平面图。表明各种设备、器具的平面位置，导线的走向、根数，从盘引出的回路数、上下管径、导线截面积。

3）防雷接地平面图。该图是表明电气设备防雷或接地装置布置及构造的一种图纸。

通过电气平面图的识读，可以了解以下内容：

1）建筑物的平面布置、各轴线分布、尺寸以及图纸比例。

2）电源进线和电源配电箱的形式、安装位置，以及电源配电箱内的电气系统。

3）照明线路中导线根数、线路走向。支线导线的规格、型号、截面积、敷设方式在平面图上一般不加标注，而是在设计说明里加以说明。这是因为，支线条数多，如一一标注，图面拥挤，不易辨别，反易出错。

4）照明灯具的类型，灯泡及灯管功率，灯具的安装方式、安装位置等。

5）照明开关的型号、安装位置及接线等。

6）插座及其他日用电气的类型、容量、安装位置及接线。

（4）详图

1）构件大样图。凡是在做法上有特殊要求，没有批量生产标准构件的，图纸中有专门构件大样图，注有详细尺寸，以便按图制作。

2）标准图。标准图是一种具有通用性质的详图，表示一组设备或部件的具体图形和详细尺寸，它不能作为独立施工的图纸，而只能视为某项施工图的一个组成部分。标准图只标注型号即可，实际工作中按型号查资料。

2. 建筑电气施工图的识读方法

阅读建筑电气施工图通常可先浏览全部图纸了解工程概况，对于重点内容可以反复阅读。可按照安装方法查看大样图，技术要求查看规范的原则进行。

读图时，应先看标题栏及图纸目录，以了解工程名称、项目内容、设计日期及图纸数量和内容等；然后阅读图纸说明，以了解工程总体概况及设计依据，了解图纸中未能表达清楚的各有关事项，如供电电源的来源、电压等级、线路敷设方法、设备安装高度及安装方式、补充使用的非国标图形符号、施工应注意的事项等。对于分项工程，也要先看其设计说明；再看系统图，以了解系统的基本组成、主要电气设备、元件等连接关系及它们的规格、型号、参数等，以掌握系统的组成概况。接下来阅读平面布置图，如照明平面图，防雷、接地平面图等，以了解设备安装位置、线路敷设部位、敷设方法及所用导线型号、规格、数量等。

最后，对于平面图和系统图表述不清楚的，需要配合大样图进行阅读。

建筑电气工程施工图一般按照进线→总配电箱→干线→支干线→分配电箱→用电设备的顺序进行阅读。

5.4.2 建筑电气施工图实例

1. 识读设计说明

1）本工程采用 TN-S 放射式供电系统，电源电压 220V/380V 三相四线式供电。进户线型号见结线图，直埋入户，埋深 0.8m。入户处做重复接地，接地电阻 $R \leqslant 1\Omega$，负荷等级为三级。

2）光源与照明灯具的选择：以节能灯为主，为便于业主二次装修，各户灯具为预留灯口。楼梯照明灯设为双控型。

3）导线与线路敷设：图中未标注的管线为照明采用 BV-2.5，穿线管采用 2~3 根穿 PVC16 管，4 根及 4 根以上穿 PVC20 管；插座采用 BV-3×4，穿 PVC20 管（PVC 管为高强阻燃冷弯管），穿线管均沿墙或板暗敷。接地线采用黄 / 绿双色塑料绝缘导线。

图例、设备材料表，见表 5-12。

图例、设备材料表　　表 5-12

图例	名称	规格	单位	数量
K	电表箱 K	铁制暗装底边距地 1.8m	个	1
K1	照明配电箱 K1	铁制暗装底边距地 1.8m	个	2
	暗装单极开关	距地 1.3m	个	21
	暗装双极开关	距地 1.3m	个	7
	暗装三极开关	距地 1.3m	个	4
	防水防尘灯	吸顶（带保护罩）	个	14
	灯	吸顶	个	31
	壁灯	壁装，距地 1.8m	个	2

续表

图例	名称	规格	单位	数量
	普通插座	两孔加三孔，距地 0.3m，安全型	个	47
	油烟机单相暗装插座	三孔防溅型，距地 2.2m	个	2
K	挂式空调单相暗装插座	三孔插座，距地 2.2m	个	11
	厨房单相暗装插座	两孔加三孔防溅型，距地 1.5m	个	4
	柜式空调单相暗装插座	三孔插座，距地 0.3m	个	3
	热水器暗装接地单相插座	三孔防溅型，距地 2.2m	个	6
	卫生间插座	两孔加三孔防溅型，距地 1.5m	个	12
	等电位端子箱	暗装距地 0.6m	个	1

2. 识读配电箱系统图

配电系统图见图 5-34 与图 5-35，总配电箱 K 位于底层，宽 × 高 × 厚为 550mm × 250mm × 120mm，箱内装有电度表 1 个，等电位端子箱 1 个，SPD 浪涌保护器 1 个，断路器采用上海良信 NDM2 与 NDM1 系列。配电箱 K 出线分为 8 路，分别为：有 2 个回路控制二、三层配电箱 K1，采用 VV-3 × 10-PC32-CC/WC，聚氯乙烯绝缘聚氯乙烯护套铜芯电缆，线芯截面积为 $10mm^2$ 的 3 芯电缆，穿直径 32mm 的塑料管沿墙、顶棚暗敷设。其余 6 个照明回路：回路①采用 2 根 $2.5mm^2$

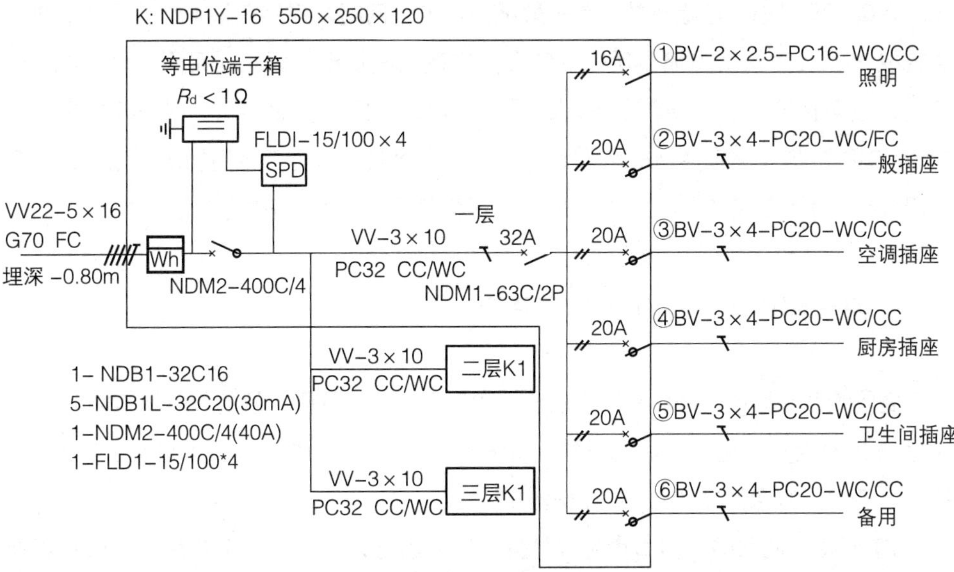

图 5-34　底层 K 箱系统图

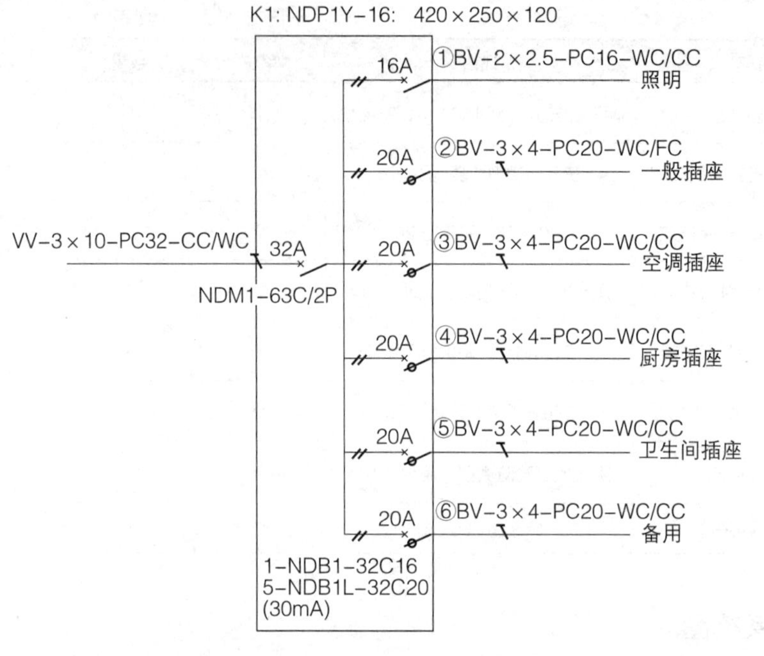

图 5-35　二层、三层 K1 箱系统图

铜芯塑料线穿直径16mm 塑料管沿墙、顶板暗敷设为照明器具供电；回路②采用3 根 4mm^2 铜芯塑料线穿直径 20mm 塑料管沿墙、地板暗敷设为一般插座供电；回路③采用 3 根 4mm^2 铜芯塑料线穿直径 20mm 塑料管沿墙、顶板暗敷设为空调插座供电；回路④采用 3 根 4mm^2 铜芯塑料线穿直径 20mm 塑料管沿墙、顶板暗敷设为厨房插座供电；回路⑤采用 3 根 4mm^2 铜芯塑料线穿直径 20mm 塑料管沿墙、顶板暗敷设为卫生间插座供电；回路⑥采用 3 根 4mm^2 铜芯塑料线穿直径 20mm 塑料管沿墙、顶板暗敷设为备用回路。

照明配电箱 K1 位于二层和三层，宽 × 高 × 厚为 420mm×250mm×120mm，配电箱 K1 出线分为 6 路，分别为：回路①采用 2 根 2.5mm^2 铜芯塑料线穿直径 16mm 塑料管沿墙、顶板暗敷设为照明器具供电；回路②采用 3 根 4mm^2 铜芯塑料线穿直径 20mm 塑料管沿墙、地板暗敷设为一般插座供电；回路③采用 3 根 4mm^2 铜芯塑料线穿直径 20mm 塑料管沿墙、顶板暗敷设为空调插座供电；回路④采用 3 根 4mm^2 铜芯塑料线穿直径 20mm 塑料管沿墙、顶板暗敷设为厨房插座供电；回路⑤采用 3 根 4mm^2 铜芯塑料线穿直径 20mm 塑料管沿墙、顶板暗敷设为卫生间插座供电；回路⑥采用 3 根 4mm^2 铜芯塑料线穿直径 20mm 塑料管沿墙、顶板暗敷设为备用回路。

3. 识读照明平面图和插座平面图

底层照明平面图 5-36 和底层插座平面图 5-37 中可以了解到，总配电箱 K 位于④轴与Ⓔ轴相交的墙上，总配电箱 K 供电到二、三层配电箱 K1 的回路由 2 个向上的箭头表示，其余回路为灯具、插座供电。

1）回路：此回路专门负责室内灯具照明的供电，可分为 5 个线路：①从 K 箱顶部出管、线至顶棚内送至餐厅、起居室、阳台下方的灯具；②从 K 箱送至灶间、储

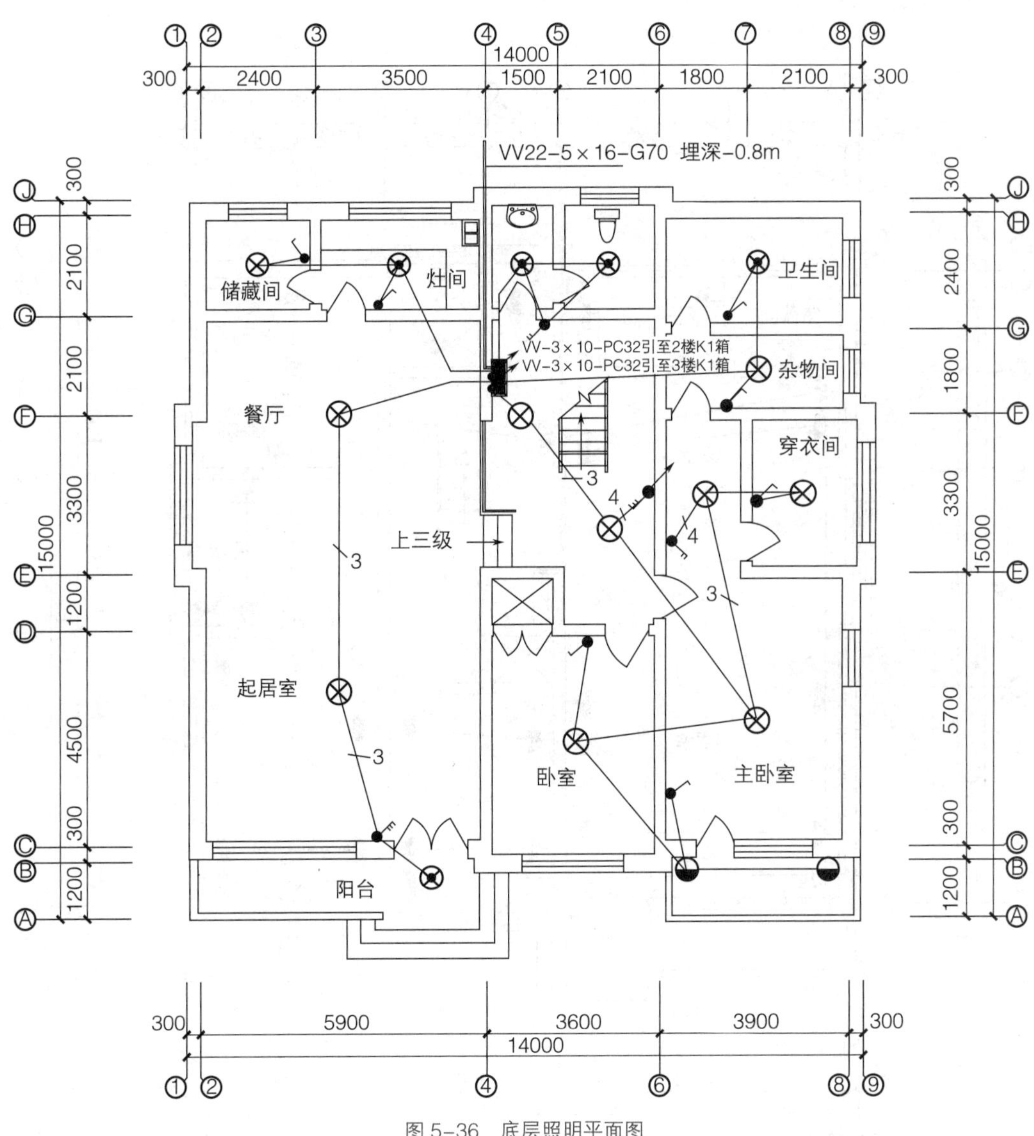

图 5-36 底层照明平面图

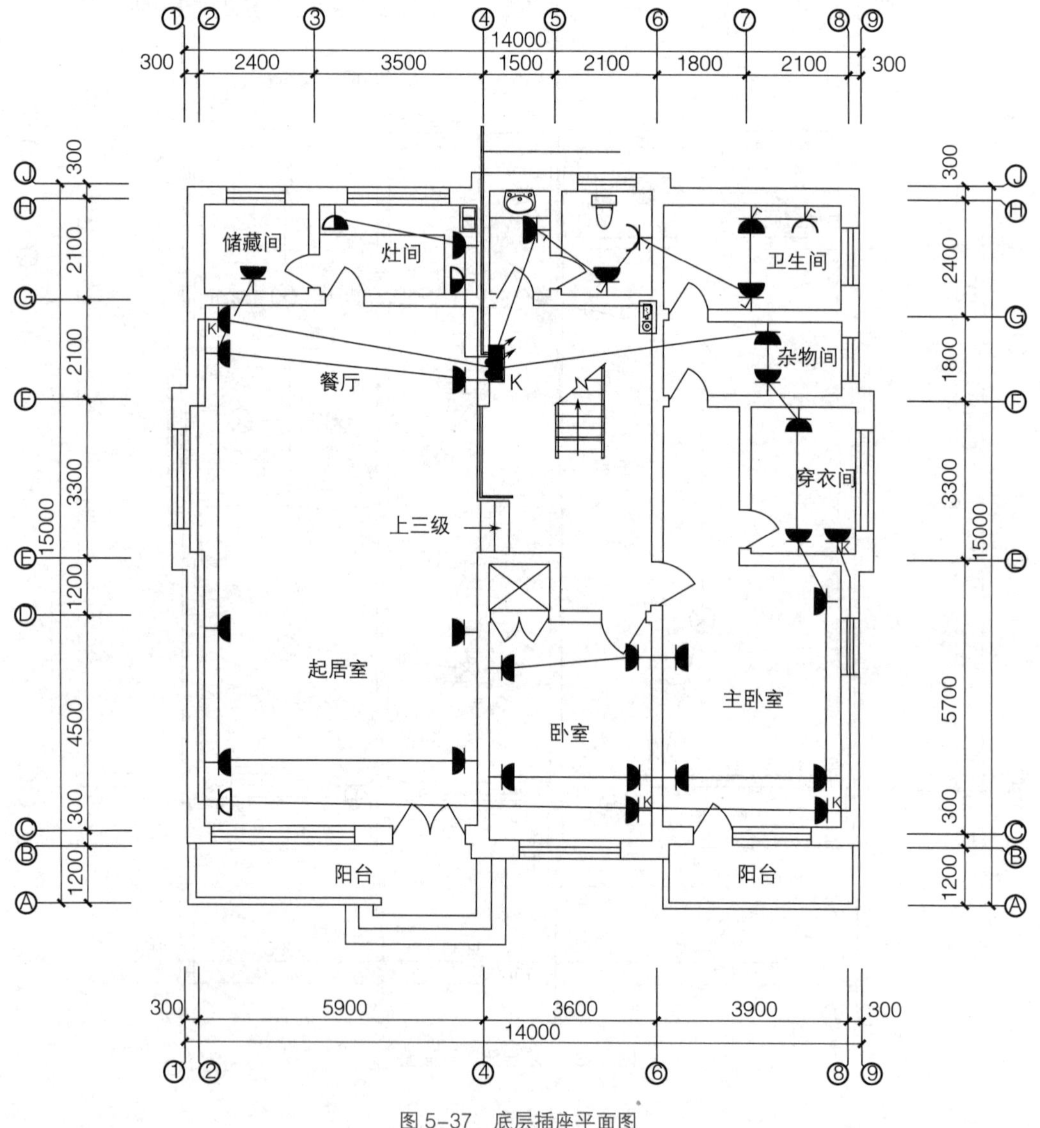

图 5-37　底层插座平面图

藏间的灯具；③从 K 箱送至卫生间的灯具；④从 K 箱送至杂物间、卫生间的灯具；⑤从 K 箱送至楼梯、卧室、阳台、穿衣间的灯具。

2）回路：此回路从 K 箱底部出管、线为普通插座供电，可分为 2 个线路：①从 K 箱送至餐厅、起居室与储藏间的插座；②从 K 箱送至杂物间、穿衣间、主卧室、卧室的插座。

3）回路：此回路从 K 箱顶部出管、线专为空调插座供电，送至餐厅、起居室、卧室、主卧室、穿衣间的空调插座。

4）回路：此回路从 K 箱顶部出管、线专为灶间插座供电。

5）回路：此回路从 K 箱顶部出管、线专为两个卫生间插座供电。

二层照明平面图 5-38 和二层插座平面图 5-39 中可以了解到，配电箱 K1 位于④轴与Ⓕ轴相交的墙上，配电箱 K1 有 5 个回路为灯具、插座供电。

1）回路：此回路专门负责室内灯具照明的供电，可分为 4 个线路：①从 K1 箱顶部出管、线至顶棚内送至小客厅、楼梯间的灯具；②从 K1 箱送至杂物间、主卧卫生间、穿衣间、主卧室、卧室的灯具；③从 K1 箱送至公共卫生间的灯具；④从 K1 箱送至灶间、储藏间的灯具。

2）回路：此回路从 K1 箱底部出管、线为普通插座供电，可分为 2 个线路：①从 K1 箱送至小客厅与储藏间的插座；②从 K1 箱送至杂物间、穿衣间、主卧室、卧室的插座。

3）回路：此回路从 K1 箱顶部出管、线专为空调插座供电，可分为 2 个线路：①从 K1 箱送至小客厅空调插座；②从 K1 箱送至卧室、主卧室、穿衣间空调插座。

4）回路：此回路从 K1 箱顶部出管、线专为灶间插座供电。

5）回路：此回路从 K1 箱顶部出管、线专为两个卫生间插座供电。

三层照明平面图 5-40 和三层插座平面图 5-41 中可以了解到，配电箱 K1 位于④轴与Ⓕ轴相交的墙上，配电箱 K1 有 4 个回路为灯具、插座供电。

1）回路：此回路专门负责室内灯具照明的供电，可分为 4 个线路：①从 K1 箱顶部出管、线至顶棚内送至活动厅、阳台、楼梯间的灯具；②从 K1 箱送至杂物间、主卧卫生间、穿衣间、主卧室、主卧阳台、卧室的灯具；③从 K1 箱送至公共卫生间的灯具；④从 K1 箱送至书房的灯具。

2）回路：此回路从 K1 箱底部出管、线为普通插座供电，可分为 2 个线路：①从 K1 箱送至书房、活动厅的插座；②从 K1 箱送至杂物间、穿衣间、主卧室、卧室的插座。

3）回路：此回路从 K1 箱顶部出管、线专为空调插座供电，可分为 2 个线路：①从 K1 箱送至书房空调插座；②从 K1 箱送至卧室、主卧室、穿衣间、活动厅的空调插座。

4）回路：此回路从 K1 箱顶部出管、线专为两个卫生间插座供电。

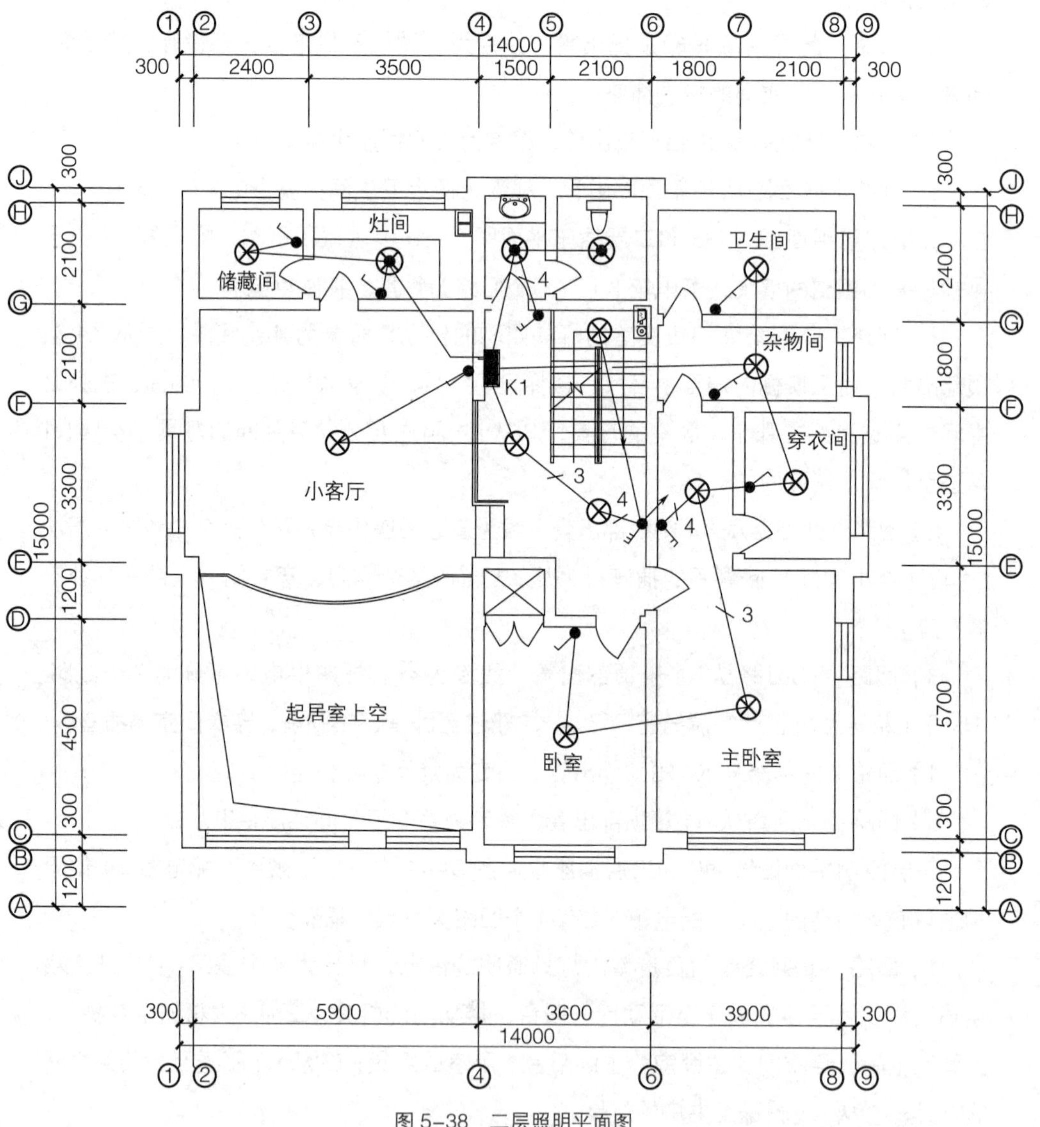

图 5-38　二层照明平面图

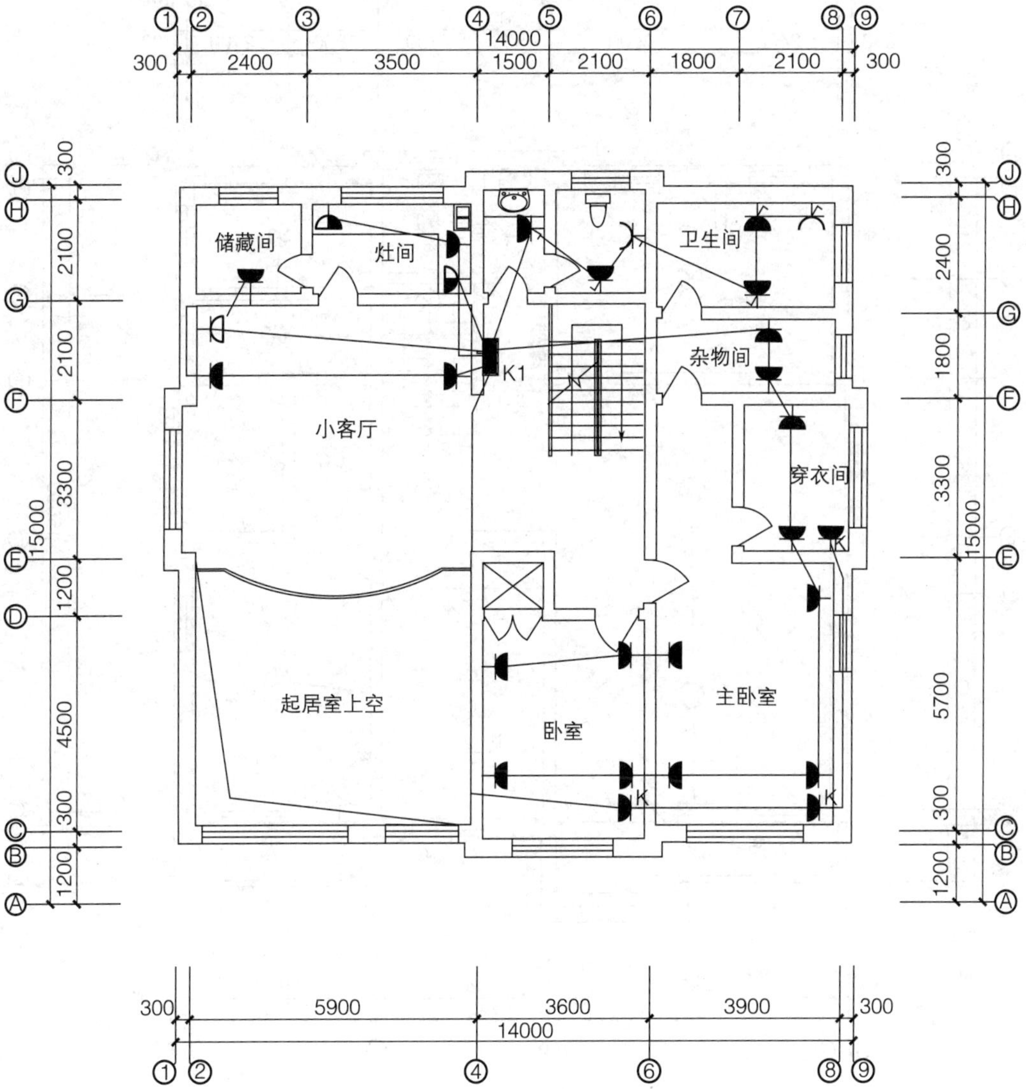

图 5-39　二层插座平面图

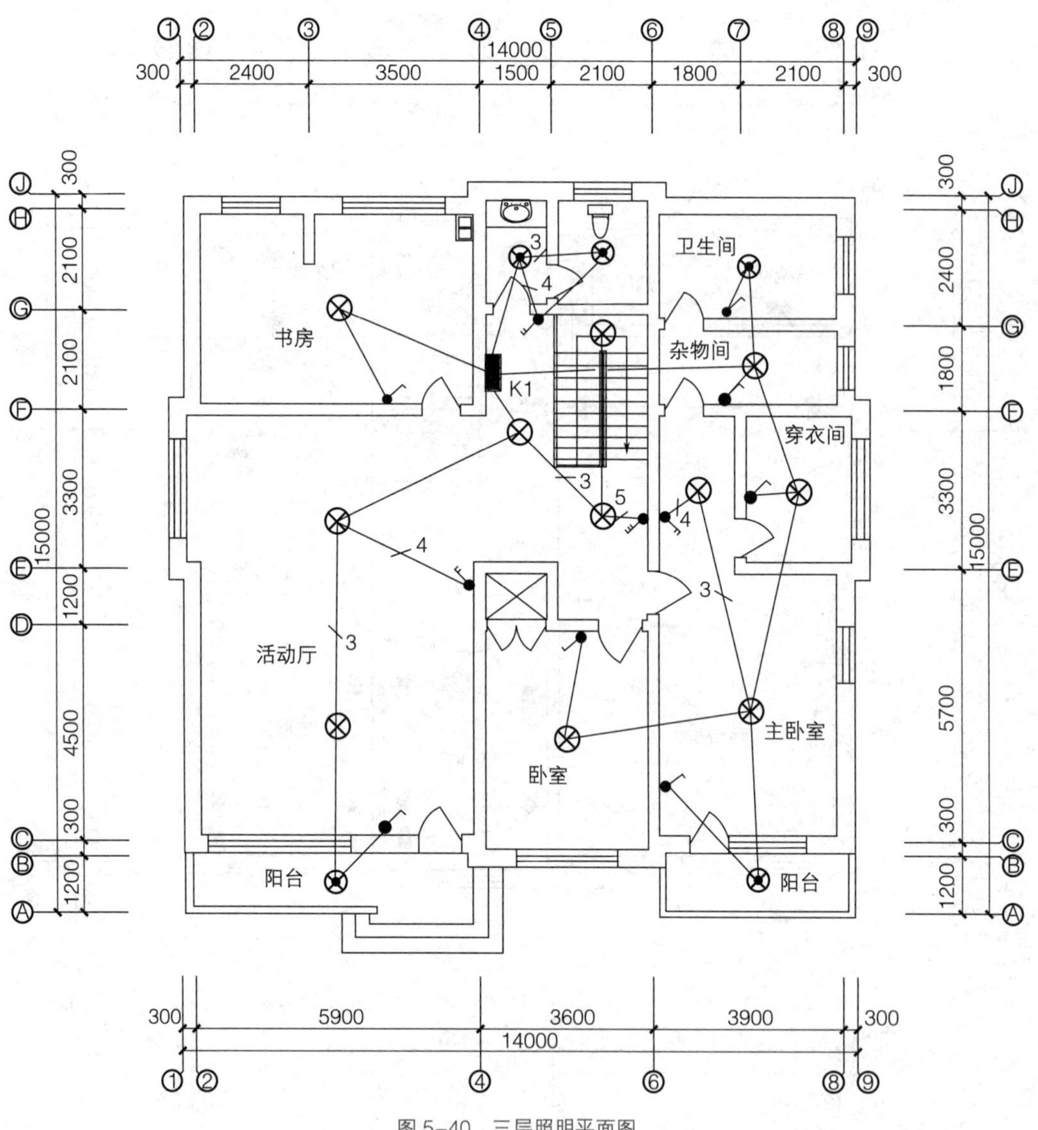

图 5-40 三层照明平面图

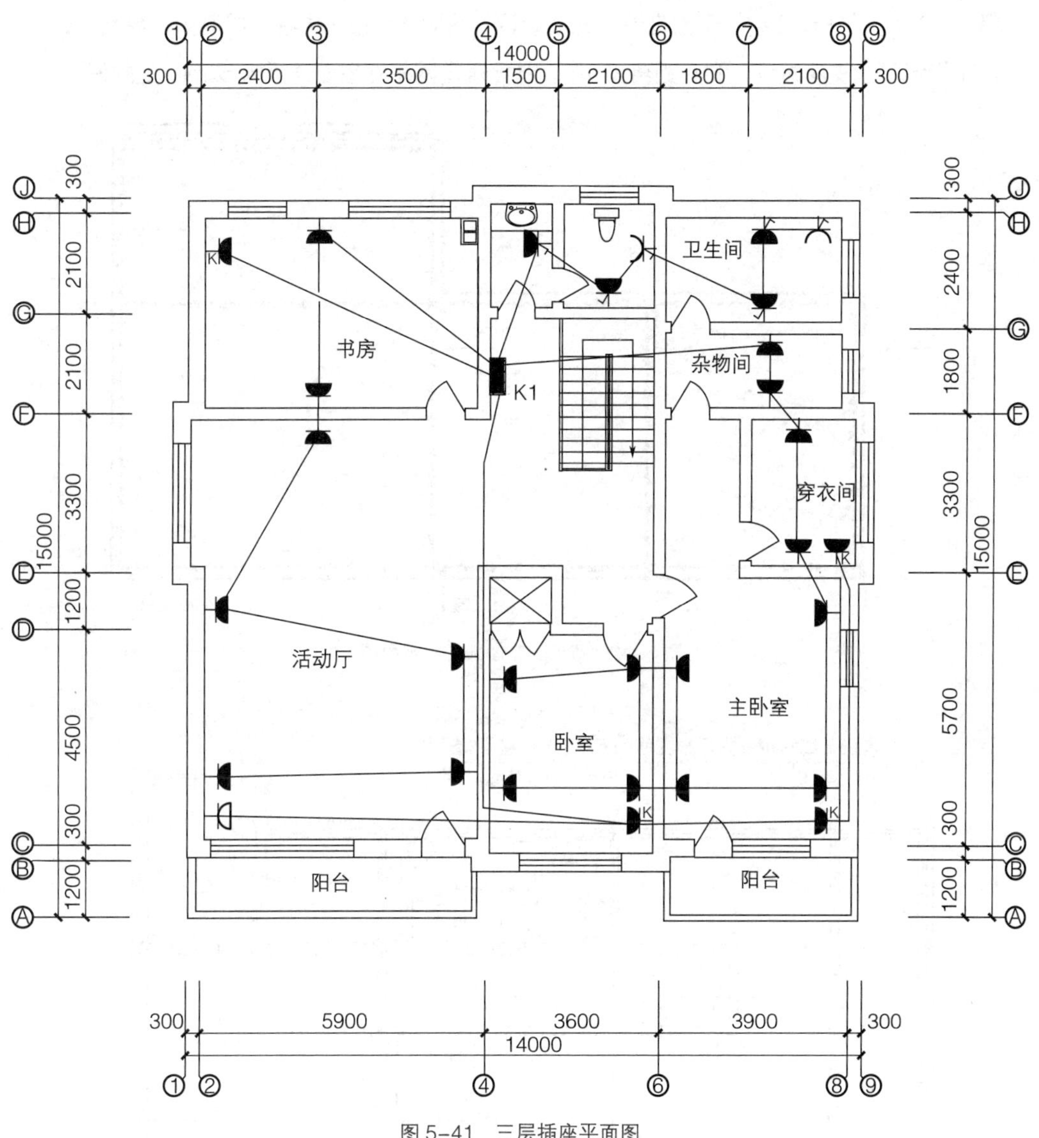

图 5-41　三层插座平面图

4. 识读防雷及接地工程施工图

（1）识读防雷工程施工图

图 5-42 为某办公楼屋面防雷平面图。防雷接闪器采用避雷带，避雷带的材料用直径为 12mm 的镀锌圆钢。避雷带沿女儿墙敷设，每隔 1m 设一支柱。屋面为平屋面，避雷带沿混凝土支座敷设，支座距离为 1m。屋面避雷网格在屋面顶板内 50mm 处敷设。

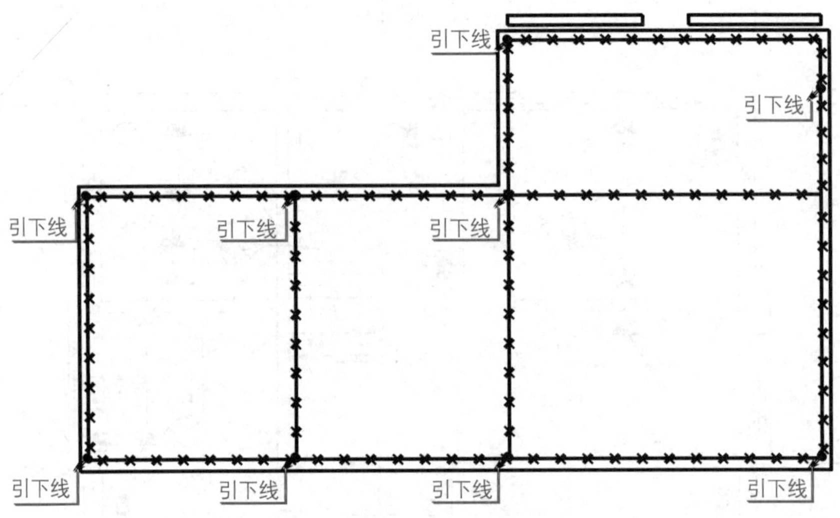

图 5-42　某办公楼屋面防雷平面图

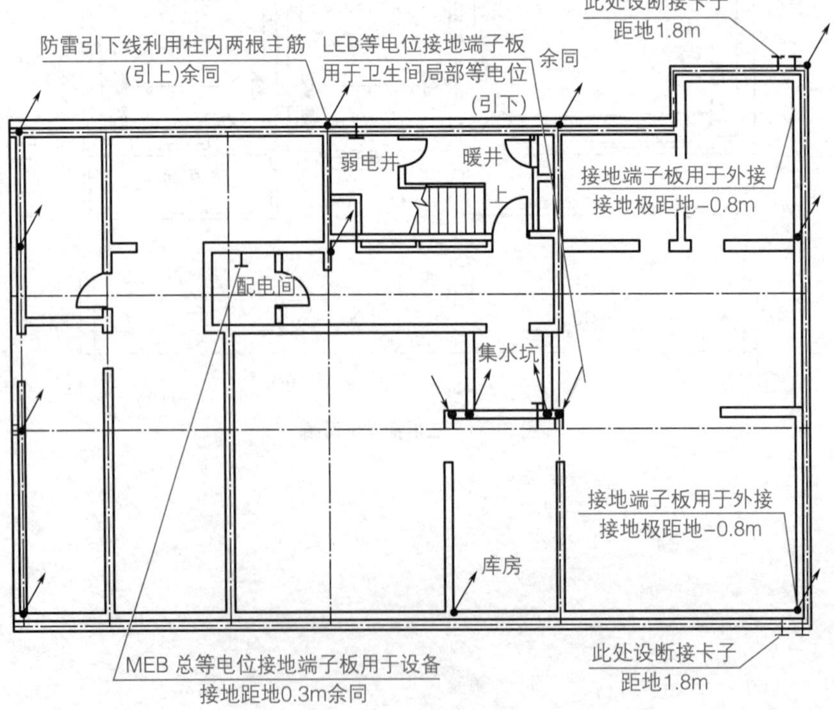

图 5-43　某住宅楼接地工程施工图（部分）

(2) 识读接地工程施工图

图 5-43 为某住宅楼接地电气施工图的一部分，防雷引下线与建筑物防雷部分的引下线对应。在建筑物转角 1.8m 处设置断接卡子；在建筑物两端 -0.8m 处设置有接地端子板，用于外接人工接地体。在住宅卫生间的位置，设置 LEB 等电位接地端子板，用于对各卫生间的局部等电位可靠接地；在配电间距地 0.3m 处，设有 MEB 总等电位接地端子板，用于设备接地。

【思政提升】

本项目主要介绍了电力系统的组成与低压配电系统的配电方式，电气照明工程与常用电气管材、电线、电缆、灯具材料，防雷装置的组成与接地电阻及其测试，以及电气照明系统与防雷接地系统的安装要求。结合案例，重点介绍了建筑电气施工图的识读方法。

通过本项目的学习，希望同学们：①要牢固树立安全意识、注意用电安全防护；②要遵守职业规范，安全守则牢记于心，严格遵守操作规范，培养良好的职业素养；③要认准符合国家标准的产品，警惕火灾隐患。

【课后习题】

1. 简述电力系统的组成。
2. 什么是低压配电系统？常见的配电方式有哪几种？
3. 常见电气管材有哪几类？常用型材有哪些，分别使用在什么场合？
4. 按绝缘材料，电线和电缆的分类分别是什么？
5. 什么是预分支电缆？请解释“FZ-ZR-YJV-4(1×240)+PE(1×120)”各部分含义。
6. 简述自动空气开关的作用。
7. 简述防直击雷的装置的组成与接闪器的形式。
8. 接地装置的作用是什么？由什么组成？
9. 识读图 5-44，简述灯具类型及数量，灯具之间连接导线根数。
10. 2020 年 12 月，我国某市一店铺突发大火。现场火势迅猛，整座店铺变成火海。事发后，消防部门迅速赶赴现场救援。附近的电力也随即被切断，避免出现二次意外。检查发现，店铺周边电线都非常凌乱，都搅在一起，存在较大的隐患。结合此次火灾事故，请说明：①线缆敷设的要求；②对我们日常工作与生活的启示。

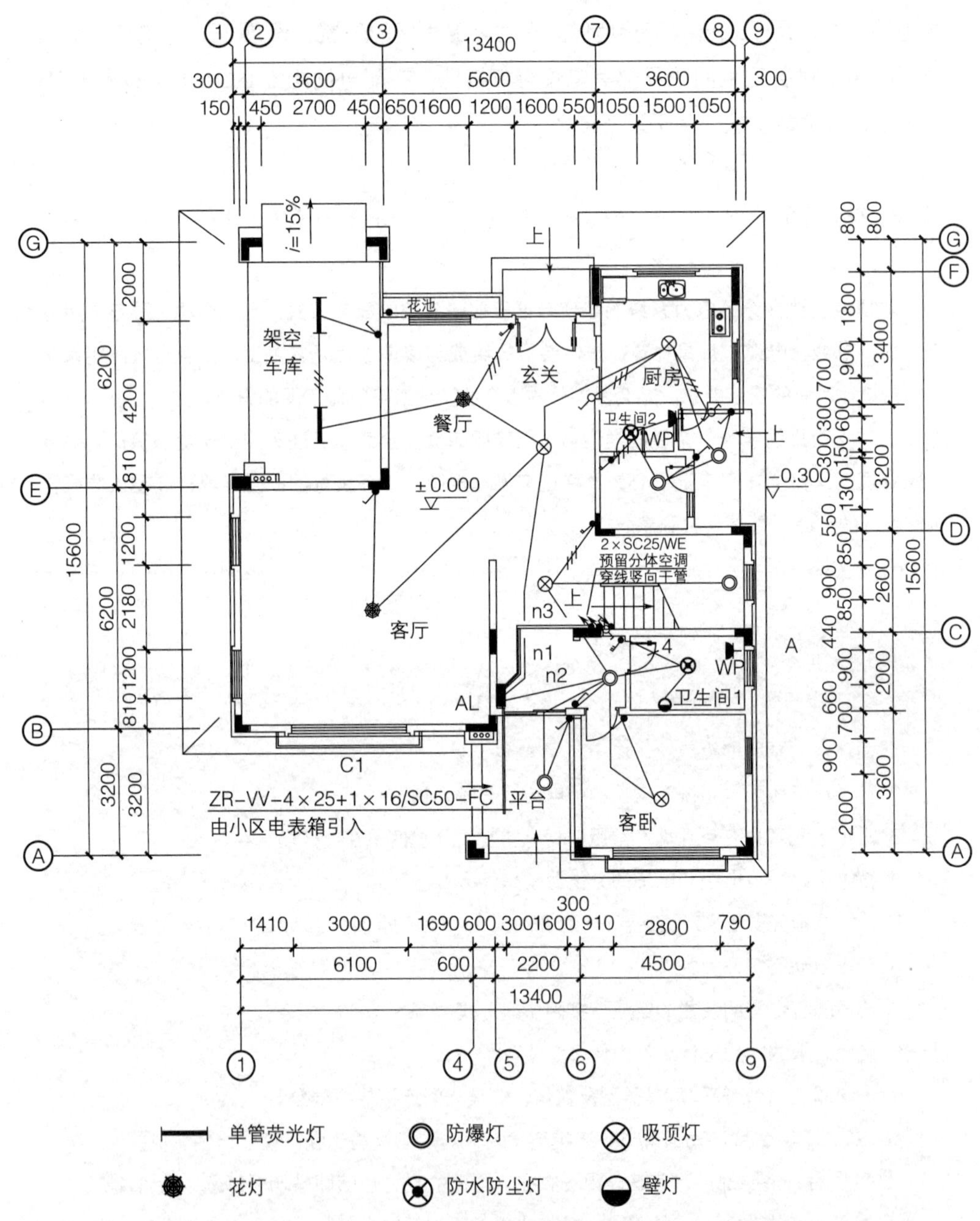

图 5-44　首层照明平面图

项目 6　民用建筑弱电系统识图与施工

【学习目标】

1. 知识目标

掌握智能建筑的功能与建筑智能化的组成；熟悉电话通信和有线电视系统、安全防范系统、火灾自动报警及消防联动系统的组成与功能；了解民用建筑弱电系统的安装要求。掌握民用建筑弱电施工图的识读方法，准确识读民用建筑弱电施工图。

2. 思政目标

因时而进，因势而新，打好基本功，自主创新、追求卓越，践行科技报国的使命担当。树立规范意识，培养严谨求实、一丝不苟的工作作风。

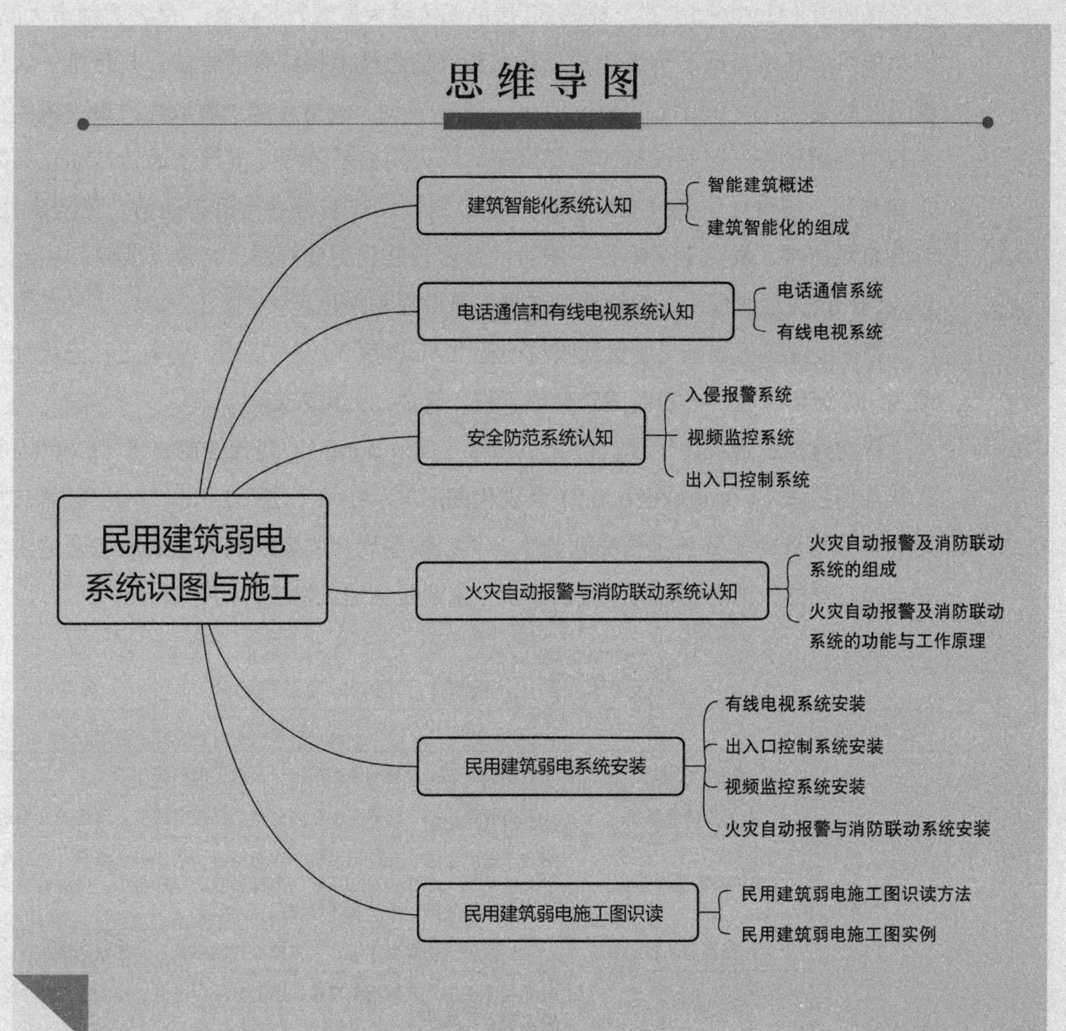

任务 6.1　建筑智能化系统认知

6.1.1 智能建筑概述

建筑智能化系统认知

1. 智能建筑的起源

建筑弱电是一门综合性的技术，它涉及的学科十分广泛，发展迅猛，智能建筑的兴起正是建筑弱电技术发展的集中体现。

1984 年 1 月，美国联合技术公司（UTC）对美国康涅狄格州（Connecticut）的哈特福德市（Hartford）的一栋高 38 层的旧金融大厦进行了改造，命名为都市大厦。该大厦可以说是完成了传统建筑工程和新兴信息技术相结合的尝试，并且第一次出现了智能建筑 IB（Intelligent Building）这一名词。改造后的大厦以当时最先进的技术控制空调设备、照明设备、电梯设备、防火防盗系统等，实现了通信自动化和办公自动化，使得居住在大厦内的客户不必购置设备便可进行语音通信、资料查找、查询市场行情、发送电子邮件等服务，使客户感到更加舒适、方便和安全，引起了世人的广泛关注。现今，智能建筑在世界各地蓬勃兴起。

根据《建筑工程施工质量验收统一标准》GB 50300—2013，弱电工程已经独立成为一个分部工程——智能建筑分部工程，具体划分见表 6-1。

智能建筑综合应用了现代计算机技术（Computer）、现代控制技术（Control）、现代通信技术（Communication）及现代图形显示技术（CRT），即“4C”技术。从对智能建筑各个子分部工程的划分中，可以说明现代的建筑弱电系统所包含的内容是非常广泛的，这里所说的“智能建筑”主要是指建筑物中的弱电部分。

智能建筑分部（子分部）工程、分项工程划分　　表 6-1

分部工程	子分部工程	分项工程
智能建筑	通信网络系统	通信系统、卫星及有线电视系统、公共广播系统
	办公自动化系统	计算机网络系统、信息平台及办公自动化应用软件、网络安全系统
	建筑设备监控系统	空调与通风系统、变配电系统、照明系统、给水排水系统、热源和热交换系统、冷冻和冷却系统、电梯和自动扶梯系统、中央管理工作站与操作分站、子系统通信接口
	火灾报警及消防联动系统	火灾和可燃气体探测系统、火灾报警控制系统、消防联动系统
	安全防范系统	电视监控系统、入侵报警系统、巡更系统、出入口控制（门禁）系统、停车管理系统

续表

分部工程	子分部工程	分项工程
智能建筑	综合布线系统	缆线敷设和终接、机柜、机架、配线架的安装、信息插座和光缆芯线终端的安装
	智能化集成系统	集成系统网络、实时数据库、信息安全、功能接口
	电源与接地	智能建筑电源、防雷及接地
	环境	空间环境、室内空间环境、视觉照明环境、电磁环境
	住宅（小区）智能化系统	火灾自动报警及消防联动系统、安全防范系统（含电视监控系统、入侵报警系统、巡更系统、门禁系统、楼宇对讲系统、住户对讲呼救系统、停车管理系统）、物业管理系统（多表现场计量及远程传输系统、建筑设备监控系统、公共广播系统、小区网络及信息服务系统、物业办公自动化系统）、智能家庭信息平台

2. 智能建筑的定义

所谓智能建筑，目前尚无统一的定义。美国智能化建筑学会（American Intelligent Building Institute，AIBI）认为，智能建筑就是将结构、系统、服务、管理进行优化组合，获得高效率、高功能与高舒适性的大楼，为人们提供一个高效的工作环境。我国智能建筑设计标准将智能建筑定义为：智能建筑是以建筑为平台，兼备建筑设备、办公自动化及通信网络系统，集结构、系统、服务、管理及它们之间的优化组合于一体，向人们提供一个安全、高效、舒适、便利的建筑环境。总的来说，智能建筑是信息技术与建筑技术相结合的产物，是有智能化集成系统的建筑。

3. 智能建筑的功能

智能建筑是社会信息化和经济国际化的必然产物，是多学科跨行业的系统工程，是现代高新技术的结晶[①]。智能系统的核心设备一般放在智能建筑内的系统集成中心（SIC），它通过建筑物综合布线系统与各种信息终端如通信终端（计算机、电话、传真和数据采集器等）和传感器（烟雾、压力、温度、湿度等传感器）连接，“感知”建筑物内各个空间的“信息”，并通过计算机进行处理给出相应的对策，再通过通信终端或控制终端（如步进电机、各种阀门、电子锁、电子开关等）给出相应的反应，使大楼具有某种“智能”功能。建筑物的使用者和管理者可以对建筑物供配电、空调、给水排水、电梯、照明、防火防盗、电视、电话传真、数据通信、购物和保健等全套设施都实施按需服务控制，极大地提高了建筑物的管理和使用效率，有效地降低了能耗和开销。

楼宇智能快速发展，因时而进促学习

① 结合智能建筑多学科跨行业、现代高新技术等的属性融入【德育：认识社会发展的客观规律，培养专注、精益、创新的工匠精神】。

6.1.2 建筑智能化的组成

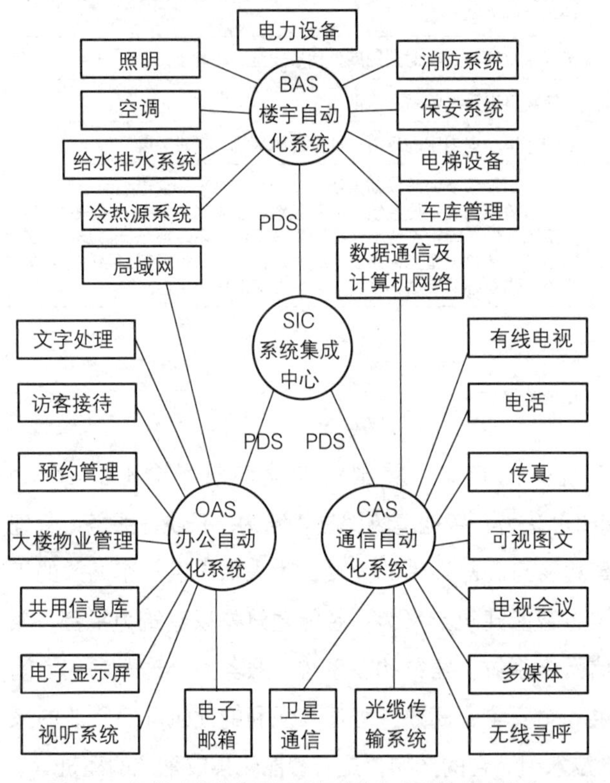

图 6-1　智能建筑的主要组成部分和各个系统基本内容

智能建筑主要由五大部分组成，即建筑设备自动化系统或楼宇自动化系统（BAS）、办公自动化系统（OAS）、通信自动化系统（CAS）、综合布线系统（PDS）和系统集成中心（SIC）。智能建筑的主要组成部分和各个系统基本内容如图 6-1 所示，其中的三个自动化通常称为“3A”。

在实际应用中，由于火灾自动化系统（FA）和保安自动化系统（SA）在行业管理上有许多特殊的规定，所以有时将 FA 和 SA 系统从 BA 系统中独立出来，把建筑弱电系统分为 CA、OA、BA、FA、SA 等 5 大类，统称为“5A”系统。不同功能的建筑物需要设置的弱电系统各不相同[①]。

任务 6.2　电话通信和有线电视系统认知

6.2.1 电话通信系统

电话通信系统是利用电信网实时传送双向语音以进行会话的一种通信方式，是世界范围电信业务量最大的一种通信[②]。

① 结合我国智能建筑的发展状况介绍融入【德育：因时而进，因势而新，坚持可持续发展理念，发展绿色建筑，应用人工智能技术】。

② 结合 5G 技术的科普融入【德育：打好基本功，自主创新、追求卓越，科技报国的使命担当】。

1. 电话通信系统分类

按应用范围分类有市内电话、本地电话、国内长途电话、国际长途电话、移动电话和专用电话等。

按交换机类型分类有人工电话和自动电话。

2. 电话通信系统组成

电话通信系统，由用户终端设备、传输系统和电话交换设备 3 大部分组成，如图 6-2 所示。

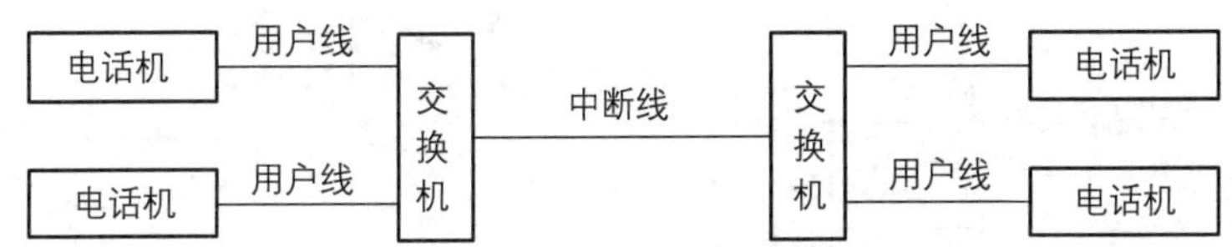

图 6-2　电话通信系统

用户终端设备的功能是完成信号的发送和接收。用户终端设备主要有电话机、传真机、计算机终端等。

学习 5G 先进技术，培养求精创新精神

电话传输系统是解决相隔两地的用户间话音信号传送的关键设备，按传输媒介分为有线传输（明线、电缆、光纤等）和无线传输（短波、微波中继、卫星通信等）。

电话交换设备是电话通信系统的核心，包括电话交换机、配线架、电源等设备。电话交换机的发展经历了 4 个阶段，即人工交换机、步进制交换机、纵横制交换机和程控交换机。程控交换机是当用户呼叫时，由处理机根据程序所发出的指令来控制交换机的运行，以完成接续功能。

6.2.2 有线电视系统

1. 有线电视系统定义

有线电视也叫电缆电视（Cable Television，CATV），起源于共用天线电视系统 MATV（Master Antenna Television）。共用天线电视系统是多个用户共用一组优质天线，以有线方式将电视信号分送到各个用户的电视系统。

随着人们对文化、教育和信息等多方面需求的大幅提高和增加，曾起过重要作用的共用天线电视系统已不能适应新的形势，人们期望实现高质量、多频道、多功能的电视传播。有线电视系统不仅能高质量地转播当地的开路电视节目，还可以自办节目或转发卫星电视节目，并能双向传输和交换信息。

2. 有线电视系统的组成

任何一个有线电视系统无论多么复杂，均可认为是由前端系统、干线传输系统、用户分配网络系统三个部分组成，如图 6-3 所示。

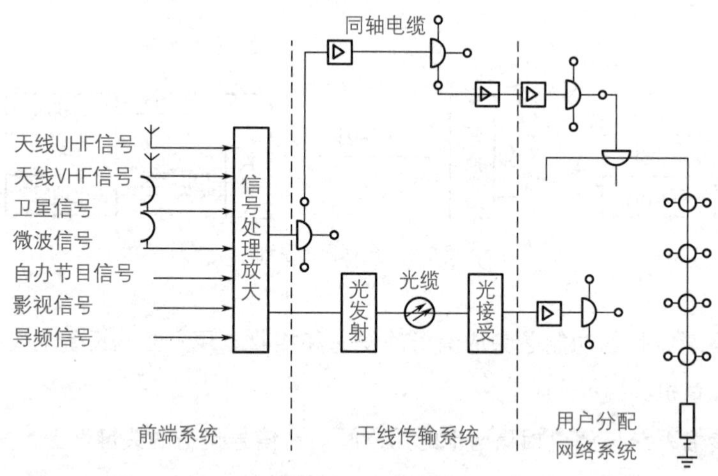

图 6-3　有线电视系统的基本组成

（1）前端系统

前端系统由天线、天线放大器、干线放大器和混合器组成。天线是为获得地面无线电视信号、调频广播信号、微波传输电视信号和无识别结果而设立的，常见天线的结构如图 6-4 所示。对 C 波段微波和卫星电视信号大多采用抛物面天线；对 VHF、UHF 电视信号和调频信号大多采用引向天线（八木天线）。

天线放大器的作用是提高天线的输出电平和改善信噪比，以满足处于弱场强区和电视信号阴影区有线电视传输系统主干线放大器输入电平的要求，通常安装在离接收天线 1.2m 左右的天线竖杆上。

干线放大器安装于干线上，主要用于干线信号电平放大，以补偿干线电缆的损耗，增加信号的传输距离。

混合器是将所接收的多路信号混合在一起，合成一路输送出去，而又不互相干扰的一种设备，用它可以消除因不同天线接收同一信号而互相叠加所产生的重影现象。

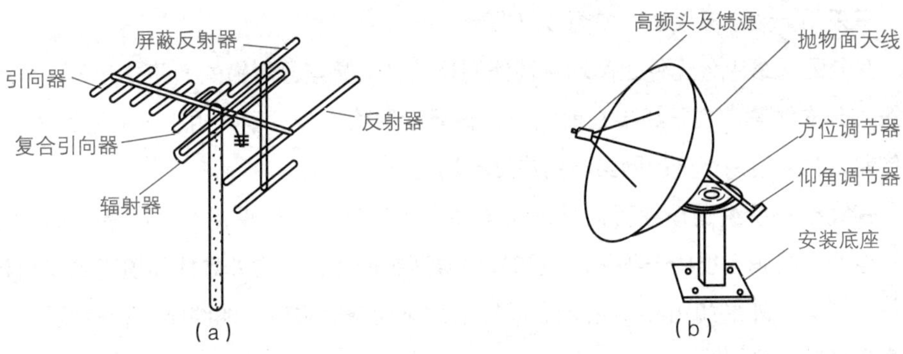

（a）　（b）

图 6-4　常见天线的结构
（a）VHF 引向天线；（b）抛物面天线

（2）干线传输系统（传输分配网络）

分配网络分为有源及无源两类。无源分配网络只有分配器、分支器和传输电缆等无源器件，其可连接的用户较少。有源分配网络增加了线路放大器，因而其所接的用户数可以增多。

分配器用于信号的分配，将一路信号等分成几路。常见的有二分配器、三分配器、四分配器，如图 6-5 所示。分配器的输出端不能开路或短路，否则会造成输入端严重失配，同时还会影响其他输出端。

分支器用于将干线信号分配到支线里去，它与分配器配合使用可组成各种各样的传输分配网络，常用分支器如图 6-6 所示。

线路放大器是用于补偿传输过程中因用户增多、线路增长而引起信号损失的设

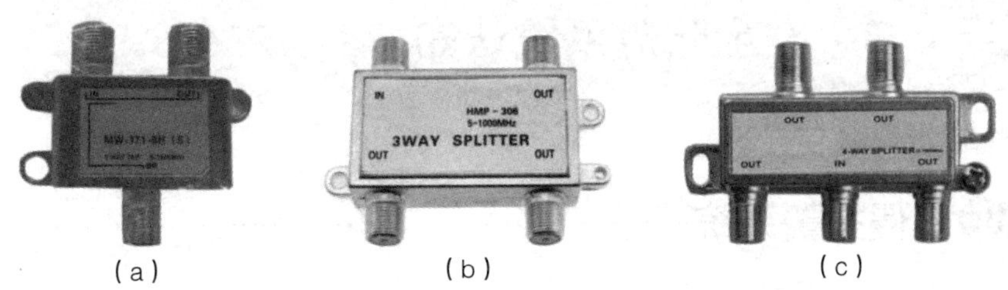

（a）　（b）　（c）

图 6-5　有线电视分配器
（a）二分配器；（b）三分配器；（c）四分配器

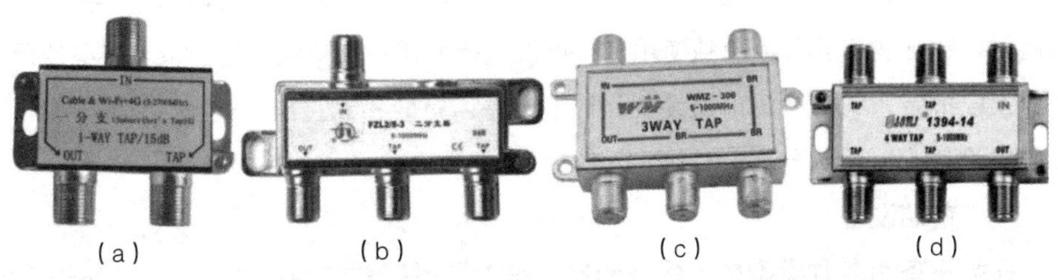

（a）　（b）　（c）　（d）

图 6-6　分支器
（a）一分支器；（b）二分支器；（c）三分支器；（d）四分支器

备，多采用全频道放大器，如图 6–7 所示。

在分配网络中各元件之间均用馈线制连接，它是信号传输的通路，分为主干线、干线、分支线等。主干线接在前端与传输分配网络之间；干线用于分配网络中信号的传输；分支线用于分配网络与用户终端的连接。

有线电视系统的馈线可以是同轴电缆、光纤等，一般采用特性阻抗为 75Ω 的同轴电缆。同轴电缆由一根铜芯线和外层屏蔽铜网组成，内外导体间填充绝缘材料，外包塑料套，外形如图 6–8 所示。同轴电缆不能与有强电流的线路并行敷设，也不能靠近低频信号线路。

（3）用户分配系统（用户终端）

有线电视系统的用户终端是向用户提供电视信号的末端插孔，有单孔型和双孔型。单孔型只有一个电视插孔，而双孔型除有一个电视 TV 插孔外，还有一个调频收音机用的 FM 插孔，如图 6–9 所示。

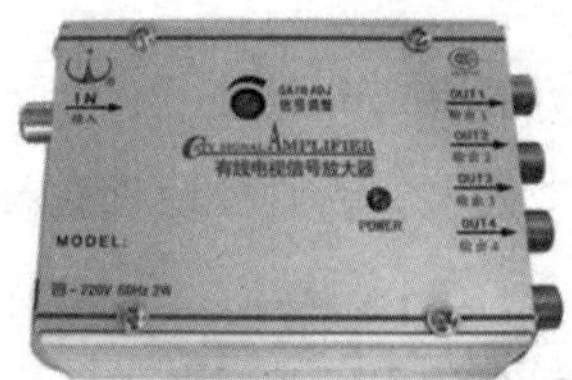

图 6–7　有线电视线路放大器

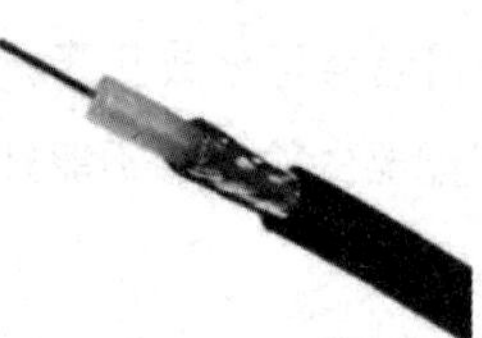

图 6–8　同轴电缆

图 6–9　有线电视系统用户终端

任务 6.3　安全防范系统认知

6.3.1 入侵报警系统

安全防范系统认知

入侵报警系统是指利用传感器技术和电子信息技术探测并指示非法进入或试图非法进入设防区域的行为、处理报警信息、发出报警信息的电子系统或网络。根据信号传输方式的不同，入侵报警系统组建模式可分为分线制、总线制、无线制、公共网络。这 4 种模式可以单独使用，也可以组合使用；可单级使用，也可多级使用。

入侵报警系统一般由前端设备、传输设备、报警控制主机（处理、控制、管理）和输出设备（显示、记录）4 个部分构成。

（1）前端设备

前端设备为各种类型的入侵探测器，是入侵报警系统的触觉部分，相当于人的眼睛、鼻子、耳朵、皮肤等，感知现场的温度、湿度、气味、能量等各种物理量的变化，并将其按照一定的规律转换成适于传输的电信号。

探测器主要有磁控开关、紧急报警装置、被动红外入侵探测器等。

（2）传输设备

传输方式的确定应取决于前端设备分布、传输距离、环境条件、系统性能要求及信息容量等，宜采用有线传输为主、无线传输为辅的传输方式。

防区较少，且报警控制设备与各探测器之间的距离不大于 100m 的场所，宜选用分线制模式；防区数量较多，且报警控制设备与所有探测器之间的连线总长度不大于 1500m 的场所，宜选用总线制模式；布线困难的场所，宜选用无线制模式；防区数量很多，且现场与监控中心距离大于 1500m 或现场要求具有设防、撤防等分控功能的场所，宜选用公共网络模式。

（3）报警控制主机

报警控制主机是入侵报警系统的核心设备。报警控制器自动接收前端设备发来的报警信息，在计算机屏幕上实时显示，同时发出声光报警。在平时，报警控制器对前端设备进行巡检、监控，保障系统正常运行。

（4）输出设备

输出设备主要功能是接受现场报警、显示及打印报警信息，一般由计算机、高分辨率的彩色显示屏、打印机、不间断电源（ups）以及与报警控制主机的通信联接器组成。

公共网络入侵报警系统组成如图 6-10 所示。

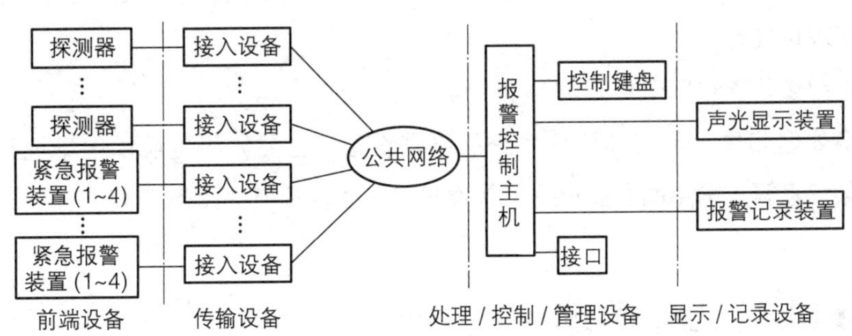

图 6-10　公共网络入侵报警系统

6.3.2 视频监控系统

视频监控系统由摄像、传输、控制、图像处理和显示等组成，如图 6-11 所示。摄像机通过同轴视频电缆将视频图像传输到控制主机，控制主机再将视频信号分配到各监视器及录像设备，同时可将需要传输的语音信号同步录入录像机内。通过控制主机，操作人员可发出指令，对云台的上、下、左、右的动作进行控制及对镜头

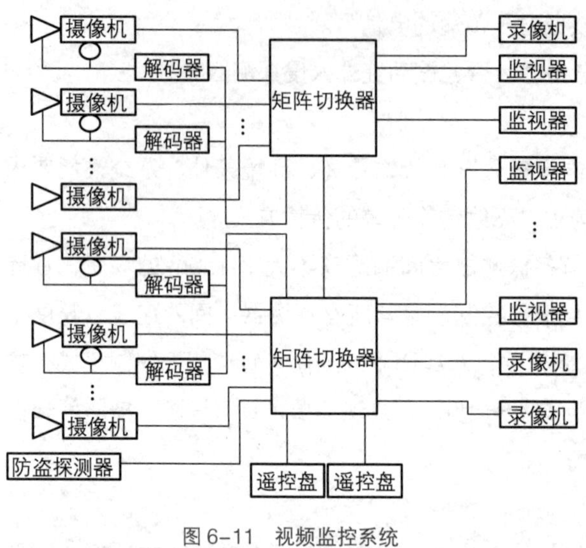

图 6-11　视频监控系统

进行调焦变倍的操作，并可通过控制主机实现在多路摄像机及云台之间的切换。利用特殊的录像处理模式，可对图像进行录入、回放、处理等操作，使录像效果达到最佳。

（1）摄像

摄像是视频监控系统的前端设备，主要是探测现场的视频信息并将其转化为电信号传递给控制信息中心。摄像设备安装在现场（摄像负责信号的采集）主要包括摄像机、镜头、防护罩、云台、解码器、支架等设备。

（2）传输

传输系统将监控系统的前端设备与终端设备联系起来，包括视频信号和控制信号的传输。前端设备产生的图像信号、声音信号、各种报警信号通过传输系统传送到控制中心，并将控制中心的控制指令传送到前端设备，主要有馈线和视频放大器等。

（3）控制

控制是视频监控系统的心脏，是系统功能的执行者，主要对前端设备采集的信号进行相应的处理；包括视频切换器、画面切换器、控制键盘、控制台、多媒体计算机、矩阵切换等。

（4）图像处理和显示

图像处理和显示是视频监控系统的终端设备，主要作用是显示现场视频画面、储存视频信息等。常用的有监视器、录像机和一些视频处理设备等。

6.3.3 出入口控制系统

出入口控制（门禁）系统采用现代电子设备与软件信息技术，在出入口对人或物的进出进行放行、拒绝、记录和报警等操作；同时对出入人员编号、出入时间等情况进行登录与存储，从而成为确保区域安全，实现智能化管理的有效措施。

出入口控制系统有多种构建模式。按其硬件构成模式划分，可分为一体型和分体型；按其管理控制方式划分，可分为独立控制型、联网控制型和数据载体传输控制型。

出入口控制系统主要由识别部分、传输部分、管理控制部分和执行部分以及相应的系统软件组成，如图6-12所示。

（1）识别部分

识别部分对进入人员进行身份辨识，常用的识别技术主要有密码识别、读卡识别、人体生物识别等。识别部分主要设备为读卡机。

出入口控制系统主机
总线
控制器　…　控制器　…　控制器
…　读卡器　电子门锁　出口按钮　报警传感器　门传感器　报警喇叭　…

图 6-12　出入口控制系统

（2）传输部分

传输部分应考虑出入口控制点位的分布、传输距离、环境条件及信息容量等。

（3）管理和控制部分

管理和控制部分对系统操作员的授权、登录、交接进行管理，并设定操作权限，使不同级别的操作员对系统有不同的操作能力，使不同级别的目标对各个出入口有不同的出入权限。

管理和控制部分能将出入事件、操作事件、报警事件等记录存储于系统的相关载体中，并能记录时间、目标、位置等形成报表以备查看。

（4）执行部分

执行部分对授权人员开启门放行通过，对非授权人员拒绝进入并发出警告。出入准行装置可采用声、光、文字、图形等多种指示。

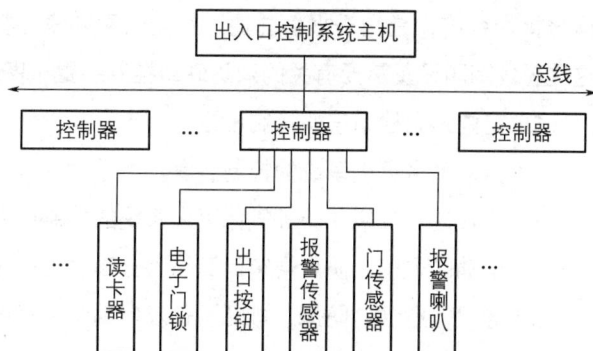

任务 6.4　火灾自动报警与消防联动系统认知

6.4.1 火灾自动报警及消防联动系统的组成

一个完整的消防系统是由火灾自动报警系统、灭火自动控制系统及避难诱导系统三个子系统组成。

火灾自动报警与消防联动系统认知

火灾自动报警系统由火灾探测器、手动报警按钮、火灾报警控制器和警报器等构成，以完成火情的检测并及时报警。

灭火自动控制系统由各种现场消防设备及控制装置构成。现场消防设备种类很多，它们按照使用功能可以分为三大类：第一类是灭火装置，包括各种介质如液体、气体、干粉的喷洒装置，是直接用于灭火的；第二类是灭火辅助装置，是用于限制火势、防止火灾扩大的各种设施，如防火门、防火卷帘门、挡烟垂壁等；第三类是信号指示系统，是用于报警并通过灯光与声响来指挥现场人员的各种设备。对应于这些现场消防设备需要有关的消防联动控制装置（图 6-13），主要有以下几种：

1）室内消火栓系统的控制装置。

2）自动喷水灭火系统的控制装置。

3）卤代烷、二氧化碳等气体灭火系统的控制装置。

4）电动防火门、防火卷帘门等防火分隔设备的控制装置。

5）通风、空调、防烟、排烟设备及电动防火阀的控制装置。

6）电梯的控制装置、断电控制装置。

7）备用发电控制装置。

8）火灾事故广播系统及其设备的控制装置。

9）消防通信系统、火警电铃、火警灯等现场声光报警控制装置。

10）事故照明装置等。

在建筑物防火工程中，消防联动系统可以由上述部分或全部控制装置组成。

避难诱导系统由事故照明装置和避难诱导灯组成，其作用是当火灾发生时，引导人员逃生。

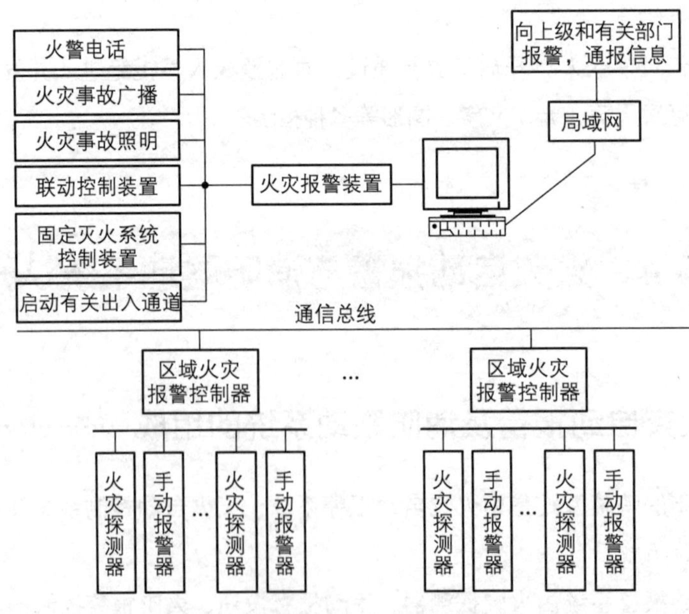

图 6-13　火灾自动报警与消防联动系统

6.4.2 火灾自动报警及消防联动系统的功能与工作原理

目前新建的建筑中广泛地采用了消防自动报警系统，将着火时的烟、光、温度等环境参数的变化通过相应的探测器探测后传给中央处理主机，通过电脑的快速分析，判断是否着火并将着火情况快速报警，同时启动消防自动灭火系统，控制火情；启动紧急广播系统和人群疏散指导系统，使建筑物内的人员快速撤离；关闭防火卷帘门对火区进行隔离；启动排烟系统将有毒气体排出，尽可能地控制火情，减少人员伤亡，降低财产损失。

严禁破坏警报设施，时刻注意防火安全

火灾自动报警与消防联动系统的功能是：通过布置在报警区域的火灾探测器自动监测火灾发生时产生的烟雾或火光、热气等火灾信号，当有火灾发生时发出声光报警信号，同时联动有关消防设备，实现监测报警、控制灭火的自动化。在火灾自动报警与消防联动系统中，火灾自动报警系统是系统的感测部分，用以完成对火灾的发现和报警。消防联动系统则是系统的执行部分，在接到火警信号后执行灭火任务①。

火灾自动报警及消防联动系统工作原理示意图如图 6-14 所示。

当有火灾发生时，探测器发出报警信号到报警控制器，警报器发出声光报警，显示火灾发生的区域和地址编码并打印出报警时间、地址等信息，同时向火灾现场发出声光报警信号。值班人员打开火灾应急广播，通知火灾发生层及相邻两层人员疏散，各出入口应急疏散指示灯亮，指示疏散路线。为防止探测器或火警线路发生故障，现场人员发现火灾时也应启动手动报警按钮或通过火警电话直接向消防控制室报警。

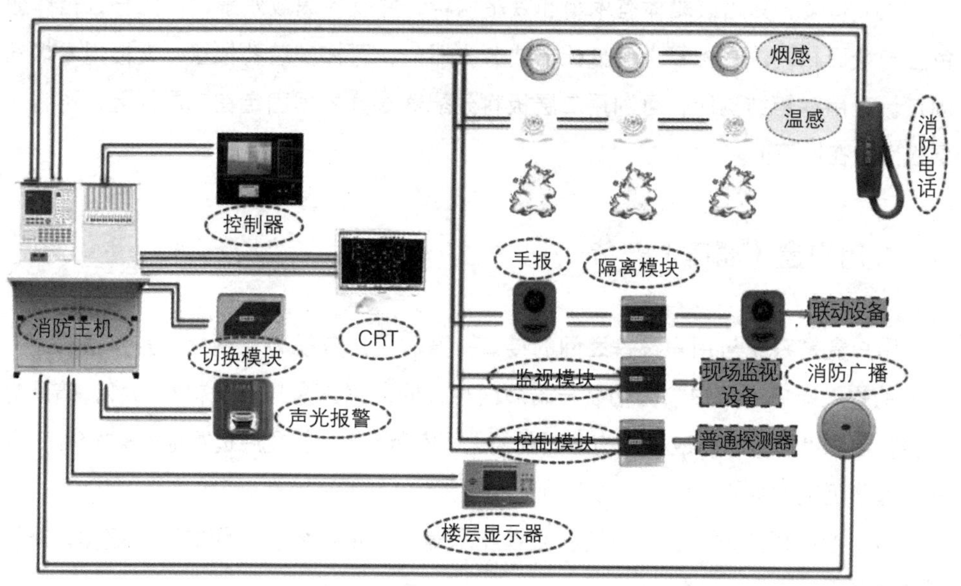

图 6-14　火灾自动报警及消防联动系统工作原理示意图

在火灾报警控制器发出报警信号的同时，控制室可通过手动或自动控制消防联动设备，如关闭风机、防火阀、非消防电源、防火卷帘门、迫降消防电梯；开启防

① 结合火灾自动报警系统的功能融入【德育：案例引领，火灾无情，提升消防安全意识，消防安全人人有责】。

排烟风机和排烟阀；打开消防泵，显示水流指示器、报警阀、闸阀的工作状态等。以上动作均有反馈信号至消防控制柜上。

任务 6.5　民用建筑弱电系统安装

6.5.1 有线电视系统安装

民用建筑弱电系统安装

1. 分配器与分支器的安装

分配器与分支器的安装有明装和暗装两种方式。

（1）明装。按照部件的安装孔位，用 6mm 合金钻头打孔后，塞进塑料胀管，再用木螺丝对准安装孔加以紧固。对于非防水性分配器和分支器，明装的位置一般应在分配共用箱内或走廊、阳台下面，必须注意防止雨淋及受潮，连接电缆水平部分应留出 25~300mm 的余量，导线应向下弯曲，以防雨水顺电缆流入器件内部。

（2）暗装。其暗装箱体有木箱和铁箱两种，并有单扇或双扇箱门之分，箱体颜色应与墙面相同。在木箱上装分配器或分支器时，可按安装孔位置，直接用木螺丝固定。采用铁箱结构时，可利用二层板将分配器或分支器固定在二层板上，再将二层板固定在铁箱上。

2. 用户盒（插座）安装

用户盒是系统与用户设备之间的接口，通过用户电缆将系统信号直接送到用户设备的输入端口。用户盒分明装与暗装两种，明装用户盒只有塑料盒一种，暗装盒有塑料盒和铁盒两种。应根据施工图要求进行安装[①]，一般盒底边距地 0.3~1.8m，用户盒宜靠近电源插座，间距一般为 0.25m。

（1）明装用户盒，直接用塑料胀管和木螺丝固定在墙上，因盒突出墙体，施工时应注意保护，以免碰坏。

（2）暗装用户盒，应在主体土建施工时将盒与电缆保护管预先埋入墙体内，盒口应与墙体抹灰面平齐，待装饰工程结束后，再穿放电缆，如图 6-15 所示。

① 结合根据施工图要求安装用户盒融入【德育：规范意识，严谨求实、一丝不苟的工作作风，正确对待局部与整体的关系，树立工程质量意识】。

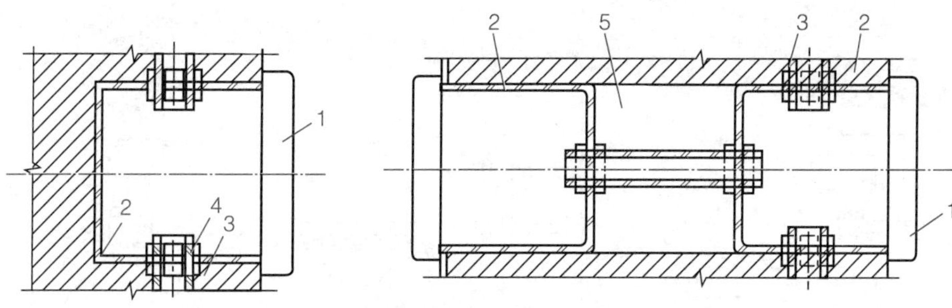

图 6-15　接线盒在实体墙上暗装

1—面板；2—预埋盒；3—穿线管；4—护口；5—隔声填料

6.5.2 出入口控制系统安装

出入口控制系统的设备布置如图 6-16 所示。电控门锁的类型应根据门的材质、开启方向来确定[①]，安装时，读卡器距地 1.4m。

在门扇上安装电控门锁时，需要通过电合页进行导线的连接，门扇上电控门锁与电合页之间可预留软塑料管，在主体施工时在门框外侧电合页处预埋导线管及接线盒，导线连接应采用焊接或接线端子连接（图 6-17）。

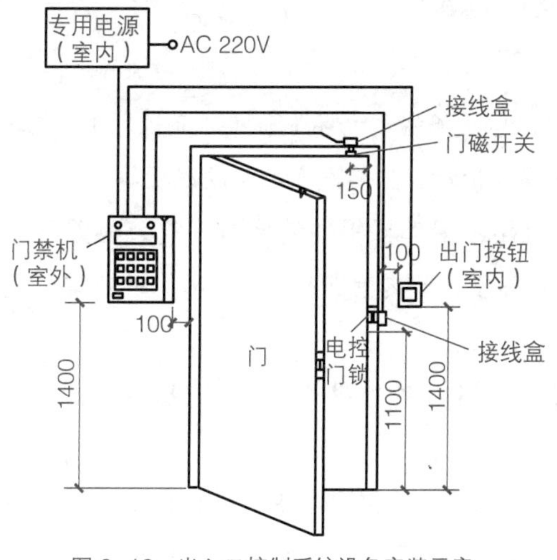

图 6-16　出入口控制系统设备安装示意

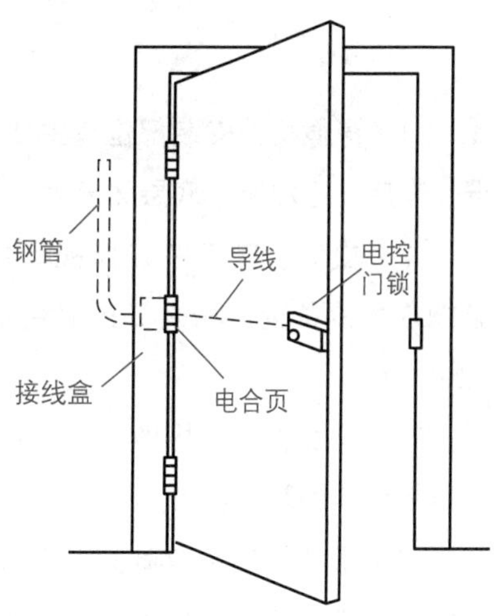

图 6-17　电控门锁与电合页安装示意图

6.5.3 视频监控系统安装

1. 摄像机的安装

摄像机的安装如图 6-18 所示。具体安装要求如下：

① 结合电控门选型融入【德育：选型与工程实际相结合，务实敬业的工作作风】。

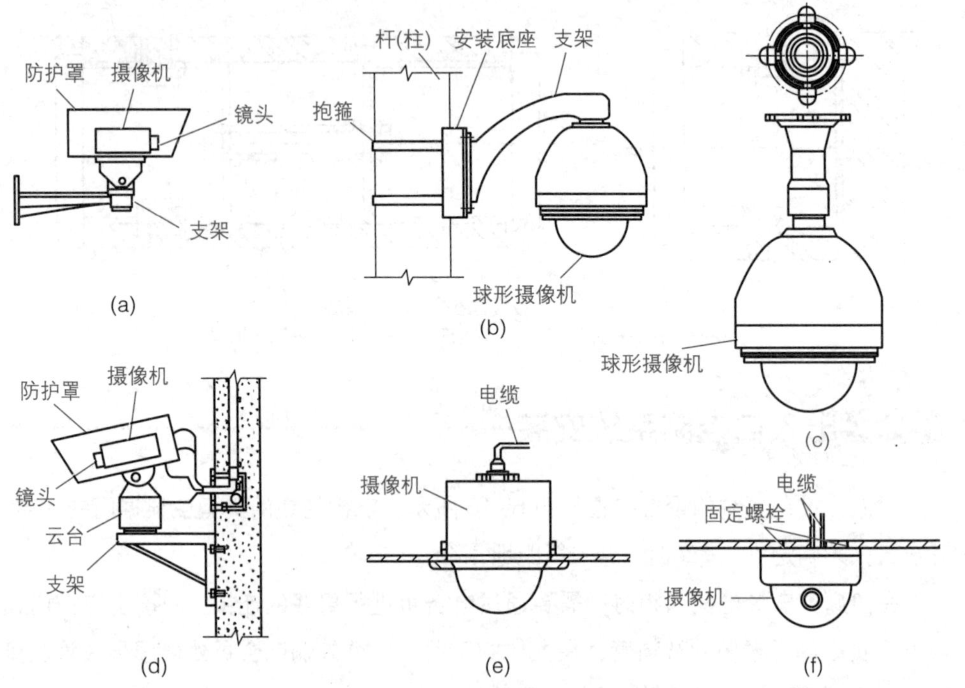

图 6-18　摄像机的安装示意图

(a)、(d)支架安装方式；(b)杆(柱)上安装方式；(c)吊装安装方式；(e)嵌入吊顶内安装方式；(f)吸顶安装方式

(1)摄像机的安装部位有主要出入口、总服务台、电梯(轿厢或电梯厅)、停车场、车库、避难所、底层休息大厅、贵重商品柜台、主要通道和自动扶梯等。

(2)摄像机宜安装在监视目标附近且不易受外界损伤的地方，安装位置不应影响现场设备运行和人员正常活动。安装高度，室内宜距地 2.5~5m，室外宜距地 3.5~10m。

(3)电梯轿厢内摄像机应安装在厢顶部，电梯操作盘的对角处，摄像机视角应能覆盖电梯轿厢内全景。

(4)摄像机镜头应避免强光直射，镜头视场内不得有遮挡监视目标的物体。摄像机镜头应从光源方向对准监视目标，避免逆光安装；当需要逆光安装时，应降低监视区域的对比度。

2. 传输线路的敷设

(1)视频监控系统一般采用同轴电缆作为视频线，常用型号为 SYV-75-9、SYV-75-5。

(2)传输线路一般采用穿钢管暗敷设的方式，一根钢管一般只穿一根电缆；

SYV-75-9 型电缆应采用直径大于或等于 25mm 的钢管敷设，SYV-75-5 型电缆应采用直径大于或等于 20mm 的钢管敷设。电缆与电力线平行或交叉敷设时，其间距不得小于 0.3m；与通信线平行或交叉敷设时，其间距不得小于 0.1m。电缆弯曲半径应大于电缆外径的 15 倍。

（3）长距离传输或需避免强电磁场干扰的传输线宜采用光缆，因为光缆抗干扰性强，可传输十几千米而不用补偿。

6.5.4 火灾自动报警与消防联动系统安装

1. 探测器的安装

探测器的安装如图6-19所示。探测器一般安装在室内顶棚上，探测器周围0.5m内不应有遮挡物[①]，至墙壁、梁的水平距离不应小于0.5m，至空调送风口的水平距离不应小于 1.5m。在宽度小于 3m 的走道顶棚上设置探测器时宜居中布置。感温探测器的安装间距不应超过 10m，感烟探测器的安装间距不应超过 15m，探测器至端墙的距离不应大于探测器安装间距的一半。

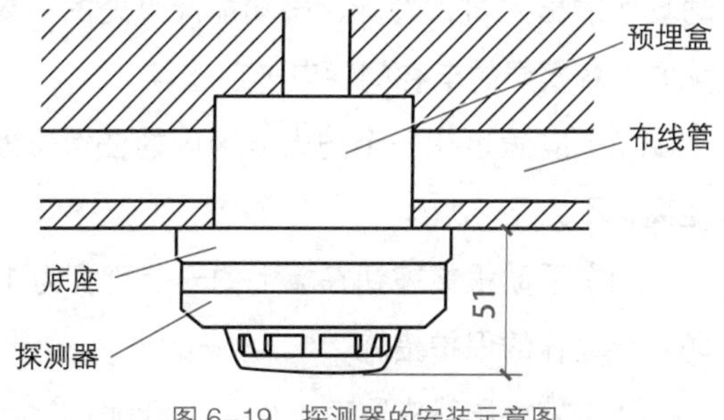

图 6-19　探测器的安装示意图

探测器底座上有 4 个导体片，片上带接线端子，底座上不设定位卡，便于调整探测器报警指示灯的方向。预埋管内的探测器总线分别接在任意对角的两个接线端子上（不分极性），另一对导体片用来辅助固定探测器。待底座安装牢固后，将探测器底部对正底座顺时针旋转，即可将探测器安装在底座上。

2. 火灾报警控制器的安装

（1）控制器在墙上安装时，其底边距地（楼）面高度不应小于 1.3~1.5m，其靠近门轴的侧面距墙不应小于 0.5m，正面操作距离不应小于 1.2m。

（2）控制器在墙上安装时应牢固可靠，不得松动；安装在轻质墙上时，应采取加固措施。

（3）控制器采用柜式落地安装时，为防潮，其底宜高出地坪 0.1~0.2m；安装应牢固平稳，不得倾斜。

① 结合探测器的安装注意事项融入【德育：普及消防知识，勤学勤思，向上向善】。

（4）引入控制器的电缆或导线应整齐、清晰、美观，避免交叉，并应固定牢靠，端子板不应承受外界机械压力；电缆芯线和所配导线的端部，均应标明其编号，并与图纸一致，字迹清晰不易褪色；端子板的每个接线端上，接线不得超过 2 根；电缆芯和导线应留有不小于 200mm 的余量；导线应绑扎成束；导线引入线穿线完毕后，应将进线管处封堵，防止灰尘进入。

（5）控制器的主电源引入线，应直接与消防电源连接，严禁使用电源插头；主电源应有明显标志。

（6）控制器的接地应牢固，并有明显标志。

3. 手动报警按钮的安装

（1）报警区域内的每个防火分区，至少设置一个手动报警按钮。

（2）手动报警按钮应安装牢固，不得倾斜，宜安装在大厅、过厅、主要公共活动场所的出入口，餐厅、多功能厅等处的主要出入口，主要通道等经常有人通过的地方，各楼层的电梯间、电梯前室等。

（3）应满足在一个防火分区内的任何位置到最邻近的一个手动火灾报警按钮的距离，不大于 30m。

（4）手动报警按钮在墙上的安装高度为 1.3~1.5m。按钮盒应具有明显的标志和防止误动作的保护措施。

（5）外接导线应留有不小于 100mm 的余量，端部应有明显标志。

4. 接口模块的安装

（1）接口模块含输入，输入 / 输出，切换及各种控制动作模块及总线隔离器。

（2）为了便于维修，应将接口模块安装于设备控制柜内和吊顶外。吊顶外应安装在墙上距地高 1.5m 处。若装于吊顶内，需在吊顶上开维修孔洞。

（3）接口模块有明装和暗装两种安装方式。前者将模块底盒安装在预埋盒上，后者将模块底盒预埋在墙内或安装在专用装饰盒上。

5. 火灾显示盘的安装

火灾显示盘采用壁挂式安装，直接安装在墙上或安装在支架上。其底边距离地面的高度宜为 1.3~1.5m，靠近其门轴的侧面距墙不应小于 0.5m，正面操作距离不应小于 1.2m。

6. 消防专用电话的安装

（1）消防专用电话，应建成独立的消防通信网络系统。

（2）消防控制室、消防值班室或消防队（站）等处应装设向公安消防部门直接报警的外线电话。

（3）消防控制室应设置消防专用电话主机。消防专用电话分机应设在消防水泵房、备用发电机房、配变电室、主要通风和空调机房、排烟机房、消防电梯机房及其他与消防联动控制有关的且经常有人值班的机房，灭火控制系统操作装置处或控制室，企业消防站、消防值班室、总调度室等处。

（4）设有手动火灾报警按钮、消火栓按钮等处宜设置电话插孔。电话插孔在墙上安装时，其底边距地面高度宜为 1.3~1.5m。

（5）特级保护对象的各避难所应每隔 20m 设置一个消防专用电话分机或电话插孔。

7. 火灾应急广播扬声器的安装

（1）在民用建筑内，扬声器应设置在走道和大厅等公共场所。每个扬声器的额定功率不应小于 3W，其数量应能保证从一个防火分区内的任何部位到最近一个扬声器的距离不大于 25m。走道内最后一个扬声器至走道末端的距离不应大于 12.5m。

（2）在环境噪声大于 60dB 的场所设置的扬声器，在其播放范围内最远点的播放声压级应高于背景噪声 15dB。

（3）客房设置的专用扬声器额定功率不宜小于 1W。

任务 6.6　民用建筑弱电施工图识读

6.6.1 民用建筑弱电施工图识读方法

1. 弱电施工图构成

建筑弱电施工图是弱电工程的语言，是弱电施工的依据和编制弱电施工预算的基础。

弱电施工图的主要内容包括图纸目录、设计说明、施工说明、图例与主要设备材料表、弱电系统图、弱电设备平面布置图、安装大样图等。

2. 弱电施工图识读方法

识读图纸的顺序没有统一的规定，可以根据需要灵活掌握，并应有所侧重[①]。在识读过程中，不仅本套图纸要前后对照识读，还需对应识读有关土建等专业的施工图，以了解相互之间的配合关系。

具体针对一套施工图，一般先识读图纸目录和设计说明等文字部分，再识读系统图，最后识读平面布置图、主要材料表。

1）阅读图纸目录，查阅本套图纸的数量及图纸是否齐全。

2）看设计说明，了解工程基本概况、设计依据、设计内容、材料要求、施工技术要求、施工质量要求等。

3）看弱电系统图，按照设备间→线路→终端设备的顺序依次进行，了解弱电系统类型、弱电设备类型、弱电设备数量、设备间的位置、线缆布线方式、线缆敷设部位、线缆类型、线缆根数等信息。

4）看弱电施工平面图，按照设备间所在楼层→其余各层平面的顺序依次识读，查清弱电设备类型、弱电设备数量、弱电设备安装位置、槽道走向与规格、每根管槽内敷设导线根数。

5）看主要设备材料表，熟悉本套图纸中出现的有关图例文字符号所代表的内容和含义。

6.6.2 民用建筑弱电施工图实例

1. 识读卫星数字电视及有线电视系统施工图

某住宅楼共 12 层，为民用智能住宅。电视接收天线和两副卫星电视接收天线设置在楼顶，有线电视前端设置在楼顶水箱间内。系统干线采用 SYWV-75-9 型同轴电缆，穿直径为 32mm 的镀锌钢管保护；分支线使用 SYWV-75-5 型同轴电缆，穿直径为 20mm 的镀锌钢管保护，沿地面和墙暗敷。

图 6-20 为一个单元标准层的有线电视系统平面图，从图中可看出用户端的平面安装位置，电视出线口底边距地 0.3m。

该住宅楼有线电视干线分配系统图如图 6-21 所示。来自前端的信号送至 12 层楼的分配箱并经干线放大器将信号放大 25dB 后，再由二分配器经 SYWV-75-9

① 结合灵活掌握弱电施工图的识读方法融入【德育：破除定式，善于总结，不断修正】。

型同轴电缆送至此住宅楼和其他住宅楼。该住宅楼的电视信号用三分配器分成 3 路分别向 3 个单元输送。各单元每层楼的墙上暗装有分支箱，箱顶边距离顶棚 0.3m。为使各层电平基本一致，将每 4 层楼分为一组，每层楼装有一个四分支器。分支器的主路输入端和主路输出端串联使用，由支路输出端经 SYWV-75-5 型同轴电缆将信号送至用户端。

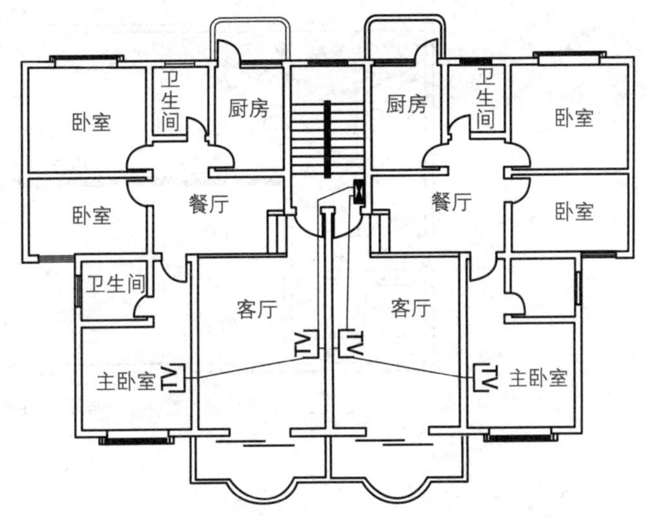

图 6-20　标准层有线电视系统平面图

2. 识读视频监控系统施工图

小型银行的监控应能实现门口人员进出状况、各类柜台来客情况、现金出纳台人员流动情况以及金库实时状态的监视和记录。除监控室进行实况监视和记录外，经理室也可选择所需要的监视图像。

通过图 6-22 某小型银行视频监控系统平面图可知，此系统用 5 台摄像机分别监视营业厅、柜台、金库、办公

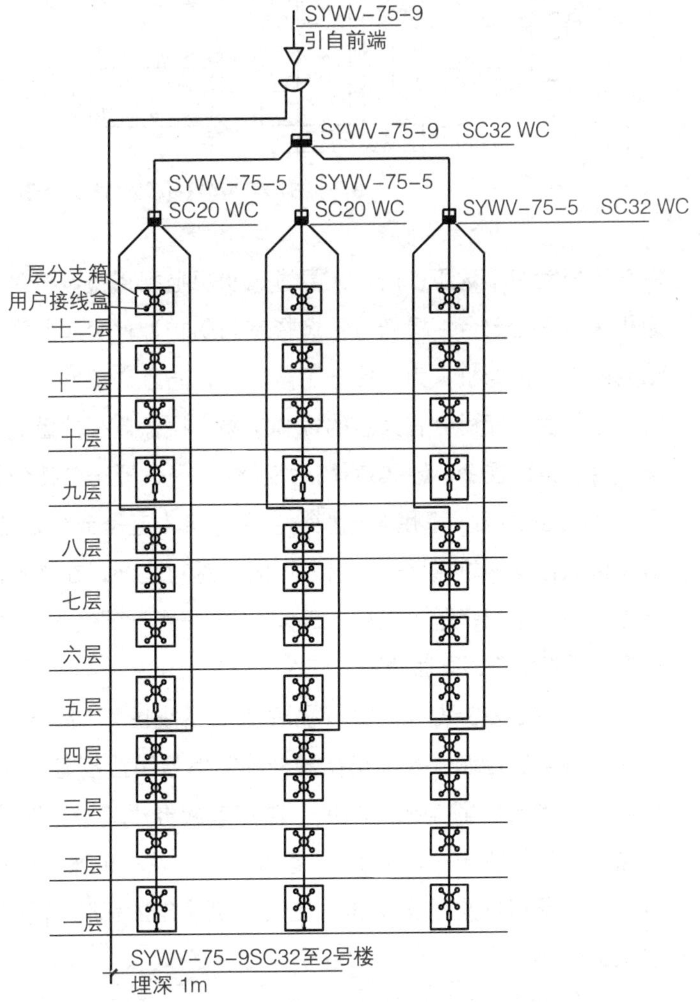

图 6-21　某住宅楼电视干线分配系统图

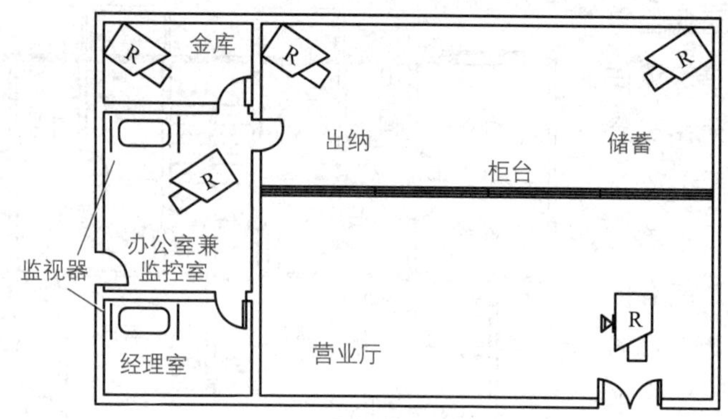

图 6-22　某小型银行视频监控系统平面图

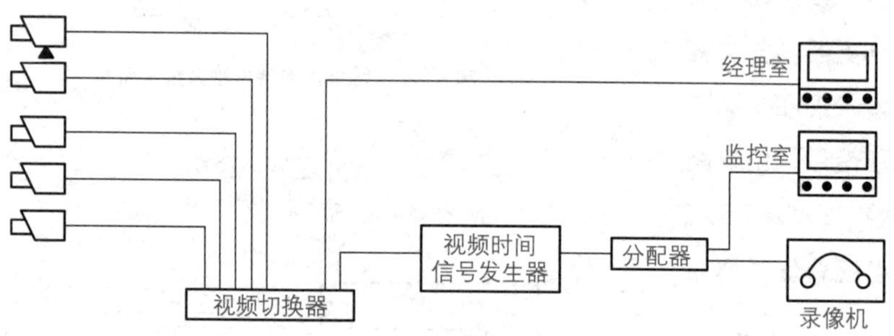

图 6-23　某小型银行视频监控系统图

室兼监控室四个场所；门口人员进出状况监视用摄像机采用电动云台，其他部位摄像机采用固定云台，摄像机罩选择室内防护型；金库监视摄像机采用定焦距广角自动光圈镜头摄像机，为了便于隐蔽安装，防止盗贼发现，金库可采用针孔镜头摄像机；银行营业厅柜台有大量的现金交易，摄像监视的重点是柜台前顾客的脸部、职员本身、桌面现金、钞票色泽，每两位柜员设置一台摄像机，脸部在监视器上至少呈 2cm 左右画面，采用半球型彩色摄像机（定焦带自动光圈镜头）；营业厅的出入口是摄像监视的重点之一，出入口大多直对室外，在室外阳光的照射下进入室内会产生强烈的逆光，所以采用"三调"（调焦距、调光圈、调整聚焦）自动光圈镜头，以保证摄像机所摄画面清晰。

通过图 6-23 某小型银行视频监控系统图可知，5 台摄像机输出的视频信号先进入继电器控制式视频切换器，控制信号由监控室或经理室的控制器分路输出，用以选择各自所需监视的图像；监控室和经理室分别采用一台专用黑白监视器进行监视，监控室用一台 VHS 录像机进行记录；摄像机到监控室间的传输部分应设置一台视频时间信号发生器，使摄像机输出的图像信号叠加上时间信号，供录像机记录之用。

3. 识读防盗报警系统施工图

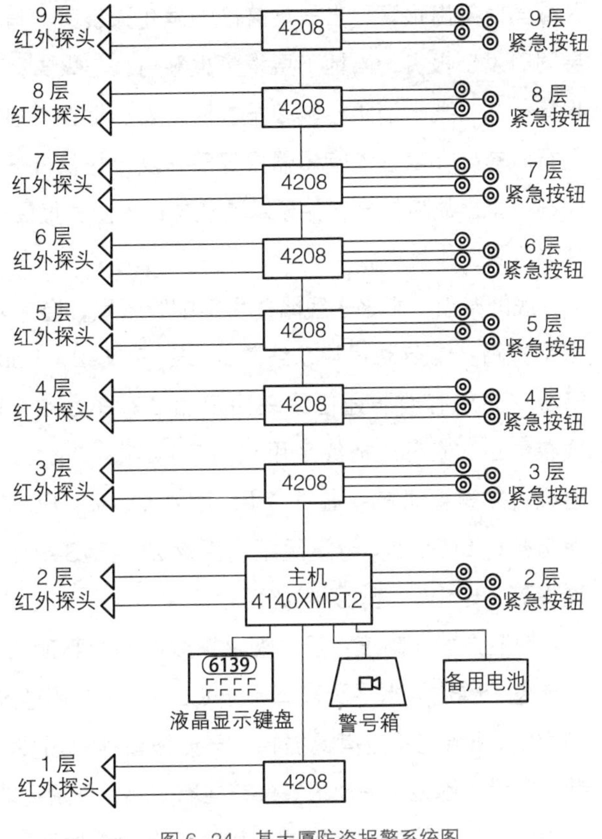

图 6–24　某大厦防盗报警系统图

图 6–24 为某大厦防盗报警系统图。该大厦是一幢现代化的 9 层涉外商务办公楼。根据大楼特点和安全要求，在首层各出入口各配置 1 个双鉴探头（被动红外 / 微波探测器），共配置 4 个双鉴探头，对所有出入口的内侧进行保护。二楼至九楼的每层走廊进出通道，各配置 2 个双鉴探头，共配置 16 个双鉴探头；同时每层各配置 4 个紧急按钮，共配置 32 个紧急按钮。紧急按钮安装位置视办公室具体情况而定。

保安中心设在二楼电梯厅旁，面积约 10m^2。管线利用原有弱电桥架为主线槽，用 SC20 管引至报警探测点。防盗报警系统采用美国（ADEMCO）（安定宝）大型多功能主机 4140XMPT2。该主机有 9 个基本接线防区，采用总线式结构，扩充防区十分方便，最多可扩充 87 个防区，并具备多重密码、布防时间设定、自动拨号及“黑匣子”记录等功能。

4208 为总线式 8 区（提供 8 个地址）扩展器，可以连接 4 线探测器。6139 为 LCD 键盘。

4. 识读火灾自动报警与联动控制系统施工图

（1）识读设计说明

本建筑为某城区电力生产调度楼，其建筑面积为 10128.3m^2，属多层建筑。本建筑地下室为车库、设备用房；一 ~ 五层为办公及宿舍。消防控制室设在首层。根据甲方要求除地下室外设备布置按吊顶考虑。

该区域属于二级保护对象，报警系统形式采取集中报警系统。火灾自动报警及联动要求：①当二层或以上某区域发生火警时与火灾区相邻的本层及上、下一层的区域同时发出报警；当一层某区域发生火警时，与火灾相邻的本层及二层、地下各层同时发出报警；当地下层发生火警时，与火灾区相邻的地下各层及首层同时发出报警。②当某一消防栓破玻报警时，发出报警并启动消防泵，应显示报警点及设备运行状态。③当水流指示器报警时，发出报警讯号；当喷淋管维修闸阀关闭时，闸阀开关报出故障信号，并显示其状态；当湿式报警阀压力开关动作后，起动喷淋泵，并显示其工作状态。

线路敷设，水平主线路采用穿钢管暗敷，竖井内主线路采用电缆桥架分槽明敷。水平支路：①自动报警系统总线 ZR-RVP-2×1.5mm^2，穿 PVC 管 PC20 沿墙、顶暗敷；②所有消防通信线采用阻燃 ZR-RVS-2×1.5mm^2，穿 PVC 管 PC20 沿墙、顶暗敷；③紧急广播线采用阻燃 ZR-RVS-2×1.5mm^2，穿 PVC 管 PC20 沿墙、顶暗敷；④重要设备手控线采用 NH-KVV-7×1.5mm^2，电缆穿 PVC 管 PC25 沿墙、顶暗敷；⑤ DC24V 电源线采用阻燃 ZR-RVS-2×1.5mm^2，穿 PVC 管 PC20 沿墙、顶暗敷；⑥ PVC 管均为阻燃管。

安装方式与高度：温、烟感探测器均为吸顶明装，指示灯朝门口方向；探测器至墙壁、梁边的水平距离不小于 0.5m；至空调送风口的水平距离不小于 1.5m；探测周围 0.5m 内不应有遮挡物。声光报警挂墙明装，中心距顶 0.3m；控制模块应安装在其设备附近，手动报警按钮挂墙明装，下沿离地 1.5m。

电源：消防控制室电源分别由发电机母线及低压母线双回路直接供给，在控制室自动切换，消防设备自带蓄电池作备用电源。

接地：采用消防设备与其他系统联合接地方式，由基础接地网用大于 25mm^2 铜芯绝缘导线引至消防控制室接地端子箱，再由接地端子箱分接至各设备处。接地电阻小于 1Ω。

（2）识读系统图

图 6-25 为该工程系统图，消防控制室设在首层，消防线路由消防控制中心引来接入消防接线端子箱，线路标注 ZR-RVP（2×1.5）-PC20-WC/CC，双绞塑料连接软线，每根线芯截面 1.5mm^2，穿管径 20mm 塑料管，沿墙、顶棚暗敷设。由消防接线端子箱引出 6 条连接线：线路 1 连接感烟或感温探测器；线路 2 连接消防电话；线路 3 连接声光报警器；线路 4 连接手动报警按钮；线路 5 连接排烟防火阀；线路 6 连接湿式报警阀。

地下一层装设有感烟探测器、感温探测器、消防电话、声光报警器、手动报警按钮、排烟防火阀、湿式报警阀。一层、二层装设有感烟探测器、声光报警器、手动报警按钮、消火栓报警按钮、消防电话。三～六层装设有感烟探测器、声光报警器、手动报警按钮、消火栓报警按钮。

（3）识读平面图

如图 6–26~ 图 6–31 所示，地下一层由消防信号接线箱引出 6 条回路：线路 1 连接感烟探测器 4 个、感温探测器 2 个；线路 2 连接消防电话 1 个；线路 3 连接声光报警器 2 个；线路 4 连接手动报警按钮 2 个；线路 5 连接排烟防火阀 13 个；线路 6 连接湿式报警阀 1 个。

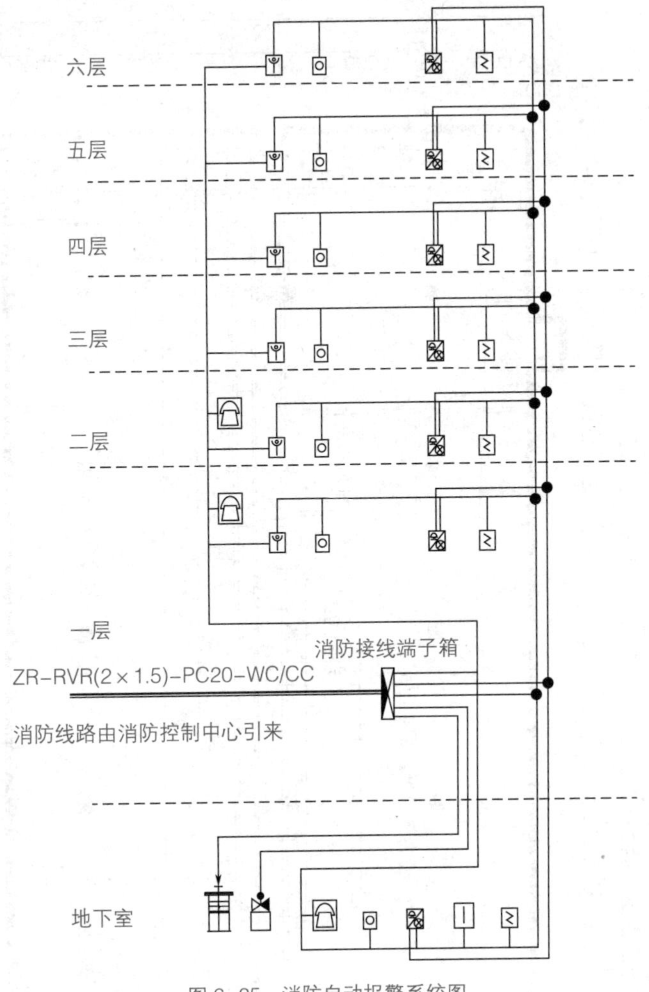

图 6–25　消防自动报警系统图

首层由消防信号接线箱引出 4 条回路：线路 1 连接感烟探测器 6 个；线路 2 连接消防电话 1 个；线路 3 连接声光报警器 3 个；线路 4 连接手动报警按钮 1 个。

二层由消防信号接线箱引出 4 条回路：线路 1 连接感烟探测器 10 个；线路 2 连接消防电话 1 个；线路 3 连接声光报警器 2 个；线路 4 连接手动报警按钮 2 个。

三层由消防信号接线箱引出 3 条回路：线路 1 连接感烟探测器 16 个；线路 2 连接声光报警器 1 个；线路 3 连接手动报警按钮 2 个。

四层由消防信号接线箱引出 3 条回路：线路 1 连接感烟探测器 14 个；线路 2 连接声光报警器 1 个；线路 3 连接手动报警按钮 2 个。

五、六层消防平面设置一样，均由消防信号接线箱引出 3 条回路：线路 1 连接感烟探测器 9 个；线路 2 连接声光报警器 1 个；线路 3 连接手动报警按钮 2 个。

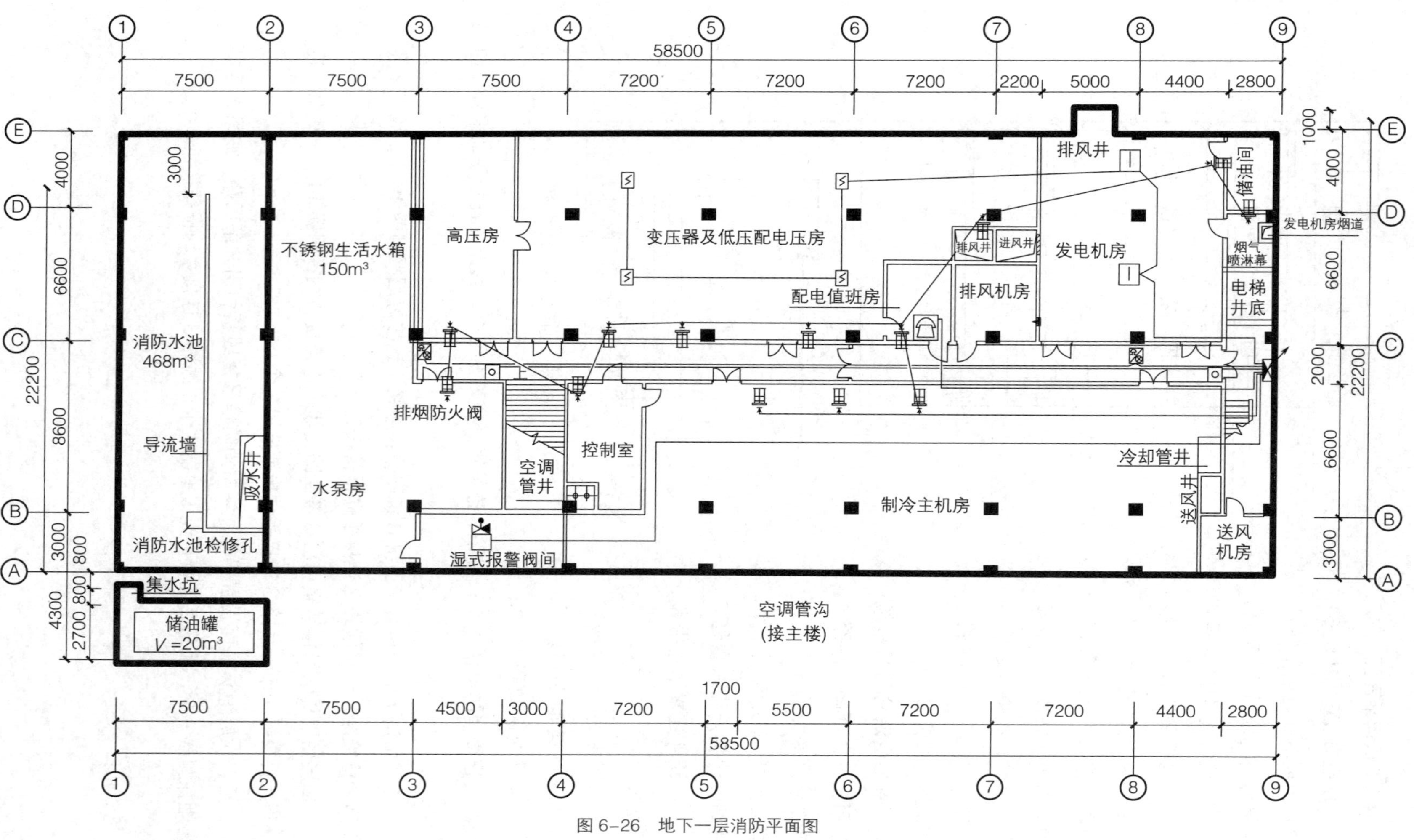

图 6-26 地下一层消防平面图

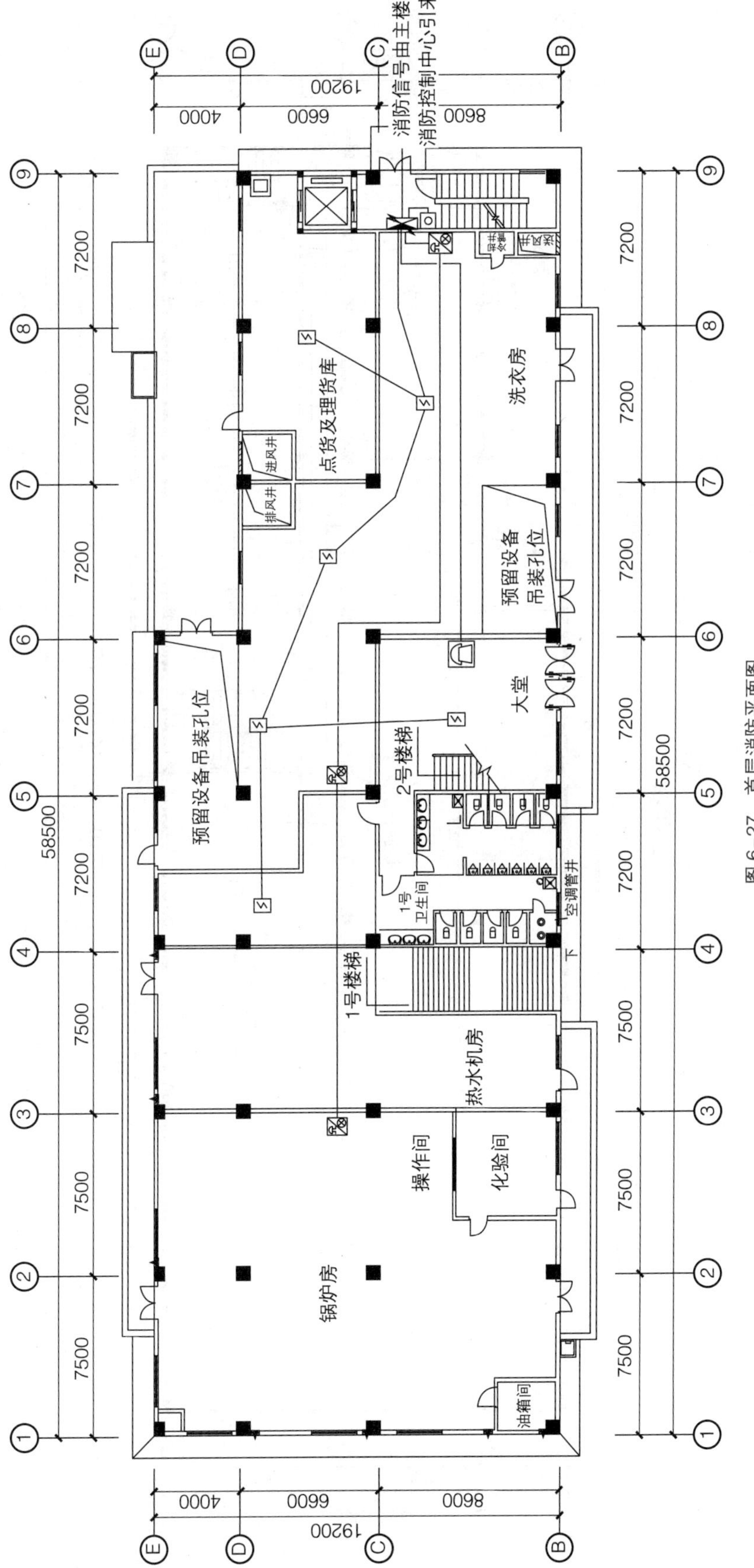

图 6-27　首层消防平面图

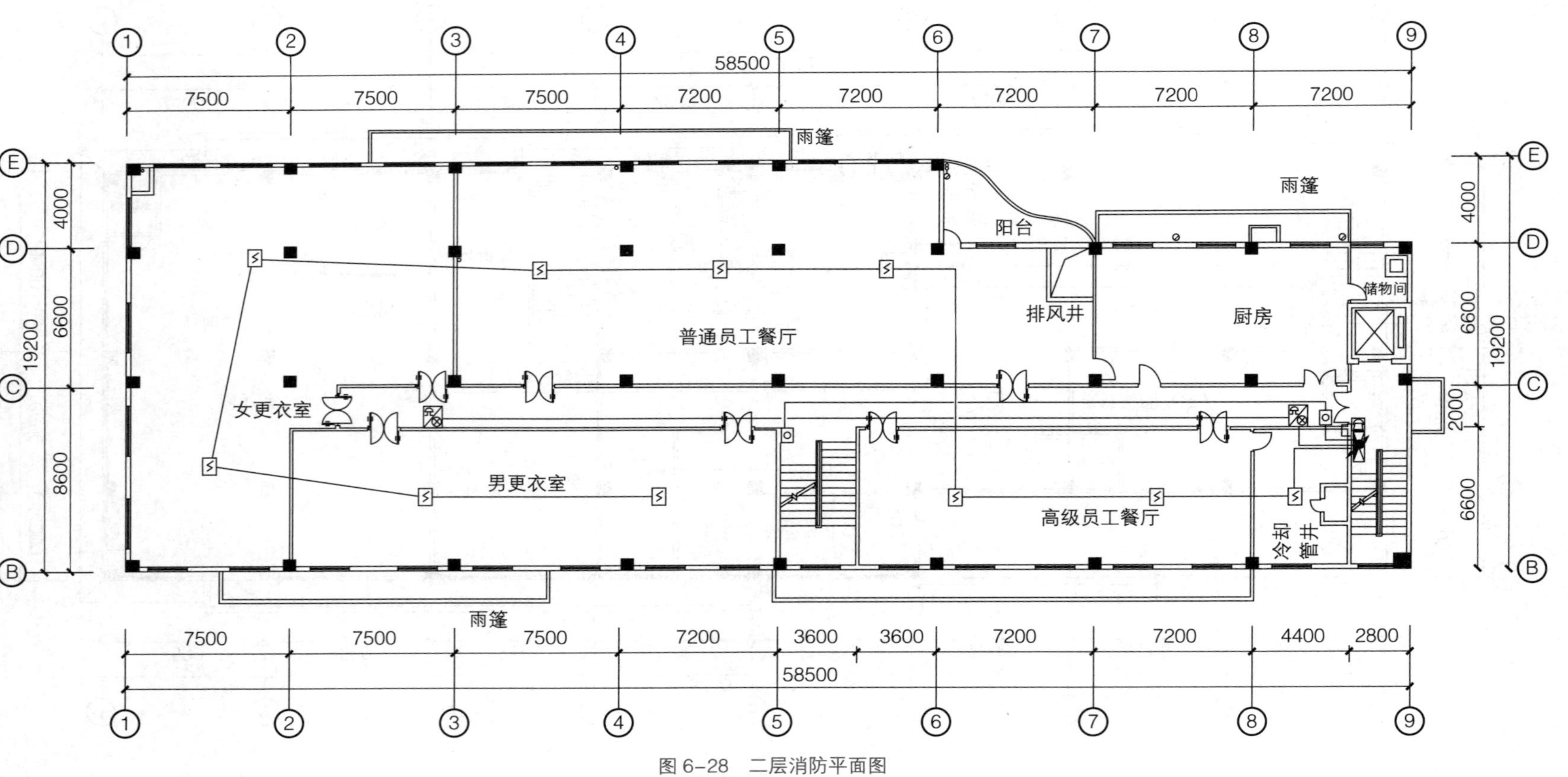

图 6-28　二层消防平面图

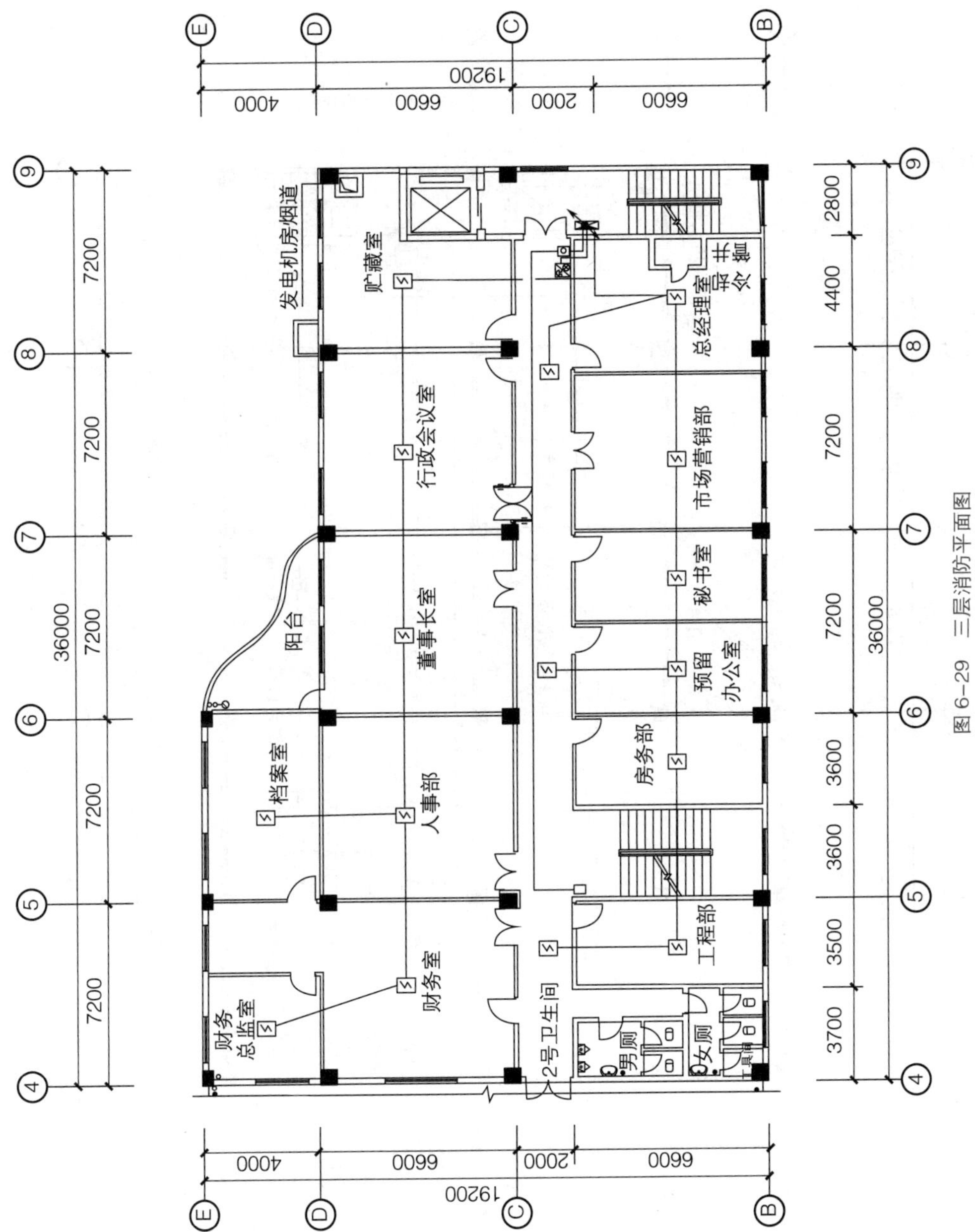

图 6-29　三层消防平面图

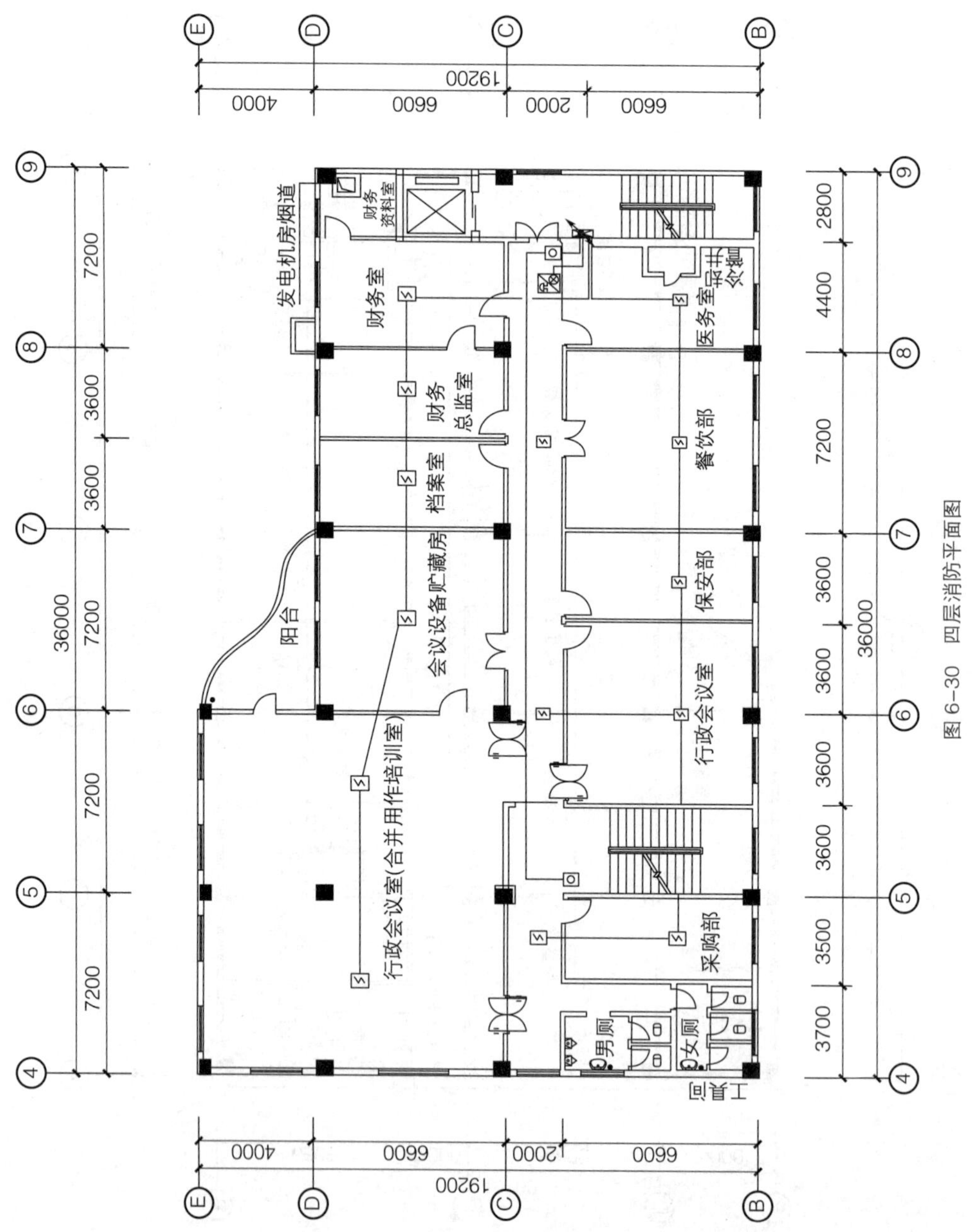

图 6-30 四层消防平面图

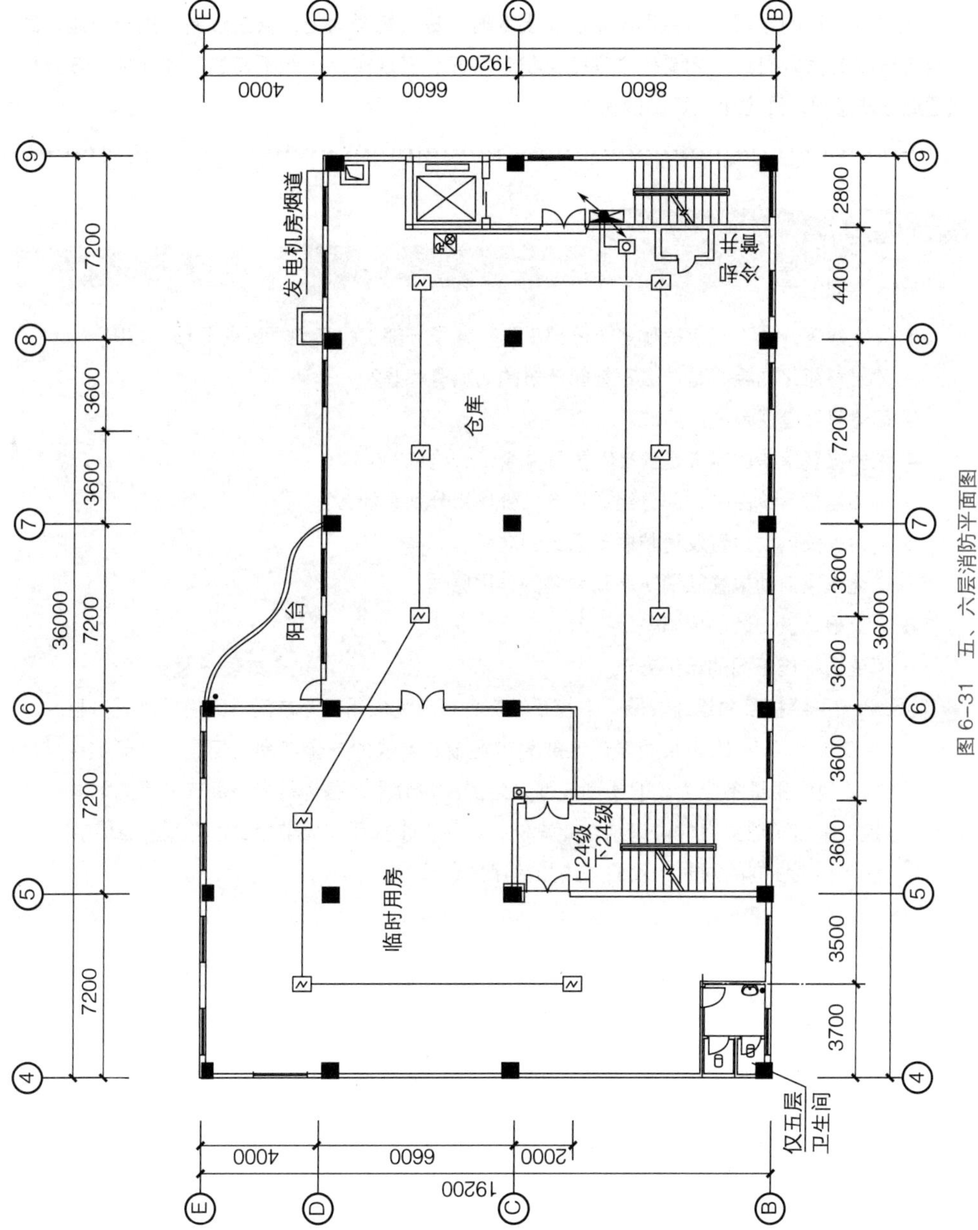

图 6-31　五、六层消防平面图

【思政提升】

本项目主要介绍了智能建筑的起源、定义、功能与建筑智能化的组成，电话通信和有线电视系统、安全防范系统、火灾自动报警及消防联动系统的组成与功能，以及民用建筑弱电系统的安装要求。结合案例，重点介绍了民用建筑弱电施工图的识读方法。

通过本项目的学习，希望同学们：①要因时而进，勤学向上，自主创新、追求卓越，践行科技报国的使命担当；②要树立规范意识，培养严谨求实、一丝不苟的工作作风；③要增强遵纪守法意识，注意个人隐私的保护。

【课后习题】

1. 智能建筑分项工程包括哪些子分部工程？各子分部工程又包括哪些分项工程？
2. 建筑智能化的组成是什么？智能建筑的功能有哪些？
3. 简述有线电视系统的组成。
4. 入侵报警系统的定义是什么？由哪几个部分构成？
5. 视频监控系统由哪几部分组成？各部分作用分别是什么？
6. 简述火灾自动报警及消防联动系统的功能。
7. 简述火灾自动报警及消防联动系统的作用原理。
8. 火灾显示盘安装的要求是什么？
9. 简述弱电施工图的识读方法。
10. 随着网络技术的迅速发展，监控系统在各行业的应用日渐广泛。家庭网络视频监控以每年 40% 的增长速度迅速成为市场增长最快的一个产品。但是，视频监控领域也滋生了不少为牟取暴利铤而走险的不法分子，各地警方不断破获黑客非法控制家用摄像头案件。请结合此案例，说明：①家用视频监控的利与弊；②享用现代科技便利的同时，我们应该如何保护自己？

附 录

附录 1 给水排水工程图常用图例

序号	名称	图例	序号	名称	图例
一、管道图例			二、管道附件		
1	生活给水管	J	1	管道伸缩器	
2	热水给水管	RJ	2	方形伸缩器	
3	热水回水管	RH			
4	中水给水管	ZJ	3	刚性防水套管	
5	循环冷却给水管	XJ			
6	循环冷却回水管	XH			
7	热媒给水管	RM	4	柔性防水套管	
8	热媒回水管	RMH			
9	蒸汽管	Z			
10	凝结水管	N	5	波纹管	
11	废水管	F	6	可曲挠橡胶接头	单球 双球
12	压力废水管	YF			
13	通气管	YF	7	管道固定支架	
14	污水管	W	8	立管检查口	
15	压力污水管	YW			
16	雨水管	Y			
17	压力雨水管	YY	9	清扫口	平面 系统
18	虹吸雨水管	HY			
19	膨胀管	PZ	10	通气帽	成品 蘑菇形
20	保温管				
21	伴热管		11	雨水斗	YD- YD- 平面 系统
22	多孔管				
23	地沟管		12	排水漏斗	平面 系统
24	防护套管				
25	空调凝结水管	KN			
26	管道立管	XL-1 平面 XL-1 系统	13	圆形地漏	平面 系统
27	排水明沟	坡向	14	方形地漏	平面 系统
28	排水暗沟	坡向			

续表

序号	名称	图例	序号	名称	图例
15	自动冲洗水箱		12	气动蝶阀	
16	挡墩		13	减压阀	
17	减压孔板		14	旋塞阀	平面 系统
18	Y 形除污器		15	底阀	平面 系统
19	毛发聚集器	平面 系统	16	球阀	
20	倒流防止器		17	隔膜阀	
21	吸气阀		18	气开隔膜阀	
22	真空破坏器		19	气闭隔膜阀	
23	防虫网单		20	电动隔膜阀	
24	金属软管		21	温度调节阀	
三、阀门			22	压力调节阀	
1	闸阀		23	电磁阀	
2	角阀		24	止回阀	
3	三通阀		25	消声止回阀	
4	四通阀		26	持压阀	
5	截止阀		27	泄压阀	
6	蝶阀		28	弹簧安全阀	
7	电动闸阀		29	平衡锤安全阀	
8	液动闸阀		30	自动排气阀	平面 系统
9	气动闸阀		31	浮球阀	平面 系统
10	电动蝶阀		32	水力液位控制阀	平面 系统
11	液动蝶阀		33	延时自闭冲洗阀	

续表

序号	名称	图例	序号	名称	图例
34	感应式冲洗阀		9	水泵接合器	
35	吸水喇叭口	平面 系统	10	自动喷洒头（开式）	平面 系统
36	疏水器		11	下喷自动喷洒头（闭式）	平面 系统
四、给水配件					
1	水嘴	平面 系统	12	上喷自动喷洒头（闭式）	平面 系统
2	皮带水嘴	平面 系统	13	上下喷自动喷洒头（闭式）	平面 系统
3	洒水（栓）水嘴				
4	化验水嘴		14	侧墙式自动喷洒头	平面 系统
5	肘式水嘴		15	水喷雾喷头	平面 系统
6	脚踏开关水嘴		16	直立型水幕喷头	平面 系统
7	混合水嘴		17	下垂型水幕喷头	平面 系统
8	旋转水嘴		18	干式报警阀	平面 系统
9	浴盆带喷头混合水嘴		19	湿式报警阀	平面 系统
10	蹲便器脚踏开关		20	预作用报警阀	平面 系统
五、消防设施					
1	消火栓给水管	——XH——	21	雨淋阀	平面 系统
2	自动喷水灭火给水管	——ZP——			
3	雨淋灭火给水管	——YL——	22	信号闸阀	
4	水幕灭火给水管	——SM——	23	信号蝶阀	
5	水炮灭火给水管	——SP——	24	消防炮	平面 系统
6	室外消火栓				
7	室内消火栓（单口）	平面 系统	25	水流指示器	
8	室内消火栓（双口）	平面 系统	26	水力警铃	

续表

序号	名称	图例
27	末端试水装置	平面 系统
28	手提式灭火器	
29	推车式灭火器	
六、卫生设备及水池		
1	立式洗脸盆	
2	台式洗脸盆	
3	挂式洗脸盆	
4	浴盆	
5	化验盆、洗涤盆	
6	厨房洗涤盆	
7	带沥水板洗涤盆	
8	盥洗槽	
9	污水池	
10	妇女净身盆	
11	立式小便器	
12	壁挂式小便器	
13	蹲式大便器	
14	坐式大便器	
15	小便槽	
16	淋浴喷头	

序号	名称	图例
七、小型给水排水构筑物		
1	矩形化粪池	HC
2	隔油池	YC
3	沉淀池	CC
4	降温池	JC
5	中和池	ZC
6	雨水口（单箅）	
7	雨水口（双箅）	
8	阀门井及检查井	J–XX W–XX Y–XX　J–XX W–XX Y–XX
9	水封井	
10	跌水井	
11	水表井	
八、给水排水设备		
1	卧式水泵	平面 系统
2	立式水泵	平面 系统
3	潜水泵	
4	定量泵	
5	管道泵	
6	卧式容积热交换器	
7	立式容积热交换器	

续表

序号	名称	图例	序号	名称	图例
8	快速管式热交换器		4	压力控制器	
9	板式热交换器		5	水表	
10	开水器		6	自动记录流量表	
11	喷射器		7	转子流量计	平面 系统
12	除垢器				
13	水锤消除器		8	真空表	
14	搅拌器	M	9	温度传感器	----T----
15	紫外线消毒器	2WX	10	压力传感器	----P----
九、仪表			11	pH 传感器	----pH----
1	温度计		12	酸传感器	----H----
2	压力表		13	碱传感器	----Na----
3	自动记录压力表		14	余氯传感器	----Cl----

附录 2　暖通空调工程图常用图例

序号	名称	图例	序号	名称	图例
一、水、汽管道阀门和附件			24	地漏	
1	截止阀				
2	闸阀		25	明沟排水	
3	球阀		26	向上弯头	
4	柱塞阀		27	向下弯头	
5	快开阀		28	法兰封头或管封	
6	蝶阀		29	上出三通	
7	旋塞阀		30	下出三通	
8	止回阀		31	变径管	
9	浮球阀		32	活接头或法兰连接	
10	三通阀		33	固定支架	
11	平衡阀		34	导向支架	
12	定流量阀		35	活动支架	
13	定压差阀		36	金属软管	
14	自动排气阀		37	可曲挠橡胶软接头	
15	集气罐、放气阀		38	Y 型过滤器	
16	节流阀		39	疏水器	
17	调节止回关断阀		40	减压阀	
18	膨胀阀		41	直通型（或反冲型）除污器	
19	排入大气或室外		42	除垢仪	
20	安全阀		43	补偿器	
21	角阀		44	矩形补偿器	
22	底阀		45	套管补偿器	
23	漏斗		46	波纹管补偿器	

续表

序号	名称	图例
47	弧形补偿器	
48	球形补偿器	
49	伴热管	
50	保护套管	
51	爆破膜	
52	阻火器	
53	节流孔板 减压孔板	
54	快速接头	
55	介质流向	或
56	坡度及坡向	i=0.003 或 i=0.003
二、风道、阀门及附件		
1	矩形风管	●●●×●●●
2	圆形风管	ϕ●●●
3	风管向上	
4	风管向下	
5	风管上升摇手弯	
6	风管下降摇手弯	
7	天圆地方	
8	软风管	
9	圆弧形弯管	
10	带导流片的矩形弯头	
11	消声器	
12	消声弯头	
13	消声静压箱	
14	风管软接头	
15	对开外叶调节风阀	
16	蝶阀	
17	插板阀	
18	止回风阀	
19	余压阀	DPV DPV
20	三通调节阀	
21	防烟、防火阀	●●● ●●●
22	方形风口	
23	条缝型风口	
24	矩形风口	
25	圆形风口	
26	侧面风口	
27	防雨百叶	
28	检修门	J
29	气流方向	
30	远程手控盒	B
三、通空调设备		
1	散热器及手动放气阀	
2	散热器及温控阀	
3	轴流风机	
4	轴（混）流式管道风机	

续表

序号	名称	图例	序号	名称	图例
5	离心式管道风机		4	压差传感器	ΔP
6	吊顶式排风扇		5	流量传感器	F
7	水泵		6	烟感器	S
8	手摇泵		7	流量开关	FS
9	变风量末端		8	控制器	C
10	空调机组加热、冷却盘管		9	吸顶式温度感应器	T
11	空气过滤器		10	温度计	
12	挡水板		11	压力表	
13	加湿器		12	流量计	FM
14	电加热器		13	能量计	EM
15	板式换热器		14	弹簧执行机构	
16	立式明装风机盘管		15	重力执行机构	
17	立式暗装风机盘管		16	记录仪	
18	卧式明装风机盘管		17	电磁（双位）执行机构	
19	卧式暗装风机盘管		18	电动（双位）执行机构	
20	窗式空调器		19	电动（调节）执行机构	
21	分体空调器	室内机 室外机	20	气动执行机构	
22	射流诱导风机		21	浮力执行机构	
23	减振器		22	数字输入量	DI
四、调控装置及仪表			23	数字输出量	DO
1	温度传感器	T	24	模拟输入量	AI
2	湿度传感器	H	25	模拟输出量	AO
3	压力传感器	P			

附录 3 建筑电气工程图常用图例

序号	名称	图例	序号	名称	图例
1	屏、台、箱、柜一般符号		24	局部照明灯	
2	照明配电箱		25	安全灯	
3	动力或动力照明配电箱		26	排风扇	
4	事故照明配电箱		27	两根导线	
5	各种灯具一般符号		28	三根导线	
6	荧光灯		29	四根导线	
7	双管荧光灯		30	*n* 根线	n
8	防爆荧光灯		31	进户线	
9	三管荧光灯		32	单极开关	
10	五管荧光灯	5	33	单极开关（暗装）	
11	壁灯		34	单极密闭开关（防水）	
12	花灯		35	单极防爆开关	
13	半圆球吸顶灯		36	单极拉线开关	
14	聚光灯		37	单极双控开关	
15	防爆灯		38	单极双控拉线开关	
16	隔爆灯		39	单极延时开关	t
17	投光灯		40	双极开关	
18	泛光灯		41	双极开关（暗装）	
19	广照型灯		42	双极密闭开关	
20	深照型灯		43	双极防爆开关	
21	乳白玻璃球型灯		44	三极开关	
22	防水防尘灯		45	三极开关（暗装）	
23	应急灯		46	三极密闭开关	

续表

序号	名称	图例	序号	名称	图例
47	三极防爆开关		53	带保护接点插座（暗装）	
48	单相插座一般符号		54	带保护接点插座（防爆）	
49	单相插座（暗装）		55	带保护接点插座（密闭）	
50	单相插座（密闭）		56	插座箱	
51	单相插座（防爆）		57	不间断电源	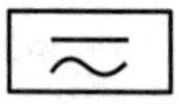
52	带保护接点插座一般符号		58	吊式风扇	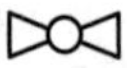

附录 4 建筑智能化工程图常用图例

序号	名称	图例	序号	名称	图例
1	自动消防设备控制装置	AFE	20	压力开关	P
2	消防联动控制装置	IC	21	带监视信号检修阀	
3	缆式线型定温探测器	CT	22	报警阀	
4	感温探测器		23	防火阀（需表示风管的平面图用）	
5	感温探测器（非地址码型）	N	24	防烟防火阀(280℃熔断开关)	∅280E
6	感烟探测器		25	排烟防火阀	
7	感光火灾探测器		26	增压送风口	
8	气体火灾探测器（点型）		27	排烟口	SE
9	复合式感烟感温探测器		28	排风扇	∞
10	复合式感光感烟探测器		29	手动火灾报警按钮	
11	点型复合式感光感温探测器		30	消火栓起泵按钮	
12	线型差定温火灾探测器		31	火灾报警电话机（对讲电话机）	
13	线型可燃气体探测器		32	火灾电话插孔（对讲电话插孔）	T
14	火警电铃		33	应急疏散指示标志灯	EEL
15	警报发声器		34	应急疏散照明灯	EL
16	火灾光警报器		35	配电箱（切断非消防电源用）	
17	火灾声、光警报器		36	电控箱（电梯迫降）	LT
18	火灾警报扬声器		37	煤气管道阀门执行器	V
19	水流指示器	F	38	防盗探测器	

续表

序号	名称	图例	序号	名称	图例
39	防盗报警控制器		51	出门按钮	
40	超声波探测器	U	52	非接触式读卡机	
41	微波探测器	M	53	保护巡逻打卡器	
42	振动探测器	V	54	层接线箱	
43	压敏探测器	P	55	对讲电话分机	
44	被动红外线探测器	IR	56	可视对讲机	
45	主动红外线探测器	Tx IR Rx	57	可视对讲户外机	
46	遮挡式微波探测器	Tx M Rx	58	读卡机	
47	玻璃破碎探测器	B	59	指纹读取机	
48	电控门锁	EL	60	保安控制器	
49	电磁门锁	ML	61	彩色电视接收机	
50	门磁开关		62	对讲门口主机	

参考文献

[1] 徐平平，郭卫琳．建筑设备安装 [M]. 北京：高等教育出版社，2014.

[2] 常蕾．建筑设备安装与识图 [M]. 2 版．北京：中国电力出版社，2020.

[3] 边凌涛．安装工程识图与施工工艺 [M]. 2 版．重庆：重庆大学出版社，2019.

[4] 汤万龙．建筑设备 [M]. 2 版．北京：化学工业出版社，2014.

[5] 周业梅．建筑设备识图与施工工艺 [M]. 北京：北京大学出版社，2015.

[6] 程文义．建筑给水排水工程 [M]. 北京：中国电力出版社，2017.

[7] 韩轩．安装工程质量禁忌手册 [M]. 北京：机械工业出版社，2009.

[8] 本书编委会．看图学给排水系统安装技术 [M]. 北京：机械工业出版社，2003.

[9] 孟繁晋．管道工 [M]. 北京：中国环境出版社，2014.

[10] 高会芳．水暖工程施工员培训教材 [M]. 北京：中国建材工业出版社，2011.

[11] 魏恩忠．锅炉与供热 [M]. 北京：机械工业出版社，2003.

[12] 中国建筑标准设计研究院．给水排水标准图集：S1,S2,S3[S]. 北京：中国计划出版社，2007.

[13] 中华人民共和国住房和城乡建设部，国家质量监督检验检疫总局．自动喷水灭火系统设计规范：GB 50084—2017[S]. 北京：中国计划出版社，2018.

[14] 中华人民共和国住房和城乡建设部，国家质量监督检验检疫总局．水喷雾灭火系统设计规范：GB 50219—2014[S]. 北京：中国计划出版社，2015.

[15] 中华人民共和国住房和城乡建设部，国家质量监督检验检疫总局．建筑设计防火规范（2018 年版）：GB 50016—2014[S]. 北京：中国计划出版社，2018.

[16] 刘金言．给排水・暖通・空调百问 [M]. 北京：中国建筑工业出版社，2001.

[17] 中华人民共和国住房和城乡建设部，国家质量监督检验检疫总局．民用建筑供暖通风与空气调节设计规范：GB 50736—2012[S]. 北京：中国建筑工业出版社，2012.

[18] 中国建筑标准设计研究院．火灾报警及消防控制：04X501[S]. 北京：中国计划出版社，2005.

[19] 中华人民共和国住房和城乡建设部，国家市场监督管理总局．民用建筑电气设计标准：GB 51348—2019[S]. 北京：中国建筑工业出版社，2020.